KB113906

1985년, 장수풍뎅이아과(subfamily Dynastinae)의 모든 종이
정리 · 발표되었던 엔드로에디(Endrödi)의 논문 이후,
26년 동안 추가된 종을 포함해 장수풍뎅이족(tribe Dynastini)에 속하는
모든 종(100종 48아종 15불분명종)을 분류학적으로 검토해 수록했다.

Since the monograph by Hungarian entomologist Endrödi (1985)
that compiled all species of the subfamily Dynastinae,
this book has taxonomically included all kinds of the tribe Dynasini
(100 species, 48 subspecies and 15 *Incertae Sedis*)
adding more species over the past 26 years.

도움 주신 분들(가나다순)

나가이 신지(전 일본 에히메대학교)
마크 로우랜드(미국 뉴멕시코대학교)
미구엘 모론(멕시코 베라크루즈 환경연구소)
미야시타 케이(일본 도쿄)
벤 셜우드(영국 린네 학회)
브레트 라트클리프(미국 네브라스카 주립대학교)
알라인 드뤼몽(벨기에 왕립 자연사 박물관)
에베라르도 그로시(브라질 파라나 연방대학교)
요아힘 빌러스(독일 베를린 자연사 박물관)
질베르 라숌(전 프랑스 파리 국립 자연사 박물관)
파스쿠알 그로시(브라질 파라나 연방대학교)
프랑크 크렐(미국 덴버 자연과학 박물관)
후지이 요시마사(일본 아이치현)
후지이 타카아키(일본 효고현)

<Nature & Ecology> Academic Series 4

세계 장수풍뎅이 해설

딱정벌레목: 풍뎅이과: 장수풍뎅이아과

저자 | 황슬마로

초판1쇄 | 2011년 12월 30일
발　행 | 조영권
편　집 | 조영권, 정병길
디자인 | 강대현
마케팅 | 김원국
발행처 | 자연과생태
주소 _ 서울 마포구 구수동 68-8 진영빌딩 2층
전화 _ (02)701-7345-6 **팩스** _ (02)701-7347
등록 _ 제313-2007-217호
홈페이지 _ www.econature.co.kr

ISBN: 978-89-97429-00-4 93490

세계 장수풍뎅이 해설
The Dynastini of the World

딱정벌레목: 풍뎅이과: 장수풍뎅이아과 | Coleoptera: Scarabaeidae: Dynastinae

THANKS TO (arranged alphabetically by last name)

Drumont, Alain (BELGIUM)
Fujii, Takaaki (JAPAN)
Fujii, Yoshimasa (JAPAN)
Grossi, Everardo J. (BRAZIL)
Grossi, Paschoal C. (BRAZIL)
Krell, Frank-Thorsten (USA)
Lachaume, Gilbert (FRANCE)
Miyashita, Kei (JAPAN)
Morón, Miguel A. (MEXICO)
Nagai, Shinji (JAPAN)
Ratcliffe, Brett C. (USA)
Rowland, J. Mark (USA)
Sherwood, Ben (UK)
Willers, Joachim (GERMANY)

<Nature & Ecology> Academic Series 4

The Dynastini of the World

Coleoptera: Scarabaeidae: Dynastinae

by Seul-Ma-Ro HWANG

printed in 〈Nature & Ecology〉, Seoul

This book should be cited as following example:
HWANG, S.-M.-R., 2011. The Dynastini of the World (Coleoptera: Scarabaeidae: Dynastinae). 〈Nature & Ecology〉 Academic Series 4, Nature & Ecology, pp.368

ISBN: 978-89-97429-00-4 93490

Nature & Ecology Academic Series 4

세계 장수풍뎅이 해설

The Dynastini of the World

딱정벌레목: 풍뎅이과: 장수풍뎅이아과 | Coleoptera: Scarabaeidae: Dynastinae

황슬마로 지음

Seul-Ma-Ro HWANG

자연과생태
Nature & Ecology

머리말
(PREFECE)

긴 뿔이 있고 생김새가 우람해 큰 인기를 끌고 있는 장수풍뎅이는 분류학적으로 장수풍뎅이족(tribe Dynastini)에 속하는 곤충이다. 이 족(族)에 속한 전 세계 모든 장수풍뎅이의 종(種)과 아종(亞種)을 분류학적으로 검토하고 발표될 당시 증빙으로 사용된 모식표본(模式標本) 및 근거 자료, 여러 각도에서 촬영한 표본 사진을 정리해 담았다. 오류를 줄이고자 세계 각국의 논문을 다수 참고했고, 장수풍뎅이 분류군을 활발히 연구하는 저명한 해외 연구자들에게 조언을 구해 내용의 정확성과 신뢰성을 높였다. 현재까지 발표된 장수풍뎅이족의 모든 종을 직접 촬영해 사진을 수록하고자 했으나 몇몇 진귀한 종은 표본 확보가 어려워 연구자들로부터 제공받은 사진을 포함시켰다. 이 도감이 세계의 장수풍뎅이에 관심 있는 모든 사람들에게 좋은 참고서로 활용되기를 기대하며, 아울러 내용에 오류 또는 개선되어야 할 점이 있다면 주저 없이 일러주기를 진심으로 바란다.

너무나 많은 분들의 도움이 있었기에 이 책을 완성할 수 있었다. 특히 해외 여러 연구자들로부터 많은 격려와 조언을 받았고 수많은 논문 자료와 진귀한 종의 표본 사진, 심지어 실제 모식표본까지 제공받았다. 그들이 저자에게 선사한 이 큰 선물은 책을 준비하는 기간 동안 큰 힘이 되었고 감동도 받았다.

장수풍뎅이족 각 종에 대한 분류학적 정보와 귀중한 모식표본 사진 및 논문 자료들을 흔쾌히 제공해 준 미국 네브라스카 주립대학교 자연사 박물관의 브레트 라트클리프 박사(Dr. Brett C. Ratcliffe), 미국 뉴멕시코대학교 생물학과의 마크 로우랜드 박사(Dr. J. Mark Rowland), 멕시코 베라크루즈 환경연구소의 미구엘 모론 박사(Dr. Miguel A. Morón), 브라질 파라나 연방대학교의 에베라르도 그로시 박사(Dr. Everardo J. Grossi)와 파스쿠알 그로시 박사(Dr. Paschoal C. Grossi), 독일 베를린 자연사 박물관의 요아힘 빌러스 박사(Dr. Joahim Willers), 영국 린네학회의 벤 셜우드 박사(Dr. Ben Sherwood), 전(前) 프랑스 파리 자연사 박물관의 질베르 라숌 박사(Dr. Gilbert Lachaume), 미국 덴버 자연과학 박물관의 프랑크 크렐 박사(Dr. Frank-Thorsten Krell), 벨기에 왕립 자연사 박물관의 알라인 드뤼몽 박사(Dr. Alain Drumont), 전(前) 일본 에히메대학교의 나가이 신지(Mr. Shinji Nagai), 미야시타 케이(Mr. Kei Miyashita), 후지이 타카아키(Mr. Takaaki Fujii), 후지이 요시마사(Mr. Yoshimasa Fujii)께 깊이 감사한다. 특히 라트클리프 박사와 로우랜드 박사는 이 책의 서언 및 추천사를 친히 작성해 주었고, 라트클리프 박사는 자신이 직접 수행한 중앙아메리카 지역 장수풍뎅이의 분류연구 내용을 담은 두꺼운 서적 2권을 보내주는 등 큰 도움을 주었다.

(I am greatly indebted to Dr. Brett C. Ratcliffe (University of Nebraska State Museum, USA), Dr. J. Mark Rowland (University of New Mexico, USA), Dr. Miguel A. Morón (Instituto de Ecología, MEXICO), Dr. Everardo J. Grossi, Dr. Paschoal C. Grossi (Universidade Federal do Paraná, BRAZIL), Dr. Joachim Willers (Museum für Naturkunde der Humboldt Universität, GERMANY), Dr. Ben Sherwood (The Linnean Society of London, UK), Dr. Gilbert Lachaume (former Muséum National d'Histoire Naturelle, FRANCE), Dr. Frank-Thorsten Krell (Denver Museum of Nature and Science, USA), Dr. Alain Drumont (Institut Royal des Sciences Naturelles de Belgique, BELGIUM), Mr. Shinji Nagai (former Ehime University, JAPAN), Mr. Kei Miyashita (Tokyo, JAPAN), Mr. Takaaki Fujii (Hyogo, JAPAN), Mr. Yoshimasa Fujii (Aichi, JAPAN) for providing extensive professional advice, reprints of papers, dried specimens and photographs of type specimens of several species of Dynastini. I am especially grateful to Dr. Ratcliffe and Dr. Rowland who provided the foreword of this book as well as valuable paratype specimens, and also Dr. Ratcliffe provided his two wonderful books on Central American Dynastinae, and important taxonomic information.)

사랑하는 가족이 없었다면 저술의 첫걸음조차 뗄 수 없었을 것이다. 저자가 어렸을 때부터 곤충에 대한 흥미가 시들지 않도록 배려해 주신 부모님, 집 안이 표본 냄새로 가득했어도 밝은 표정으로 내조해 준 아내, 늘 재롱부리며 아빠에게 기쁨을 주는 아들 빛찬이, 울창한 숲과 풀벌레 소리를 사랑하는 이모부님과 이모님, 언제나 형이 최고라고 말해 주는 동생 슬기찬, 추천사를 흔쾌히 작성해 주신 21세기생명과학문화재단의 정구민 이사장님, 그리고 이 책이 세상에 나올 수 있도록 큰 도움을 주신 〈자연과생태〉 조영권 편집장님과 편집부 여러분들께 진심으로 감사한다.

2011년 12월

황슬마로

서언 및 추천사 I
(FOREWORD and RECOMMENDATION I)

딱정벌레목을 이루는 분류군인 풍뎅이과(family Scarabaeidae)는 그 종류가 다양하며 전 세계에 널리 분포하는 비교적 큰 그룹입니다. 대략 3만 종이 알려져 있고 해마다 200여 종이 신종으로 꾸준히 발표되고 있습니다. 풍뎅이과를 이루는 하위분류군인 장수풍뎅이아과(subfamily Dynastinae)는 형태적으로 볼 때 가장 눈에 띄는 멋진 분류군이고, 남극과 북극을 제외한 세계 전역에 살며, 특히 열대 지방에 많이 분포합니다.

그 중 이 책에서 다루는 장수풍뎅이족(tribe Dynastini)은 장수풍뎅이 중 세계에서 가장 크고 무거운 종이 속하며 70여 종이 알려져 있습니다. 특히 아메리카 대륙에 서식하는 왕장수풍뎅이속(*Dynastes*), 코끼리장수풍뎅이속(*Megasoma*), 톱뿔장수풍뎅이속(*Golofa*), 아시아 대륙에 서식하는 청동장수풍뎅이속(*Chalcosoma*)과 오각장수풍뎅이속(*Eupatorus*)은 동물 세계에서 가장 멋진 무기라고 할 수 있는 뿔이 있습니다. 수컷들은 대부분 머리와 가슴에 크고 멋진 뿔이 있지만 암컷에게는 없습니다. 또한 무엇보다 중요한 점은 이들이 사람에게 해를 끼치는 곤충이 아니라는 것입니다.

이러한 장수풍뎅이족 종들을 소개한 이 책에서, 저자 황슬마로는 각 종별로 높은 품질의 다양한 사진들을 수록해 종을 쉽게 구분할 수 있게 했습니다. 더불어 화살표와 주석으로 각 종의 두드러지는 구조들을 설명합니다. 각 사진에서의 이 섬세한 표현은 실물과 흡사하기 때문에, 지구상의 가장 특별한 곤충 분류군 중 하나인 장수풍뎅이족의 미학적인 측면에서도 대단히 성과 높은 책이 될 것이라 믿습니다.

2011년 12월

미국 네브라스카 주립대학교 자연사 박물관 큐레이터, 곤충학과 교수

브레트 라트클리프

The beetle family Scarabaeidae is a large, diverse, cosmopolitan group of beetles. It has about 30,000 described species, and about 200 new species are being described each year. The Dynastinae is one of the most conspicuous subfamilies, and its members occur in all the major biogeographic areas of the world (except the polar regions), although most species are found in the tropics.

Members of the tribe Dynastini are among some of the largest and heaviest insects on Earth. The nearly 70 species of the tribe occur worldwide. In addition to being among the largest, some species, such as the Neotropical hercules beetles (*Dynastes* species), Neotropical elephant beetles (the larger species of *Megasoma*), Neotropical sawyer beetles (*Golofa* species), and the Asian atlas beetles (*Chalcosoma* and *Eupatorus* species), have some of the most fantastic armament seen in the animal kingdom. Males in most species have huge and/or bizarrely-shaped horns on the head and thorax, while the females have no armature. And, remarkably, all of these beautiful creatures are harmless.

In this pictorial essay of the rhinoceros beetles in the tribe Dynastini, Seul-Ma-Ro Hwang enables quick identification with his superb, multiple images of each species. Accompanying the wonderful images are notes pointing out particular distinguishing structures of importance. The remarkable attention to detail for each of the illustrations renders each species with lifelike precision. All of these components combined make for an aesthetically beautiful book about some of the most amazing insects on Earth.

Brett C. Ratcliffe, Ph. D.
Curator/Professor, University of Nebraska State Museum
Lincoln, Nebraska, USA
December 2011

서언 및 추천사 II
(FOREWORD and RECOMMENDATION II)

대형 장수풍뎅이류의 인상적이고도 때로는 멋진 무기와도 같은 뿔은 생물학자들에게, 그리고 토착 문화에 있어 수 세기 동안 경이로운 대상이었습니다. 실로 그 엄청난 무기인 뿔은 그것을 지닌 종들의 위상을 고무시키는 역할을 해 왔습니다. 심지어 체계적인 과학 서적에서조차 말입니다. 장수풍뎅이류는 수컷의 형태 자체가 훌륭한 무기로 간주되는 특별한 풍뎅이의 일종입니다. 다윈이 지적했듯이 이들에게는 자웅선택의 진화적인 힘이 있는 동물계 내에서 가장 놀랄만한 일들이 일어납니다.

장수풍뎅이류의 진화에 대한 저의 연구는 전 세계의 박물관에 소장되어 있는 애왕장수풍뎅이속(*Xylotrupes*) 장수풍뎅이들 사이에서 행복한 방랑 생활을 하며 시작되었습니다. 이즈음에 저는 황슬마로와 그의 의기에 찬 장수풍뎅이에 관한 분류학적 비평 및 여러 표본 사진을 접하게 되었습니다.

애왕장수풍뎅이속의 지리학적 및 생태학적인 범위는 다른 어떠한 분류군보다 넓습니다. 이 속의 자연적인 분포는 파키스탄의 히말라야 고원에서부터 남태평양의 바누아투 열대 섬에 이르기까지 지구 둘레의 무려 1/3에 이르는 범위까지 펴져 있습니다. 하지만 표면적으로 매우 넓은 범위에 분포하면서도, 형태학적으로 이들은 상당한 일관성을 지니고 있습니다. 이 뒤에는 매우 놀랄만한 생물다양성의 역사가 있습니다.

애왕장수풍뎅이속의 분류에 있어서 조직 체계의 복잡한 문제와 미묘함에 대해, 그는 여러 달 동안 저와 이 어려운 분류군의 현 조직 체계에 대한 안정성을 논의해 왔습니다. 막바지에 그는 해결되지 않는 여러 현상에 대해 의문을 가졌습니다. 그 중 하나는 곤충 표본의 상업적 거래 확장과 관련된 학명(學名)의 유효성에 관한 의문이 포함되어 있습니다. 이는 다양한 장수풍뎅이류의 속(屬) 수준에서 분류학을 변질시켜 왔습니다. 이 현상의 영향으로 조직 체계의 약화와 불안정화, 즉 오늘날의 생태학자와 환경생물학자들이 분류학적 도구로 생물의 다양성을 측정하고 그 어느 때보다 인간 지배적인 자연에서의 환경적 스트레스를 양적화하는 것을 예로 들 수 있겠습니다. 이런 시점에서 이 집단의 그럴듯한 확산은 매력적인 이 곤충을 흠모하는 애호가나 그들을 단순히 더 잘 알고자 하는 호기심 많은 사람들에게 지속적인 방해로 작용할 수 있습니다.

황슬마로와 함께 했던 제 경험으로 미루어 볼 때, 저는 이 멋진 장수풍뎅이류에 대해 그의 면밀한 분류학적 검토 및 생생한 사진 자료를 담은 이 책이 곤충분류학에서 새로운 기준을 표출할 것이라 생각합니다.

2011년 12월

미국 뉴멕시코대학교 생물학과 연구교수

마크 로우랜드

The imposing, often spectacular weaponry of horns possessed by the giant rhinoceros beetles have impressed naturalists for centuries and indigenous cultures no doubt for millennia. Indeed, the incredible dimensions of their armaments inspire exalting names for the species that possess them - even in the formal scientific literature.

These, the dynastine beetles, are an extraordinary group of scarabs in which male sexual features are manifested as exaggerated weapons - and, as Darwin pointed out, therein lie some of the most remarkable examples in the animal kingdom of the evolutionary powers of sexual selection.

My own perspectives into the evolutionary biology of rhinoceros beetles are based on a decade's happy wanderings among the regiments and legions of *Xylotrupes* beetles which have languished in museums world-wide. And in this capacity I have been introduced to Mr. Seul-Ma-Ro Hwang and his ambitious taxonomic review and photographic documentary on the giant rhinoceros beetles.

The geographic and ecological range of the genus *Xylotrupes* is considerably greater than any other of this tribe. Its natural distribution extends over nearly a third of the earth's circumference from the high valleys of Himalayan Pakistan to the tropical islands of Vanuatu in the South Pacific. Yet, while reaching into seemingly every corner of this extensive realm, its characteristic morphological habitus remains remarkably consistent - which has long masked its extraordinary history of diversification.

Aware that complex problems and subtleties accompany the systematics in *Xylotrupes*, Mr. Hwang has for several months consulted with me to insure that his present work contains a stable and current taxonomic system for this difficult genus. And toward this end the author provides up-todate status on several issues that remain unresolved. This includes the proliferation of taxa of questionable validity in association with the expanding commercial trade in insects. This has corrupted to some extent the taxonomy of several of the dynastine genera. The effect of this is to destabilize systematics and to impair, for example, the taxonomic tools by which today's ecologists and environmental biologists measure biodiversity and thus quantity the effects of environmental stress in our ever more human-dominated landscapes. In the present case, the specious proliferation of taxa in these groups presents a growing impediment to the large number of enthusiasts who ardently admire these amazing animals and simply desire to better understand them.

Moreover, on the basis of my experience with Mr. Hwang I foresee that his careful taxonomic review and superb photographic treatise on this magnificent group of creatures will now represent the challenging new standard.

Department of Biology

J. Mark Rowland, Ph. D.

Research Associate Professor, The University of New Mexico

Albuquerque, New Mexico, USA

December 2011

추천사
(RECOMMENDATION)

우리나라에서 세계의 장수풍뎅이에 대한 아주 특별한 해설서가 탄생하게 된 점을 축하합니다. 이 책이 곤충을 사랑하는 어린이와 성인, 곤충을 연구하는 학자들께도 큰 도움이 되기를 기대합니다.

저자는 어릴 때부터 곤충을 좋아해서 곤충에 빠져 살았다고 합니다. 역시 어릴 때부터 한 가지에 집중하는 사람이 큰일을 하는 시대인 것 같습니다. 세계적으로 훌륭한 예술가, 스포츠인, 학자들이 어릴 때부터 그런 기질이 강했으며 그렇게 자신의 삶을 만들어 왔다고 봅니다. 저도 저자처럼 어린 시절을 시골에서 보내면서 자연과 함께 살았기에 50대 중반이 된 이 시점까지 동물, 식물, 곤충과 함께 생활하는 것을 즐기며, 이와 관련된 과학박물관도 설립했습니다. 어릴 때의 강한 각인은 미래를 좌우하고도 남는다고 생각합니다. 우리나라는 인적 자산이 절대적으로 중요한 나라입니다. 미래를 위해 열심히 공부하는 학생들도 어릴 때부터 자신이 하고 싶은 분야를 파고들 수 있는 그런 풍토 조성이 필요하다고 봅니다.

생물분류학자들은 세계 최초로 발견되는 신종(新種)을 찾는 것이 하나의 업적이자 영광이 될 수 있다고 들었습니다. 저자는 어릴 때부터 키워온 관찰력을 바탕으로 계통분류학을 전공했던 대학원 시절 한국에 서식하는 꽃등에의 특정 속(屬)을 주제로 해 다수의 한국 미기록종 및 신종 후보종을 학위논문에 기술했습니다. 이로 미루어 볼 때 저자는 분명 집중력과 관찰력이 뛰어난 사람이라고 생각됩니다. 아울러 저자는 이 시절부터 장수풍뎅이족의 표본 수집을 시작해 현재는 종 대부분을 확보했고, 더 나아가서는 표본들을 여러 해외 논문과 서적을 통해 확인하고 관찰해 이렇게 해설서까지 출판하게 되었습니다.

더욱 놀라운 사실은 아직 젊은 나이인데도 과감하게 세계 각국의 학자들에게 직접 연락을 취해 조언과 협조를 요청했다는 점입니다. 자신의 부족함을 인정하고 해외 학자들의 비평을 스스로 자처한 점은 정말 현명하고 용감한 처사라고 생각합니다. 학술적인 측면에서 볼 때 자신이 준비하는 책에 한층 더 객관적인 내용이 담기기를 원했고, 국내에서 이미 출판 된 다른 해외 곤충 도감들과는 그 형식을 달리 하려고 노력했다는 점에서 더 가치 있다고 생각합니다. 각 종의 상세한 사진과 함께 주요 형태적 특징을 화살표로 지칭해 하나하나 설명하고 있다는 점에 눈길이 가고, 쉽사리 보기 힘든 수십 혹은 수백 년 전에 그려진 삽화를 고(古)문헌을 확보해 담았다는 점과 해외 학자들로부터 직접 제공받은 다양한 모식표본 사진을 많이 수록한 것은 충분히 주목받을 가치가 있습니다.

저자는 현재 학생들에게 생명과학의 꿈을 키워주고 있습니다. 본 재단 산하 과학박물관에서 과학교육연구원으로 일하며 과학전시와 과학교육을 진행하고 있습니다. 가까운 미래에 생명공학산업이 으뜸 산업으로 성장할 것이므로 우리나라의 학생들에게 생명과학 실험실습교육은 무엇보다도 중요하다는 신념을 가지고 그 선두에서 저자는 또 하나의 미래를 개척하고 있습니다. 곤충 분야는 주요한 미래 산업입니다. 곤충을 좋아하는 저자가 만든 이 책이 곤충에 관심 많은 여러 사람들에게 큰 도움이 되기를 기원합니다.

2011년 12월

21세기생명과학문화재단 이사장

정구민, Ph. D.

이 책에 정리한 100종 48아종 15불분명종에 대해

'종(species)'은 실질적으로 존재하지만, 그 위의 분류 등급인 '속(genus)'부터는 사람이 정한 기준이기 때문에 연구자마다 의견이 다를 수 있고, 실제로도 그렇다.

이 책에서 '100종 48아종 15불분명종'으로 정리한 것은 학자들의 의견이 일치하지 않는 혼란스러운 종류의 경우 가능한 최신 논문에 실린 정보를 참고했고, 연구자들의 현재 의견이 다르더라도 출판물로 정식 발표되지 않았다면 기존에 출판된 내용을 기준으로 삼은 것이다.

예를 들어 12장에 실린 코끼리장수풍뎅이속(*Megasoma*) 기에스코끼리장수풍뎅이(*M. gyas*)의 2아종(sspp. *rumbucheri, porioni*)을 원명아종(ssp. *gyas*)의 동물이명(synonym)으로 여기는 연구자들이 있지만, 아직 이에 관련된 논문이 출판되지 않았기 때문에 이 책에서는 유효 48아종 내에 포함시켰다. 15불분명종은 9장 애왕장수풍뎅이속(*Xylotrupes*)으로 분류되는 종류들이 해당되며, 이들은 비록 정식 발표되었지만 모식표본의 검증이 거부되고 있어 확실하게 유효한 종류인지 불분명하다. 15불분명종 중에서도 다른 종의 동물이명인 것으로 명확하게 혹은 잠정적으로 확인된 종류가 몇 있어 15종류보다 적어질 것이 확실하지만, 아직 이 처리에 관한 논문이 발표되지 않았으므로 이 책에서는 15불분명종으로 모두 소개했다.

차 례

머리말(PREFECE) **6**

서언 및 추천사(FOREWORD and RECOMMENDATION) **8**

일러두기(INTRODUCTORY REMARKS) **16**

1장 *Allomyrina* Arrow, 1911 우단장수풍뎅이속 **67**
A. pfeifferi

2장 *Trypoxylus* Minck, 1920 장수풍뎅이속 **73**
T. dichotomus | *T. kanamorii*

3장 *Xyloscaptes* Prell, 1934 다비드장수풍뎅이속 **87**
X. davidis

4장 *Beckius* Dechambre, 1992 삼각장수풍뎅이속 **91**
B. beccarii

5장 *Eupatorus* Burmeister, 1847 오각장수풍뎅이속 **97**
E. hardwickii | *E. siamensis* | *E. birmanicus* | *E. gracilicornis* | *E. sukkiti* | *E. endoi*

6장 *Chalcosoma* Hope, 1837 청동장수풍뎅이속 **113**
C. atlas | *C. chiron* | *C. moellenkampi* | *C. engganensis*

7장 *Haploscapanes* Arrow, 1908 호주장수풍뎅이속 **139**
H. barbarossa | *H. australicus* | *H. inermis* | *H. papuanus*

8장 *Pachyoryctes* Arrow, 1908 굵은남방장수풍뎅이속 **147**
P. solidus | *P. elongatus*

9장 *Xylotrupes* Hope, 1837 애왕장수풍뎅이속 **151**
X. gideon | *X. inarmatus* | *X. sumatrensis* | *X. damarensis* | *X. pachycera*
X. tadoana | *X. pubescens* | *X. lorquini* | *X. philippinensis* | *X. pauliani* | *X. ulysses*
X. macleayi | *X. australicus* | *X. clinias* | *X. falcatus* | *X. carinulus* | *X. telemachos*
X. mniszechii | *X. florensis* | *X. beckeri* | *X. meridionalis* | *X. siamensis* | *X. wiltrudae*
X. rindaae

10장 *Dynastes* MacLeay, 1819 왕장수풍뎅이속 **223**
D. (Dynastes) hercules | *D. (Dynastes) tityus* | *D. (Dynastes) grantii*
D. (Dynastes) hyllus | *D. (Dynastes) moroni* | *D. (Dynastes) maya*
D. (Theogenes) neptunus | *D. (Theogenes) satanas*

11장 *Golofa* Hope, 1837 톱뿔장수풍뎅이속 **273**
G. (Mixigenus) tersander | *G. (Mixigenus) pusilla* | *G. (Praogolofa) unicolor*
G. (Praogolofa) inermis | *G. (Praogolofa) testudinaria* | *G. (Praogolofa) minuta*
G. (Golofa) clavigera | *G. (Golofa) aegeon* | *G. (Golofa) incas* | *G. (Golofa) porteri*
G. (Golofa) solisi | *G. (Golofa) pizarro* | *G. (Golofa) eacus* | *G. (Golofa) gaujoni*
G. (Golofa) spatha | *G. (Golofa) pelagon* | *G. (Golofa) hirsuta* | *G. (Golofa) costaricensis*
G. (Golofa) imbellis | *G. (Golofa) cochlearis* | *G. (Golofa) argentina* | *G. (Golofa) wagneri*
G. (Golofa) antiqua | *G. (Golofa) paradoxa* | *G. (Golofa) globulicornis*
G. (Golofa) obliquicornis | *G. (Golofa) henrypitieri* | *G. (Golofa) tepaneneca*
G. (Golofa) xiximeca

12장 *Megasoma* Kirby, 1825 코끼리장수풍뎅이속 **317**
M. actaeon | *M. janus* | *M. mars* | *M. elephas* | *M. occidentalis* | *M. nogueirai* | *M. gyas*
M. anubis | *M. pachecoi* | *M. punctulatus* | *M. sleeperi* | *M. lecontei* | *M. cedrosa*
M. thersites | *M. vogti* | *M. joergenseni*

13장 *Augosoma* Burmeister, 1847 아프리카장수풍뎅이속 **357**
A. centaurus | *A. hippocrates*

참고문헌(REFERENCES CITED) **362**

찾아보기(INDEX) **367**

일러두기
(INTRODUCTORY REMARKS)

국명 표기에 대해

이 책에 소개된 장수풍뎅이들의 한국명은 국내 연구자들 사이에서 일반적으로 쓰이는 이름과 일본의 공식 일어 명칭 및 학명에서 라틴 종명의 의미를 고려해 적절하다고 여겨지는 것을 선택했다. 일종의 가칭이라고 볼 수 있으며, 그 이유는 외국 분포 곤충의 경우 한국식 공식 명칭이 정해져 있지 않기 때문이다. 일본의 경우 일본에 서식하지 않는 곤충이라 해도 일본어 공식 명칭이 대부분 붙여진 것을 볼 때, 공식적인 한국명을 제시할 수 없는 현실이 아쉽다. 이 책에 제시된 장수풍뎅이들의 한국명을 그대로 사용할지는 전적으로 독자의 판단에 따르면 된다.

한글 표기에 대해

장수풍뎅이의 종별 이름과 해외의 인물 이름을 한글로 표기할 때에는 최대한 어원의 발음을 그대로 적용하고자 했다. 예를 들어 학명에서 라틴 종명 표기가 *hyllus* (힐루스)인데 한국어 명칭에서 '힐로스'로 표기한 이유는, *hyllus*의 본래 어원이 그리스어 *hyllos* (힐로스: 그리스 신화에 등장하는 영웅 헤라클레스의 아들)이기 때문이다. 다른 예로 덴마크의 채집가 이름인 Joergensen의 경우 영어식으로는 '요르겐센'으로 표기하는 것이 보통이겠으나 덴마크어로는 '요한슨'과 가깝기에 모국어의 발음과 비슷하게 표기했다.

모식표본 및 삽화에 대해

장수풍뎅이류를 다룬 과거의 수많은 논문 중에서, 신종 혹은 신아종이 발표되면서 그에 대한 흑백 또는 천연색 삽화가 논문에 수록되어 있을 경우에는 출판물의 저작권을 침해하지 않는 범위 내에서 최대한 이를 발췌해 포함시켰고, 저작권 침해 가능성이 있을 경우는 저자가 삽화를 참고해 그린 것을 수록했다. 또한 저자가 표본을 확보하지 못한 몇몇 진귀한 종은 그 종을 발표한 학자에게 협조를 구해 최초 발표된 논문에 증빙으로 사용되었던 모식표본 사진을 제공받아 수록했다.

분류학 용어 및 정의

종(種, species, sp.)

종을 설명하는 데에는 여러 이론이 있으나, 현대 생물학에서는 마이어(Mayr)가 제창한 '생물학적 종의 개념(biological species concept)'을 정설로 여기는 편이다. 이는 어떠한 두 개체가 '생식적 격리(reproductive isolating mechanism)'라 일컫는 현상 없이 자연적으로 번식해 자손을 낳아 세대를 유지할 수 있을 때 서로 같은 종이라는 설이다. 예를 들어 암수의 생식기가 서로 교미 불가능할 정도로 형태가 판이하게 다르다거나, 또는 생식기 형태가 거의 비슷하고 유전적인 특성이 비슷해도 이들이 각자 주행성 또는 야행성이어서 활동하는 시간대가 다르다면 서로 만날 가능성이 적은데, 이는 '교미 전(前) 격리 기작'의 예다. 또한 수컷 사자와 암컷 호랑이는 잡종을 낳을 수는 있지만 이 잡종 개체들은 수정할 수 없어서 다음 세대가 지속적으로 유지될 수 없으며, 이는 '교미 후(後) 격리 기작'의 예다. 즉, 생물학적 종의 개념은 교미 전후의 생식적 격리 기작 없이 지극히 자연적으로 번식해 세대를 이어나갈 수 있을 때 최초의 두 개체가 서로 같은 종이라고 여기는 이론이다.

아종(亞種, subspecies, ssp.)

지리적인 요인(높은 산맥, 폭이 넓은 강, 섬의 분화 등)으로 인해 오랜 세월 동안 같은 종의 무리 사이에 격리가 이루어져서 형태에 변화가 일어난 지역별 개체군을 뜻한다. 예를 들어 한국에서 중국까지 널리 분포하는 장수풍뎅이(*Trypoxylus dichotomus dichotomus*)와는 달리, 대만에 분포하는 장수풍뎅이(*Trypoxylus dichotomus tsunobosonis*)는 가슴뿔이 더 가늘게 발달하는 형태적 차이가 있어 아종이 된다. 아종이 다르게 분류되더라도 생물학적으로 같은 종이기 때문에 번식에는 문제가 없으나, 서식지는 격리되어 있어 자연적인 상태에서 서로 만날 가능성은 없다. 만약 인위적으로 교미가 이뤄진다면 각 아종들의 유전적으로 고유한 특성이 소멸될 위험성이 있다. 한편 여러 아종들이 기재되어 있을 경우 그 중에서 최초로 발표되었던 종류는 종명과 아종명이 서로 같게 되며, 이를 '원명아종(原名亞種)'이라고 표현한다. 예를 들어 위에서 언급했던 한국, 중국에 분포하는 장수풍뎅이가 바로 종명(*dichotomus*)과 아종명(*dichotomus*)이 같은 원명아종이다.

속(屬, genus)

서로 근연 관계에 있는 종들을 모아서 인위적으로 만든 범주(category)다. 한 속에 단 한 종이 포함되는 경우도 있고(monotypy, 1속 1종), 수십 종이 포함될 수도 있다. 이러한 속들이 모여 족(族, tribe)을 이루고, 더 나아가서는 이보다 더 큰 범주인 아과(亞科, subfamily)와 과(科, family)를 이룬다. 즉 여기에 수록된 장수풍뎅이족(tribe Dynastini)은 전 세계에 분포하면서 형태 및 진화적으로 유연관계가 큰 장수풍뎅이의 여러 속을 포괄하는 하나의 범주를 일컫는 셈이다. 또한 속과 종 사이에 위치한 분류 등급으로 아속(亞屬, subgenus)이 있는 분류군도 있다. 예를 들어 10장에 수록된 왕장수풍뎅이속(genus *Dynastes*)은 헤라클레스왕장수풍뎅이아속(subgenus *Dynastes*)과 넵투누스왕장수풍뎅이아속(subgenus *Theogenes*) 두 부류로 세밀하게 나누기도 한다.

신종(新種, new species) | 신아종(新亞種, new subspecies)

세계 최초로 발표되는 종과 아종을 뜻한다. 이들이 발표되는 논문을 '원기재문(original designation)'이라 부르며 외부 형태에 대해 자세한 설명을 수록하는 것이 일반적이다. 연구자에 따라서는 그 종의 상세한 삽화 또는 고해상도의 사진을 포함시키기도 하며, 그럴 경우는 종의 형태를 파악하는 데에 큰 도움이 된다. 학술 저널을 통해 심사위원단의 엄격한 심사를 받고 여러 번의 내용 수정을 거쳐 원기재문을 발표하는 것이 정석이지만, 최근에는 곤충 잡지를 통해 신종이나 신아종이 발표되는 경우가 많아지고 있다. 월간 또는 계간 같은 정기간행물에 신종이나 신아종을 발표하는 것이 국제동물명명규약상 원칙적으로는 가능하지만, 학술 저널에서 이루어지는 엄격한 심사 과정이 없는 경우가 많아 정확성 및 신빙성이 다소 떨어지는 경우도 있다.

학명(學名, scientific name) | 이명법(二名法, binomial nomenclature)

국제적으로 통용되는 생물의 이름을 학명이라 하며, 이는 린네(Linnaeus)가 제창했던 이명법을 사용해 표기하는 것이 규칙이다. 이명법은 속명(屬名, genus name)과 종명(種名, species name) 두 가지로 하나의 학명을 완성시키는 방법이며, 그 종을 기재한 명명자 이름과 발표한 연도를 함께 표기하기도 한다. 학명 및 이명법에 있어서 몇 가지 표기법을 간략히 설명하면 아래와 같다.

❶ 속명과 종명은 라틴어를 사용하되 오른쪽으로 기울어진 *이탤릭체*로 쓴다. 이탤릭 표기가 불가능할 경우 밑줄을 사용해 구별하기도 한다.

❷ 속명은 첫 글자만을 알파벳 대문자로 쓰며, 종명은 알파벳 소문자로만 표기한다.
❸ 아종이 있을 경우 종명 뒤에 알파벳 소문자로만 이루어진 아종명을 이어 쓰는 삼명법(三名法)을 사용한다.
❹ 아속이 있을 경우 속명 뒤에 첫 글자만을 알파벳 대문자로 쓴 아속명을 (괄호)로 구분지어 표기한다.
❺ 종을 발표한 명명자 이름은 아종명과 구분하기 위해 첫 글자를 알파벳 대문자로 쓰며 이탤릭체로 쓰지 않는다. 발표된 연도는 명명자 이름 뒤에 표기하며 이 사이에 쉼표(,)를 기입하기도 한다.
❻ 어떠한 명명자가 신종 또는 신아종을 발표한 이후에 후세 연구자에 의해 속(genus)의 위치가 수정될 경우에는 최초 발표한 명명자 이름 및 발표 연도를 반드시 (괄호)로 묶어 표기해야 한다.

■ 이탤릭체로 표기한 학명의 예(아속과 아종이 없는 경우)

***Megasoma occidentalis* Bolívar, Jimenez et Martínez, 1963 서방코끼리장수풍뎅이**
① ② ④

① **속명:** *Megasoma*: 속명의 첫 글자는 알파벳 대문자로 표기한다.
② **종명:** *occidentalis*: 종명은 알파벳 소문자로만 표기한다.
③ **아종명:** 아종명이 없으므로 아종이 아직까지 발표되지 않은 종이라는 것을 알 수 있다.
④ **명명자 이름과 발표 연도:** 3명의 연구자(Bolívar, Jimenez, Martínez)가 공동 연구를 통해 1963년에 발표했다는 뜻이며, 라틴어인 'et'은 영어에서의 and와 같은 의미의 접속사다. 또한 연구자 이름과 연도에 (괄호)가 없으므로 1963년 발표될 당시와 현재의 속명이 변경되지 않았다는 것을 알 수 있다.

■ 밑줄을 표기한 학명의 예(아속과 아종이 있는 경우)

Dynastes (Dynastes) hercules hercules (Linnaeus, 1758) 헤라클레스왕장수풍뎅이
① ② ③ ④ ⑤

① **속명:** Dynastes: 속명의 첫 글자는 알파벳 대문자로 표기한다.
② **아속명:** (Dynastes): 아속명의 첫 글자는 대문자로 표기하고 전체를 (괄호)로 묶는다.
③ **종명:** hercules: 종명은 알파벳 소문자로만 표기한다.
④ **아종명:** hercules: 아종이 있을 경우 아종명은 종명에 이어 알파벳 소문자로만 표기한다. 이 예에서는 종명과 아종명이 똑같기 때문에 원명아종이라는 것을 알 수 있다.
⑤ **명명자 이름과 발표 연도:** 린네(Linnaeus)가 1758년에 발표했으며 명명자 이름과 연도에 (괄호)가 있으므로 이 종이 기재된 1758년 당시에는 디나스테스(*Dynastes*)가 아닌 다른 속으로 발표했었다는 것을 알 수 있다. 실제로 린네는 헤라클레스왕장수풍뎅이를 스카라비우스(*Scarabaeus*)속으로 발표했고, 영국의 학자인 맥클레이(MacLeay)가 1819년에 현재의 속명(*Dynastes*)으로 재분류했다.

모식종(模式種, type species)

특정 속을 대표하는 종으로, 속에 한 종만 포함되어 있을 경우는 자동적으로 그 종이 모식종이 된다(monotypy, 1속 1종). 그러나 여러 종이 포함되어 있을 때에는 그 속에서 가장 먼저 발표되었던 종이 모식종으로 간주된다. 예를 들어 6장에 수록된 청동장수풍뎅이속(genus *Chalcosoma*)의 모식종은 현재까지 알려진 청동장수풍뎅이 4종 중에서 최초로 발표된 아틀라스청동장수풍뎅이(*C. atlas*)다.

모식표본(模式標本, type specimen)

연구자가 신종, 신아종을 발표할 때 증빙으로 삼는 표본이다. 모식표본 선정이 중요한 이유는 기재자의 원기재문만으로는 완벽하게 종의 형태를 이해하기 어려운 경우가 많기 때문이다. 모식표본은 기재할 당시의 상황에 따라 1개체가 될 수도 있고 수십 개체가 될 수도 있으며 대략적으로 다음과 같은 종류가 있다.

- **완모식표본(完模式標本, holotype)**

  신종, 신아종의 형태를 객관적인 증빙으로 남기기 위해 지정하는 단 1개체의 표본을 뜻한다. 그 종을 상징하는 가장 중요한 기준이 되는 동시에 반드시 선정해야 하는 필수적인 요소라고 할 수 있으며, 현재의 국제동물명명규약에서는 완모식표본을 지정하지 않고 신종, 신아종을 발표할 경우 그 기재 자체를 무효로 간주한다. 장수풍뎅이류 대부분은 수컷에서 그 종의 고유한 특징이 잘 나타나기 때문에, 암컷만 발견되고 수컷이 알려지지 않은 상태를 제외하고는 거의 수컷을 완모식표본으로 선정한다.

- **별모식표본(別模式標本, allotype)**

  완모식표본과 반대되는 성별을 지닌 표본이다. 예를 들어 수컷이 완모식표본일 경우에는 암컷을 별모식표본으로 지정할 수 있다. 그러나 반드시 선정해야 하는 완모식표본과는 달리 별모식표본은 꼭 지정하지 않아도 된다.

- **부모식표본(副模式標本, paratype)**

  신종, 신아종을 발표할 때 증빙으로 사용한 표본들 중 완모식표본(혹은 별모식표본까지)을 제외한 나머지 표본들을 일컬으며 명명상의 영향을 주지는 않는다. 예를 들어 수컷 3개체와 암컷 2개체로 신종을 기재할 예정이고 별모식표본도 지정할 예정이라면, 암수 각각 1개체씩을 제외한 나머지 수컷 2개체와 암컷 1개체가 부모식표본으로 선정될 수 있다.

- **총모식표본(總模式標本, syntype)**

  신종, 신아종을 발표할 때 연구 재료로 활용한 2개체 이상의 표본들을 뜻한다. 일반적으로 완모식표본을 포함한 여타 모식표본들의 절대적인 개념이 대두되기 이전에 발표되었던 종들의 경우에는 연구에 사용된 모든 표본을 총모식표본으로 인정하는 편이다.

- **후모식표본(後模式標本, lectotype)**

  국제동물명명규약의 효력이 본격적으로 시작되기 전에 발표되었던 종의 경우 완모식표본이 없고 총모식표본이 있는 경우가 많다. 후모식표본은 그 종을 재검토하는 후세의 연구자가 총모식표본들 중에서 1개체를 선정해 완모식표본에 상응하는 분류학적 가치를 부여하는 표본이다. 이 때 선정된 1개체의 후모식표본을 제외하고 나머지 총모식표본들이 존재할 경우 이들은 자동적으로 부후모식표본(副後模式標本, paralectotype)으로 지정된다.

모식지(模式地, type locality)
모식표본이 채집된 장소를 뜻하며 그 종의 이름을 모식지명을 따서 짓는 경우도 많다. 예를 들어 11장에 수록된 코끼리장수풍뎅이속(genus *Megasoma*)으로 분류되는 '세드로스코끼리장수풍뎅이(*M. cedrosa*)'의 라틴어 종명인 케드로사(*cedrosa*)는 이 종의 모식지인 멕시코 서부 연안의 '세드로스 섬(Cedros Island)'에서 따온 것이다.

동물이명(同物異名, synonym) | 동명이물(同名異物, homonym)
신종, 신아종을 발표할 때에는 학명을 짓게 되는데, 훗날 다른 연구자가 똑같은 종류에 대해 다른 학명을 부여했을 때 이를 동물이명이라 한다. 이런 상황은 앞선 발표에 대한 철저한 문헌조사가 이루어지지 않아서 이미 기재된 종이라는 것을 후세의 연구자가 인식하지 못해 발생한다. 동명이물은 이와 반대로 학명은 같지만 종류가 다른 경우를 말한다. 국제동물명명규약에서는 시기상으로 먼저 발표된 학명이 유효하다는 선취권(priority)을 인정하며, 조금이라도 뒤늦게 발표된 이름은 전부 동물이명 혹은 동명이물로 처리된다.

동정(同定, identification)
생물을 관찰한 후에 그것이 정확히 어떤 학명 또는 국명을 지닌 생물인지 판단내리는 것이다. 예를 들어 제주도에서 뿔이 길게 나 있고 그 뿔을 포함한 몸길이가 70㎜를 넘는 대형 풍뎅이류를 채집한 후에 각종 문헌이나 도감을 참고해 그것이 '장수풍뎅이'라는 한국명을 가진 곤충이라는 것을 알아냈다면 그 개체를 '동정'한 것이다.

세계의 장수풍뎅이를 주제로 한 국내외 주요 자료

"I feel like an old war-horse at the sound of a trumpet when I read about the capture of rare beetles(희귀한 딱정벌레가 채집되었다는 내용을 접할 때마다 내 마음은 마치 나팔소리를 들은 늙은 군마(軍馬)처럼 뛴다.)."

_Charles Robert Darwin (찰스 다윈)

생물진화론을 제창해 현재까지도 그 업적을 널리 칭송받는 영국의 유명한 생물학자 찰스 다윈은 열정적으로 딱정벌레 표본을 모으는 수집가이기도 했다. 그가 언급한 위의 어구는 딱정벌레에 큰 흥미를 느꼈던 그의 마음을 잘 표현하고 있다. 이렇듯 딱정벌레목은 과거부터 여러 연구자들의 관심을 받아 왔고 주요 연구 대상이 되었으며, 그 중 유난히 크고 멋진 뿔이 있는 장수풍뎅이는 특별한 관심을 받았다.

전 세계에 분포하는 장수풍뎅이아과(Dynastinae)에 대해 다룬 논문은 세계 각국의 연구자들에 의해 여러 차례 발표되어 왔다. 그 중 대표적인 하나가 부르마이스터(Burmeister)가 집필해 1847년에 발표한 〈곤충학, Handbuch der Entomologie〉으로, 그는 세계의 장수풍뎅이를 350여 종으로 정리했고 수많은 속을 새로이 기재했다.

그 이후 세계의 장수풍뎅이를 다룬 최고의 자료로 현재까지 손꼽히는 것은 엔드로에디(Endrödi)가 집필하고 그의 사망(1984년) 이듬해인 1985년에 유작으로 발표된 〈세계의 장수풍뎅이아과, The Dynastinae of the World〉다. 수많은 표본 사진을 포함해 총 800여 쪽에 달하는 방대한 분량으로 장수풍뎅이족(Dynastini)을 포함한 전 세계의 장수풍뎅이를 1,366종으로 정리한 이 책은, 장수풍뎅이 연구자들이 지침서(Bible)로 여길 정도로 유명하다.

오직 장수풍뎅이족(Dynastini)을 다룬 자료로서 유명한 것은 라숌(Lachaume)이 엔드로에디의 책과 같은 시기인 1985년에 발표한 〈장수풍뎅이족 1, Dynastini 1〉이다. 프랑스에서 발행되는 세계의 딱정벌레 도감 시리즈(Les Coléoptères du Monde Sciences Nat.) 중에서 장수풍뎅이족이 수록된 첫 번째 단행본으로, 아메리카 대륙에 분포하는 왕장수풍뎅이속(*Dynastes*), 코끼리장수풍뎅이속(*Megasoma*), 톱뿔장수풍뎅이속(*Golofa*)에 대한 사진과 설명이 실려 있다. 특히 인터넷에서 사진조차 찾아볼 수 없는 진귀한 종들의 사진이 다수 수록되어 있다. 그러나 다른 대륙의 10속에 대해 다루지 않은 것이 아쉽다.

1990년대에 이르러 전 세계의 장수풍뎅이 전반을 다룬 서적은 미주누마(Mizunuma)가 1999년에 발표한 〈대형 딱정벌레들, Giant Beetles〉이 유명하다. 종류마다 자세한 설명이 수록되지는 않았지만 실물 크기의 사진이 많이 포함되어 있다. 같은 종의 소형, 중형, 대형 개체 사진이 비교되어 그 종의 크기별 형태를 쉽게 파악할 수 있도록 배려한 것이 가장 큰 장점이다. 단, 학계에 알려진 전 종을 수록하지 않은 것이 아쉬움으로 남는다.

국내의 경우 세계의 장수풍뎅이에 대해 집중적으로 다루었던 자료는 손민우가 집필해 2009년에 발행된 〈세계의 장수풍뎅이 대도감, The Dynastid Beetles of the World〉이 유일하다. 장수풍뎅이아과에 포함되는 여러 하위분류군 중에서 일반적으로 잘 알려진 75종이 수록되었으며, 높은 품질의 표본 사진이 주목할 만하다.

장수풍뎅이족(Dynastini)의 모식표본을 소장한 해외 박물관 중 이 책 본문에 등장하는 곳

독일

베를린 자연사 박물관(훔볼트 대학교 자연사 박물관, Museum für Naturkunde der Humboldt Universität, Berlin.)

미국

뉴멕시코대학교 생물학 박물관(Museum of Southwestern Biology, University of New Mexico, Albuquerque.)
뉴욕 자연사 박물관(American Museum of Natural History, New York.)
네브라스카 주립대학교 자연사 박물관(University of Nebraska State Museum, Lincoln.)
캘리포니아 과학아카데미(California Academy of Sciences, San Francisco.)
스미소니언 국립 자연사 박물관(United States National Museum, Smithsonian Institution, Washington D.C.)

벨기에

브뤼셀 왕립 자연사 박물관(Institut Royal des Sciences Naturelles, Brussels.)

영국

대영 박물관(The British museum, London.)
런던 자연사 박물관(The Natural History Museum, London.)
스코틀랜드 왕립 박물관(The National Museum of Scotland, Edinburgh, Scotland.)

오스트레일리아

노던 준주 박물관(Museum and Art Gallery of the Northern Territory, Darwin.)

프랑스

파리 국립 자연사 박물관(Muséum National d'Histoire Naturelle, Paris.)

헝가리

부다페스트 자연사 박물관(Hungarian Natural History Museum, Budapest.)

이 책에 언급된 주요 연구자

그로시(Everardo J. Grossi & Paschoal C. Grossi)

브라질 곤충학자 부자(父子). 에베라르도 그로시(E. J. Grossi)는 임상병리학을 전공한 병리학자 겸 프리랜서 곤충연구자로 남미 대륙에 서식하는 장수풍뎅이 전반을 연구하며, 그의 아들 파스쿠알 그로시(P. C. Grossi)는 브라질 파라나 연방대학교 동물학과에서 브라질에 서식하는 풍뎅이과 및 사슴벌레과에 대한 분류학적 연구를 수행하고 있다.

나가이(Shinji Nagai)

일본 곤충학자. 일본 에히메대학교 농학부에서 세계의 풍뎅이과 및 사슴벌레과를 연구했으며, 230여 종에 이르는 방대한 신종과 신아종을 발표했다. 현재는 프리랜서 연구자로 활동하고 있다.

드뤼몽(Alain Drumont)

벨기에 곤충학자. 벨기에 왕립 자연사 박물관의 곤충 큐레이터이며 전공 분야는 구북구 지역(Palaearctic region)에 서식하는 장수풍뎅이아과에 대한 분류학적 연구다. 최근에는 구북구와 동양구(Oriental region)에 분포하는 하늘소과에 대해서도 연구하고 있다.

드샹브르(Roger-Paul Dechambre)

프랑스 곤충학자. 파리 국립 자연사 박물관의 곤충 큐레이터로 활동하면서, 수많은 딱정벌레목 신종을 발표한 연구자다. 퇴임 후에도 왕성한 활동을 펼치며 최근(2005년)에 오스트레일리아에 서식하는 장수풍뎅이아과 전 종을 분류학적으로 정리한 도감을 발간했다.

라숌(Gilbert Lachaume)

프랑스 환경연구가이자 곤충학자. 남미 대륙에 서식하는 딱정벌레목을 중점적으로 연구한다. 파리 국립 자연사 박물관에서 일했으며, 현재는 프리랜서 연구자로 페루 자연사 박물관과 협력해 연구하고 있다.

라트클리프(Brett C. Ratcliffe)

미국 곤충학자. 중남미에 서식하는 장수풍뎅이아과의 형태학적 분류를 연구하며 160여 종에 이르는 신종을 발표했다. 미국에서 가장 전문적인 풍뎅이 연구 조직인 '팀 스카라브(Team Scarab)'를 이끌고 있으며, 현재 미국 네브라스카 주립대학교 자연사 박물관 큐레이터 겸 곤충학과 교수다.

레드텐바허(Ludwig Redtenbacher 1814-1876)

오스트리아 곤충학자이자 의사. 1860년에 비엔나 자연사 박물관장을 지냈으며 특히 오스트리아의 유명한 여성 탐험가인 파이퍼(Ida Laura Pfeiffer)가 세계를 탐험하며 채집한 수많은 곤충들을 검토해 많은 신종을 발표했다.

로우랜드(J. Mark Rowland)

미국 곤충학자. 아시아에 서식하는 장수풍뎅이아과를 연구하며 특히 애왕장수풍뎅이속(*Xylotrupes*)이 주 연구 분야다. 장수풍뎅이아과 연구자 대부분이 형태학적 측면에서 연구하는 반면 그는 DNA 염기서열에 기초한 분자생물학적 연구도 병행한다. 현재 미국 뉴멕시코대학교 생물학과 연구교수다.

르콩트(John LeConte 1825–1883)

미국 곤충학자. 딱정벌레과(family Carabidae)로 분류되는 20종류의 신종을 묘사하는 자료가 그의 첫 곤충학 논문이었는데, 당시 그는 19세였다. 1883년에 생을 마감하기 전까지 200여 편이 넘는 방대한 논문들을 저술했으며 북아메리카에 서식하는 딱정벌레류 신종 약 270종을 발표했다.

린네(Carl Linnaeus 1707-1778)

스웨덴 식물학자이자 곤충학자. 생물분류학의 아버지라 일컬으며 그가 제창한 생물 학명 표기법인 '이명법(二名法, binomial nomenclature)'은 1758년 이래 현재까지 널리 쓰이고 있다.

모론(Miguel A. Morón)

멕시코 곤충학자. 남미 대륙에 서식하는 풍뎅이과를 연구한다. 멕시코 베라크루즈 환경연구소 연구원이며, 특히 장수풍뎅이아과 유충 분야에서 독보적인 연구를 펼치고 있다.

엔드로에디(Sebö Endrödi 1903-1984)

헝가리 곤충학자. 부다페스트 자연사 박물관에서 일하며 총 231편의 논문을 발표했다. 특히 그가 사망한 이듬해인 1985년에 발표된 〈세계의 장수풍뎅이아과, The Dynastinae of the World〉는 현재까지 장수풍뎅이 연구자들에게 지침서로 통한다.

부르마이스터(Hermann Burmeister 1807-1892)

독일 철학자이자 의사이며 곤충학자. 총 75편에 이르는 곤충학 논문을 발표했으며 1862년부터 사망하기 전까지 약 30년 간 부에노스아이레스 자연사 박물관장을 지냈다.

베이츠(Henry W. Bates 1825-1892)

영국 곤충학자. 남미 대륙에 서식하는 풍뎅이과를 연구했으며 총 494종에 이르는 방대한 신종을 발표했다. 포식자에게 해롭지 않은 곤충이 포식자에게 해로운 다른 종의 형태를 모방하는 것을 일컫는 '베이츠형 의태(Batesian mimicry)'를 제창했다.

빌러스(Joahim Willers)

독일 곤충학자. 베를린 자연사 박물관 큐레이터로 일하며, 그곳에 소장된 딱정벌레목 표본을 관리 및 연구한다.

샬뤼모(Fortuné Chalumeau)

프랑스 곤충학자. 서인도 제도(West Indies)에 분포하는 딱정벌레목의 분류학적 연구를 수행한다.

실베스트르(Guy Silvestre)

프랑스 곤충학자. 프리랜서로 활동하고 있으며 1995년부터 장수풍뎅이에 대한 논문을 발표하기 시작해 현재까지 20여 편을 발표했다. 애왕장수풍뎅이속(*Xylotrupes*)을 비롯한 동남아시아 및 호주의 소형 장수풍뎅이류(genus *Dipelicus*)를 주로 연구하고 있다.

아르노(Patrick Arnaud)

프랑스 곤충학자. 프리랜서로 활동하며 주로 남미 대륙의 풍뎅이과를 연구한다. 프랑스에서 발행하는 딱정벌레 학술 저널인 〈비소이로, Besoiro〉를 편집 및 출판한다.

아바디(Esteban I. Abadie)

아르헨티나 곤충학자. 국립 로자리오 대학교(Universidad Nacional de Rosario)에서 남미 대륙에 서식하는 풍뎅이과에 대한 분류학적 연구를 수행한다.

올리비에(Guillaume-Antoine Olivier 1756-1814)

프랑스 수의학자이자 곤충학자. 1792년부터 페르시아(현재의 이란)를 비롯한 아시아 지역을 6년 간 탐험하면서 채집한 곤충을 검토해 다수의 신종을 발표했으며, 1800년부터 사망하기 전까지 프랑스 알포르 국립 수의 학교(Alfort National Veterinary School)의 교수로 지냈다.

애로우(Gilbert J. Arrow 1873-1948)

영국 곤충학자. 런던 자연사 박물관의 동물학 부서에서 일하며 수많은 딱정벌레 신종을 발표했다. 65세에 퇴임한 이후에도 그곳에서 자원봉사하며 사망하기 몇 주 전까지도 연구에 전념한 것으로 유명하다.

톰슨(James Thomson 1828-1897)

미국 태생의 프랑스 박물학자이자 곤충학자. 프랑스 곤충 학회(Société entomologique de France) 회원으로 활동하면서 하늘소과, 비단벌레과, 사슴벌레과, 풍뎅이과의 방대한 표본을 수집했다.

파브리시우스(Johann C. Fabricius 1745-1808)

덴마크 곤충학자. 생물분류학이 본격적으로 대두되기 시작한 시기에 활약했던 연구자로, 총 234종에 이르는 딱정벌레류 신종을 발표했다.

폴리안(Renaud Paulian 1913-2003)

프랑스 곤충학자. 풍뎅이과에 대한 분류학적 연구를 수행했으며 총 350여 편이 넘는 논문을 발표했다. 프랑스 과학원(Académie des sciences) 위원으로도 활동했다.

카트라이트(Oscar L. Cartwright 1900-1983)

미국 곤충학자. 1963년부터 스미소니언 국립 자연사 박물관의 큐레이터로 활동하면서 총 86편의 논문을 발표했고 130여 종에 이르는 딱정벌레 신종을 발표했다.

크렐(Frank-Thorsten Krell)
독일 태생의 미국 곤충학자. 런던 자연사 박물관에서 일하다가 현재는 미국 덴버 자연과학 박물관 큐레이터 겸 국제 동물명명규약(ICZN) 위원으로 활동하며 딱정벌레목 전반에 대한 분류 및 생태를 연구하고 있다.

호프(Frederick W. Hope 1797-1862)
영국 곤충학자. 린네 학회 연구원으로 활동하면서 60여 편이 넘는 곤충학 논문을 발표했다. 런던 동물 학회(Zoological Society of London)를 설립했으며 런던 곤충 학회(Entomological Society of London)장을 지냈다.

홀리(Luis J. Joly)
베네수엘라 곤충학자. 딱정벌레목 전반을 연구하며, 특히 베네수엘라에 서식하는 장수풍뎅이아과 분포상에 대한 연구를 수행한다. 현재 카라카스 중앙대학교(Universidad Central de Venezuela) 교수 겸 부설 박물관 큐레이터다. 이 박물관은 베네수엘라 최대의 곤충 표본관으로 유명하다.

장수풍뎅이족의 분류

현재 동물의 분류체계는 종(種, species)-속(屬, genus)-과(科, family)-목(目, order)-강(綱, class)-문(門, phylum)-계(界, kingdom)의 7가지 범주로 나누는 것이 보통이고, 종의 하위 단계로 아종(亞種, subspecies), 속과 과 사이에 족(族, tribe), 아과(亞科, subfamily) 등 더 세밀하게 분류하기도 한다.

이 책에서 다루는 장수풍뎅이족(tribe Dynastini)은 딱정벌레목(order Coleoptera)의 풍뎅이과(family Scarabaeidae)에 속하는 분류 등급인 장수풍뎅이아과(subfamily Dynastinae)를 구성하는 하위분류군이다. 아과의 범주가 아닌 과(family Dynastidae)로 분류하는 학자도 있지만 최근 경향은 아과로 분류한다.

장수풍뎅이족의 종은 발목마디(tarsus)의 길이가 종아리마디(tibia)와 거의 비슷하거나 더 긴 것이 특징이며 수컷은 다양한 형태로 잘 발달한 머리뿔과 가슴뿔이 있고 암컷은 뿔이 아예 없거나 매우 짧은 경우도 있다. 즉 종들 대부분이 암컷과 수컷의 형태가 판이하게 다른 성적이형(性的異形, sexual dimorphism)을 나타낸다. 학자마다 의견 차가 있지만, 일반적으로는 13개 속으로 나누며 분포 지역에 따라 구분한 목록은 다음과 같다. 속명의 알파벳 순서대로 배열했으나 분류학적으로 서로 가까운 관계로 여겨지는 속(*Allomyrina*, *Trypoxylus*, *Xyloscaptes* 3속과 *Beckius*, *Eupatorus* 2속)은 연이어 배열했다.

Kingdom **Animalia** Linnaeus, 1758	동물계
Phylum **Arthropoda** Latreille, 1829	절지동물문
Class **Insecta** Linnaeus, 1758	곤충강
Order **Coleoptera** Linnaeus, 1758	딱정벌레목
Family **Scarabaeidae** Latreille, 1802	풍뎅이과
Subfamily **Dynastinae** MacLeay, 1819	장수풍뎅이아과
↑	
Tribe **Dynastini** MacLeay, 1819	장수풍뎅이족
↓	
총 13속	

아시아, 오스트레일리아에 분포하는 분류군(9속)

Genus ***Allomyrina*** Arrow, 1911	우단장수풍뎅이속
Genus ***Trypoxylus*** Minck, 1920	장수풍뎅이속
Genus ***Xyloscaptes*** Prell, 1934	다비드장수풍뎅이속
Genus ***Beckius*** Dechambre, 1992	삼각장수풍뎅이속
Genus ***Eupatorus*** Burmeister, 1847	오각장수풍뎅이속
Genus ***Chalcosoma*** Hope, 1837	청동장수풍뎅이속
Genus ***Haploscapanes*** Arrow, 1908	호주장수풍뎅이속
Genus ***Pachyoryctes*** Arrow, 1908	굵은남방장수풍뎅이속
Genus ***Xylotrupes*** Hope, 1837	애왕장수풍뎅이속

북아메리카, 중앙아메리카, 남아메리카에 분포하는 분류군(3속)

Genus ***Dynastes*** MacLeay, 1819	왕장수풍뎅이속
Genus ***Golofa*** Hope, 1837	톱뿔장수풍뎅이속
Genus ***Megasoma*** Kirby, 1825	코끼리장수풍뎅이속

아프리카에 분포하는 분류군(1속)

Genus ***Augosoma*** Burmeister, 1847	아프리카장수풍뎅이속

장수풍뎅이족(Dynastini)의 속 검색표

장수풍뎅이족(Dynastini)에 대한 형태적인 측면의 간략한 설명 및 여기에 포함되는 13개 속에 대한 분류 검색표로, 헝가리의 학자 엔드로에디(Endrödi)가 집필해 1985년에 출판된 〈세계의 장수풍뎅이아과, The Dynastinae of the World〉의 내용에서 추가 및 보완했다.

tribe Dynastini MacLeay, 1819 장수풍뎅이족

This tribe includes the biggest species of the whole subfamily Dynastinae. Most species display very strong sexual dimorphism. Horns of males often very long, head and pronotum in females usually almost absent. Fore legs of males mostly longer than in females. Also elytra in many species different: in male smooth, in female strongly sculptured. Mandible mostly incised on apex, outer side straight or lobed. Antennae 10-jointed, club in both sexes short. Form of prosternal process highly variable. Propygidium either with or without stridulatory area.

장수풍뎅이아과 최대 종들을 포함하는 족이다. 대부분 종에서 암수 형태가 다른 성적이형 현상이 뚜렷하게 나타난다. 머리와 앞가슴등판에 있는 수컷의 뿔은 간혹 매우 길지만 암컷은 거의 없다. 앞다리는 수컷이 암컷보다 대부분 길다. 또한 각 종의 앞날개 재질이 다양하다. 수컷은 매끄러운 편이고 암컷은 대부분 거칠다. 턱은 끝 부분이 갈라지고 바깥면은 곧거나 여러 엽으로 겹쳐 있다. 더듬이마디는 10개이고 끝 부분 곤봉 형태는 암수 모두 짧다. 앞가슴배판 돌기 형태는 종마다 다양하다. 배 끝 마디에 마찰음을 낼 수 있는 부위가 있거나 없는 경우도 있다.

*참고
- 괄호 안에 표기된 속은 시기적으로 더 늦게 발표되어 현재 통용되지 않는 명칭을 참고로 수록한 것이다.
- 읽는 방법의 예: 1 (↔ 3), 2 (↔ 4)
  어떠한 개체의 특징이 1번 내용과 일치하지 않을 경우, 화살표(↔)에 표기된 3번 형질로 이동한다. 만약 1번 형질과 일치할 경우에는 1번의 아래 번호(2번)로 이동해 특징을 비교한다. 2번 형질과 개체의 특징이 일치하지 않을 경우 2번 옆의 화살표(↔)에 표기된 4번 형질로 이동한다.

1 (↔ 18) (동남)아시아에서 오스트레일리아 일대까지 서식한다.

2 (↔ 17) 전체적인 몸 표면에 녹색이 감도는 금속성 광택이 없다.

3 (↔ 4) 암수 모두 앞날개에 벨벳 같은 황갈색 잔털이 있다. 수컷 머리뿔은 두 갈래로 갈라졌다. 암컷 이마에는 돌기가 0~1개 있다.

Allomyrina Arrow, 1911 우단장수풍뎅이속

4 (↔ 3) 오스트레일리아 또는 파푸아뉴기니에 서식한다.

5 (↔ 6) 턱의 끝 부분은 갈라지지 않는다. 수컷 머리뿔은 짧으며 암컷은 돌기 형태다. 수컷 앞가슴등판에 돌기 2개 또는 뿔이 있으며 암컷은 단순히 볼록하다. (*Liteupatorus* Prell, 1911)

***Haploscapanes* Arrow, 1908 호주장수풍뎅이속**

6 (↔ 5) 턱이 두 갈래로 갈라진다.

7 (↔ 8) 턱의 끝 부분이 갈라져 있다. 머리방패는 넓으면서도 얇게 오목하다. 수컷 머리뿔 및 가슴뿔 끝은 두 갈래로 갈라졌고 머리뿔 끝 부분 뒤쪽에 작은 돌기가 있기도 한다. 암컷 이마에는 작은 돌기가 2개 있다. 수컷 앞날개에는 잔털이 없는 경우가 많고 암컷은 거의 있다. 수컷 앞다리 종아리마디는 암컷보다 조금 가늘다. (*Endebius* Lansberge, 1880)

***Xylotrupes* Hope, 1837 애왕장수풍뎅이속**

8 (↔ 7) 턱의 끝 부분은 갈라지지 않고 단순하다.

9 (↔ 10) 앞가슴 뒤쪽 중앙에 삼각형 혹이 있으며 앞쪽 절반 정도가 경사진다. 몸은 폭넓고 좌우 평행이다. 수컷 머리에는 길고 뾰족한 뿔이 있다. 암컷 이마에는 뭉툭한 돌기가 있으며 앞가슴은 주름졌고 점각이 있다.

***Pachyoryctes* Arrow, 1908 굵은남방장수풍뎅이속**

10 (↔ 9) 형질이 위 내용과 다르다.

11 (↔ 12) 수컷 머리뿔은 두 갈래 또는 네 갈래로 갈라졌다. 머리뿔 중간 부분에는 돌기가 전혀 없다. 가슴뿔은 가늘거나 두껍고, 때로는 매우 짧으면서도 굵으며 끝은 갈라졌다. 암컷 이마는 돌기가 없거나 1개 있으며, 앞가슴등판 뒤쪽 가장자리에는 눌린 듯한 자국이 있다.

***Trypoxylus* Minck, 1920 장수풍뎅이속**

12 (↔ 11) 형질이 위 내용과 다르다.

13 (↔ 14) 대형 수컷의 머리뿔 중간 양 옆으로 작은 돌기가 있다. 암컷의 앞가슴등판 앞쪽은 깊게 함몰되고 점각이 많다.

***Xyloscaptes* Prell, 1934 다비드장수풍뎅이속**

14 (↔ 13) 수컷 머리뿔은 길거나 짧고, 끝은 단순하고 뾰족하며 드물게 두 갈래로 갈라지기도 하나 뒤쪽을 향해 발달하는 돌기는 없다.

15 (↔ 16) 앞가슴등판에 뿔이 4개 있다. 암컷 이마에는 돌기가 1~2개 있으며 앞가슴등판은 볼록하고 거의 전체적으로 주름졌다. (*Alcidosoma* Castelnau, 1867)

***Eupatorus* Burmeister, 1847 오각장수풍뎅이속**

16 (↔ 15) 앞가슴등판에 뿔이 2개 있으며, 때로는 가슴뿔 아래쪽에 작은 돌기가 많다. 암컷 이마에는 돌기가 1~2개 있다.

Beckius Dechambre, 1992 삼각장수풍뎅이속

17 (↔ 2) 몸 표면에는 금속성 광택이 있다. 수컷 머리뿔은 길고 간결하며 뾰족하지만 소형 개체의 경우 끝이 확장되기도 한다. 앞가슴등판에는 뿔 또는 돌기가 2개 있다. 앞다리 종아리마디는 암컷보다 더욱 길다. 앞날개는 매끈하고 빛나지만 암컷은 희미하고 중앙은 주름졌으며 짧은 잔털이 있다. 암컷 이마에는 작은 돌기가 2개 있으며 앞가슴등판은 볼록하고 전체적으로 깊게 주름졌다.

Chalcosoma Hope, 1837 청동장수풍뎅이속

18 (↔ 1) 아프리카 또는 아메리카 대륙에 서식한다.

19 (↔ 20) 아프리카에 분포한다. 수컷 가슴뿔은 두 갈래로 갈라졌으며 대형 개체의 경우 아래쪽 기부에 작은 돌기가 2개 있다. 암컷 이마에는 돌기가 2개 있다. (*Archon* Kirby, 1825)

Augosoma Burmeister, 1847 아프리카장수풍뎅이속

20 (↔ 19) 아메리카 대륙에 서식한다.

21 (↔ 24) 수컷 머리뿔이 1개이고 가슴뿔은 1개 이상이며 위쪽으로 가파르게 발달하지 않고 끝 부분 또한 굵어지지 않는다. 암컷 이마에는 돌기가 2~3개 있다. 많은 종의 몸 표면에는 뚜렷한 잔털이 있으며 앞다리 종아리마디에는 돌기가 3개 있다.

22 (↔ 23) 수컷 앞가슴등판에는 앞쪽으로 길게 뻗은 뿔이 있고, 뿔 아랫면에 노란 잔털이 빽빽하게 있으며, 뿔의 기초부 또는 그 근처에 크거나 작은 돌기가 2개 있다. 머리뿔은 앞쪽으로 곧으며 돌기가 1개 이상 있다. 암컷 이마에는 반드시 돌기가 1개 있다. 앞날개는 녹색이 감도는 노란색이고 검은 반점이 있거나 전체적으로 검다.

Dynastes MacLeay, 1819 왕장수풍뎅이속

23 (↔ 22) 수컷 앞가슴등판 가장자리에 돌기 또는 뿔이 있다. 암컷 이마에는 돌기가 1~2개 있다. 몸 표면에는 잔털이 있거나 털이 전혀 없다. (*Megalosoma* Burmeister, 1847; *Lycophontes* Bruch, 1910; *Megasominus* Casey, 1915)

Megasoma Kirby, 1825 코끼리장수풍뎅이속

24 (↔ 21) 수컷 머리뿔 및 가슴뿔은 대체적으로 가늘며 위쪽으로 가파르게 솟았고 그 끝 부분은 두꺼워지거나 넓게 확장되었다. 앞날개는 매끄러우며 암컷의 경우는 주름지기도 한다. 대부분 종이 갈색 또는 드물게 검은색을 띤다. (*Asserador* Maunder, 1848)

Golofa Hope, 1837 톱뿔장수풍뎅이속

Key to genera

1 (↔ 18) Genera from (Southeast) Asia to Australia.

2 (↔ 17) Surface without greenish metalic shine.

3 (↔ 4) Elytra in males and females always brownish-gold setose like velvet. Frontal horn of males bifurcate. Frons of females either with one or without a tubercule.

***Allomyrina* Arrow, 1911**

4 (↔ 3) Genera from Australia or Papua New Guinea.

5 (↔ 6) Apex of mandibles not incised. Head of males with a simple horn, of females tuberculated. Pronotum of males with two tubercles or horns, in females simply convex. (*Liteupatorus* Prell, 1911)

***Haploscapanes* Arrow, 1908**

6 (↔ 5) Mandibles bifurcated.

7 (↔ 8) Apex of mandibles incised. Clypeus broad and shallowly emarginated. Frontal and pronotal horn of males bifurcate, hind edge of frontal horn often with a tooth. Frons of females with two very small tubercles. Elytra in males rarely, in females nearly always setose. Anterior tibiae scarcely more slender then in females. (*Endebius* Lansberge, 1880)

***Xylotrupes* Hope, 1837**

8 (↔ 7) Apex of mandibles simple.

9 (↔ 10) Prothorax behind the middle with a triangular knob, anterior half declivous. Body broad and parallel-sided. Head of male with a long and acuminated horn. Frons of females with an obtuse tubercle, prothorax strongly wrinkled and punctate.

***Pachyoryctes* Arrow, 1908**

10 (↔ 9) Characteristics different.

11 (↔ 12) Frontal horn of males bifurcated or tetrafurcated. Middle part of frontal horn without any tubercles. Thoracal horn either thin or thick, sometimes very broad and very short, apex always emarginated. Frons of females either with one or without a tubercule, behind anterior margin of pronotum with an impression.

***Trypoxylus* Minck, 1920**

12 (↔ 11) Characteristics different.

13 (↔ 14) Both sides of middle part of frontal horn with small tubercles in major males. Anterior pronotum of females strongly sunk and punctate.

***Xyloscaptes* Prell, 1934**

14 (↔ 13) Frontal horn of males more or less long, simply acuminated or rarely bifurcated, without tooth behind and laterally.

15 (↔ 16) Pronotum with four horn in males. Frons of females with one or two tubercles, pronotum simply convex, wrinkled almost everywhere. (*Alcidosoma* Castelnau, 1867)

***Eupatorus* Burmeister, 1847**

16 (↔ 15) Pronotum with two horn in males, sometimes underside of pronotal horns with many small teeth. Frons of females with one or two tubercles.

***Beckius* Dechambre, 1992**

17 (↔ 2) Surface with more or less distinct metalic lustre. Frontal horn of males long and simply acuminated, in the smallest specimens apex dilated; pronotum armed with two horns or strong teeth. Anterior tibiae distinctly longer than in females. Elytra smooth and shining, in females pale, in the middle wrinkled and with short setae. Frons of females with two small tubercules, pronotum simply convex, strongly wrinkled all over.

***Chalcosoma* Hope, 1837**

18 (↔ 1) Genera from Africa or America.

19 (↔ 20) An African genus. Thoracal horn of males bifurcate, with two teeth on basis in big specimen. Frons of females with two tubercles. (*Archon* Kirby, 1825)

***Augosoma* Burmeister, 1847**

20 (↔ 19) Genera from America.

21 (↔ 24) Males always with one frontal horn, pronotum with one or more horns, these never steeply directed upward and never thickened on apex. Frons in females with two or three tubercles. Surface in many species distinctly setose, anterior tibiae tridentate.

22 (↔ 23) Pronotum in males produced into a long forward directed horn, underside of horn with a brush of yellow

setae, on or near to basis with two more or less strong teeth. Frontal horn also directed forward, with one or more teeth above. Frons of females always with one tubercule. Elytra mostly greenish yellow with dark spots, or entirely black.

***Dynastes* MacLeay, 1819**

23 (↔ 22) Sides of pronotum in males with teeth or horns. Frontal horn always bifurcate. Frons of females with one or two tubercles. Surface either setose or bare. (*Megalosoma* Burmeister, 1847; *Lycophontes* Bruch, 1910; *Megasominus* Casey, 1915)

***Megasoma* Kirby, 1825**

24 (↔ 21) Frontal and pronotal horns of males mostly thin, more or less steeply directed upward, apex more or less strongly thickened or dilated. Elytra smooth, in females often wrinkled. Most species brown, rarely black. (*Asserador* Maunder, 1848)

***Golofa* Hope, 1837**

A checklist of the tribe Dynastini

이 책에 수록한 종의 목록이다. 이미 동물이명(synonym) 처리된 종류나, 모식표본이 확인되지 않은 불분명종(*Incertae Sedis*)이어도 이 책에 사진을 수록한 종은 목록에 포함했다.

Genus *Allomyrina* Arrow, 1911 우단장수풍뎅이속

pfeifferi pfeifferi (Redtenbacher, 1867)	우단장수풍뎅이: 원명아종
ssp. *celebensis* Silvestre, 1997	우단장수풍뎅이: 셀레베스 아종
ssp. *mindanaoensis* (Schultze, 1920)	우단장수풍뎅이: 민다나오 아종

Genus *Trypoxylus* Minck, 1920 장수풍뎅이속

dichotomus dichotomus (Linnaeus, 1771)	장수풍뎅이: 원명아종
ssp. *septentrionalis* Kôno, 1931	장수풍뎅이: 셉텐트리오날리스 아종
ssp. *tsunobosonis* Kôno, 1931	장수풍뎅이: 쓰노보소니스 아종
ssp. *politus* Prell, 1934	장수풍뎅이: 폴리투스 아종
ssp. *takarai* Kusui, 1976	장수풍뎅이: 타카라 아종
ssp. *inchachina* Kusui, 1976	장수풍뎅이: 인카키나 아종
ssp. *tsuchiyai* Nagai, 2006	장수풍뎅이: 쓰치야 아종
kanamorii Nagai, 2006	카나모리장수풍뎅이

Genus *Xyloscaptes* Prell, 1934 다비드장수풍뎅이속

davidis (Deyrolle et Fairmaire, 1878)	다비드장수풍뎅이

Genus *Beckius* Dechambre, 1992 삼각장수풍뎅이속

beccarii beccarii (Gestro, 1876)	베카리삼각장수풍뎅이: 원명아종
ssp. *koletta* (Voirin, 1978)	베카리삼각장수풍뎅이: 콜레타 아종
ssp. *ryusuii* Nagai, 2006	베카리삼각장수풍뎅이: 류수이 아종

Genus *Eupatorus* Burmeister, 1847 오각장수풍뎅이속

hardwickii (Hope, 1831)	하드위크오각장수풍뎅이
var. *cantori* (Hope, 1842)	하드위크오각장수풍뎅이: 캔터 변이형
var. *niger* Arrow, 1910	하드위크오각장수풍뎅이: 검은색 변이형
siamensis (Castelnau, 1867)	시암오각장수풍뎅이
birmanicus Arrow, 1908	버마오각장수풍뎅이
gracilicornis gracilicornis Arrow, 1908	큰오각장수풍뎅이: 원명아종
ssp. *edai* Hirasawa, 1991	큰오각장수풍뎅이: 에다 아종
ssp. *kimioi* Hirasawa, 1992	큰오각장수풍뎅이: 키미오 아종
sukkiti Miyashita et Arnaud, 1996	수키트오각장수풍뎅이
endoi Nagai, 1999	엔도오각장수풍뎅이

Genus *Chalcosoma* Hope, 1837 청동장수풍뎅이속

atlas atlas (Linnaeus, 1758)	아틀라스청동장수풍뎅이: 원명아종
ssp. *hesperus* (Erichson, 1834)	아틀라스청동장수풍뎅이: 헤스페루스 아종
ssp. *keyboh* Nagai, 2004	아틀라스청동장수풍뎅이: 키보 아종
ssp. *mantetsu* Nagai, 2004	아틀라스청동장수풍뎅이: 만테쓰 아종
ssp. *shintae* Nagai, 2004	아틀라스청동장수풍뎅이: 신타 아종
ssp. *butonensis* Nagai, 2004	아틀라스청동장수풍뎅이: 부톤 아종
ssp. *simeuluensis* Nagai, 2004	아틀라스청동장수풍뎅이: 시메울루에 아종
chiron chiron (Olivier, 1789)	케이론청동장수풍뎅이: 원명아종
ssp. *janssensi* Beck, 1937	케이론청동장수풍뎅이: 얀센스 아종
ssp. *kirbii* (Hope, 1831)	케이론청동장수풍뎅이: 커비 아종
ssp. *belangeri* (Guérin-Méneville, 1834)	케이론청동장수풍뎅이: 벨랑제 아종
moellenkampi Kolbe, 1900	모엘렌캄프청동장수풍뎅이
engganensis Nagai, 2004	엔가노청동장수풍뎅이

Genus *Haploscapanes* Arrow, 1908 호주장수풍뎅이속

barbarossa (Fabricius, 1775)	바르바로사호주장수풍뎅이
australicus (Arrow, 1908)	긴뿔호주장수풍뎅이
inermis (Prell, 1911)	이네르미스호주장수풍뎅이
papuanus Dechambre et Drumont, 2004	파푸아호주장수풍뎅이

Genus *Pachyoryctes* Arrow, 1908 굵은남방장수풍뎅이속

solidus Arrow, 1908	태국굵은남방장수풍뎅이
elongatus Arrow, 1941	미얀마굵은남방장수풍뎅이

Genus *Xylotrupes* Hope, 1837 애왕장수풍뎅이속

gideon (Linnaeus, 1767)	기드온애왕장수풍뎅이
ssp. *lakorensis* Silvestre, 2002	기드온애왕장수풍뎅이: 라코르 아종(*Incertae Sedis*)
ssp. *sawuensis* Silvestre, 2002	기드온애왕장수풍뎅이: 사우 아종(*Incertae Sedis*)
ssp. *sondaicus* Silvestre, 2002	기드온애왕장수풍뎅이: 순다 아종(*Incertae Sedis*)
inarmatus Sternberg, 1906	꼬마애왕장수풍뎅이
sumatrensis sumatrensis Minck, 1920	수마트라애왕장수풍뎅이: 원명아종
ssp. *tanahmelayu* Rowland, 2006	수마트라애왕장수풍뎅이: 타나멜라유 아종
damarensis Rowland, 2006	다마르애왕장수풍뎅이
pachycera Rowland, 2006	굵은뿔애왕장수풍뎅이
tadoana Rowland, 2006	타도애왕장수풍뎅이

pubescens Waterhouse, 1841	털보애왕장수풍뎅이
ssp. *beaudeti* Silvestre, 2006	털보애왕장수풍뎅이: 보데 아종(*Incertae Sedis*)
ssp. *gracilis* Silvestre, 2006	털보애왕장수풍뎅이: 그라킬리스 아종(*Incertae Sedis*)
ssp. *sibuyanensis* Silvestre, 2006	털보애왕장수풍뎅이: 시부얀 아종(*Incertae Sedis*)
lorquini lorquini Schaufuss, 1885	로르켕애왕장수풍뎅이: 원명아종
ssp. *zideki* Rowland, 2003	로르켕애왕장수풍뎅이: 지데크 아종
philippinensis philippinensis Endrödi, 1957	필리핀애왕장수풍뎅이: 원명아종
ssp. *peregrinus* Rowland, 2006	필리핀애왕장수풍뎅이: 페레그리누스 아종
ssp. *boudanti* Silvestre, 2006	필리핀애왕장수풍뎅이: 부단 아종(*Incertae Sedis*)
pauliani Silvestre, 1997	폴리안애왕장수풍뎅이
ssp. *dayakorum* Silvestre, 2004	폴리안애왕장수풍뎅이: 다야크 아종(*Incertae Sedis*)
ulysses (Guérin-Méneville, 1830)	율리시스애왕장수풍뎅이
macleayi macleayi Montrouzier, 1855	맥클레이애왕장수풍뎅이: 원명아종
ssp. *szekessyi* Endrödi, 1951	맥클레이애왕장수풍뎅이: 제케시 아종
australicus australicus Thomson, 1859	호주애왕장수풍뎅이: 원명아종
ssp. *darwinia* Rowland, 2006	호주애왕장수풍뎅이: 다윈 아종
clinias clinias Schaufuss, 1885	클레이니아스애왕장수풍뎅이: 원명아종
ssp. *buru* Rowland, 2011	클레이니아스애왕장수풍뎅이: 부루 아종
falcatus Minck, 1920	갈고리애왕장수풍뎅이
carinulus Rowland, 2011	작은돌기애왕장수풍뎅이
telemachos Rowland, 2003	텔레마코스애왕장수풍뎅이
striatopunctatus Silvestre, 2003	학명 표기가 오류인 종(*Incertae Sedis*)
mniszechii mniszechii Thomson, 1859	니제쉬애왕장수풍뎅이: 원명아종
ssp. *hainaniana* Rowland, 2006	니제쉬애왕장수풍뎅이: 하이난 아종
florensis florensis Lansberge, 1879	플로레스애왕장수풍뎅이: 원명아종
ssp. *tanimbar* Rowland, 2006	플로레스애왕장수풍뎅이: 타님바르 아종
mirabilis (Silvestre, 2006)	플로레스애왕장수풍뎅이: 타님바르 아종의 동물이명 추정 (synonym, *Incertae Sedis*)
beckeri Schaufuss, 1885	베커애왕장수풍뎅이
ssp. *intermedius* Silvestre, 2004	베커애왕장수풍뎅이: 인터메디우스 아종(*Incertae Sedis*)
meridionalis meridionalis Prell, 1914	남방애왕장수풍뎅이: 원명아종
ssp. *taprobanes* Prell, 1914	남방애왕장수풍뎅이: 타프로반 아종
taprobanes ganesha Silvestre, 2003	남방애왕장수풍뎅이의 동물이명(synonym, *Incertae Sedis*)
siamensis Minck, 1920	시암애왕장수풍뎅이
wiltrudae Silvestre, 1997	빌트루트애왕장수풍뎅이
rindaae Fujii, 2011	린다애왕장수풍뎅이

faber Silvestre, 2002	대장장이애왕장수풍뎅이(*Incertae Sedis*)
lumawigi Silvestre, 2002	루마위그애왕장수풍뎅이(*Incertae Sedis*)
socrates nitidus Silvestre, 2003	소크라테스애왕장수풍뎅이: 니티두스 아종(*Incertae Sedis*)

Genus *Dynastes* MacLeay, 1819 왕장수풍뎅이속

subgenus *Dynastes* MacLeay, 1819 헤라클레스왕장수풍뎅이아속(亞屬)

hercules hercules (Linnaeus, 1758)	헤라클레스왕장수풍뎅이: 원명아종
ssp. *reidi* Chalumeau, 1977	헤라클레스왕장수풍뎅이: 레이드 아종
ssp. *lichyi* Lachaume, 1985	헤라클레스왕장수풍뎅이: 리쉬 아종
ssp. *occidentalis* Lachaume, 1985	헤라클레스왕장수풍뎅이: 옥시덴탈리스 아종
ssp. *septentrionalis* Lachaume, 1985	헤라클레스왕장수풍뎅이: 셉텐트리오날리스 아종
ssp. *ecuatorianus* Ohaus, 1913	헤라클레스왕장수풍뎅이: 에콰토리아누스 아종
ssp. *paschoali* Grossi et Arnaud, 1993	헤라클레스왕장수풍뎅이: 파스쿠알 아종
ssp. *tuxtlaensis* Morón, 1993	헤라클레스왕장수풍뎅이: 툭스틀라스 아종
ssp. *bleuzeni* Silvestre et Dechambre, 1995	헤라클레스왕장수풍뎅이: 블뢰제 아종
ssp. *trinidadensis* Chalumeau et Reid, 1995	헤라클레스왕장수풍뎅이: 트리니다드 아종
ssp. *morishimai* Nagai, 2002	헤라클레스왕장수풍뎅이: 모리시마 아종
ssp. *takakuwai* Nagai, 2002	헤라클레스왕장수풍뎅이: 타카쿠와 아종
tityus (Linnaeus, 1767)	티티오스왕장수풍뎅이
grantii Horn, 1870	그랜트왕장수풍뎅이
hyllus Chevrolat, 1843	힐로스왕장수풍뎅이
miyashitai Yamaya, 2004	힐로스왕장수풍뎅이의 동물이명(synonym)
moroni Nagai, 2005	모론왕장수풍뎅이
maya Hardy, 2003	마야왕장수풍뎅이

subgenus *Theogenes* Burmeister, 1847 넵투누스왕장수풍뎅이아속(亞屬)

neptunus neptunus (Quensel, 1806)	넵투누스왕장수풍뎅이: 원명아종
ssp. *rouchei* Nagai, 2005	넵투누스왕장수풍뎅이: 로우체 아종
satanas Moser, 1909	사탄왕장수풍뎅이

Genus *Golofa* Hope, 1837 톱뿔장수풍뎅이속

subgenus *Mixigenus* Thomson, 1859 테르산드로스톱뿔장수풍뎅이아속(亞屬)

tersander (Burmeister, 1847)	테르산드로스톱뿔장수풍뎅이
pusilla Arrow, 1911	푸실라톱뿔장수풍뎅이

subgenus *Praogolofa* Bates, 1891 단색톱뿔장수풍뎅이아속

unicolor (Bates, 1891)	단색톱뿔장수풍뎅이
inermis Thomson, 1859	이네르미스톱뿔장수풍뎅이
minuta Sternberg, 1910	미누타톱뿔장수풍뎅이
testudinaria (Prell, 1934)	거북톱뿔장수풍뎅이

subgenus *Golofa* Hope, 1837 클라비거톱뿔장수풍뎅이아속

clavigera clavigera (Linnaeus, 1771)	클라비거톱뿔장수풍뎅이: 원명아종
ssp. *guildinii* (Hope, 1837)	클라비거톱뿔장수풍뎅이: 길딩 아종
aegeon (Drury, 1773)	아이게우스톱뿔장수풍뎅이
porteri Hope, 1837	포터톱뿔장수풍뎅이
incas Hope, 1837	잉카톱뿔장수풍뎅이
solisi Ratcliffe, 2003	솔리스톱뿔장수풍뎅이
pizarro Hope, 1837	피사로톱뿔장수풍뎅이
imperialis Thomson, 1858	피사로톱뿔장수풍뎅이의 동물이명(synonym) 여부 불확실
eacus Burmeister, 1847	에아쿠스톱뿔장수풍뎅이
gaujoni Lachaume, 1985	고존톱뿔장수풍뎅이
spatha Dechambre, 1989	스파사톱뿔장수풍뎅이
pelagon Burmeister, 1847	펠라곤톱뿔장수풍뎅이
costaricensis Bates, 1888	코스타리카톱뿔장수풍뎅이
hirsuta Ratcliffe, 2003	털보톱뿔장수풍뎅이
imbellis Bates, 1888	임벨리스톱뿔장수풍뎅이
cochlearis Ohaus, 1910	넓적톱뿔장수풍뎅이
argentina Arrow, 1911	아르헨티나톱뿔장수풍뎅이
wagneri Abadie, 2007	바그너톱뿔장수풍뎅이
antiqua Arrow, 1911	안티쿠아톱뿔장수풍뎅이
paradoxa Dechambre, 1975	패러독스톱뿔장수풍뎅이
globulicornis Dechambre, 1975	둥근톱뿔장수풍뎅이
*obliquicorni*s Dechambre, 1975	앞톱뿔장수풍뎅이
henrypitieri Arnaud et Joly, 2006	헨리톱뿔장수풍뎅이
tepaneneca Morón, 1995	푸에블라톱뿔장수풍뎅이
ximeca Morón, 1995	시날로아톱뿔장수풍뎅이

Genus *Megasoma* Kirby, 1825 코끼리장수풍뎅이속

actaeon (Linnaeus, 1758)	악타이온코끼리장수풍뎅이
janus janus Felsche, 1906	야누스코끼리장수풍뎅이: 원명아종

ssp. *ramirezorum* Silvestre et Arnaud, 2002	아누스코끼리장수풍뎅이: 라미레즈 아종
ssp. *fujitai* Nagai, 2003	아누스코끼리장수풍뎅이: 후지타 아종
mars Reiche, 1852	마르스코끼리장수풍뎅이
elephas (Fabricius, 1775)	코끼리장수풍뎅이
ssp. *iijimai* Nagai, 2003	코끼리장수풍뎅이: 이이지마 아종(synonym)
occidentalis Bolívar, Jiménez et Martínez, 1963	서방코끼리장수풍뎅이
nogueirai Morón, 2005	노게이라코끼리장수풍뎅이
gyas gyas (Herbst, 1785)	기에스코끼리장수풍뎅이: 원명아종
ssp. *rumbucheri* Fischer, 1968	기에스코끼리장수풍뎅이: 룸부허 아종
ssp. *porioni* Nagai, 2003	기에스코끼리장수풍뎅이: 포리온 아종
anubis (Chevrolat, 1836)	아누비스코끼리장수풍뎅이
pachecoi Cartwright, 1963	파체코코끼리장수풍뎅이
punctulatus Cartwright, 1952	점각코끼리장수풍뎅이
sleeperi Hardy, 1972	슬리퍼코끼리장수풍뎅이
lecontei Hardy, 1972	르콩트코끼리장수풍뎅이
cedrosa Hardy, 1972	세드로스코끼리장수풍뎅이
thersites LeConte, 1861	테르시테스코끼리장수풍뎅이
vogti Cartwright, 1963	보그트코끼리장수풍뎅이
joergenseni joergenseni Bruch, 1910	요한슨코끼리장수풍뎅이: 원명아종
ssp. *penyai* Nagai, 2003	요한슨코끼리장수풍뎅이: 페냐 아종

Genus *Augosoma* Burmeister, 1847 아프리카장수풍뎅이속

centaurus (Fabricius, 1775)	켄타우로스아프리카장수풍뎅이
hippocrates Milani, 1995	가봉아프리카장수풍뎅이

각 부위의 명칭
머리뿔(두각)
가슴뿔(흉각)
앞다리
더듬이
(촉각)
작은방패판(소순판)
앞날개
가운데다리
뒷날개
뒷다리
앞가슴등판(전흉배판)
넓적다리마디(퇴절)
종아리마디(경절)
발목마디(부절)
발톱

세계의 장수풍뎅이족(실물크기)

Genus *Allomyrina* 우단장수풍뎅이속

A. pfeifferi pfeifferi 우단장수풍뎅이(원명아종) _38mm

A. pfeifferi celebensis 우단장수풍뎅이(셀레베스 아종) _40mm

Genus *Trypoxylus* 장수풍뎅이속

T. dichotomus dichotomus 장수풍뎅이(원명아종) _62mm

T. kanamorii 카나모리장수풍뎅이 _53mm

T. dichotomus tsunobosonis 장수풍뎅이(쓰노보소니스 아종) _68mm

T. dichotomus inchachina 장수풍뎅이(인카키나 아종) _52mm

T. dichotomus septentrionalis 장수풍뎅이(셉텐트리오날리스 아종) _72mm

T. dichotomus takarai 장수풍뎅이(타카라 아종) _55mm

Genus *Trypoxylus* 장수풍뎅이속

T. dichotomus politus 장수풍뎅이(폴리투스 아종) _75mm

T. dichotomus tsuchiyai 장수풍뎅이(쓰치야 아종) _62mm

Genus *Xyloscaptes* 다비드장수풍뎅이속

X. davidis 다비드장수풍뎅이 _54mm

Genus *Beckius* 삼각장수풍뎅이속

B. beccarii koletta 베카리삼각장수풍뎅이(콜레타 아종) _64mm

B. beccarii beccarii 베카리삼각장수풍뎅이(원명아종) _64mm

B. beccarii ryusuii 베카리삼각장수풍뎅이(류수이 아종) _57mm

E. hardwickii 하드위크오각장수풍뎅이(기본형) _58mm

E. siamensis 시암오각장수풍뎅이 _59mm

E. hardwickii var. *cantori* 하드위크오각장수풍뎅이(캔터 변이형) _60mm

E. birmanicus 미얀마오각장수풍뎅이 _52mm

E. gracilicornis edai 큰오각장수풍뎅이(에다 아종) _69mm

E. endoi 엔도오각장수풍뎅이 _43mm

E. gracilicornis gracilicornis 큰오각장수풍뎅이(원명아종) _86mm

Genus *Eupatorus* 오각장수풍뎅이속

E. gracilicornis kimioi 큰오각장수풍뎅이(키미오 아종) _70mm

E. sukkiti 수키트오각장수풍뎅이 _63mm

Genus *Chalcosoma* 청동장수풍뎅이속

C. atlas atlas 아틀라스청동장수풍뎅이(원명아종) _93mm

C. atlas shintae 아틀라스청동장수풍뎅이(신타 아종) _53mm

C. atlas hesperus 아틀라스청동장수풍뎅이(헤스페루스 아종) _103mm

C. atlas keyboh 아틀라스청동장수풍뎅이(키보 아종) _77mm

C. atlas mantetsu 아틀라스청동장수풍뎅이(만테쓰 아종) _84mm

C. atlas butonensis 아틀라스청동장수풍뎅이(부톤 아종) _52mm

C. atlas simeuluensis 아틀라스청동장수풍뎅이(시메울루에 아종) _68mm

C. engganensis 엔가노청동장수풍뎅이 _69mm

Genus *Chalcosoma* 청동장수풍뎅이속

C. chiron chiron 케이론청동장수풍뎅이(원명아종) _112mm

C. chiron janssensi 케이론청동장수풍뎅이(얀센스 아종) _118mm

C. chiron kirbii 케이론청동장수풍뎅이(커비 아종) _113mm

C. chiron belangeri 케이론청동장수풍뎅이(벨랑제 아종) _113mm

C. moellenkampi 모엘렌캄프청동장수풍뎅이 _104mm

Genus *Haploscapanes* 호주장수풍뎅이속

H. australicus 긴뿔호주장수풍뎅이 _49mm

H. barbarossa 바르바로사호주장수풍뎅이 _52mm

H. papuanus 파푸아호주장수풍뎅이 HOLOTYPE _49mm

H. inermis 이네르미스호주장수풍뎅이 _37mm

5mm

Genus *Pachyoryctes* 굵은남방장수풍뎅이속

P. solidus 태국굵은남방장수풍뎅이 _48mm

P. elongatus 미얀마굵은남방장수풍뎅이 _46mm

Genus *Xylotrupes* 애왕장수풍뎅이속

X. gideon 기드온애왕장수풍뎅이 _72mm

X. inarmatus 꼬마애왕장수풍뎅이 _31mm

X. sumatrensis sumatrensis 수마트라애왕장수풍뎅이(원명아종) _76mm

X. damarensis 다마르애왕장수풍뎅이 _41mm

X. pachycera 굵은뿔애왕장수풍뎅이 _63mm

X. sumatrensis tanahmelayu 수마트라애왕장수풍뎅이(타나멜라유 아종) PARATYPE _66mm

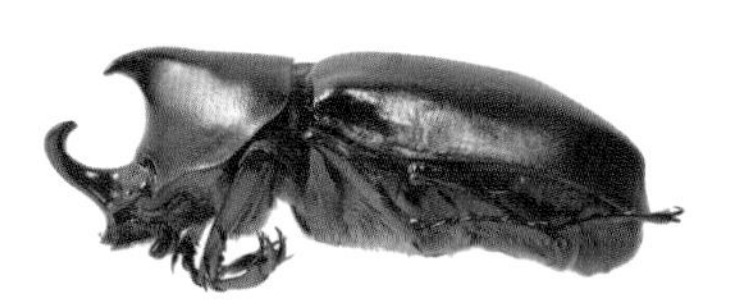

X. tadoana 타도애왕장수풍뎅이 PARATYPE _40mm

X. pubescens 털보애왕장수풍뎅이 _49mm

X. lorquini lorquini 로르켕애왕장수풍뎅이(원명아종) _65mm

X. lorquini zideki 로르켕애왕장수풍뎅이(지데크 아종) PARATYPE _56mm

X. philippinensis philippinensis 필리핀애왕장수풍뎅이(원명아종) _50mm

X. pauliani 폴리안애왕장수풍뎅이 _40mm

X. philippinensis peregrinus 필리핀애왕장수풍뎅이(페레그리누스 아종) _49mm

X. ulysses 율리시스애왕장수풍뎅이 _77mm

X. macleayi szekessyi 맥클레이애왕장수풍뎅이(제케시 아종) _80mm

X. macleayi macleayi 맥클레이애왕장수풍뎅이(원명아종) _61mm

5mm

Genus *Xylotrupes* 애왕장수풍뎅이속

X. australicus australicus 호주애왕장수풍뎅이(원명아종) _54mm

X. australicus darwinia 호주애왕장수풍뎅이(다윈 아종) _34mm

X. clinias clinias 클레이니아스애왕장수풍뎅이(원명아종) _47mm

X. clinias buru 클레이니아스애왕장수풍뎅이
(부루 아종) HOLOTYPE _69mm

X. falcatus 갈고리애왕장수풍뎅이 _65mm

X. carinulus 작은돌기애왕장수풍뎅이 PARATYPE _61mm

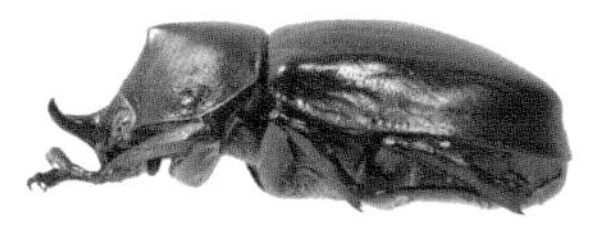

X. telemachos 텔레마코스애왕장수풍뎅이 PARATYPE _36mm

X. mniszechii mniszechii 니제쉬애왕장수풍뎅이(원명아종) _36mm

X. mniszechii hainaniana 니제쉬애왕장수풍뎅이
(하이난 아종) PARATYPE _43mm

X. florensis florensis 플로레스애왕장수풍뎅이(원명아종) _64mm

X. florensis tanimbar 플로레스애왕장수풍뎅이(타님바르 아종) _40mm

X. beckeri 베커애왕장수풍뎅이 _49mm

X. meridionalis meridionalis 남방애왕장수풍뎅이(원명아종) _46mm

X. meridionalis taprobanes 남방애왕장수풍뎅이(타프로반 아종) _42mm

X. siamensis 시암애왕장수풍뎅이 _55mm

X. wiltrudae 빌트루트애왕장수풍뎅이 _49mm

X. rindaae 린다애왕장수풍뎅이 HOLOTYPE _34mm

X. gideon lakorensis 기드온애왕장수풍뎅이(라코르 아종) _39mm

X. gideon sawuensis 기드온애왕장수풍뎅이
(사우 아종) PARATYPE _39mm

X. gideon sondaicus 기드온애왕장수풍뎅이(순다 아종) PARATYPE _49mm

X. philippinensis boudanti 필리핀애왕장수풍뎅이(부단 아종) PARATYPE _40mm

5mm

Genus *Xylotrupes* 애왕장수풍뎅이속

X. lumawigi 루마위그애왕장수풍뎅이 _53mm

X. beckeri intermedius 베커애왕장수풍뎅이 (인터메디우스 아종) PARATYPE _47mm

X. pubescens beaudeti 털보애왕장수풍뎅이(보데 아종) _47mm

X. pubescens gracilis 털보애왕장수풍뎅이(그라킬리스 아종) _61mm

X. pubescens sibuyanensis 털보애왕장수풍뎅이(시부얀 아종) PARATYPE _42mm

Genus *Dynastes* 왕장수풍뎅이속

D. (Dynastes) hercules hercules 헤라클레스왕장수풍뎅이(원명아종) _153mm(80%)

D. (Dynastes) hercules reidi 헤라클레스왕장수풍뎅이(레이드 아종, 레이드 형-*reidi* form) _88mm

D. (Dynastes) hercules reidi 헤라클레스왕장수풍뎅이(레이드 아종, 보드리 형-*baudrii* form) _94mm

D. (Dynastes) hercules lichyi 헤라클레스왕장수풍뎅이(리쉬 아종) _149mm(80%)

D. (Dynastes) hercules occidentalis 헤라클레스왕장수풍뎅이(옥시덴탈리스 아종) _134mm(90%)

5mm

D. (Dynastes) hercules septentrionalis 헤라클레스왕장수풍뎅이(셉텐트리오날리스 아종) _146mm(90%)

D. (Dynastes) hercules ecuatorianus 헤라클레스왕장수풍뎅이(에콰토리아누스 아종) _119mm

D. (Dynastes) hercules paschoali 헤라클레스왕장수풍뎅이(파스쿠알 아종) PARATYPE _127mm

D. (Dynastes) hercules tuxtlaensis 헤라클레스왕장수풍뎅이(툭스틀라스 아종) HOLOTYPE _80mm

D. (Dynastes) hercules bleuzeni 헤라클레스왕장수풍뎅이(블뢰제 아종) _131mm

D. (Dynastes) hercules trinidadensis 헤라클레스왕장수풍뎅이(트리니다드 아종) _122mm

D. (Dynastes) hercules morishimai 헤라클레스왕장수풍뎅이(모리시마 아종) _123mm

Genus *Dynastes* 왕장수풍뎅이속

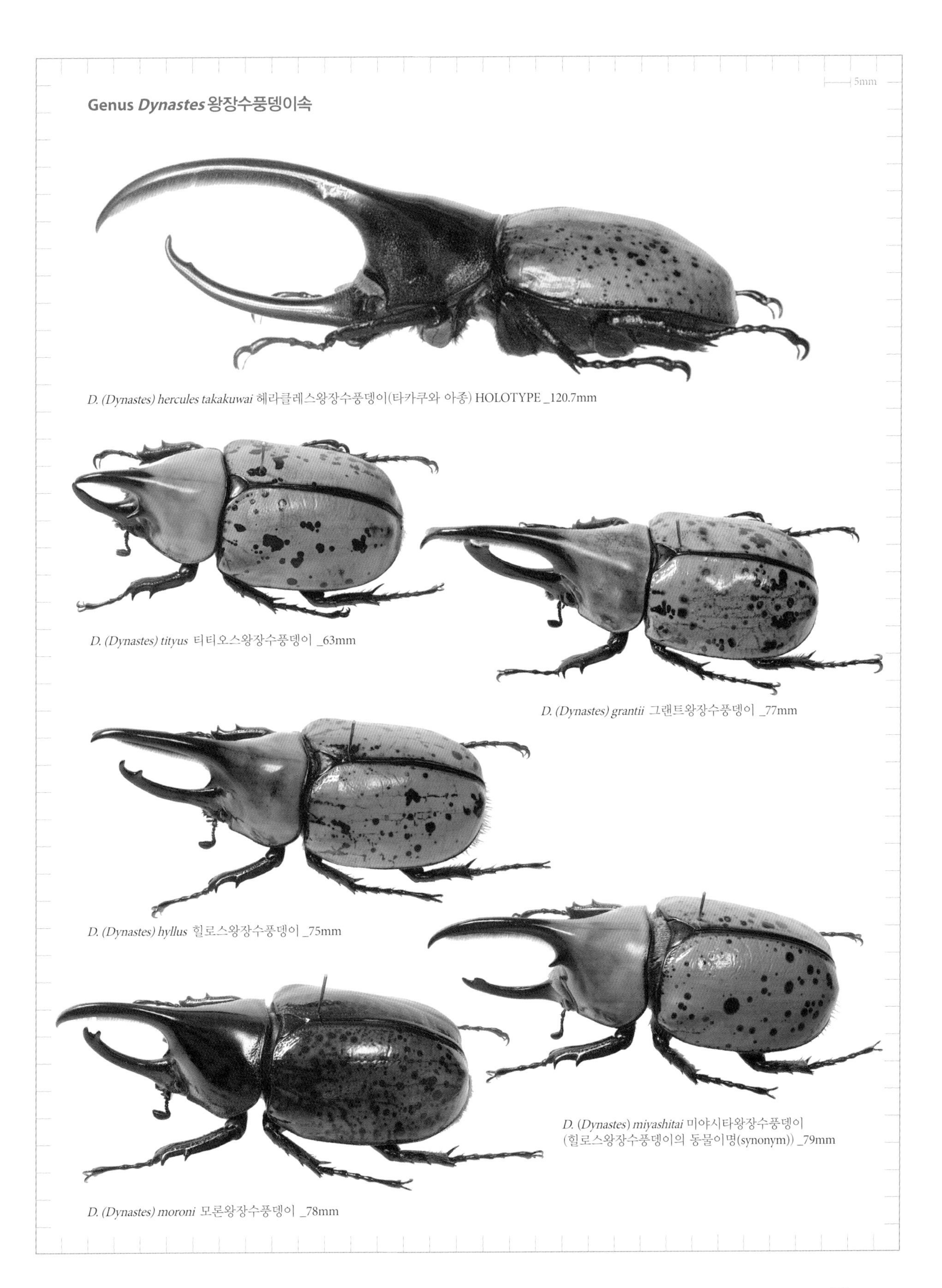

D. (Dynastes) hercules takakuwai 헤라클레스왕장수풍뎅이(타카쿠와 아종) HOLOTYPE _120.7mm

D. (Dynastes) tityus 티티오스왕장수풍뎅이 _63mm

D. (Dynastes) grantii 그랜트왕장수풍뎅이 _77mm

D. (Dynastes) hyllus 힐로스왕장수풍뎅이 _75mm

D. (Dynastes) miyashitai 미야시타왕장수풍뎅이
(힐로스왕장수풍뎅이의 동물이명(synonym)) _79mm

D. (Dynastes) moroni 모론왕장수풍뎅이 _78mm

D. (Dynastes) maya 마야왕장수풍뎅이 _88mm

D. (Theogenes) neptunus neptunus 넵투누스왕장수풍뎅이(원명아종) _134mm

D. (Theogenes) neptunus rouchei 넵투누스왕장수풍뎅이(로우체 아종) _103mm

D. (Theogenes) satanas 사탄왕장수풍뎅이 _104mm

5mm

Genus *Golofa* 톱뿔장수풍뎅이속

G. (Mixigenus) tersander 테르산드로스톱뿔장수풍뎅이 _33mm

G. (Mixigenus) pusilla 푸실라톱뿔장수풍뎅이 _28mm

G. (Praogolofa) unicolor 단색톱뿔장수풍뎅이 _33mm

G. (Praogolofa) inermis 이네르미스톱뿔장수풍뎅이 _25mm

G. (Praogolofa) minuta 미누타톱뿔장수풍뎅이 _23mm

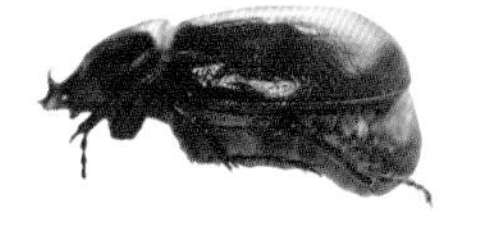

G. (Praogolofa) testudinaria 거북톱뿔장수풍뎅이, LECTOTYPE _26mm

G. (Golofa) clavigera clavigera 클라비거톱뿔장수풍뎅이(원명아종) _56mm

G. (Golofa) aegeon 아이게우스톱뿔장수풍뎅이 _61mm

G. (Golofa) porteri 포터톱뿔장수풍뎅이 _74mm

G. (Golofa) incas 잉카톱뿔장수풍뎅이 _42mm

G. (Golofa) solisi 솔리스톱뿔장수풍뎅이 PARATYPE _42mm

G. (Golofa) pizarro 피사로톱뿔장수풍뎅이 _52mm

G. (Golofa) imperialis 임페리얼톱뿔장수풍뎅이
(피사로톱뿔장수풍뎅이의 동물이명(synonym) 여부 불확실) _45mm

G. (Golofa) eacus 에아쿠스톱뿔장수풍뎅이 _42mm

G. (Golofa) gaujoni 고존톱뿔장수풍뎅이 _53mm

G. (Golofa) spatha 스파사톱뿔장수풍뎅이 _46mm

G. (Golofa) pelagon 펠라곤톱뿔장수풍뎅이 _42mm

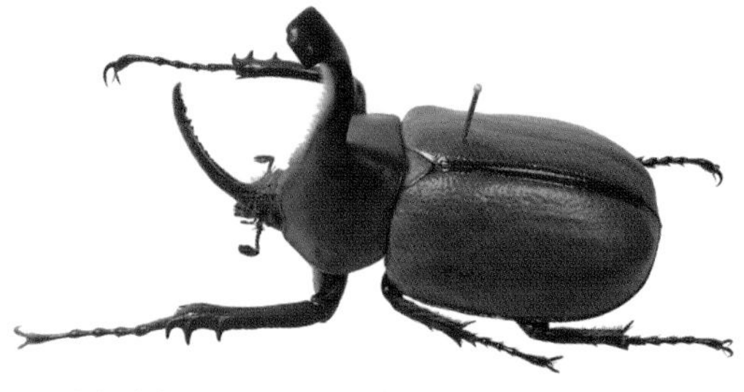

G. (Golofa) costaricensis 코스타리카톱뿔장수풍뎅이 _46mm

G. (Golofa) hirsuta 털보톱뿔장수풍뎅이 _38mm

G. (Golofa) imbellis 임벨리스톱뿔장수풍뎅이 _45mm

5mm

Genus *Golofa* 톱뿔장수풍뎅이속

G. (Golofa) cochlearis 넓적톱뿔장수풍뎅이 _36mm

G. (Golofa) argentina 아르헨티나톱뿔장수풍뎅이 _35mm

G. (Golofa) wagneri 바그너톱뿔장수풍뎅이 _29mm

G. (Golofa) antiqua 안티쿠아톱뿔장수풍뎅이, SYNTYPE _50mm

G. (Golofa) paradoxa 패러독스톱뿔장수풍뎅이 _40mm

G. (Golofa) globulicornis 둥근톱뿔장수풍뎅이 _42mm

G. (Golofa) obliquicornis 앞톱뿔장수풍뎅이 _49mm

G. (Golofa) henrypitieri 헨리톱뿔장수풍뎅이 _40mm

G. (Golofa) tepaneneca 푸에블라톱뿔장수풍뎅이 _37mm

G. (Golofa) xiximeca 시날로아톱뿔장수풍뎅이 _42mm

Genus *Megasoma* 코끼리장수풍뎅이속

M. actaeon 악타이온코끼리장수풍뎅이 _105mm

M. lecontei 르콩트코끼리장수풍뎅이 _27mm

M. janus janus 야누스코끼리장수풍뎅이(원명아종) _77mm

M. sleeperi 슬리퍼코끼리장수풍뎅이 _30mm

M. janus ramirezorum 야누스코끼리장수풍뎅이(라미레즈 아종) _95mm

5mm

Genus *Megasoma* 코끼리장수풍뎅이속

M. janus fujitai 야누스코끼리장수풍뎅이(후지타 아종) _83mm

M. mars 마르스코끼리장수풍뎅이 _108mm

M. elephas elephas 코끼리장수풍뎅이(원명아종) _111mm

M. elephas iijimai 코끼리장수풍뎅이(이이지마 아종, 코끼리장수풍뎅이의 동물이명(synonym)) _104mm

M. occidentalis 서방코끼리장수풍뎅이 _107mm

M. cedrosa 세드로스코끼리장수풍뎅이 _33mm

5mm

Genus *Megasoma* 코끼리장수풍뎅이속

M. nogueirai 노게이라코끼리장수풍뎅이 _94mm

M. gyas gyas 기에스코끼리장수풍뎅이(원명아종) _104mm

M. gyas porioni 기에스코끼리장수풍뎅이(포리온 아종) _107mm

M. gyas rumbucheri 기에스코끼리장수풍뎅이(룸부허 아종) _75mm

M. anubis 아누비스코끼리장수풍뎅이 _60mm

M. pachecoi 파체코코끼리장수풍뎅이 _48mm

M. thersites 테르시테스코끼리장수풍뎅이 _43mm

M. punctulatus 점각코끼리장수풍뎅이 _37mm

M. joergenseni joergenseni 요한슨코끼리장수풍뎅이(원명아종) _36mm

M. vogti 보그트코끼리장수풍뎅이 _38mm

M. joergenseni penyai 요한슨코끼리장수풍뎅이(페냐 아종) _33mm

5mm

Genus *Augosoma* 아프리카장수풍뎅이속

A. centaurus 켄타우로스아프리카장수풍뎅이 _85mm

A. hippocrates 가봉아프리카장수풍뎅이 _67mm

01

Allomyrina Arrow, 1911

우단장수풍뎅이속

본래는 도금양나무(myrthle tree)에서 이름을 따온 '미리나(*Myrina*)'라는 속명으로 레드텐바허(Redtenbacher)가 1867년에 발표했던 분류군이다. 그러나 1807년에 파브리시우스(Fabricius)가 나비목(order Lepidoptera) 부전나비과(family Lycaenidae)의 한 무리에 부여했던 속명과 동명이물(homonym)이었다. 국제동물명명규약에 따르면 먼저 발표된 속명이 효력이 있으므로, 1867년의 것은 효력이 없게 되었다. 이 사실을 근거로 1911년에 애로우(Arrow)는 '다른' 혹은 '별개의'라는 뜻을 지니는 접두사 '알로(Allo)'를 붙인 '알로미리나(*Allomyrina*)'로 이 속의 명칭을 개칭해 발표했다. 연갈색 혹은 황토색 계열 색을 띠고 광택이 있으며 마치 우단(벨벳, velvet) 같은 털이 몸 전체에 있는 우단장수풍뎅이(*A. pfeifferi*)만이 포함되는 1속 1종의 분류군이며, 연구자에 따라서는 2장에 수록된 장수풍뎅이속(*Trypoxylus*)과 3장에 수록된 다비드장수풍뎅이속(*Xyloscaptes*)을 이 속의 아속(subgenus)으로 분류하거나 동물이명(synonym)으로 간주하기도 한다. 여기에서는 현재까지 알려진 1종 2아종의 사진과 원기재 삽화, 4개체의 표본 사진을 실었다.

우단장수풍뎅이속의 모식종

Allomyrina pfeifferi (Redtenbacher, 1867) 우단장수풍뎅이

동남아시아에 널리 분포하는 소형종으로서 수컷의 머리뿔과 가슴뿔이 두 갈래로 갈리지며 특히 가슴뿔은 미리뿔에 비해 더욱 굵고 짧은 편이다. 몸 전체적으로 우단과 비슷한 광택을 띠는 털이 발달했으며, 이는 장수풍뎅이족(Dynastini) 중에서 이 종에만 있는 특징이어서 '우단장수풍뎅이'라고 가칭을 부여했다. 수컷 발톱 끝 생김새로 구별이 가능한 원명아종(ssp. *pfeifferi*)과 셀레베스 아종(ssp. *celebensis*)이 확정 보고되어 있으며 여기에 더해 필리핀 민다나오(Mindanao) 섬에 분포하는 개체군이 있다. 그러나 이 개체군은 분류학적 위치가 기존의 것들과 다른 별개의 아종이 될 만한 수준인지, 혹은 동물이명(synonym)으로 간주하는 것이 옳은지 아직 확실치 않은 상태이며 만약 이 개체군까지 포함시킨다면 이 종은 원명아종 이외에도 두 아종이 있는 것으로 볼 수 있다.

아종 분류

1) ssp. *pfeifferi* (Redtenbacher, 1867) 원명아종(인도차이나 반도–인도네시아)
2) ssp. *celebensis* Silvestre, 1997 셀레베스 아종(인도네시아 술라웨시 섬 중북부)
3) ssp. *mindanaoensis* (Schultze, 1920) 민다나오 아종(필리핀 민다나오 섬. 현재 분류학적 위치 불명확)

우단장수풍뎅이속의 분포

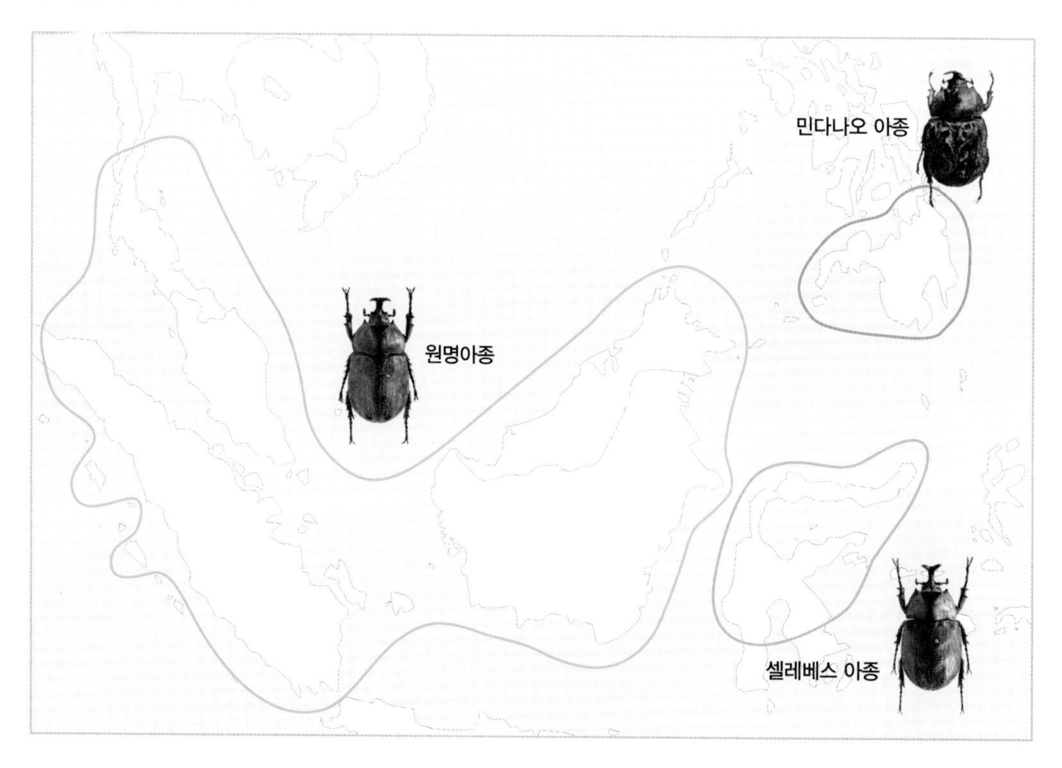

❶ *Allomyrina pfeifferi pfeifferi* (Redtenbacher, 1867) 우단장수풍뎅이: 원명아종

크기: -40㎜
분포: 말레이 반도(미얀마 남부, 태국 남부, 말레이시아 서부), 인도네시아(술라웨시 섬을 제외한 지역)

분포 범위는 넓지만 수는 많지 않다. 수컷 앞다리 발톱 끝이 뭉툭한 편이고 발톱 끝 부근에 미약하게 융기되는 부분이 있는 것이 특징이며, 종명 · 아종명(*pfeifferi*)은 오스트리아 여성 탐험가이자 이 종의 최초 채집자로 예상되는 파이퍼(Ida Laura Pfeiffer)를 기려 지은 것으로 추정된다. 남성의 이름을 기려 종명을 지을 때에는 끝에 'i' 를 붙이고 여성일 경우 'ae' 를 붙이는 것이 일반적이지만, 기재자인 레드텐바허는 종명을 *pfeifferae*가 아닌 *pfeifferi*로 발표했다. 이에 대해 엔드로에디는 1985년에 전 세계의 장수풍뎅이를 정리한 논문을 발표하면서 이 종의 종명을 끝에 'ae' 가 붙은 표기로 수정했으나, 2002년에 크렐(Krell)은 파이퍼의 이름을 기려 종명을 지었다는 명확한 언급이 레드텐바허가 집필한 원기재문에는 없기 때문에 최초의 종명 표기를 유지하는 것이 옳다고 주장했다. 실제 라틴어 문법적으로 매우 큰 오류가 아니라면 원기재문에서의 표기를 수정하지 않는 것이 국제동물명명규약의 규정이기 때문에 크렐의 주장은 현재까지 받아들여지고 있다. 기재자인 레드텐바허는 1867년 당시의 원기재문에서 수컷을 묘사한 삽화를 제시했다.

우단장수풍뎅이 원명아종 수컷의 원기재 삽화(Redtenbacher, 1867에서 발췌).
끝이 두 갈래로 갈라지는 머리뿔과 가슴뿔 및 몸에 덮인 우단 같은 털로 인한 광택이 잘 표현되어 있다.

암수 모두 몸 전체가 우단 같은 털로 덮여 있다.

♂
Cameron Highlands
MALAYSIA (실물 38㎜)

♀
Cameron Highlands
MALAYSIA (실물 35㎜)

수컷의 앞다리 발톱 끝이 뾰족하지 않고 뭉툭하다.

❷ *Allomyrina pfeifferi celebensis* Silvestre, 1997
우단장수풍뎅이: 셀레베스 아종

크기: -45㎜
분포: 인도네시아의 술라웨시(셀레베스, Sulawesi) 섬 중북부

동남아시아에 비교적 넓게 분포하고 있는 원명아종(ssp. *pfeifferi*)과 달리, 인도네시아를 이루고 있는 수많은 섬 중 하나인 술라웨시 섬에서만 서식하는 것으로 알려져 있다. 분포 면적 자체가 훨씬 좁기 때문에 원명아종보다 보기 드문 종이기도 하며 몸길이는 원명아종보다 조금 큰 편이다. 아종명(*celebensis*)은 모식지인 인도네시아의 술라웨시 섬을 일컫던 옛 이름인 셀레베스(Celebes)에서 따온 것이다. 수컷 앞다리의 발톱이 원명아종에 비해 뾰족하고 발톱의 바로 옆 주변부에 살짝 융기된 부분이 없다.

원명아종과 형태적 차이는 거의 없으며,
수컷의 앞다리 발톱 끝 모양으로 구별할 수 있다.

♂
Sulawesi (Celebes) Island
INDONESIA (실물 40㎜)

♀
Sulawesi (Celebes) Island
INDONESIA (실물 37㎜)

❸ *Allomyrina pfeifferi mindanaoensis* (Schultze, 1920) 우단장수풍뎅이: 민다나오 아종

크기: 암수 각각 34㎜의 모식표본 2개체만이 공식적으로 알려져 있음
분포: 필리핀의 민다나오(Mindanao) 섬

아종명(*mindanaoensis*)은 모식지인 필리핀 민다나오 섬에서 따온 것으로, 1920년에 발표된 후 현재까지 공식적으로 추가적인 표본이 채집되지 않은 종이다. 본래는 9장에 수록된 애왕장수풍뎅이속(*Xylotrupes*)의 신종(*X. mindanaoensis*)으로 발표되었으나 원기재문에 제시된 삽화가 우단장수풍뎅이(*A. pfeifferi*)와 거의 같은 형태여서 신종으로 확정짓기에는 무리가 있었고 동물이명(synonym)으로 처리될 가능성 또한 충분했다. 그러나 2002년에 나가이가 "대부분의 곤충은 인도네시아와 필리핀의 개체군이 서로 다른 아종으로 분류되는 경우가 많아 추가 표본을 검증하지 못한 상태에서 섣불리 민다나오 섬의 개체군을 동물이명으로 간주할 수 없다."는 주장을 펼치며 임시로 이 종류를 우단장수풍뎅이의 아종으로 재분류했다. 차후 민다나오 섬에서 추가 채집된다면 이 종류의 분류학적 위치를 확정지을 수 있으리라 생각된다. 기재자인 슐츠(Schultze)가 1920년의 원기재문에 실었던 삽화를 발췌했다.

우단장수풍뎅이 민다나오 아종의 원기재 삽화(Schultze, 1920에서 발췌)
1920년에 기재될 당시에는 애왕장수풍뎅이속(*Xylotrupes*)의 신종으로 발표되었다.
삽화의 아랫부분에 표기된 'sp. nov.' 은 'species nova'를 줄인 것으로, 이는 신종(new species)을 뜻하는 분류학 용어다(a, b: 수컷, c: 암컷).

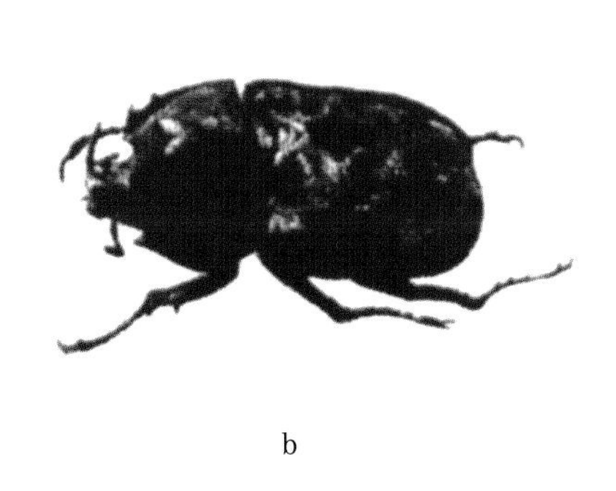

Fig. 1. Xylotrupes mindanaoensis sp. nov

02

Trypoxylus Minck, 1920

장수풍뎅이속

장수풍뎅이족(Dynastini)의 수많은 종들 중에서 한국에 서식하는 장수풍뎅이(*Trypoxylus dichotomus*)가 포함된 분류군으로, 속명(*Trypoxylus*)은 '나무에 구멍을 뚫는'이란 뜻을 지녔다. 대형 수컷의 경우 머리뿔 끝이 크게 두 갈래로 분지되었다가 미세하게 재차 두 갈래로 갈라지며 뿔의 길이는 다양하다. 뿔이 긴 대형 개체를 장각형(長角形, major), 뿔이 짧고 몸이 상대적으로 작은 개체를 단각형(短角形, minor)이라 부르기도 한다. 수컷의 몸은 보통 검은색 또는 흑갈색을 띠지만 붉은 느낌이 강한 개체도 있으며, 암컷의 경우는 보통 흑갈색을 띠는 경우가 많고 앞날개의 노르스름한 잔털이 수컷보다 더 많은 편이다. 본래 한 종만이 포함되어 있는 1속 1종의 분류군이었지만 2006년에 미얀마 북부 지역에 서식하던 개체군이 신종으로 발표되면서 현재는 총 2종이 보고되어 있으며, 연구자에 따라서는 이 속을 1장에 수록한 우단장수풍뎅이속(*Allomyrina*)의 동물이명(synonym) 혹은 아속(subgenus)으로 간주하기도 한다. 이번 장에서는 현재까지 알려진 2종 6아종의 표본 사진 및 삽화를 수록했으며 촬영한 표본은 11개체다.

장수풍뎅이속(*Trypoxylus*)의 개체들은 머리 부위가 위아래로 쉽게 움직이는데, 이 움직인 각도가 살짝만 달라져도 전체적인 몸길이가 큰 폭으로 변하게 된다. 따라서 이번 장에서는 각 개체들의 머리 부분을 제외하고 배부터 가슴뿔 끝까지의 크기를 본문 내용에 제시했다. 단, 각 표본 사진 도판 아래에 기록된 실물 크기 수치는 완전히 건조된 표본 상태를 기준으로 해 머리뿔 끝에서 배 끝까지 이르는 몸길이 전체를 표기한 것이다.

장수풍뎅이속의 모식종

Trypoxylus dichotomus (Linnaeus, 1771) 장수풍뎅이

천연기념물 제219호인 장수하늘소(*Callipogon relictus*) 다음으로 우리나라에서 가장 큰 딱정벌레목(Coleoptera) 곤충이다. 한국을 중심으로 동쪽으로는 일본, 서쪽으로는 중국 및 인도차이나 반도에 이르는 아시아 대륙에 널리 분포하며 나가이가 2006년에 발표한 자료에 의하면 원명아종을 제외하고도 총 6아종이 보고되어 있다.

아종 분류

1) ssp. *dichotomus* (Linnaeus, 1771) 원명아종(한국-중국)
2) ssp. *septentrionalis* Kôno, 1931 셉텐트리오날리스 아종(일본 본토)
3) ssp. *tsunobosonis* Kôno, 1931 쓰노보소니스 아종(대만)
4) ssp. *politus* Prell, 1934 폴리투스 아종(인도차이나 반도)
5) ssp. *takarai* Kusui, 1976 타카라 아종(일본 오키나와 제도)
6) ssp. *inchachina* Kusui, 1976 인카키나 아종(일본 구메 섬)
7) ssp. *tsuchiyai* Nagai, 2006 쓰치야 아종(일본 구치노에라부 섬)

장수풍뎅이속의 분포

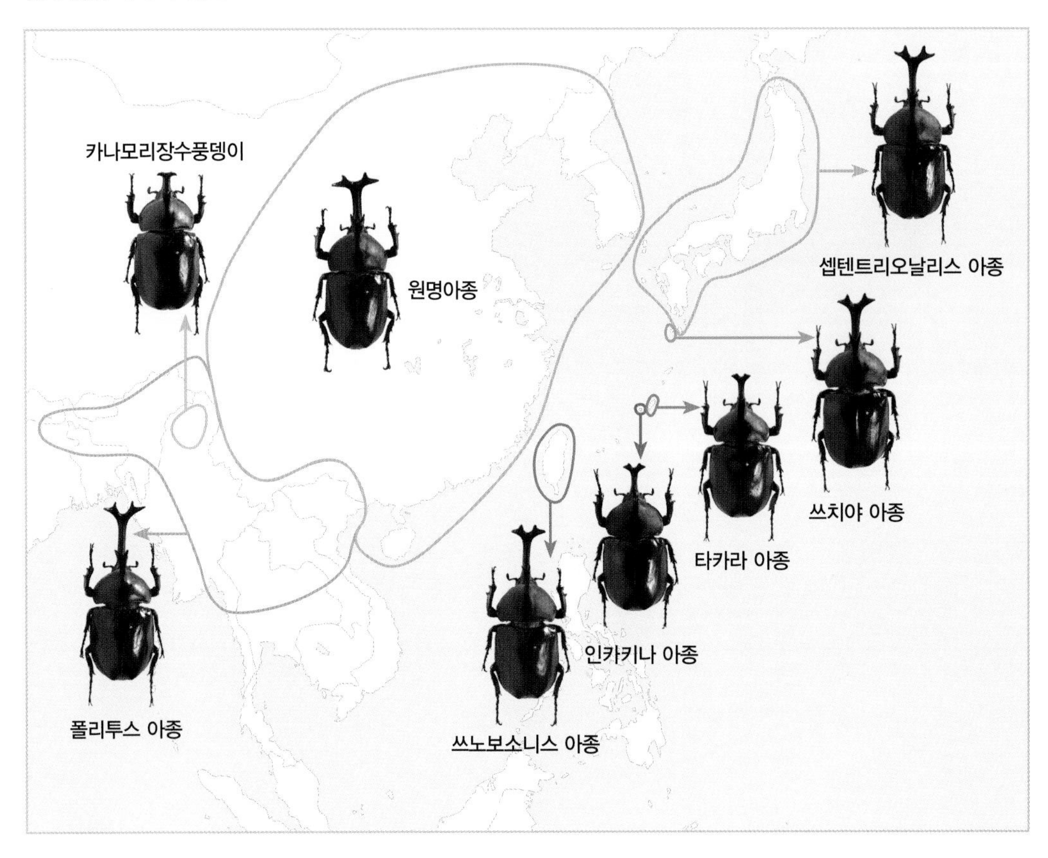

장수풍뎅이(*Trypoxylus dichotomus*)의 학명 변화

장수풍뎅이는 린네(Linnaeus)에 의해 1771년에 발표되었다. 그런데 장수풍뎅이의 라틴어 종명 표기에 대해 과거에 약간의 논란이 있었다. 1771년에 린네는 장수풍뎅이의 종명을 디코톰(*dichotom.*)이라는 표기로 끝에 마침표(.)를 찍은 채 기재했다. 이에 대해 크렐은 2002년의 논문을 통해 장수풍뎅이의 종명은 원기재문의 철자 표기(*dichotom*)가 옳다고 주장했다. 그러나 2007년에 나가이는 "*dichotom*은 라틴어 문법적으로 옳지 않은 표기이므로 이것의 사용도 옳지 않으며, 아마도 접미사(-us)를 포함해 *dichotomus*로 논문을 인쇄했다면 그 행이 아래로 넘어가 버려 인쇄업자가 행을 조절하기 위해 마침표를 찍었을 가능성이 있다. 또한 린네가 발표했던 수많은 동식물 중에서는 종명에 마침표가 찍혀 발표된 종들이 상당수 있으며, 이들 학명의 진위는 어디까지나 상상의 범위다."라고 자신의 의견을 발표했다.

종명 표기에서 *dichotom*이 라틴어 문법적으로 옳지 않은 이유는, 라틴어는 단어마다 사람처럼 성별을 띠고 있으며 이 성별에 맞추어 써야 하기 때문이다. 린네는 1771년 당시 장수풍뎅이의 속을 스카라비우스(*Scarabaeus*)로 발표했는데 이는 남성(男性, male)성을 띠고 있는 라틴어이므로 종명도 이에 맞춰 남성성을 띠어야만 하며, 따라서 남성성 접미사(-us)가 적용된 *dichotomus*가 되어야 문법적으로 올바른 표기라는 것이다. 반면 여성성을 띠는 경우는 '-a'가 적용되고 중성인 경우는 '-um'이 붙는다.

사실 이보다 앞서 크렐은 2006년에 〈구북구의 딱정벌레 종 목록, Catalogue of Palaearctic Coleoptera〉을 발표하면서, 장수풍뎅이의 종명은 접미사까지 기입할 공간이 부족했기 때문에 린네가 마침표를 이용한 축약형으로 기재한 것으로 예상된다는 기록을 남기며 과거 2002년의 자신의 주장을 4년 만에 수정했다.

이렇듯 종명의 정확한 표기에 있어서 약간의 논란이 있었던 장수풍뎅이는 속 수준의 분류에서도 학자들의 의견이 완전히 일치하지 않는다. 실제로 과거에 발행된 국내 곤충도감이나 해외 논문을 참고하면 장수풍뎅이를 알로미리나(*Allomyrina*, 1장에서 우단장수풍뎅이속이라는 명칭으로 수록)속에 포함시키는 경우가 많았으나, 최근의 자료들에서는 트리폭실루스(*Trypoxylus*)속으로 분류되는 추세여서 이 책에서는 이에 따라 후자의 한국어 속명을 장수풍뎅이속으로 정했다. 전자의 속명을 따를 경우에는 종명이 여성성을 띠게 되므로 여성성 접미사(-a)가 붙어 디코토마(*dichotoma*)라는 종명이 되며(*Allomyrina dichotoma*), 후자의 속명을 따른다면 남성성 접미사(-us)가 적용되어 디코토무스(*dichotomus*)가 된다(*Trypoxylus dichotomus*).

장수풍뎅이의 원기재문(Linnaeus, 1771에서 발췌)

종명인 *dichotom* (디코톰) 끝에 마침표(.)가 표기되어 있다. 나가이가 인쇄업자를 언급했던 것은 그의 추측이지만, 접미사를 적용시킨 종명인 *dichotomus* (디코토무스)를 전부 표기했을 때 그 줄의 행이 실제로 넘어가 버릴 것도 같다. 진실은 아마도 린네 본인만이 알 것이다.

dichotom.SCARABÆUS ſcutellatus, thorace cornu bidentato, capite cornu dichotomo, elytris rufis. †
Aub. miſc. t. 40 *f.* 5.
Voigt. ſcar. 107. *t.* 14. *f.* 107.
Habitat in Indiis.
Corpus majuſculum, nigrum: Elytris Scutelloque rufis.
Caput Cornu erecto, elongato, apice bifido: laciniis bidentatis, divaricatis.
Thorax vertice Cornu brevi, bidentato, acuto, recurvo, quaſi ex cornibus duobus ſubulatis coalito.

❶ *Trypoxylus dichotomus dichotomus* (Linnaeus, 1771) 장수풍뎅이: 원명아종

크기: −54㎜ (머리뿔 길이 제외)
분포: 한국, 중국(서부 지역을 제외한 전역)

머리뿔의 길이까지 포함했을 경우 최대 90㎜에 달하는 대형 아종으로, 앞날개의 광택은 다른 아종보다 적은 편이며 몸은 기본적으로는 흑갈색이지만 붉은 느낌이 강한 개체도 있다. 한반도 전체에 분포하며 제주도에서도 상당수가 발견되지만 울릉도와 독도에서는 서식하지 않는다. 또한 중국에서는 지역에 따라 다르지만 그리 드물지 않은 종으로 판단된다. 인터넷에서는 중국에 서식하는 개체군을 셉텐트리오날리스 아종(ssp. *septentrionalis*)으로 제시하는 정보가 상당히 널리 퍼져 있으나, 이는 일본 본토에 서식하는 아종에 부여된 명칭이다. 종명 · 아종명(*dichotomus*)은 라틴어로 '두 갈래로 갈라진 뿔'을 뜻한다.

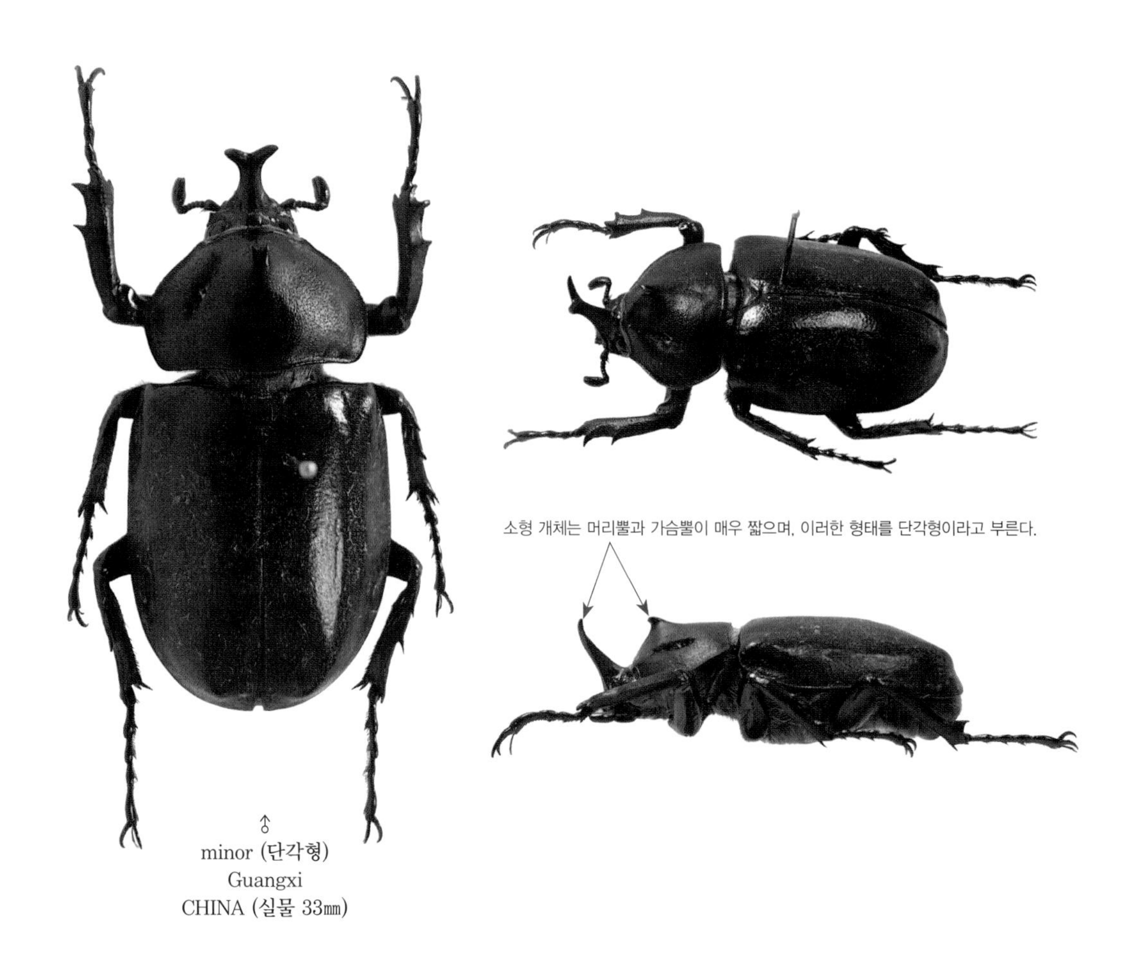

♂
major (장각형)
Jeju Island
KOREA (실물 62㎜)

♀
Jeju Island
KOREA (실물 47㎜)

❷ *Trypoxylus dichotomus septentrionalis* Kôno, 1931
장수풍뎅이: 셉텐트리오날리스 아종

크기: –56㎜ (머리뿔 길이 제외)
분포: 홋카이도를 제외한 일본 본토 및 쓰시마 섬

일본 본토에 널리 분포하는 아종으로, 나가이에 의하면 일본 최북단의 홋카이도에서는 본래 서식하지 않았지만 현재는 애완용으로 사육된 개체들이 인위적으로 정착된 상태라고 한다. 일본 혼슈에서 1911년 8월 4일에 채집된 33㎜ 수컷을 모식표본으로 본래는 아종이 아닌 하나의 형(形, form)으로 발표된 종류인데, 원기재문에 실린 삽화를 참고하면 이는 특정한 형이라기보다는 장수풍뎅이 소형 수컷이 띠는 형태, 즉 단각형(短角形) 개체일 뿐이라 판단된다. 아종을 다른 연구자들에 비해 세세하게 분류하는 경향이 있는 나가이 또한 원명아종과 이 아종을 정확히 구별해 동정하는 것은 거의 불가능하다고 기록한 적이 있어, 이들을 원명아종(ssp. *dichotomus*)과 다른 개체군으로 분류할 필요가 없다. 이는 기재자인 코오노(Kôno)가 일본 혼슈에서 함께 채집된 대형 개체를 보통의 장수풍뎅이로 분류해 제시했기 때문에 더욱 그러하며, 또한 2006년에 크렐에 의해 발표된 〈구북구의 딱정벌레목 목록, Catalogue of Palaearctic Coleoptera〉에서도 이 아종이 원명아종의 동물이명으로 처리되어 있기 때문이다. 그러나 이보다 더 늦은 시기에 발표된 나가이의 자료에는 유효한 아종으로 제시되었으므로 이 책에서는 최신 정보에 따라 유효 아종으로 간주해 소개한다. 아종명(*septentrionalis*)은 '북부' 혹은 '북쪽'을 뜻한다.

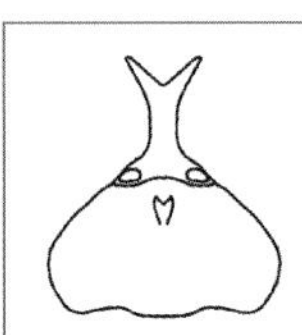

장수풍뎅이 셉텐트리오날리스 아종의 원기재 삽화 (Kôno, 1931)를 간략하게 재 묘사
특정한 형(形)이라기보다는 일반적인 장수풍뎅이 소형, 즉 단각형 개체인 것으로 여겨진다.

♂
Ehime
JAPAN (실물 72㎜)

원명아종과의 정확한 구별은 사실상 불가능하며 33㎜ 수컷을 기준으로 발표되었다.

❸ *Trypoxylus dichotomus tsunobosonis* Kôno, 1931
장수풍뎅이: 쓰노보소니스 아종

크기: −57㎜ (머리뿔 길이 제외)
분포: 대만

대만에 분포하는 개체군으로 아종명(*tsunobosonis*)은 '뿔이 가늘다'는 의미의 일본어를 라틴어화한 것이다. 본래는 신종(*T. tsunobosonis*)으로 발표되었지만 현재는 아종으로 분류하고 있다. 인터넷에서는 쓰노보소누스(*tsunobosonus*)라는 아종명으로 많이 알려져 있으나, 국제동물명명규약에 의하면 원기재문의 철자가 큰 오류를 갖고 있지 않은 이상 임의로 바꿀 수 없으므로 옳지 않다. 아종명의 정확한 표기에 대해 크렐에게 자문을 구했으나 그 역시 원기재문의 표기를 유지해야 한다고 조언했으며, 실제로 그가 2006년에 발표한 〈구북구의 딱정벌레목 목록, Catalogue of Palaearctic Coleoptera〉에도 그렇게 기록되어 있다. 아종명에 걸맞게 머리뿔을 포함한 몸 전체 길이가 80㎜를 넘는 초대형 개체라 해도 앞가슴등판의 가슴뿔이 원명아종(ssp. *dichotomus*)에 비해 가느다란 것이 특징이다. 기재자인 코오노는 1931년 당시의 원기재문에서 원명아종과 서로 비교해 놓은 삽화를 제시했다.

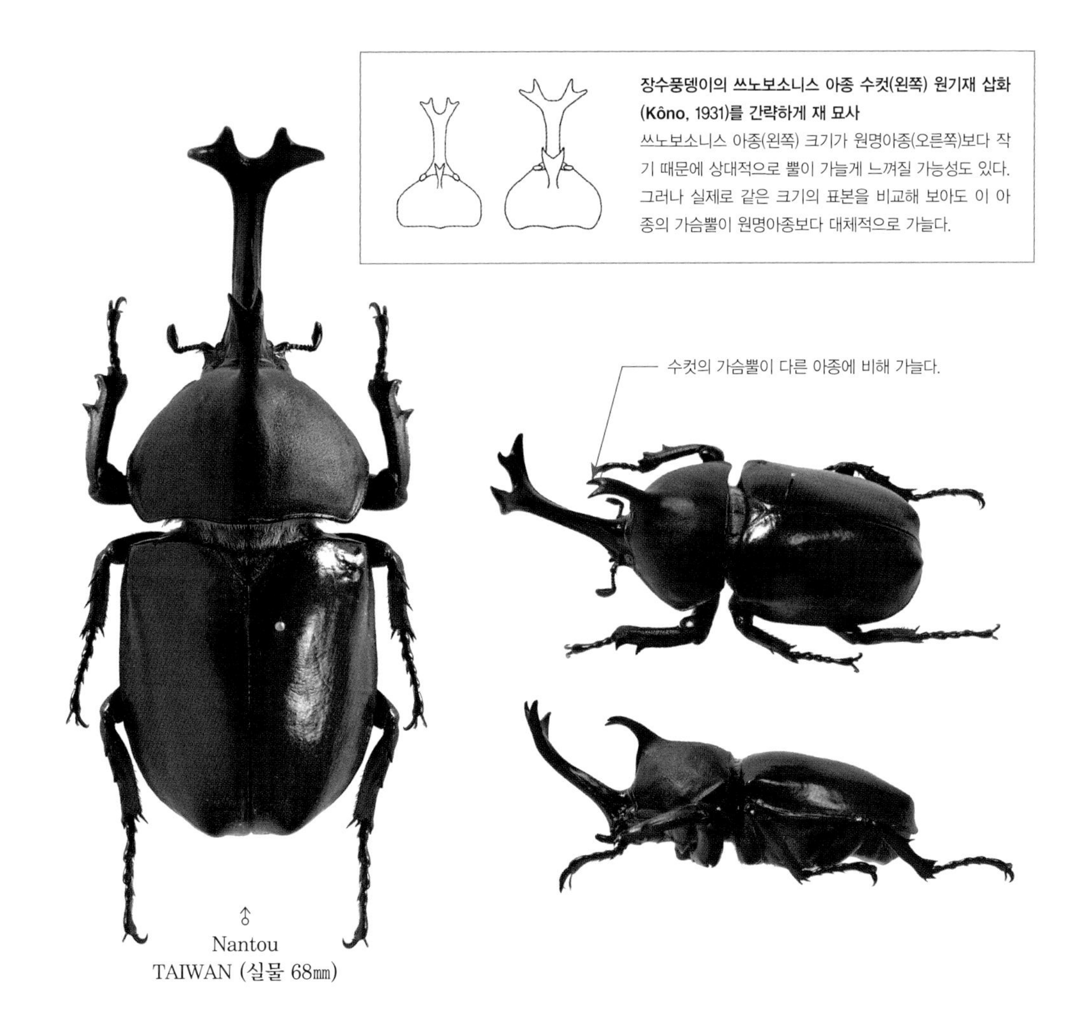

장수풍뎅이의 쓰노보소니스 아종 수컷(왼쪽) 원기재 삽화 (Kôno, 1931)를 간략하게 재 묘사
쓰노보소니스 아종(왼쪽) 크기가 원명아종(오른쪽)보다 작기 때문에 상대적으로 뿔이 가늘게 느껴질 가능성도 있다. 그러나 실제로 같은 크기의 표본을 비교해 보아도 이 아종의 가슴뿔이 원명아종보다 대체적으로 가늘다.

수컷의 가슴뿔이 다른 아종에 비해 가늘다.

♂
Nantou
TAIWAN (실물 68㎜)

❹ *Trypoxylus dichotomus politus* Prell, 1934
장수풍뎅이: 폴리투스 아종

크기: –60㎜ (머리뿔 길이 제외)
분포: 인도차이나 반도(인도 북동부, 미얀마, 라오스, 태국, 베트남)

라오스를 모식지로 발표되었으며 아종 자체로 볼 때는 그리 드문 편이 아니지만, 나가이에 의하면 인도에 분포하는 이 아종의 개체군은 현재 아시아 대부분에 널리 분포하고 있는 장수풍뎅이 아종 중 가장 진귀하다고 한다. 몸은 원명아종(ssp. *dichotomus*)이나 일본 본토에 서식하는 아종(ssp. *septentrionalis*)보다 전체적으로 더 짙은 검은색을 띠며 붉은 느낌이 감도는 개체는 거의 볼 수 없다. 2006년에 크렐에 의해 발표된 〈구북구의 딱정벌레목 목록, Catalogue of Palaearctic Coleoptera〉에서는 이미 이 아종이 원명아종의 동물이명(synonym)으로 처리되어 있지만, 더 늦은 시기에 발표된 나가이의 자료에서는 유효한 아종으로 제시되어 있어, 이 책에서는 최신 정보에 따라 유효 아종으로 수록했다. 그러나 지속적인 연구로 이 개체군의 분류학적 위치는 다시 검토 · 확정되어야 할 것이다. 아종명(*politus*)은 라틴어로 '광택이 강한'의 뜻이며, 실제로도 이 아종의 앞날개는 다른 아종에 비해 광택이 강하다.

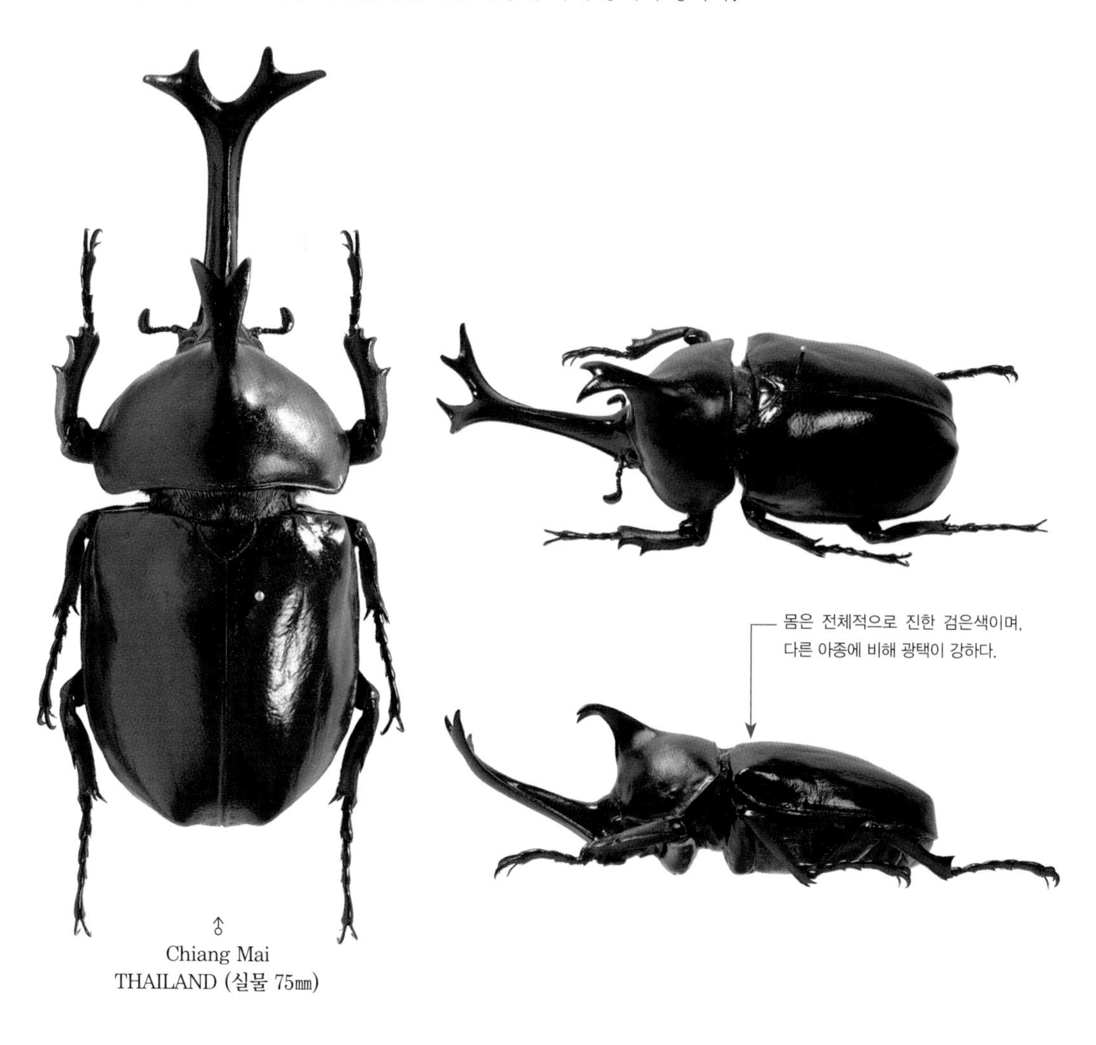

♂
Chiang Mai
THAILAND (실물 75㎜)

⑤ *Trypoxylus dichotomus takarai* Kusui, 1976
장수풍뎅이: 타카라 아종

크기: −50㎜ (머리뿔 길이 제외)
분포: 일본 남부의 오키나와(Okinawa) 제도

큰 개체일 경우에도 머리뿔을 포함한 길이가 60㎜ 전후인 소형이다. 일본 오키나와 제도가 작은 섬들로 이루어져 있고 개발하는 곳이 많아서 절멸 위험이 있다. 서식지가 작기도 하지만 최근에는 몸이 더 큰 일본 본토의 아종(ssp. *septentrionalis*)이 애완용으로 널리 퍼지고 있기 때문에, 나가이는 오키나와의 토종인 이 아종의 고유성이 크게 위협받고 있다고 했다. 몸은 전체적으로 검은색이며 광택은 강한 편이고 머리뿔과 가슴뿔이 전체 몸길이에 비해 짧게 발달하는 것이 특징이다. 단지 소형이어서 뿔이 짧은 것이라 여길 가능성도 있지만 비슷한 크기의 원명아종(ssp. *dichotomus*)이나 일본 본토의 아종과 비교하면 느낌이 상당히 다르다. 아종명(*takarai*)은 이 아종이 발표된 1976년에 일본 오키나와현 류큐대학교(University of the Ryukyus)의 학장을 지냈던 타카라(Takara) 박사를 기려 지은 것이다.

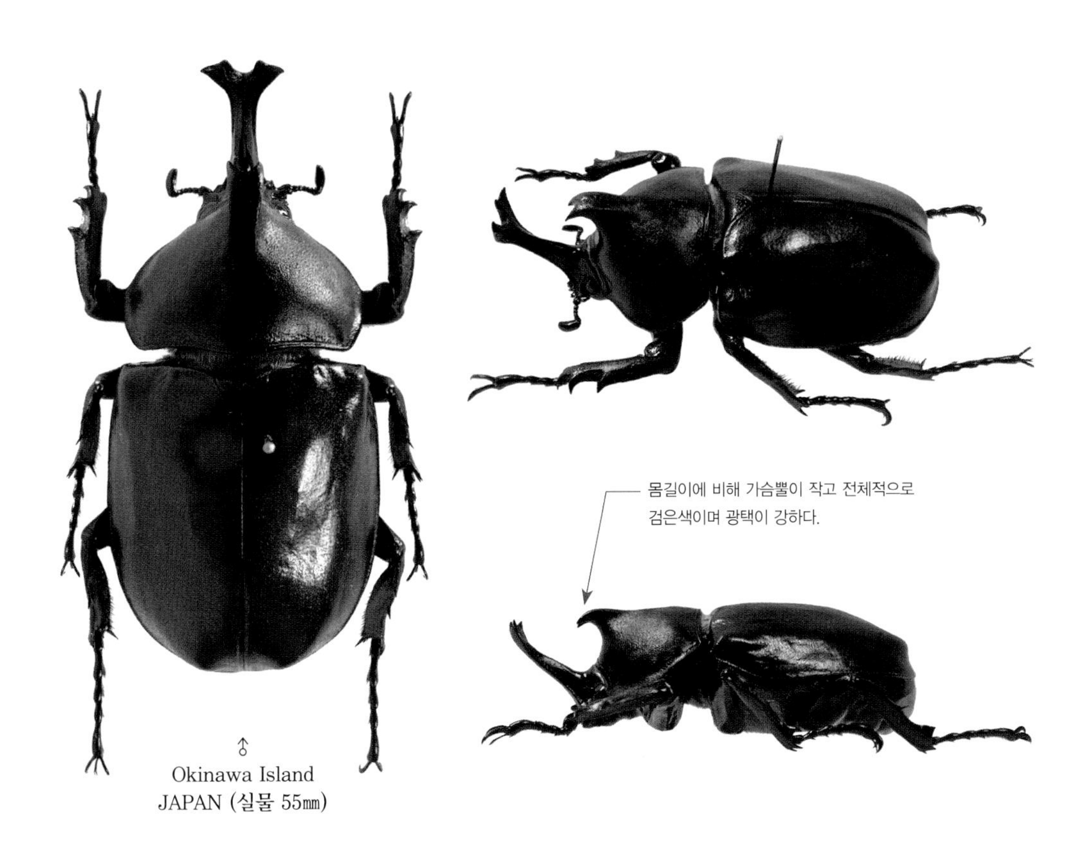

♂
Okinawa Island
JAPAN (실물 55㎜)

❻ *Trypoxylus dichotomus inchachina* Kusui, 1976
장수풍뎅이: 인카키나 아종

크기: –48㎜ (머리뿔 길이 제외)
분포: 일본 남부의 구메(Kume)섬

일본 오키나와 본도의 서쪽 해역에 위치한 구메 섬에 분포하는 특산 아종으로, 이 섬이 매우 작은데다가 전체적인 개발로 인해 서식지가 크게 줄어든 상태여서 현재까지 알려진 장수풍뎅이 아종 중 가장 희귀하면서도 절멸 위험 또한 큰 종이다. 몸 전체가 검은색이고 광택이 강하며 머리뿔과 가슴뿔이 작다는 점에서 오키나와 제도의 아종(ssp. *takarai*)과 비슷하기 때문에 소형 개체는 정확한 동정이 불가능하다. 그러나 대형 개체의 경우 가슴뿔이 오키나와 아종보다 더욱 짧고 머리뿔 끝 부분의 두 갈래로 갈라지는 양상이 더 뚜렷한 것으로 동정 가능하다. 아종명(*inchachina*)은 구메 섬의 토종 방언으로 '뿔이 작은 염소'를 뜻한다.

♂
Kume Island
JAPAN (실물 52㎜)

⑦ *Trypoxylus dichotomus tsuchiyai* Nagai, 2006
장수풍뎅이: 쓰치야 아종

크기: –51㎜ (머리뿔 길이 제외)
분포: 일본 남부의 구치노에라부(Kuchinoerabu)섬

아종명(*tsuchiyai*)은 1998년 7월에 이 아종의 개체를 채집한 후 기재자인 나가이에게 제공해 동정을 의뢰했던 일본의 수집가 쓰치야(Toshiyuki Tsuchiya)의 이름을 기려 지은 것으로, 구치노에라부 섬에 서식하는 대부분의 일본산 딱정벌레류는 일본 본토와는 다른 아종으로 기재되어 있다. 나가이의 협조로 현재 일본 에히메대학교 농학부에 소장되어 있는 수컷 완모식표본(holotype) 및 암컷 부모식표본(paratype) 사진을 제공받았다. 형태는 일본 본토의 아종(ssp. *septentrionalis*)과 거의 흡사하지만 나가이는 다음의 특징으로 구별이 가능하다고 원기재문에 기록했다: 1) 암수 모두 일본 본토의 아종보다 소형이면서도 몸의 폭이 넓다; 2) 수컷의 앞가슴등판과 앞날개에 돋은 잔털이 일본 본토의 아종에 비해 짧거나 아예 없으며 몸의 광택은 더 강하다; 3) 암컷 미절판(배 끝부분의 마디)의 털이 매우 짧다.

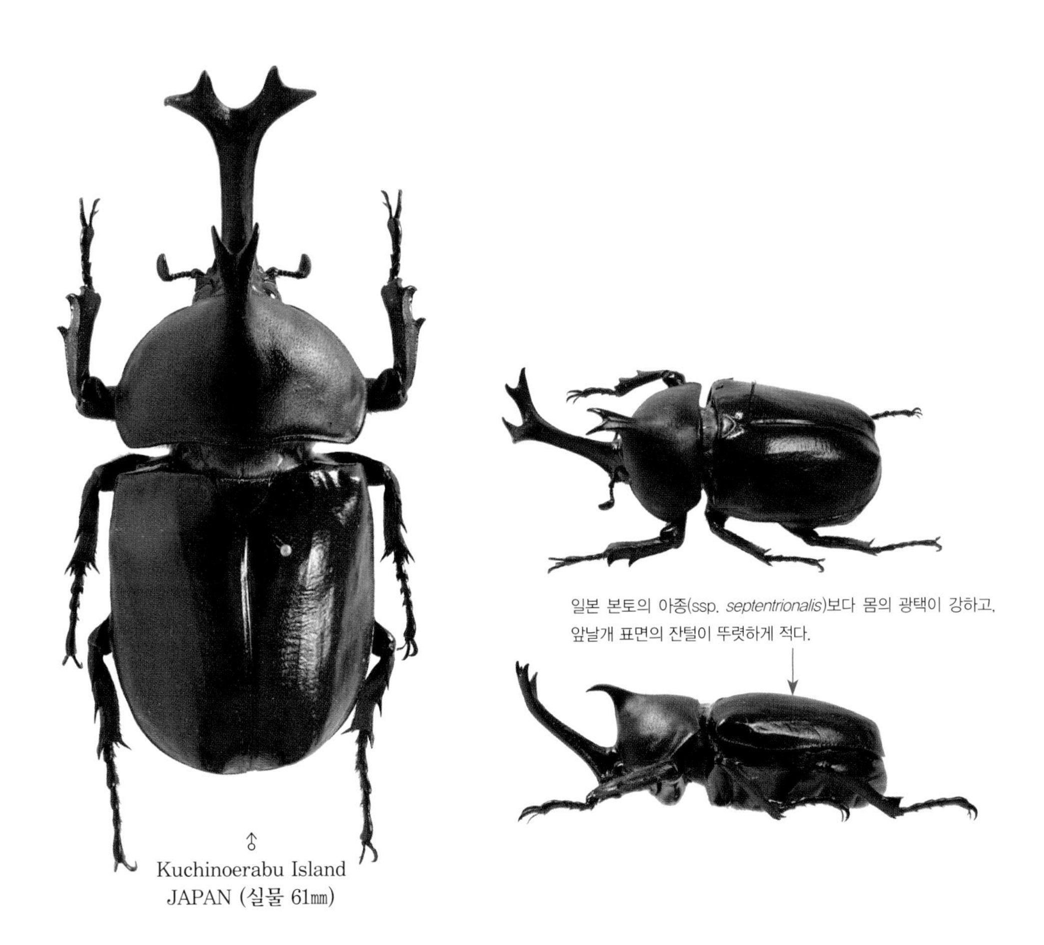

♂
Kuchinoerabu Island
JAPAN (실물 61㎜)

일본 본토의 아종(ssp. *septentrionalis*)보다 몸의 광택이 강하고, 앞날개 표면의 잔털이 뚜렷하게 적다.

〈원기재문에 실렸던 장수풍뎅이(쓰치야 아종)의 모식표본 4개체〉

수컷 부모식표본(PARATYPE)

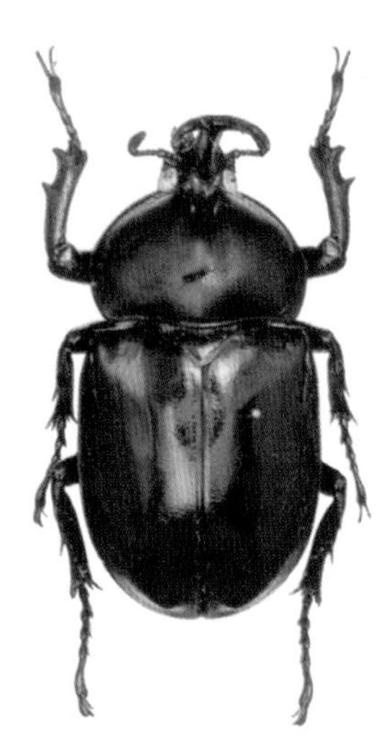

수컷 완모식표본(HOLOTYPE)

수컷 부모식표본(PARATYPE)

암컷 부모식표본(PARATYPE)

〈모식표본 사진 제공: 나가이 신지(Shinji Nagai)- Nagai, 2006에서 발췌 및 배치 수정〉

크기가 다양한 여러 수컷이 채집되었을 경우 일반적으로 아종 특징이 가장 잘 발현되는 대형 수컷을 완모식표본으로 선정하는 경우가 많지만, 특이하게도 쓰치야 아종은 더 큰 대형 수컷 표본이 확보되어 있는데도 더 작은 중형 수컷이 완모식표본으로 선정되었다는 점이 특이하다. 나가이는 완모식표본 1개체를 비롯해 부모식표본으로 수컷 22개체, 암컷 14개체를 지정했다. 위의 4개체는 원기재문에 수록된 표본 사진을 모두 발췌한 것이다.

Trypoxylus kanamorii Nagai, 2006
카나모리장수풍뎅이

크기: −48㎜ (머리뿔 길이 제외)
분포: 미얀마 북부에 위치한 사가잉(Sagaing)주, 카친(Kachin)주

기재자인 나가이는 이 종의 암컷 개체를 처음 보았을 때, 일반적인 장수풍뎅이(*T. dichotomus*) 암컷에게 있는 앞날개 표면의 황토색 잔털이 없는 것에 대해서 야생에서 털이 스쳐 없어진 것은 아닌지 추측했다고 한다. 그러나 여러 개체를 조사하며 암컷의 앞날개에 완전히 털이 없고 광택이 강한 점, 수컷 앞가슴등판 가장자리 선이 장수풍뎅이보다 더 굵고 뚜렷한 점, 머리뿔이 몸길이에 비해 짧지만 더 굵은 점, 수컷 생식기 일부분의 형태 차이 등에 근거해 2006년에 신종으로 발표했다. 그의 협조로 현재 일본 에히메대학교 농학부에 소장되어 있는 이 종의 수컷 완모식표본(holotype) 및 암컷 부모식표본(paratype) 사진을 제공받았다. 종명(*kanamorii*)은 나가이에게 2004년 7월에 채집된 이 종의 표본을 보내어 정확한 동정을 의뢰했던 카나모리(Keiji Kanamori)를 기려 지은 것이다.

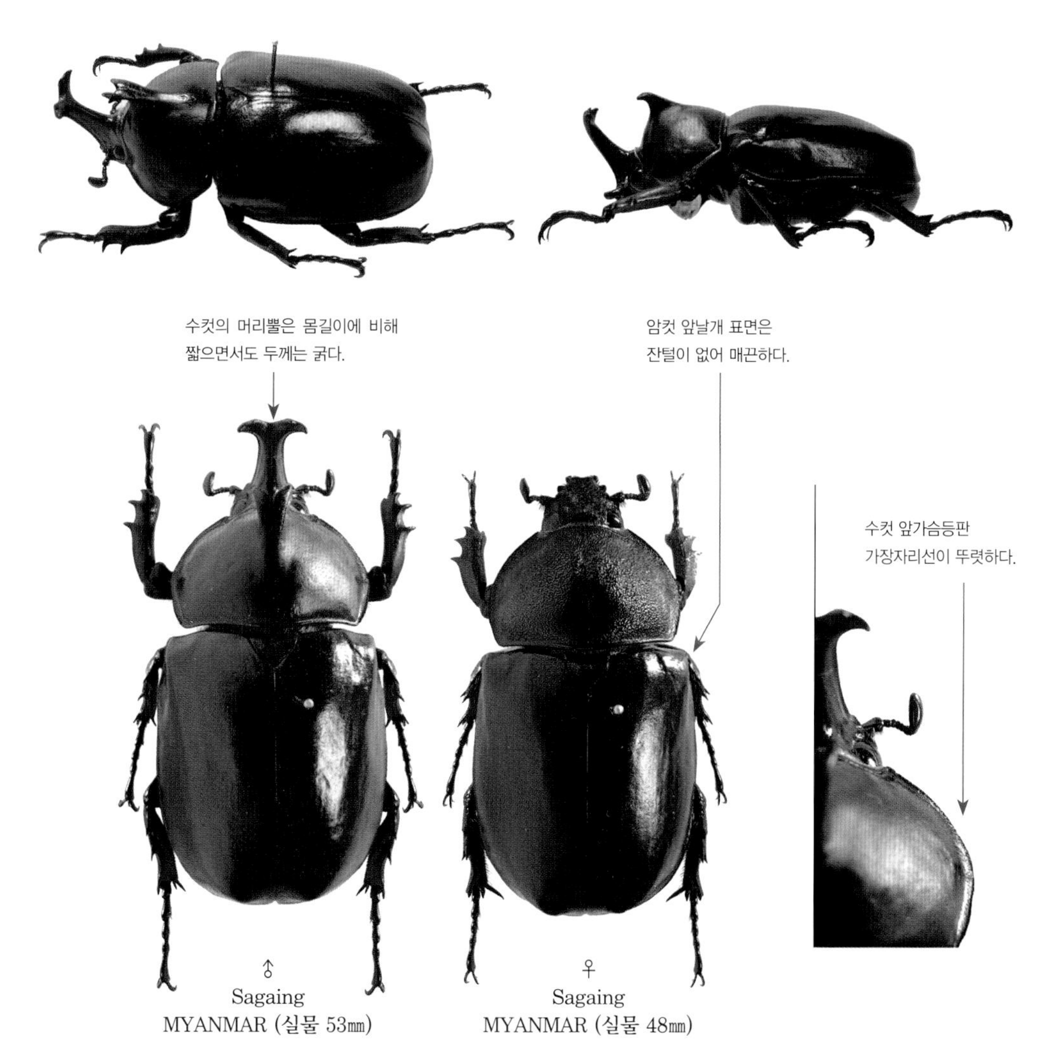

〈원기재문에 실렸던 카나모리장수풍뎅이의 모식표본 4개체〉

수컷 완모식표본(HOLOTYPE)

수컷 부모식표본(PARATYPE)

수컷 부모식표본(PARATYPE)

암컷 부모식표본(PARATYPE)

〈모식표본 사진 제공: 나가이 신지(Shinji Nagai)– Nagai, 2006에서 발췌 및 배치 수정〉

나가이는 대형 수컷 완모식표본 1개체를 비롯해 부모식표본으로 수컷 9개체, 암컷 4개체를 선정해 발표했다. 위의 4개체는 원기재문에 수록된 개체 사진을 전부 발췌한 것이다.

03

Xyloscaptes Prell, 1934

다비드장수풍뎅이속

2장의 장수풍뎅이속(*Trypoxylus*) 종들과 전체적으로 비슷하나 암수 모두 몸의 폭이 비교적 넓다. 수컷 머리뿔 중간에 돌기 2개가 좌우로 짧게 발달하며 암컷 앞가슴등판은 중앙이 약간 함몰되어 있고 앞쪽에는 점각이 많은 다비드장수풍뎅이(*Xyloscaptes davidis*) 한 종만이 속한 1속 1종의 분류군이다. 이 속을 1장 우단장수풍뎅이속(*Allomyrina*)의 아속(subgenus) 혹은 동물이명(synonym)으로 간주하는 학자도 있으며, 속명(*Xyloscaptes*)은 라틴어로 '나무에 구멍을 파는'을 뜻한다. 암수 표본 2개체의 사진과 원기재 삽화를 수록했다.

다비드장수풍뎅이는 머리 부분이 위아래로 쉽게 움직이는데, 움직인 각도가 살짝만 달라져도 전체적인 몸길이가 큰 폭으로 변하게 된다. 따라서 2장에서와 마찬가지로 머리 부분을 제외하고 배 끝부터 가슴뿔 끝까지의 길이를 제시했다. 단, 표본 개체 사진 아래에 표기된 실물 크기의 수치는 표본이 건조된 상태를 기준으로 해 머리뿔 끝에서 배 끝까지 이르는 몸 전체 길이를 표기한 것이다.

다비드장수풍뎅이속의 모식종

Xyloscaptes davidis (Deyrolle et Fairmaire, 1878) 다비드장수풍뎅이

크기: –46㎜ (머리뿔 길이 제외)
분포: 중국 중 · 남부, 베트남 북 · 중부

중국에서 채집한 수컷 40㎜ 개체가 모식표본으로 지정된 희귀한 종으로, 1878년 당시의 원기재문에서는 분포 지역이 Chine Centrale(중국 중부)로 단순하게 표기되어 있다. 현재는 중국 이외에도 베트남 북부의 땀다오 산(Mt. Tam Dao)과 베트남 중부 지역에서도 서식하는 것으로 밝혀졌으나 어떠한 서식지에서든 모두 드물다. 종명(*davidis*)은 선교사 신분으로 몇 차례 중국을 방문해 생물 수집에 노력을 기울였던 프랑스인 다비드(Pierre Armand David)를 기려 지은 것이며, 1878년의 원기재문에 수록되어 있던 이 종의 삽화를 수록했다.

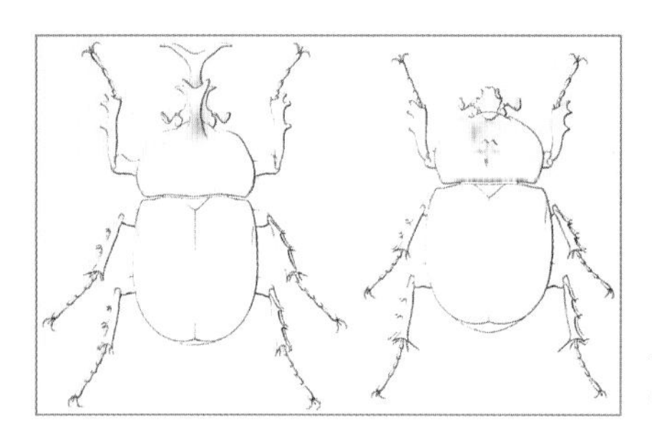

다비드장수풍뎅이의 원기재 삽화(Deyrolle et Fairmaire, 1878에서 발췌)
수컷 머리뿔 중간에 좌우 양 옆으로 발달한 돌기가 잘 표현되어 있다
(왼쪽: 수컷, 오른쪽: 암컷).

다비드장수풍뎅이의 분포

암수 모두 전체적으로 몸 좌우의 폭이 넓고 뚱뚱하며, 광택이 강한 편이다.

♂
Mt. Tam Dao
VIETNAM (실물 54㎜)

♀
Mt. Tam Dao
VIETNAM (실물 47㎜)

04

Beckius Dechambre, 1992

삼각장수풍뎅이속

프랑스 파리 국립 자연사 박물관의 곤충 큐레이터였다가 현재는 은퇴했지만 장수풍뎅이에 대한 수많은 논문을 발표했던 드샹브르(Dechambre) 박사가 기재했던 속이다. 속명(*Beckius*)은 1900년대 초에 장수풍뎅이 연구자로 활동했던 프랑스의 학자 벡(Beck)을 기려 지은 것으로, 이 속은 5장에 수록된 오각장수풍뎅이속(*Eupatorus*)으로 분류되었던 한 종이 분리되어 독립된 1속 1종의 분류군이다. 이들은 '삼각(三角)'이라는 명칭에서 알 수 있듯 머리뿔과 가슴뿔을 합해 뿔이 총 3개인 것이 특징이며, 이번 장에서는 현재까지 알려진 1종 2아종의 표본 사진을 수록했고 촬영한 표본은 6개체다.

삼각장수풍뎅이속의 모식종

Beckius beccarii (Gestro, 1876) 베카리삼각장수풍뎅이

동남아시아 뉴기니(New Guinea, 인도네시아 및 파푸아뉴기니의 2개국을 포함하고 있으며 세계에서 2번째로 큰 섬) 전역에 분포하는 종이다. 머리뿔을 중심으로 앞가슴등판의 양 옆에 긴 가슴뿔이 2개 발달하며 현지에서는 희귀하지 않다. 현재 원명아종을 제외하고도 2아종이 더 보고되어 있지만 잘 알려지지는 않았다.

아종 분류

1) ssp. *beccarii* (Gestro, 1876) 원명아종(뉴기니 섬 서부를 제외한 전역)
2) ssp. *koletta* (Voirin, 1978) 콜레타 아종(뉴기니 섬에 위치한 인도네시아 아르파크 산맥 서부)
3) ssp. *ryusuii* Nagai, 2006 류수이 아종(뉴기니 섬에 위치한 인도네시아 파크파크 산맥)

삼각장수풍뎅이속의 분포

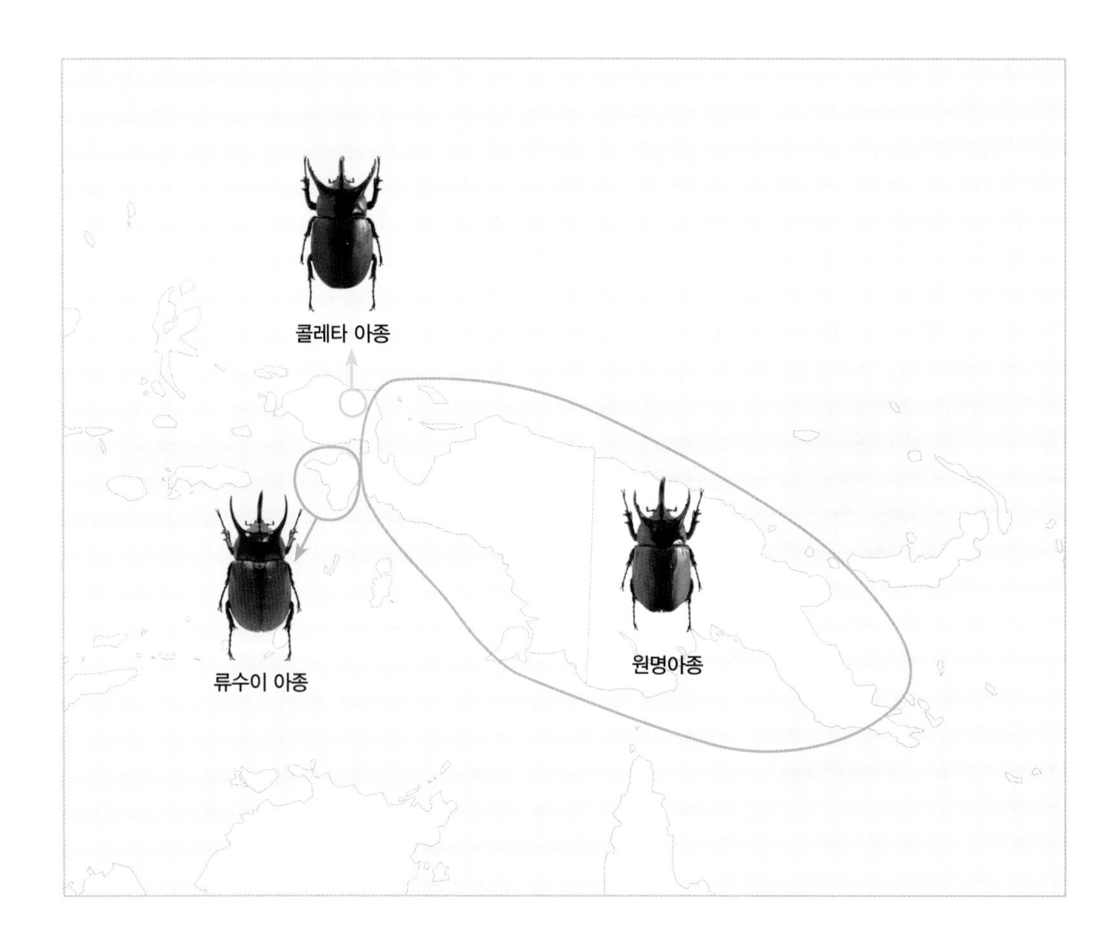

❶ *Beckius beccarii beccarii* (Gestro, 1876)
베카리삼각장수풍뎅이: 원명아종

크기: -70㎜
분포: 뉴기니 섬 서부를 제외한 전역

뉴기니 서부의 인도네시아 아르파크 산맥(Mts. Arfak)에서 채집된 수컷 55㎜ 개체가 모식표본이며 6장에 수록된 청동장수풍뎅이속의 신종(*Chalcosoma beccarii*)으로 발표되었던 종이다. 머리뿔의 휘어지는 정도는 다소 강하고 가슴뿔 위쪽과 아래쪽 모두 작은 돌기들이 다수 발달하는 것이 특징이다. 종명 · 아종명(*beccarii*)은 인도네시아의 식물상에 대해 연구하던 중 1875년에 이 종을 최초로 채집했던 이탈리아 식물학자 베카리(Odoardo Beccari)를 기려 지은 것이다.

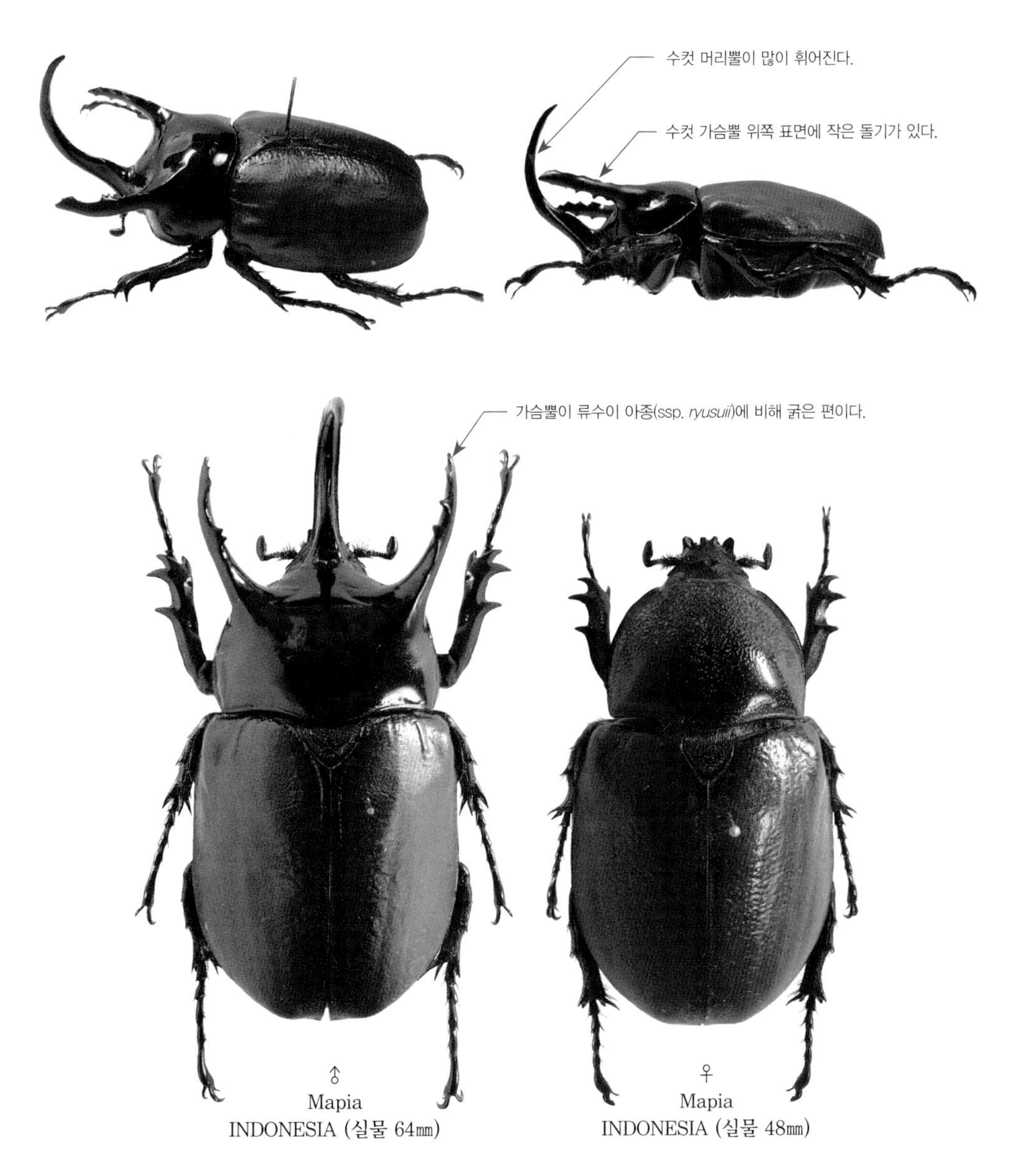

♂
Mapia
INDONESIA (실물 64㎜)

♀
Mapia
INDONESIA (실물 48㎜)

❷ *Beckius beccarii koletta* (Voirin, 1978)
베카리삼각장수풍뎅이: 콜레타 아종

크기: –70㎜
분포: 뉴기니 섬 남서부에 위치한 인도네시아의 아르파크 산맥(Mts. Arfak) 서부

본래 5장에 수록된 오각장수풍뎅이속의 신종(*Eupatorus koletta*)으로 발표되었던 종이다. 앞날개가 어두운 자주색을 띠는 것이 특징이며, 이 특징이 극대화되어 완전히 검은색인 개체도 드물게 있다. 그러나 나가이에 의하면 인도네시아의 아르파크 산맥 동부 지역에서는 앞날개 색깔이 밝은 원명아종(ssp. *beccarii*)만이 발견되고, 서부 지역에서는 앞날개 색깔이 어두운 것들이 발견된다고 하므로 이 정보가 확실하다면 베카리의 아종 수준인 것으로 예상할 수 있다. 그러나 자세한 분포 경계는 확실하게 알려져 있지 않기 때문에 앞날개의 색깔이 어두운 것이 특징인 이 종이 베카리의 아종이 될 수 있는 개체군인지, 단순한 색상 변이형인지, 또는 완전히 다른 종인지에 대해서는 더 많은 표본 확보 및 서식지의 경계 확인을 통해 확정되어야 한다.

수컷 가슴뿔이 굵은 편이고 위쪽 표면에 작은 돌기가 있다.

암수 모두 앞날개가 어두운 흑자색 또는 검은색에 가깝다.

♂
Mts. Arfak
INDONESIA (실물 64㎜)

♀
Mts. Arfak
INDONESIA (실물 45㎜)

❸ *Beckius beccarii ryusuii* Nagai, 2006
베카리삼각장수풍뎅이: 류수이 아종

크기: –59㎜
분포: 뉴기니 섬의 남서부에 위치한 인도네시아의 파크파크 산맥(Mts. Fakfak)

원명아종(ssp. *beccarii*)을 포함한 세 개체군 중에서 가장 덜 알려져 있지만 실제로 그리 드물지는 않다. 기재자인 나가이의 협조로 현재 일본 에히메대학교 농학부에 소장되어 있는 수컷 완모식표본(holotype) 및 암컷 부모식표본(paratype) 사진을 제공받았다. 아종명(*ryusuii*)은 이 아종의 표본을 나가이에게 보내 정확한 동정을 의뢰했던 일본의 수집가 류수이(Tatsuya Ryusui)를 기려 지은 것으로, 원명아종과의 차이점은 다음의 6가지로 원기재문에 기록되어 있다: 1) 암수 모두 앞날개의 광택이 약간 강하다; 2) 수컷의 몸이 다소 길쭉하다; 3) 수컷의 가슴뿔이 상대적으로 더 가늘다; 4) 수컷의 가슴뿔 위쪽 표면에 작은 돌기가 없어서 매끈하다; 5) 수컷의 머리뿔은 길지만 휘어지는 정도는 더 약하다; 6) 종아리마디와 발목마디가 약간 길면서도 가느다란 편이다.

♂
Mts. Fakfak
INDONESIA (실물 57㎜)

♀
Mts. Fakfak
INDONESIA (실물 51㎜)

〈원기재문에 실렸던 베카리삼각장수풍뎅이(류수이 아종)의 모식표본 4개체〉

수컷 완모식표본(HOLOTYPE)

수컷 부모식표본(PARATYPE)

수컷 부모식표본(PARATYPE)

암컷 부모식표본(PARATYPE)

〈모식표본 사진 제공: 나가이 신지(Shinji Nagai)– Nagai, 2006에서 발췌 및 배치 수정〉

나가이는 대형 수컷 완모식표본 1개체를 비롯해 부모식표본으로 수컷 19개체, 암컷 25개체를 선정해 발표했다. 위의 4개체는 원기재문에 수록된 개체 사진을 전부 발췌하여 나타낸 것이다.

05

Eupatorus Burmeister, 1847
오각장수풍뎅이속

'오각(五角)'이라는 명칭에서 알 수 있듯 이 속의 종들은 머리뿔과 가슴뿔을 합해 뿔이 총 5개인 것이 특징이다. 중국 남부에서 인도차이나 반도 및 말레이 반도까지 널리 분포하며, 싸움을 좋아할 듯 박력 넘치는 외모와는 달리 온순한 것으로 알려져 있다. 또한 많은 종이 대나무의 어린 싹에서 나오는 즙을 주로 먹기 때문에 죽순이 본격적으로 나오기 시작하는 가을에 많이 활동하며, 속명(*Eupatorus*)은 고대 그리스어 'ευπατοροσ' 에서 유래한 것으로 '훌륭한 민족' 혹은 '왕의 후손'을 뜻한다. 이번 장에서는 현재까지 알려진 6종 2아종의 표본 사진을 모두 수록했으며 촬영한 표본은 18개체다.

Eupatorus hardwickii (Hope, 1831) 하드위크오각장수풍뎅이

크기: -70㎜
분포: 중국 남서부 및 히말라야(Himalaya) 지역(인도 북부, 네팔, 부탄, 미얀마 북부)

본래 10장에 수록된 왕장수풍뎅이속의 신종(*Dynastes hardwickii*)으로 발표되었던 종으로 가슴뿔 4개가 모두 몸길이에 비해 짧다. 종명(*hardwickii*)은 네팔(Nepal)에 파견되어 있으면서 이 종을 포함해 다양한 곤충들을 채집하고 표본을 만들어 수집했던 영국의 육군 소장 하드위크(Major General Hardwicke)를 기려 지은 것으로, 그가 소장하던 표본을 영국의 호프가 검토해 신종으로 발표했다. 특이하게도 이 종은 앞날개의 색상으로 구별되는 3가지의 변이(variation)가 알려져 있는데, 동일한 지역이라도 변이 개체들이 모두 서식하기 때문에 서로 다른 아종으로 분류하는 것은 옳지 않다. 해외 곤충 표본 사이트를 포함해 인터넷으로 찾아볼 수 있는 몇몇 정보에서는 이들을 아종으로 분류해 놓는 경우가 있으나 이는 잘못 분류된 것이다.

하드위크오각장수풍뎅이의 정확한 종명에 대해

종명이 '*hardwickei*'라는 표기로 국내외에 널리 알려졌으며 대부분의 인터넷 사이트에서도 마찬가지다. 그러나 호프의 1831년 원기재문에는 종명이 '*hardwickii*'로 표기되어 있으므로 전자의 표기는 잘못된 것이다. 이론적으로 본다면 남성의 이름을 기려 종명을 지을 경우 알파벳 'i'를 붙이는 경우가 많으므로 하드위크(Hardwicke)에 알파벳 'i'를 붙인 '*hardwickei*'가 옳은 표기라고 볼 수도 있다. 그러나 크렐의 조언에 따르면, 1800년대의 학자들은 라틴어 사용에 능통했기 때문에 하드위크의 이름을 라틴어화한 하드위키우스(Hardwickius)를 기준으로 종명을 지은 것이라고 한다. 게다가 국제동물명명규약에서는 라틴어의 문법에 크게 위배되지 않는 한 원기재문의 종명 표기를 그대로 유지하는 것을 규정으로 제시하고 있으므로 '*hardwickii*'를 사용하는 것이 옳다.

Dynastes Hardwickii. **Niger, scutellatus, thorace quadricorni, cornu capitis erecto recurvo, elytris castaneis pedibusque nigris. Long. lin. 25; lat. 13.**

하드위크오각장수풍뎅이가 발표된 원기재문에서의 학명 표기(Hope, 1831에서 발췌)
1831년 당시에는 왕장수풍뎅이속(*Dynastes*)의 신종으로 기록되었으며, 종명이 *hardwickii*였음을 알 수 있다.

큰오각장수풍뎅이(*E. gracilicornis*)를 제외한 오각장수풍뎅이속 5종의 분포

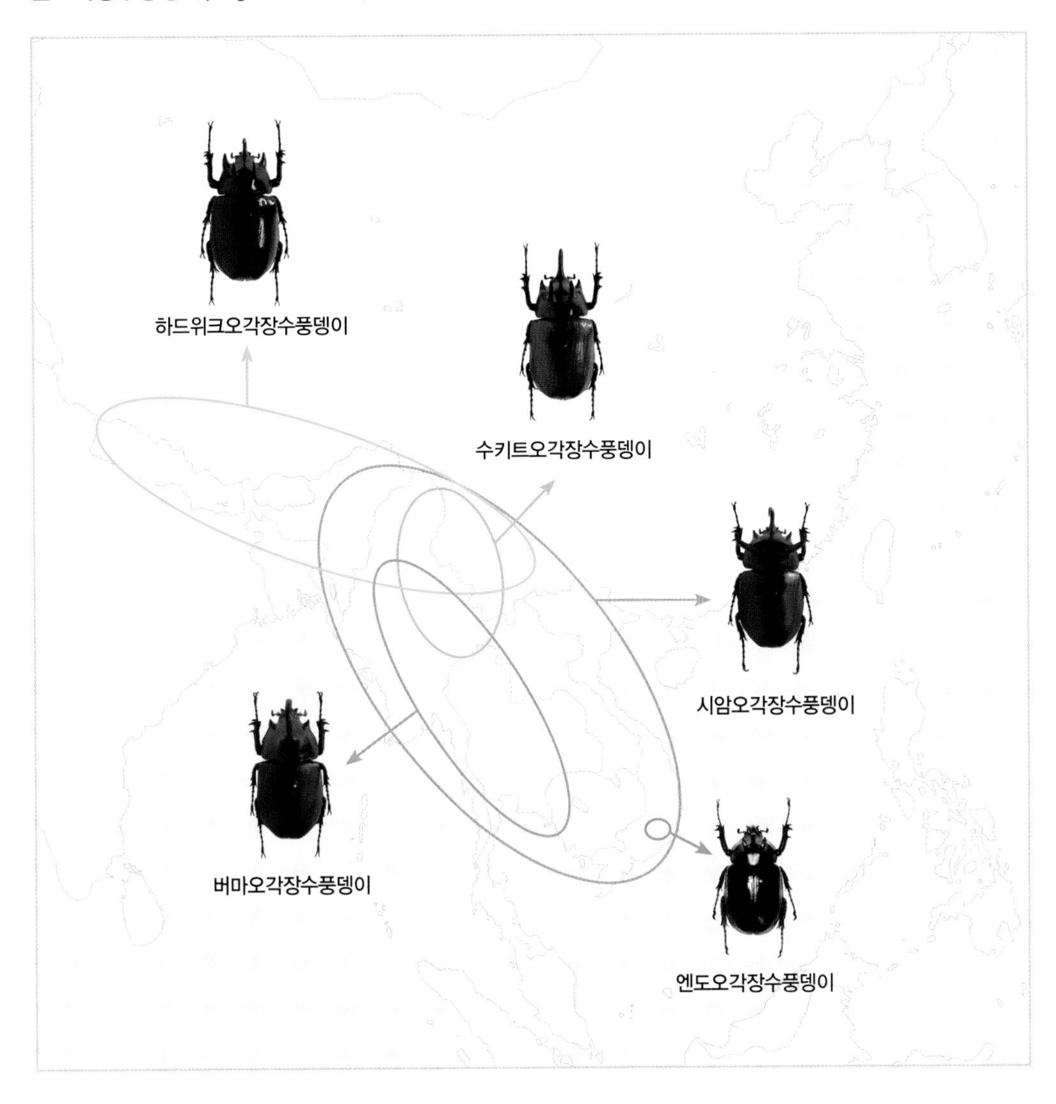

❶ *Eupatorus hardwickii* (Hope, 1831)
하드위크오각장수풍뎅이: 기본형

앞날개가 전체적으로 적갈색 계열이다. 이를 기준으로 앞날개에 검은색이 발달하는 넓이와 양상에 따라서 2가지 변이형(形)으로 다시 세분화되며, 검은색이 불규칙한 형태로 발현되어 각 변이형의 중간 형태를 띠는 중간형 개체도 있다.

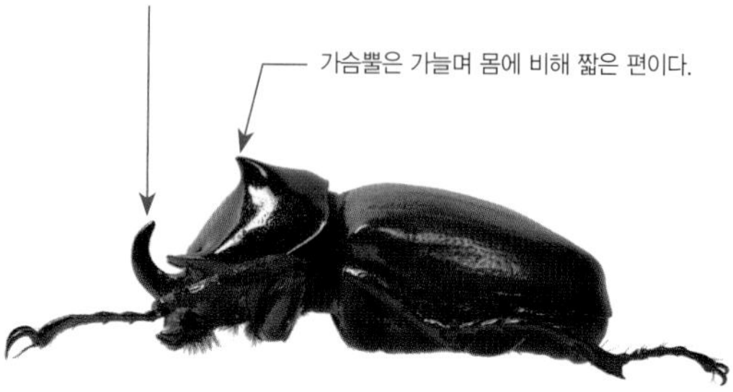

머리뿔은 굵으면서도 몸에 비해 짧은 편이다.

가슴뿔은 가늘며 몸에 비해 짧은 편이다.

기본형 ♂
Kachin
MYANMAR (실물 58㎜)

중간형 ♀
Sagaing
MYANMAR (실물 54㎜)

❷ *Eupatorus hardwickii* var. *cantori* (Hope, 1842) 하드위크오각장수풍뎅이: 캔터 변이형

앞날개가 전체적으로 검은색을 띠지만 가장자리 부분에서만큼은 다소 밝은 갈색을 띠어서 마치 앞날개에 띠가 둘러진 것처럼 보인다. 이 변이형의 명칭(*cantori*)은 기재자인 호프의 동료였던 캔터(Cantor) 박사를 기려 지은 것이며, 이 종의 세 가지 변이 형태 중 가장 흔한 편이다.

캔터 변이형 ♂
Sagaing
MYANMAR (실물 60㎜)

캔터 변이형 ♀
Kachin
MYANMAR (실물 59㎜)

❸ *Eupatorus hardwickii* var. *niger* Arrow, 1910 하드위크오각장수풍뎅이: 검은색 변이형

영국의 학자 애로우(Arrow)가 1910년에 발표했던 변이형으로, 명칭(*niger*)은 라틴어로 '어두운' 혹은 '검은색'을 뜻한다. 이 종의 3가지 변이 형태 중에서 가장 드물어 표본을 입수하지 못했다. 장수풍뎅이류의 수많은 표본을 검토해 많은 신종과 신아종을 기재했던 나가이(Nagai) 또한 이 형태의 개체를 직접 본 적이 없다고 말하는 것으로 볼 때 상당히 보기 힘든 종류로 여겨진다.

Eupatorus siamensis (Castelnau, 1867) 시암오각장수풍뎅이

크기: -75㎜
분포: 인도, 미얀마, 태국, 베트남

현재까지도 쉽게 볼 수 없는 상당히 큰 크기인 73㎜ 초대형 개체를 모식표본으로 발표한 종으로, 본래는 알키도소마(*Alcidosoma*)라는 속명이었으나 현재 이 속은 오각장수풍뎅이속(*Eupatorus*)의 동물이명(synonym)으로 여겨지고 있다. 몸은 전체적으로 검은색 또는 진한 흑갈색을 띠며 아래쪽 가슴뿔 2개는 짧으나 그보다 위쪽에 있는 가슴뿔 2개는 바깥쪽을 향해 더 길게 발달한다. 1867년의 원기재문에 제시된 삽화를 발췌했으며, 종명(*siamensis*)은 이 종의 모식지인 시암(또는 샴, Siam, 현재의 태국을 일컫는 옛 이름)에서 따온 것이다.

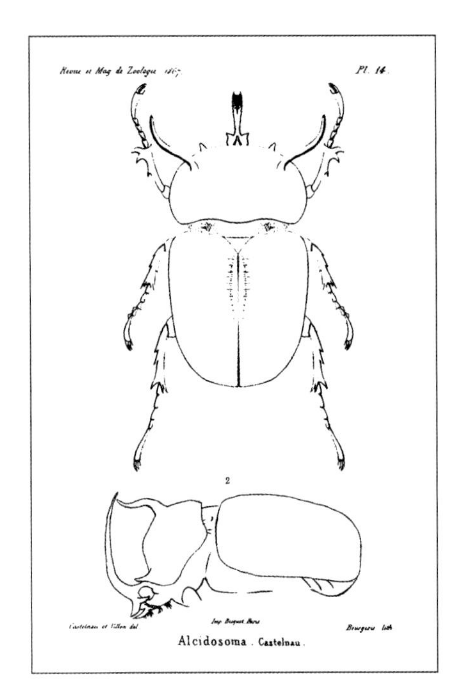

시암오각장수풍뎅이 수컷의 원기재 삽화(Castelnau, 1867에서 발췌)
정면과 측면이 잘 묘사되었고 기재 당시에는 알키도소마(*Alcidosoma*)속의 신종으로 발표되었다.

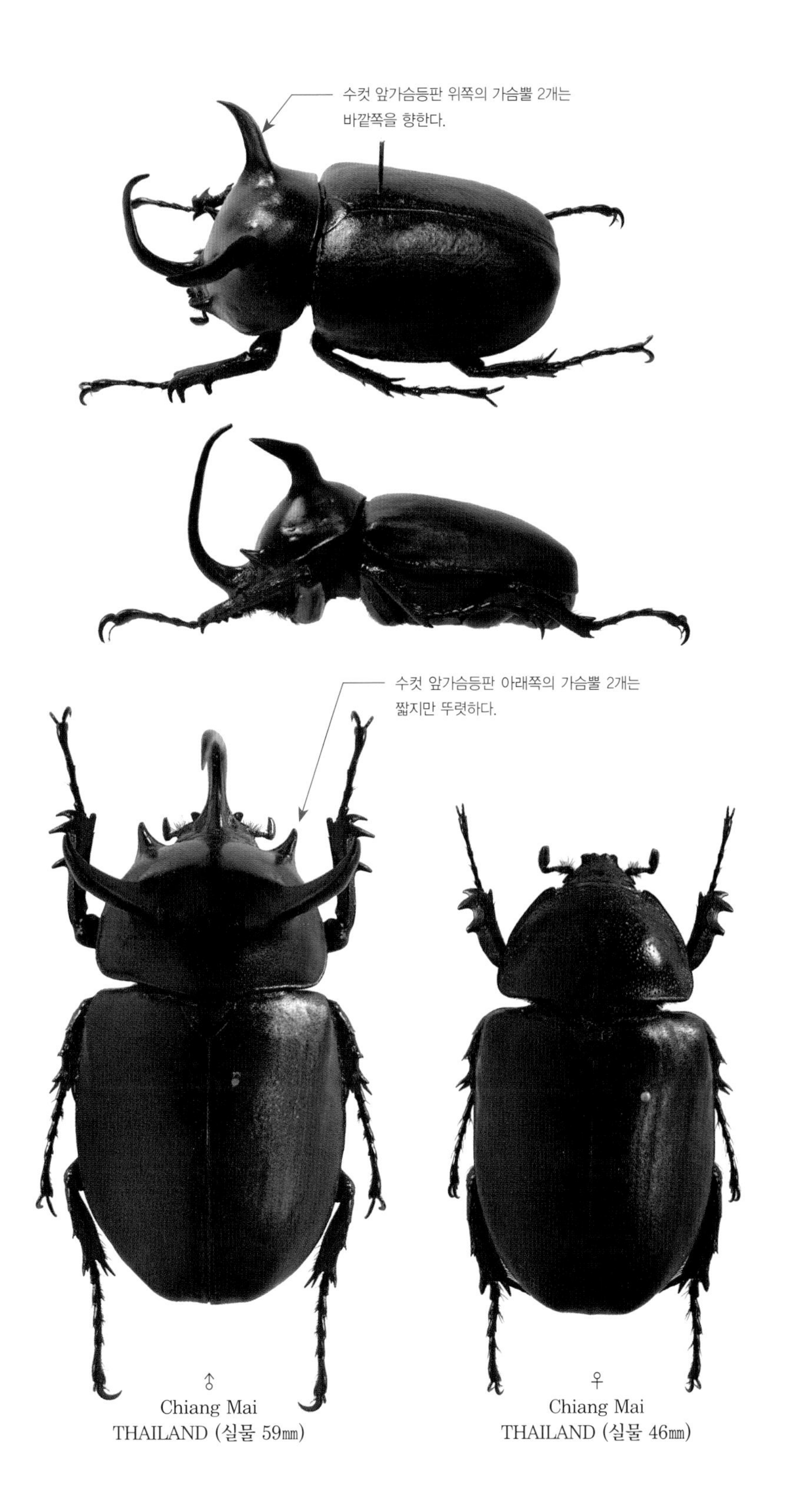

♂
Chiang Mai
THAILAND (실물 59㎜)

♀
Chiang Mai
THAILAND (실물 46㎜)

Eupatorus birmanicus Arrow, 1908
버마오각장수풍뎅이

크기: -70㎜
분포: 미얀마, 태국

앞가슴등판 위쪽의 가슴뿔 2개가 마치 토끼 귀처럼 위쪽으로 높게 발달하는 것이 특징이다. 원기재문에 의하면 이 종은 미얀마 남부에 위치한 몰멩(Moulmein)과 메르귀(Mergui) 지역에 서식하며 모식표본은 영국의 대영 박물관에 소장되어 있다. 원기재문에서는 삽화가 제시되지 않았지만 2년 후인 1910년에 기재자인 애로우가 인도, 스리랑카, 미얀마의 장수풍뎅이를 정리해 발표한 논문에는 상세한 삽화가 수록되어 있다. 종명(*birmanicus*)은 모식지인 버마(Birma 또는 Burma, 현재의 미얀마)에서 따온 것이다.

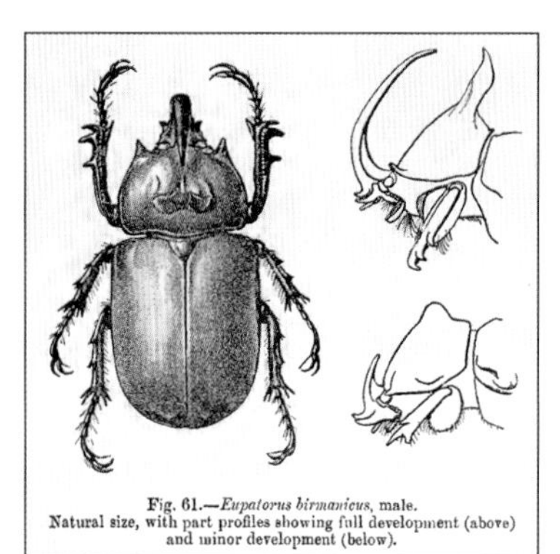

버마오각장수풍뎅이 수컷의 삽화(Arrow, 1910에서 발췌)
정면과 측면이 상세히 묘사되었다(오른쪽 상단: 대형 수컷 측면, 오른쪽 하단: 소형 수컷 측면).

수컷 앞가슴등판 아래쪽의 가슴뿔이 짧지만 뚜렷하다.

♂
Chiang Mai
THAILAND (실물 52㎜)

♀
Tak
THAILAND (실물 47㎜)

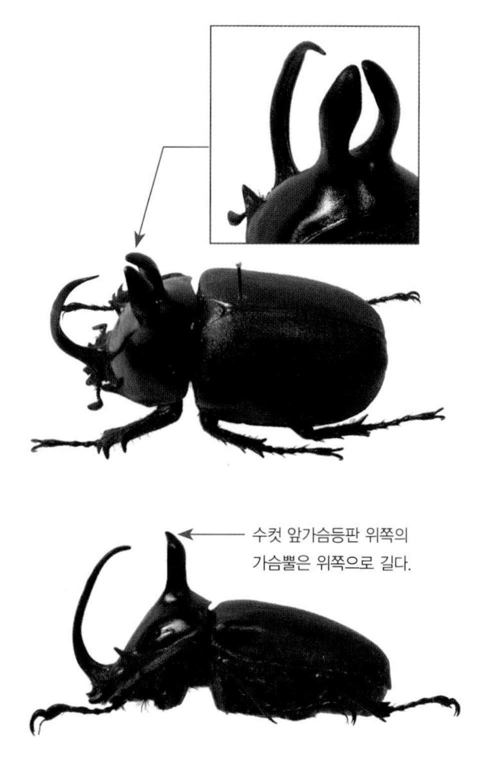

수컷 앞가슴등판 위쪽의 가슴뿔은 위쪽으로 길다.

Eupatorus gracilicornis Arrow, 1908 큰오각장수풍뎅이

오각장수풍뎅이속에서 가장 대형종인 동시에 널리 알려진 종으로, 보통은 머리뿔의 길이를 포함해 85㎜ 전후를 대형이라 일컫지만 100㎜ 전후에 이르는 초대형 개체도 매우 드물게 있다. 인도 북동부에서 중국 남부를 거쳐 인도차이나 반도 및 말레이 반도에 이르는 드넓은 범위에 분포하며, 매우 흔한 원명아종 이외에도 태국과 미얀마 지역에 국지적으로 서식하는 2아종이 발표되었으나 이들은 비교적 귀하다.

아종 분류

1) ssp. *gracilicornis* Arrow, 1908 원명아종(인도 북동부-중국 남부-말레이 빈도)

2) ssp. *edai* Hirasawa, 1991 에다 아종(태국과 미얀마의 국경 지대에 위치한 도우나 산맥)

3) ssp. *kimioi* Hirasawa, 1992 키미오 아종(태국 남서부의 칸차나부리)

큰오각장수풍뎅이의 아종 분포

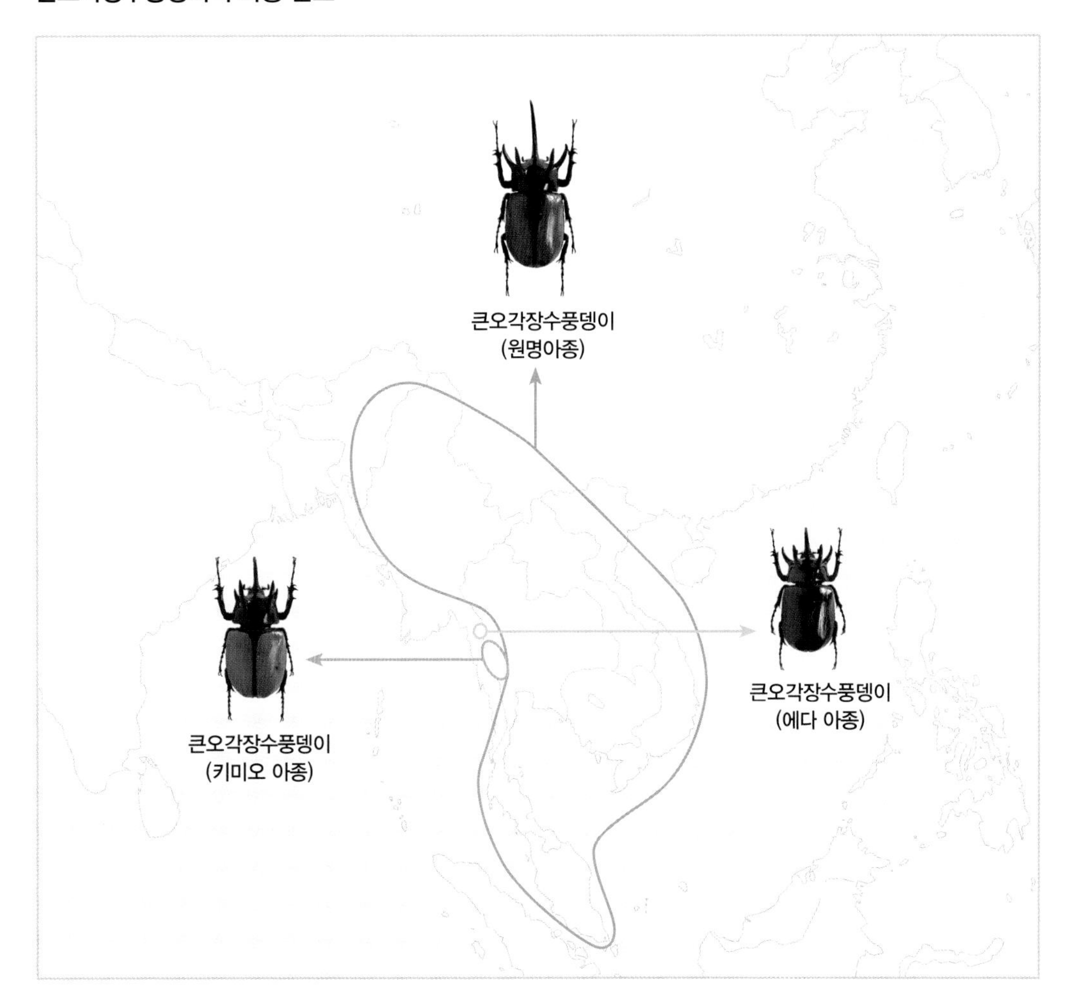

❶ *Eupatorus gracilicornis gracilicornis* Arrow, 1908
큰오각장수풍뎅이: 원명아종

크기: -100㎜
분포: 인도 북동부, 중국 남부, 인도차이나 반도(라오스, 미얀마, 베트남, 캄보디아, 태국), 말레이시아 서부

오각장수풍뎅이의 대명사라고 할 정도로 널리 알려졌고 흔하다. 개체수는 상당히 많은 편이며, 특히 태국의 치앙마이(Chiang Mai) 지역은 이 종의 유명한 채집지다. 애로우의 원기재문에서도 치앙마이를 주요 서식지로 기록하고 있어 그 당시에도 많은 개체가 서식했던 것으로 예상된다. 종명 · 아종명(*gracilicornis*)은 '멋진(gracili) 뿔(cornis)'을 뜻하며, 이에 걸맞게 뿔 5개는 매우 박력 있고 특이하다. 또한 말레이 반도와 중국 남부에 분포하는 개체군은 태국 일대에서 흔히 발견되는 개체군보다 앞날개의 색깔이 다소 어두운 적갈색을 띤다.

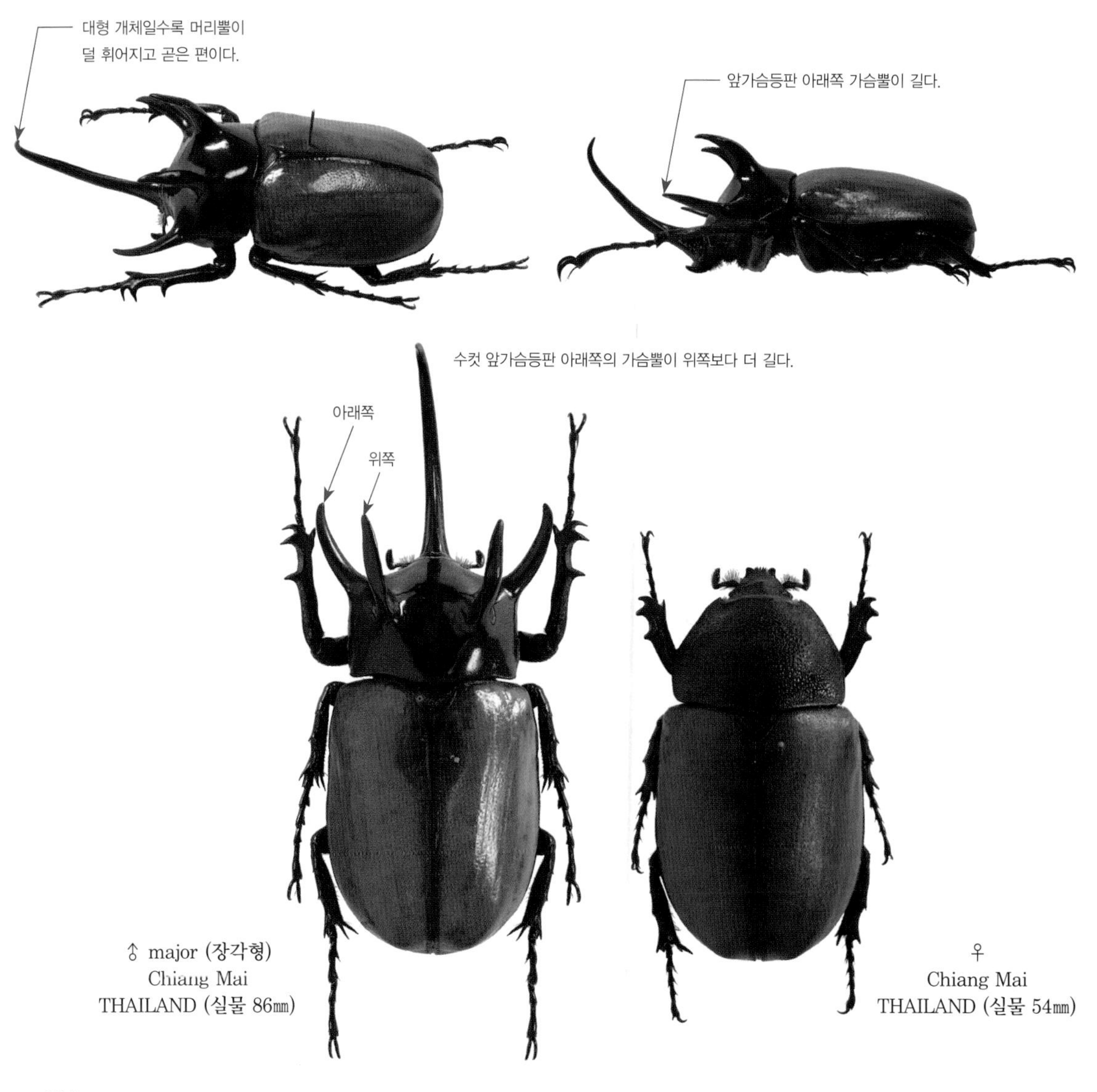

♂ major (장각형)
Chiang Mai
THAILAND (실물 86㎜)

♀
Chiang Mai
THAILAND (실물 54㎜)

소형 수컷은 머리뿔과 가슴뿔이 짧다.

♂ minor (단각형)
Chiang Mai
THAILAND (실물 54㎜)

태국과 미얀마의 국경지대에 위치한 도우나 산맥에서는 앞날개가 매우 어두운 자주색을 띠는 개체군이 발견되고, 큰오각장수풍뎅이 에다 아종(ssp. *edai*)으로 기재되어 있으며 매우 희귀하다.
중국에 서식하는 개체군은 에다 아종처럼 앞날개가 어둡지는 않지만 태국 등지에서 흔히 발견되는 원명아종보다는 앞날개가 짙은 적갈색을 띤다.

♂
Guangxi
CHINA (실물 67㎜)

♀
Guangxi
CHINA (실물 57㎜)

중국에 서식하는 개체군은 앞날개가 더 어두운 적갈색을 띤다.

❷ *Eupatorus gracilicornis edai* Hirasawa, 1991
큰오각장수풍뎅이: 에다 아종

크기: -80㎜
분포: 태국과 미얀마의 국경 지역에 위치한 도우나 산맥(Dawna range)

앞날개의 광택이 강하면서도 어두운 자주색 계열을 띠는 것이 특징이며 그 외는 원명아종(ssp. *gracilicornis*)과 같다. 채집되는 개체수가 매우 적은 진귀한 종으로, 아종명(*edai*)은 기재자인 히라사와에게 이 아종의 표본을 제공해 신아종 발표에 기여한 일본인 에다(Eda)를 기려 지은 것이다. 오각장수풍뎅이속(*Eupatorus*)의 모식종인 하드위크오각장수풍뎅이(*E. hardwickii*)의 경우에도 앞날개 색깔이 다른 개체들이 있지만 이들은 같은 지역에 동시다발적으로 발생하는 일종의 변이이고, 도우나 산맥에서는 앞날개가 검은색에 가까운 개체만 발견되므로 아종 수준으로 분류하는 현재의 체계는 적절한 것으로 여겨진다.

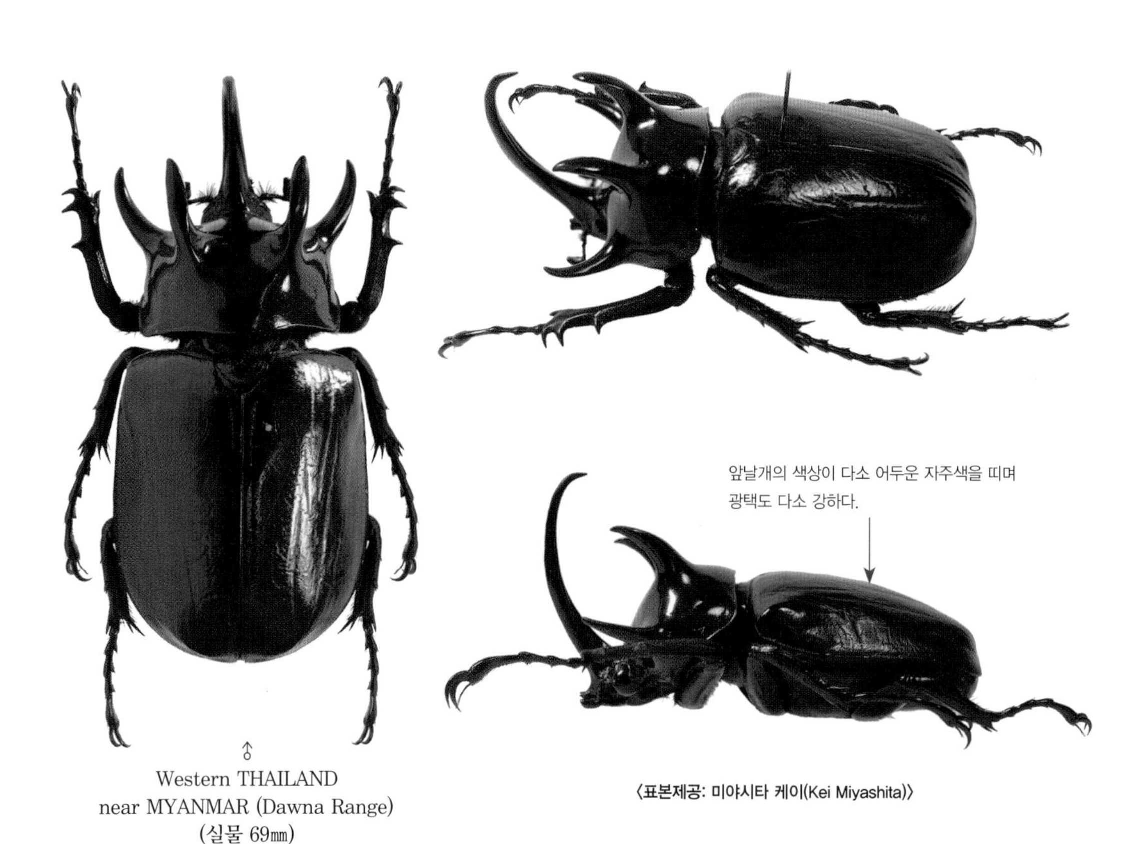

♂
Western THAILAND
near MYANMAR (Dawna Range)
(실물 69㎜)

〈표본제공: 미야시타 케이(Kei Miyashita)〉

❸ *Eupatorus gracilicornis kimioi* Hirasawa, 1992
큰오각장수풍뎅이: 키미오 아종

크기: -80㎜
분포: 태국 남서부 칸차나부리(Kanchanaburi)

원명아종(ssp. *gracilicornis*)과 비슷하지만 뿔의 생김새에 미묘한 차이가 있는 드문 아종이다. 일반적으로 원명아종의 경우 바깥쪽(아래쪽)에 위치한 가슴뿔 2개가 안쪽(위쪽)에 위치한 가슴뿔과 서로 비슷한 길이이거나 더 길지만, 이 아종은 안쪽의 가슴뿔이 바깥쪽보다 확연히 더 길고 굵은 정반대의 특징이 있다. 원기재문에서 기재자인 히라사와는 이 특징이 대형 뿐 아니라 소형 개체에서도 분명히 나타나고 있어 비교적 안정적으로 정착된 형질로 판단된다고 기록했다. 아종명(*kimioi*)은 기재자인 히라사와에게 1991년 9월에 채집된 개체를 제공해 신아종 발표에 기여한 일본 오쓰마여자대학교(Otsuma Women's University)의 교수 키미오(Kimio Masumoto)를 기려 지은 것이다.

♂
Kanchanaburi
THAILAND (실물 70㎜)

Eupatorus sukkiti Miyashita et Arnaud, 1996
수키트오각장수풍뎅이

크기: –75㎜
분포: 중국 남부, 미얀마 북부

앞날개가 전체적으로 적갈색을 띠는 하드위크오각장수풍뎅이(*E. hardwickii*)의 기본형과 비슷하지만, 앞가슴등판 중앙의 가슴뿔 2개가 더 길면서도 비스듬하게 위쪽을 향해 발달하고 머리뿔 또한 가늘고 길며 많이 휘어진다는 차이로 구별이 가능하다. 2000년대 초중반까지만 해도 미얀마의 특산종인 것으로 알려졌으나 2009년에 중국 남부 지방에서도 이들의 서식이 확인되면서 적지 않은 개체들이 채집되었다. 종명(*sukkiti*)은 이 종을 최초로 채집했던 태국의 채집가 수키트(Prasobsuk Sukkit)를 기려 지은 것이다. 그는 미얀마에서 주로 채집 활동을 하면서 특히 일본인들에게 다수의 표본을 제공한 결과로 일본에서 발표하는 신종이나 신아종의 학명이 그를 기려 지은 것들이 많다.

Eupatorus endoi Nagai, 1999
엔도오각장수풍뎅이

크기: 수컷 43㎜, 암컷 37㎜의 모식표본 2개체만이 공식적으로 알려져 있음
분포: 베트남 남부의 바오락(Bao-Loc) 일대

1991년 9월 6일에 야간 등화채집으로 채집되었던 암수 1개체씩의 모식표본만이 공식적으로 알려져 있는 매우 진귀한 종이다. 이 종이 채집된 남부 베트남은 프랑스의 폴리안이 인도차이나 반도의 장수풍뎅이류에 대해 저술했던 1945년의 논문에서 큰오각장수풍뎅이(*E. gracilicornis*)와 시암오각장수풍뎅이(*E. siamensis*) 2종만이 서식하는 것으로 기록된 지역으로, 이 종의 발견으로 인해 베트남에서는 총 3종의 오각장수풍뎅이가 서식하는 것으로 밝혀지게 되었다. 이 종은 수컷의 머리뿔 끝 부분이 뚜렷하게 두 갈래로 갈라지며, 가슴뿔의 경우 위쪽의 2개는 굵으면서도 짧고 아래쪽의 2개는 거의 없는 것이 특징이다. 또한 암컷의 경우에는 앞다리의 종아리마다 바깥쪽의 돌기가 다른 종에 비해 짧다. 나가이의 협조로 현재 일본 에히메대학교 농학부에 소장되어 있는 이 종의 수컷 완모식표본(holotype) 및 암컷 부모식표본(paratype) 사진을 제공받아 수록했으며, 종명(*endoi*)은 기재자인 나가이에게 이 종의 표본을 제공해 정확한 분류를 의뢰한 일본인 엔도(Toshitsugu Endo)를 기려 지은 것이다.

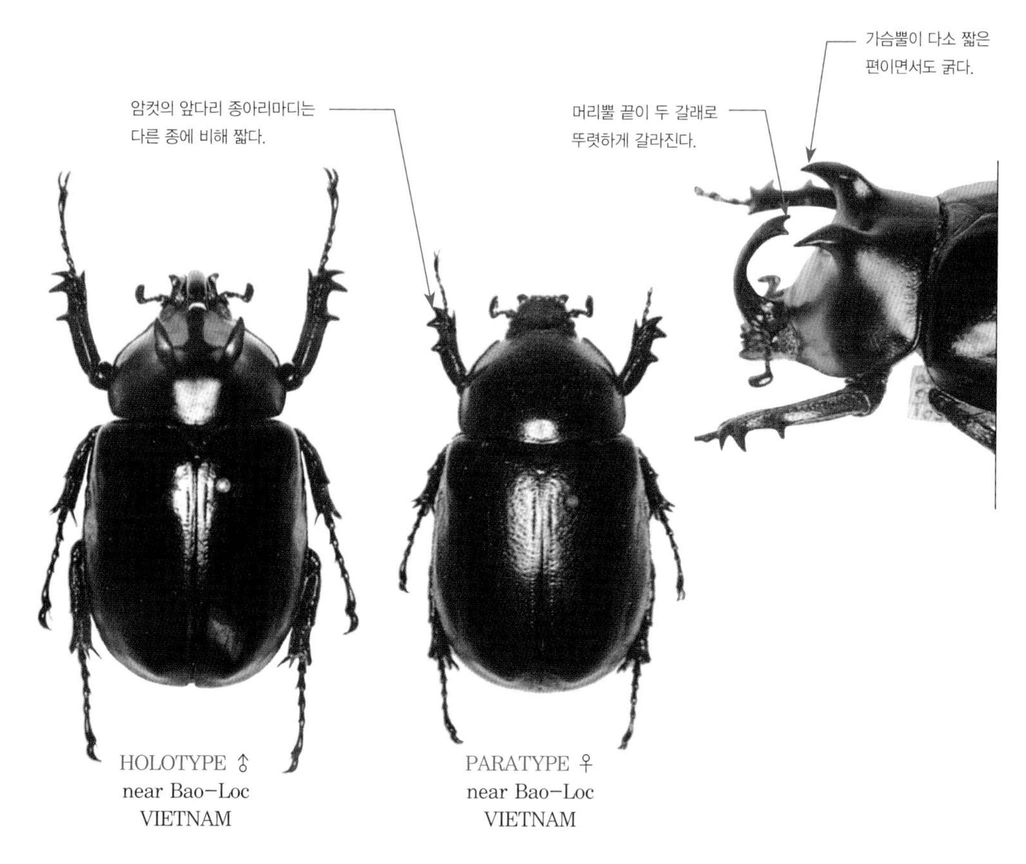

〈모식표본 사진 제공: 나가이 신지(Shinji Nagai)-Nagai, 1999에서 발췌〉

06

Chalcosoma Hope, 1837
청동장수풍뎅이속

머리뿔을 중심으로 양 옆에 가슴뿔 2개가 앞가슴등판에 있고 앞날개가 전체적으로 광택이 강한 흑록색을 띠는 장수풍뎅이들이 포함되는 속으로, 아시아 대륙을 통틀어 가장 대형인 분류군이라 할 수 있다. 크기는 개체마다 편차가 크며 몸집에 따라 뿔이 발달하는 정도 또한 뚜렷하게 다른데, 뿔이 길게 발달하는 대형 장각형(長角形) 개체와는 달리 뿔이 짧게 발달하는 소형 단각형(短角形) 개체는 동정이 어려운 경우가 많다. 속명(*Chalcosoma*)은 '청동(chalco)의 몸(soma)'을 뜻하며, 실제로 이들의 앞날개는 어두운 녹색이 감도는 청동 빛 광택이 강하다. 현재까지 알려진 4종 9아종의 표본 사진을 모두 수록했으며 촬영한 표본은 20개체다.

청동장수풍뎅이 4종의 대형 수컷 쉽게 동정하기

현재 4종이 알려져 있는 청동장수풍뎅이류는 소형 크기일 경우에는 동정이 그다지 쉽지 않지만, 중대형급 이상은 각 종의 특징이 잘 발현되어 동정이 상대적으로 쉬워진다. 비교적 정확하면서도 쉬운 방법은 수컷 머리뿔의 돌기 발달 형태를 관찰하는 것이다.

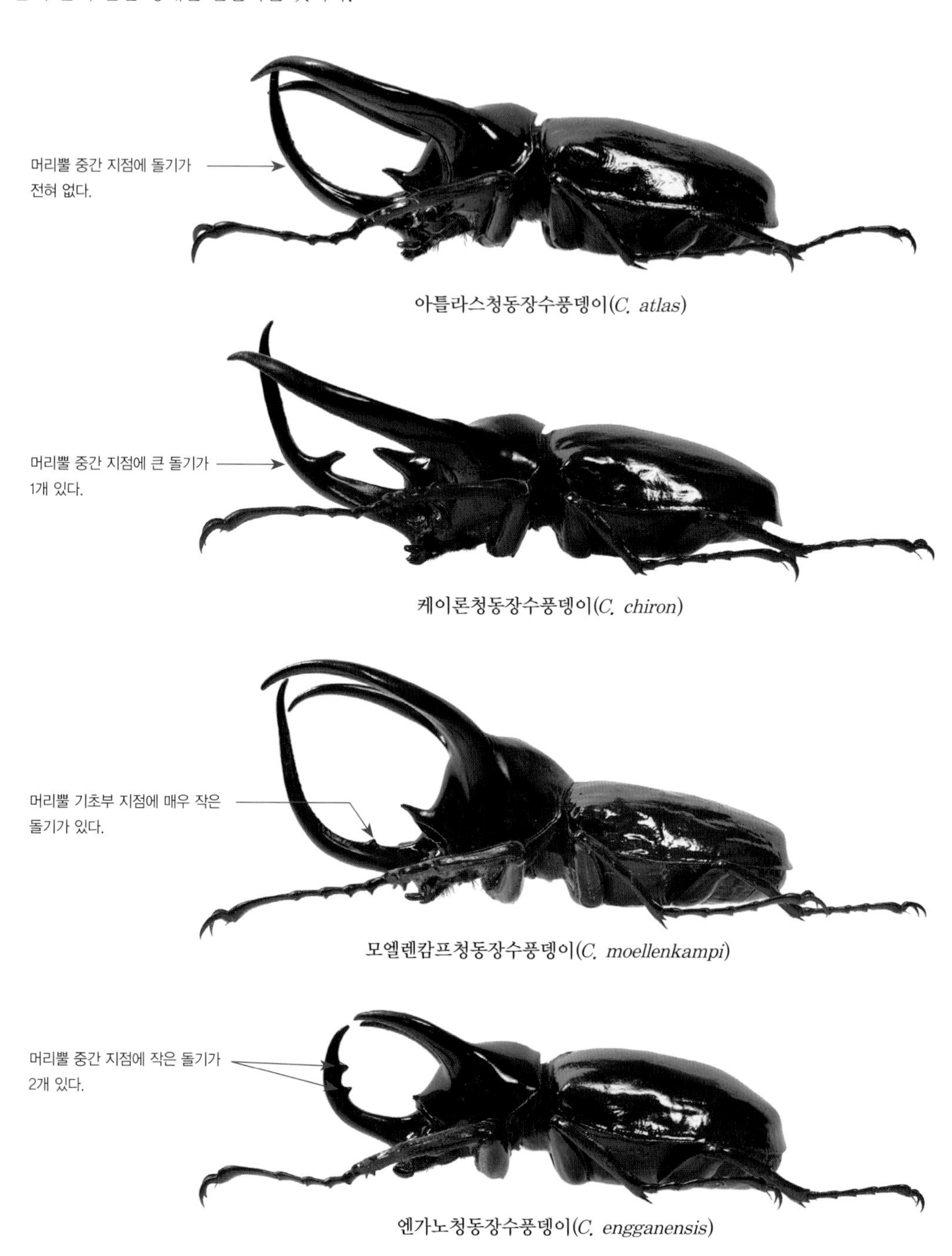

아틀라스청동장수풍뎅이(*C. atlas*)

케이론청동장수풍뎅이(*C. chiron*)

모엘렌캄프청동장수풍뎅이(*C. moellenkampi*)

엔가노청동장수풍뎅이(*C. engganensis*)

청동장수풍뎅이속의 모식종

Chalcosoma atlas (Linnaeus, 1758) 아틀라스청동장수풍뎅이

동남아시아를 대표하는 비교적 흔한 종이지만 몇몇 지역에서는 매우 드물게 발견된다. 수컷 머리뿔 중간 부분에는 별다른 돌기가 없어서 매끈하지만, 아종에 따라서 끝 부분에 짧은 삼각형 돌기가 발달하기도 한다. 앞가슴등판에 있는 가슴뿔의 각도, 휘어지는 정도 및 뿔의 굵기를 관찰해 아종을 동정할 수 있으며 현재까지 원명아종을 제외하고도 6아종이 발표되었다. 이 중 인도네시아의 부톤(Buton) 섬과 시메울루에(Simeulue) 섬에 서식하는 아종은 2004년에 발표된 이후 현재까지 모식표본만이 알려진 진귀한 개체군이다.

아종 분류

1) ssp. *atlas* (Linnaeus, 1758) 원명아종(인도네시아 술라웨시 섬 일대)
2) ssp. *hesperus* (Erichson, 1834) 헤스페루스 아종(필리핀)
3) ssp. *keyboh* Nagai, 2004 키보 아종(동남아시아의 말레이 제도)
4) ssp. *mantetsu* Nagai, 2004 만테쓰 아종(인도차이나 반도)
5) ssp. *shintae* Nagai, 2004 신타 아종(인도네시아 펠렝 섬)
6) ssp. *butonensis* Nagai, 2004 부톤 아종(인도네시아 부톤 섬)
7) ssp. *simeuluensis* Nagai, 2004 시메울루에 아종(인도네시아 시메울루에 섬)

아틀라스청동장수풍뎅이의 아종 분포

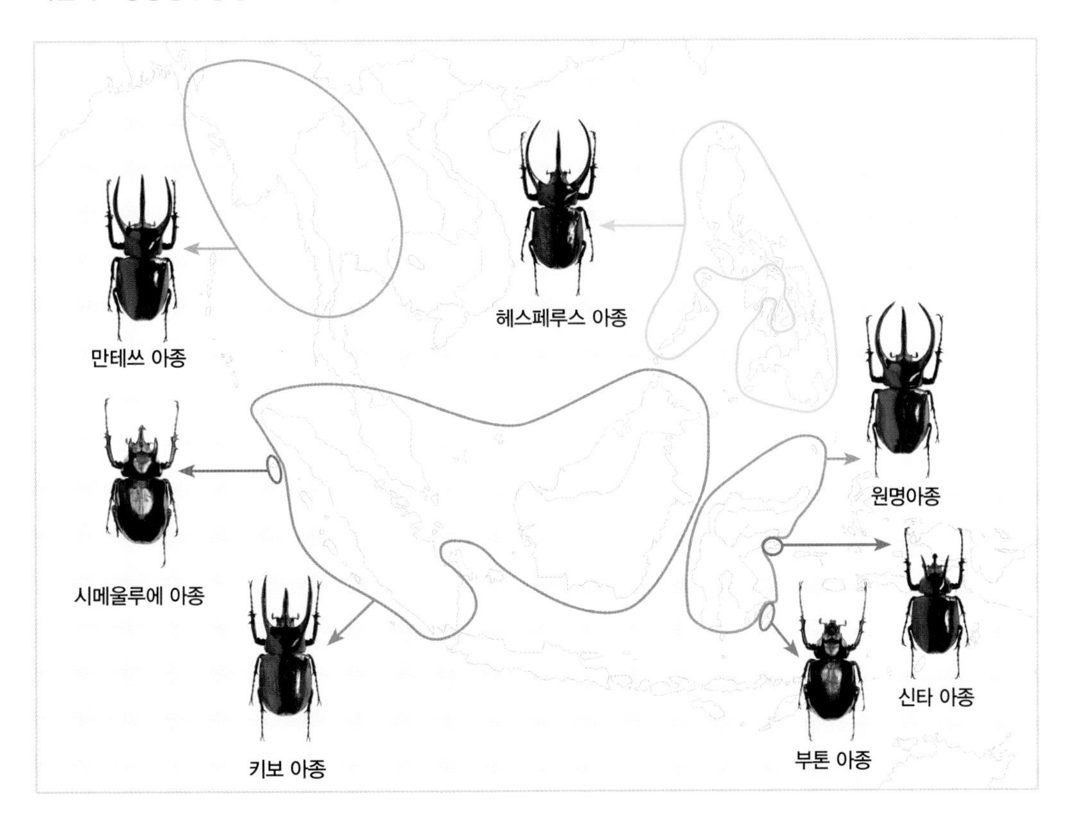

❶ *Chalcosoma atlas atlas* (Linnaeus, 1758)
아틀라스청동장수풍뎅이: 원명아종

크기: –100㎜
분포: 인도네시아 술라웨시(Sulawesi) 섬, 토기안(Togian) 섬, 산기르(Sangir) 섬, 시아우(Siau) 섬

린네(Linnaeus)가 1758년에 저술한 〈자연의 체계, Systema Naturae, 제10판〉에서 4번째로 소개된 곤충으로, 이 문헌에서부터 동물의 학명이 세계 최초로 적용되기 때문에 원기재문을 발췌해 수록했다. 이 아종은 대형 개체일 경우 머리뿔에 돌기가 전혀 발달하지 않아서 전체적으로 매끈한 것이 큰 특징이며, 가슴뿔은 비교적 굵고 휘는 정도 또한 큰 편이다. 종명 · 아종명(*atlas*)은 그리스 신화에 등장하는 거인 아틀라스(Atlas)를 뜻한다.

Atlas. 4. S. thorace tricorni: antico breviſſimo, capitis cornu recurvato. *M. L. U.*
Marcgr. braſ. 247. *f.* 1. *Olear. muſ. t.* 16. *f.* 3.
Pet. gaz. t. 49. *f.* 8. *an t.* 14. *f.* 12.
Merian. ſurin. in titulo F. G. Swamm. bibl. t. 30. *f.* 3.
Habitat in America.

아틀라스청동장수풍뎅이 원명아종의 원기재문(Linnaeus, 1758에서 발췌).
원기재문은 그리 길지 않으나 이 짧은 몇 줄의 효력으로 인해 '아틀라스'라는 종명이 현재에 이르기까지 250여 년 간 존속될 수 있었다.

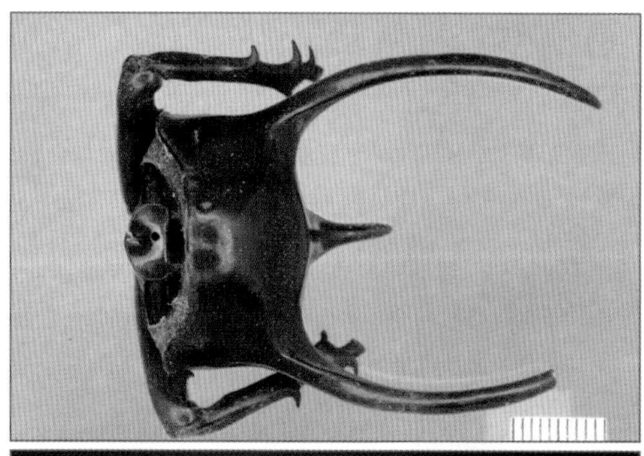

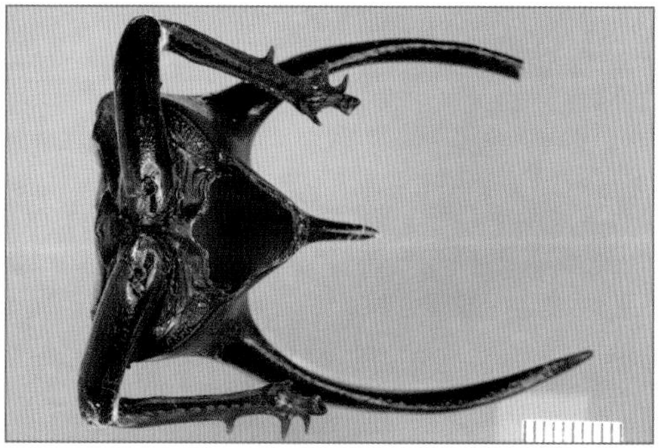

아틀라스청동장수풍뎅이의 모식표본과 표본의 라벨 (사진 제공: 영국 린네 학회).
영국 린네 학회(The Linnean Society of London)에 소장되어 있는 아틀라스청동장수풍뎅이의 모식표본을 촬영한 사진을 린네 학회 소속의 셜우드(Sherwood) 박사의 협조로 제공받았다. 253년 전의 개체이니만큼 다른 부분은 모두 소실되고 앞가슴등판 부분만이 간신히 부존되었다.

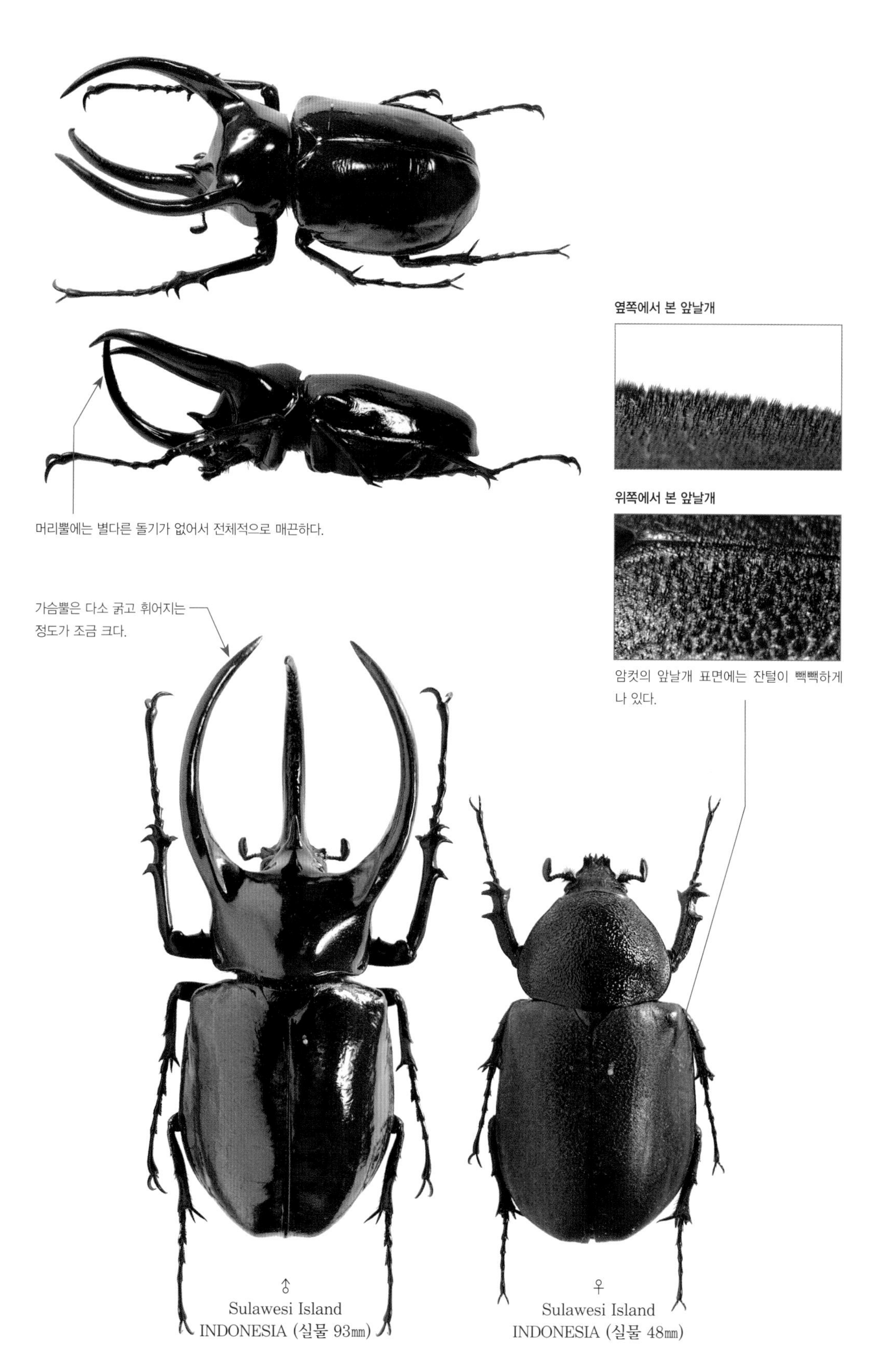
옆쪽에서 본 앞날개
위쪽에서 본 앞날개
머리뿔에는 별다른 돌기가 없어서 전체적으로 매끈하다.
가슴뿔은 다소 굵고 휘어지는
정도가 조금 크다.
암컷의 앞날개 표면에는 잔털이 빽빽하게
나 있다.
♂
Sulawesi Island
INDONESIA (실물 93㎜)
♀
Sulawesi Island
INDONESIA (실물 48㎜)

❷ *Chalcosoma atlas hesperus* (Erichson, 1834)
아틀라스청동장수풍뎅이: 헤스페루스 아종

크기: –108㎜
분포: 필리핀

본래 10장에 수록된 왕장수풍뎅이속(*Dynastes*)의 신종(*D. hesperus*)으로 발표되었지만 현재는 아틀라스의 아종으로 수정되었다. 아틀라스의 아종 중에서 가장 대형이며, 신종으로 발표되었던 원기재문 초반부와 원기재 삽화를 수록했다. 아종명(*hesperus*)은 그리스어에서 유래한 것으로 하늘에서 가장 밝게 보이는 별 중 하나인 금성(Venus)을 뜻하며, 가슴뿔이 잘 발달한 대형 장각형(長角形) 개체에 한해 원명아종과 다음의 사항으로 구분 가능하다: 1) 가슴뿔이 더 가늘고 휘어지는 정도가 약하다; 2) 앞가슴등판의 중앙부 아래쪽에 있는 뾰족한 돌기가 길고 굵다; 3) 머리뿔의 끝 부분에는 삼각형 돌기가 있다.

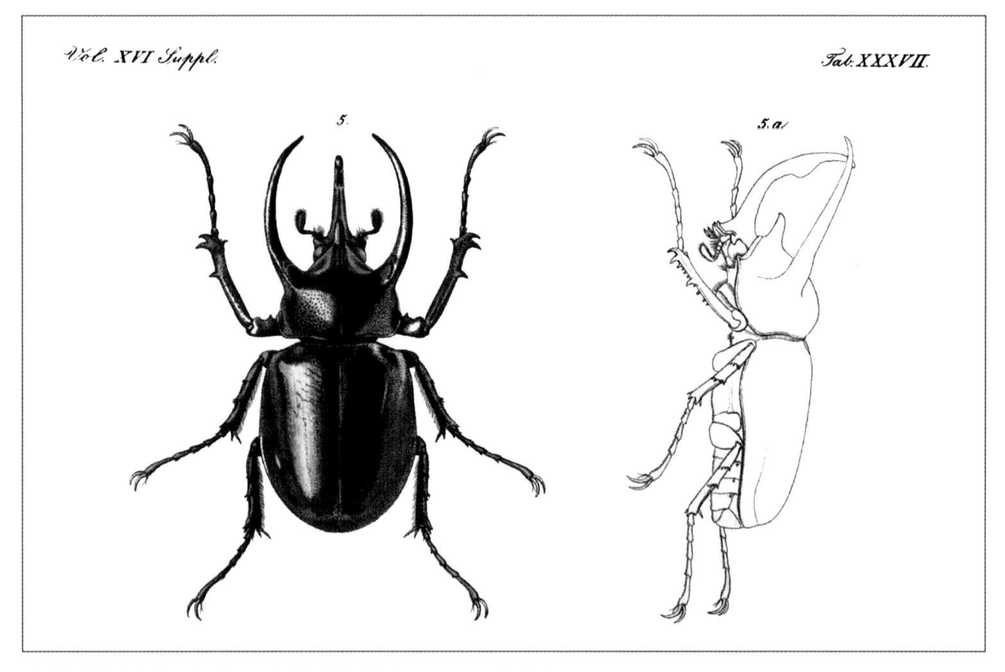

아틀라스청동장수풍뎅이 헤스페루스 아종의 원기재 삽화(Erichson, 1834에서 발췌).
천연색으로 자세히 묘사되어 있으며, 특히 측면 삽화에서는 앞가슴등판 중앙부에 있는 뾰족한 돌기가 굵고 길게 잘 발달하는 이 아종의 특징이 잘 나타나 있다.

24. DYNASTES **Hesperus** Erichs.
Tab. XXXVII. Fig. 5, 5 *a*.
D. nigro-aeneus; thorace tricorni, cornu intermedio brevissimo; capitis cornu tecurvo, intus unidentato. — Long. 2½ poll.

아틀라스청동장수풍뎅이(헤스페루스 아종)의 원기재문 초반부(Erichson, 1834에서 발췌).
본래 왕장수풍뎅이속(*Dynastes*)으로 분류되는 신종으로 발표되었으며 2개의 원기재 삽화(5, 5a)를 포함하고 있음을 알 수 있다.

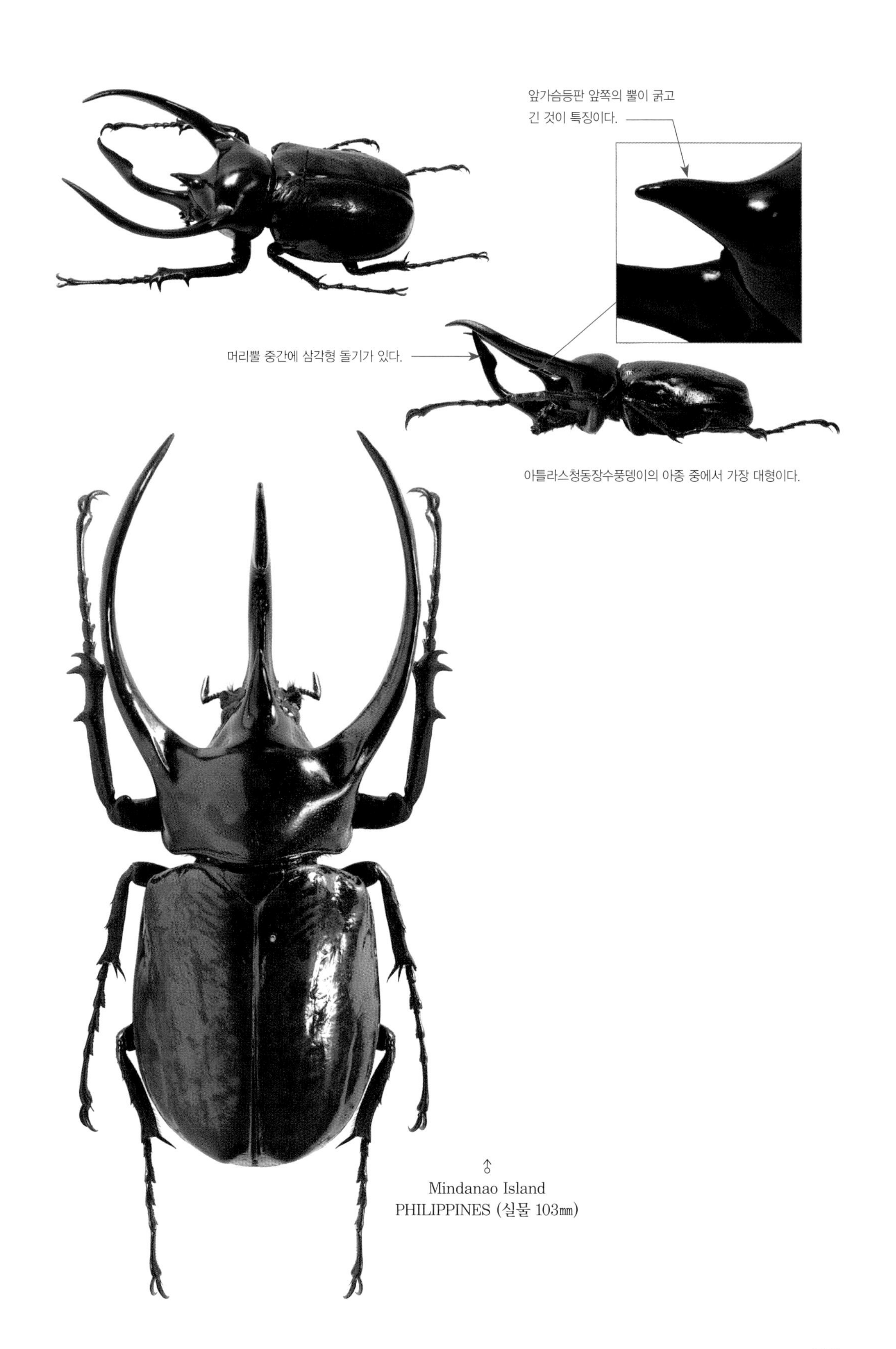

아틀라스청동장수풍뎅이의 아종 중에서 가장 대형이다.

♂
Mindanao Island
PHILIPPINES (실물 103㎜)

❸ *Chalcosoma atlas keyboh* Nagai, 2004
아틀라스청동장수풍뎅이: 키보 아종

크기: –101㎜
분포: 동남아시아 말레이 제도(수마트라(Sumatra) 섬, 보르네오(Borneo) 섬, 말레이 반도 및 그 주변부)

아틀라스의 아종 중에서 분포 범위가 가장 넓은 종류로, 흔히 아틀라스라고 하면 대부분 이것을 지칭하는 것이라 해도 지나치지 않을 만큼 개체수가 많다. 대형 개체의 머리뿔 끝에는 삼각형 작은 돌기가 있고 가슴뿔의 휘어지는 정도가 약해 거의 좌우 평행인 것이 특징이다. 기재자인 나가이의 협조로 현재 일본 에히메대학교 농학부에 소장되어 있는 수컷 완모식표본(holotype) 사진을 제공받았다. 한편 아종명(*keyboh*)은 나가이의 동료인 우에다 타다시의 별명 '키보(キーボー)'에서 따온 것이다.

〈모식표본 사진 제공: 나가이 신지(Shinji Nagai)–Nagai, 2004에서 발췌〉

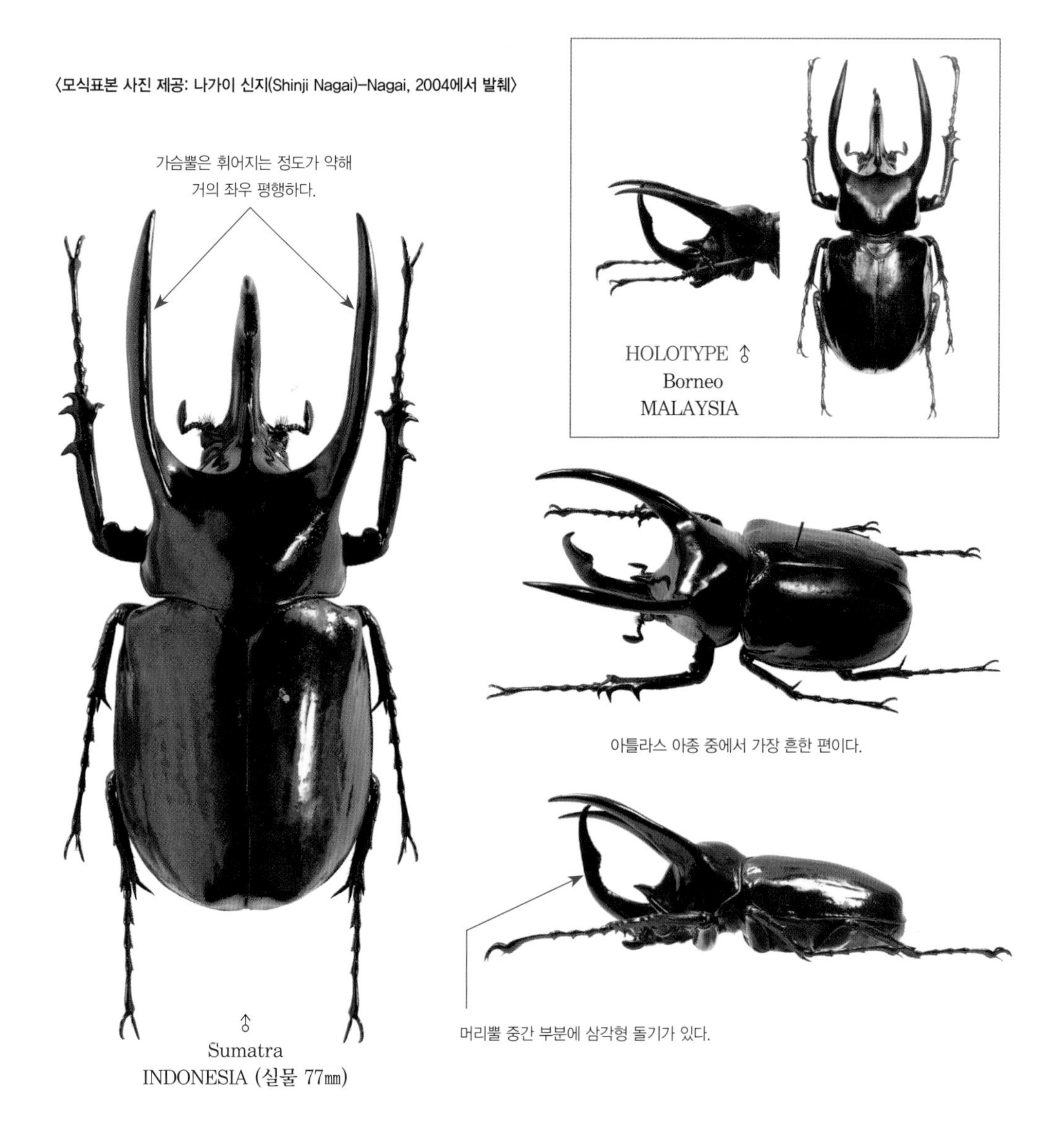

❹ *Chalcosoma atlas mantetsu* Nagai, 2004
아틀라스청동장수풍뎅이: 만테쓰 아종

크기: −91㎜
분포: 인도차이나 반도(태국, 미얀마, 라오스, 인도 북동부)

드문 아종으로, 기재자인 나가이는 2004년의 원기재문에서 '어느 지역에서든 이 아종의 개체수는 적은 편'이라고 기록했다. 대형 개체의 머리뿔이 별다른 돌기 없이 매끈하게 발달하는 것은 원명아종(ssp. *atlas*)과 비슷하지만, 가슴뿔의 휘어지는 정도가 약해 좌우가 거의 평행한 차이로 구별이 가능하다. 나가이의 협조로 현재 일본 에히메대학교 농학부에 소장되어 있는 수컷 완모식표본(holotype)의 사진을 제공받았다. 아종명(*mantetsu*)은 나가이의 동료 츠츠이 켄의 별명인 만테쓰(萬鉄)에서 따온 것이다.

〈모식표본 사진 제공: 나가이 신지(Shinji Nagai)–Nagai, 2004에서 발췌〉

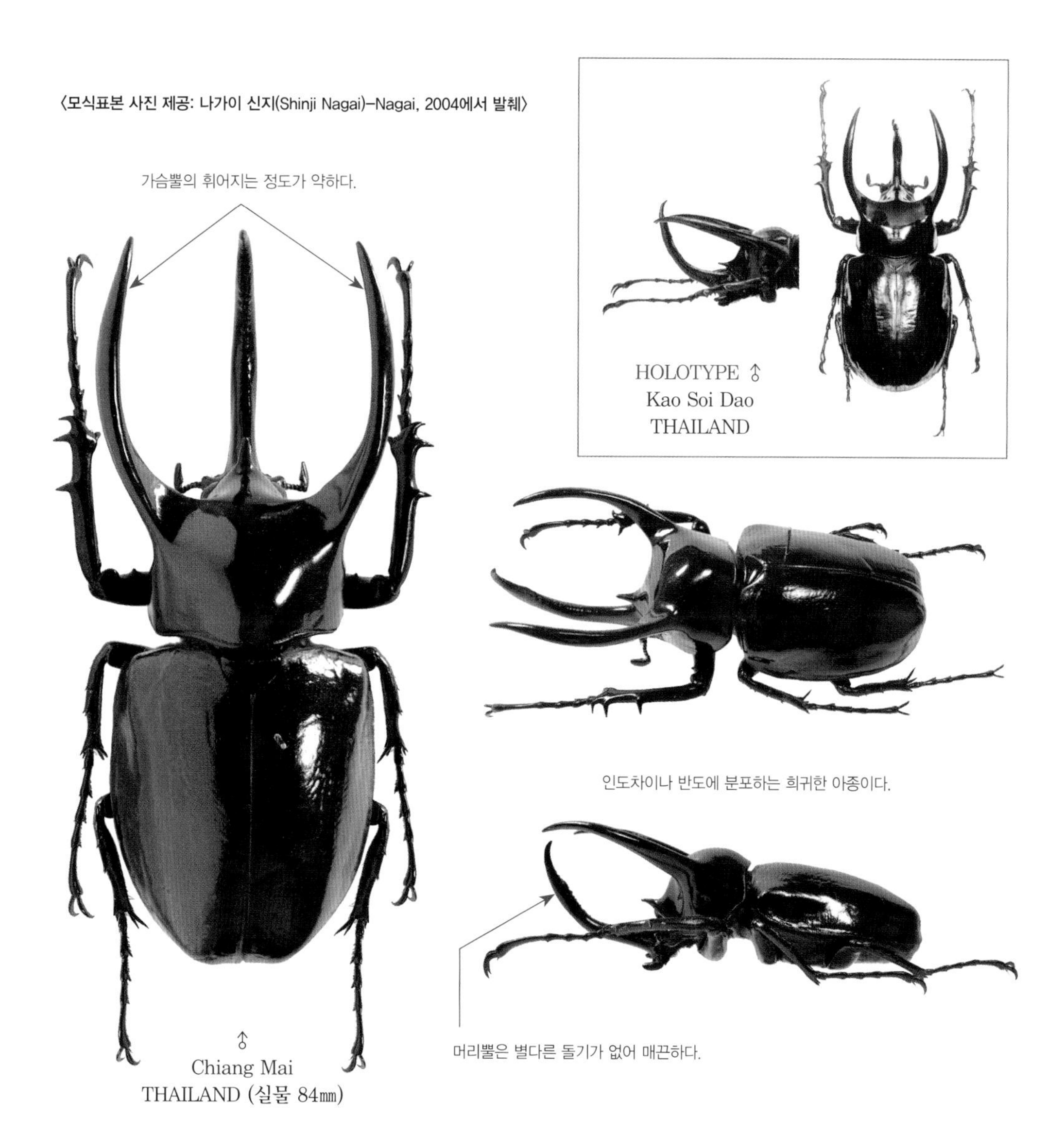

인도차이나 반도에 분포하는 희귀한 아종이다.

❺ *Chalcosoma atlas shintae* Nagai, 2004
아틀라스청동장수풍뎅이: 신타 아종

크기: –53㎜
분포: 인도네시아 펠렝(Peleng) 섬

소형 개체만이 알려진 상당히 희귀한 아종으로, 가슴뿔이 몸길이에 비해 유난히 가늘고 명확하게 바깥쪽을 향해 비스듬히 발달하는 것이 특징이다. 일반적으로 아틀라스의 다른 아종들은 가슴뿔이 앞쪽을 향하므로 이 아종이 지니는 뿔의 각도는 독특하다고 볼 수 있다. 기재자인 나가이의 협조로 현재 일본 에히메대학교 농학부에 소장되어 있는 수컷 완모식표본(holotype)의 사진을 제공받았다. 아종명(*shintae*)은 나가이 장녀의 인도네시아 이름인 신타(Shinta)에서 따온 것이다.

〈모식표본 사진 제공: 나가이 신지(Shinji Nagai)–Nagai, 2004에서 발췌〉

HOLOTYPE ♂
Peleng Island
INDONESIA

가슴뿔이 몸길이에 비해 가늘고
바깥쪽을 향하는 것이 특징이다.

♂
Peleng Island
INDONESIA (실물 53㎜)

인도네시아 펠렝 섬에 분포하는 희귀한 아종이다.

❻ *Chalcosoma atlas butonensis* Nagai, 2004
아틀라스청동장수풍뎅이: 부톤 아종

크기: 48㎜, 52㎜의 수컷 모식표본 2개체만이 공식적으로 알려져 있음
분포: 인도네시아의 부톤(Buton) 섬

2004년에 발표된 이래, 현재까지 소형 수컷 모식표본 2개체만 공식적으로 알려진 매우 진귀한 아종이다. 가슴뿔의 굵기나 각도로 동정이 가능한 다른 아종들과는 달리 앞날개 표면에 주름이 강하게 발달하는 것이 특징이지만 이것은 사실상 매우 미약한 차이다. 표본 개체수 또한 많이 확보된 상황이 아니기 때문에 이 종류가 아틀라스의 아종 수준의 개체군일지에 대해서는 추가적인 연구가 필요해 보이며 실제로 일본에서도 너무 미세한 차이에 근거해 신아종으로 발표된 것에 대해 우려의 목소리가 표출되었던 적이 있다. 기재자인 나가이의 협조로 현재 일본 에히메대학교 농학부에 소장되어 있는 수컷 완모식표본(holotype)의 사진을 제공받아 수록했다. 아종명(*butonensis*)은 모식지인 부톤 섬에서 따온 것이다.

〈모식표본 사진 제공: 나가이 신지(Shinji Nagai)—Nagai, 2004에서 발췌〉

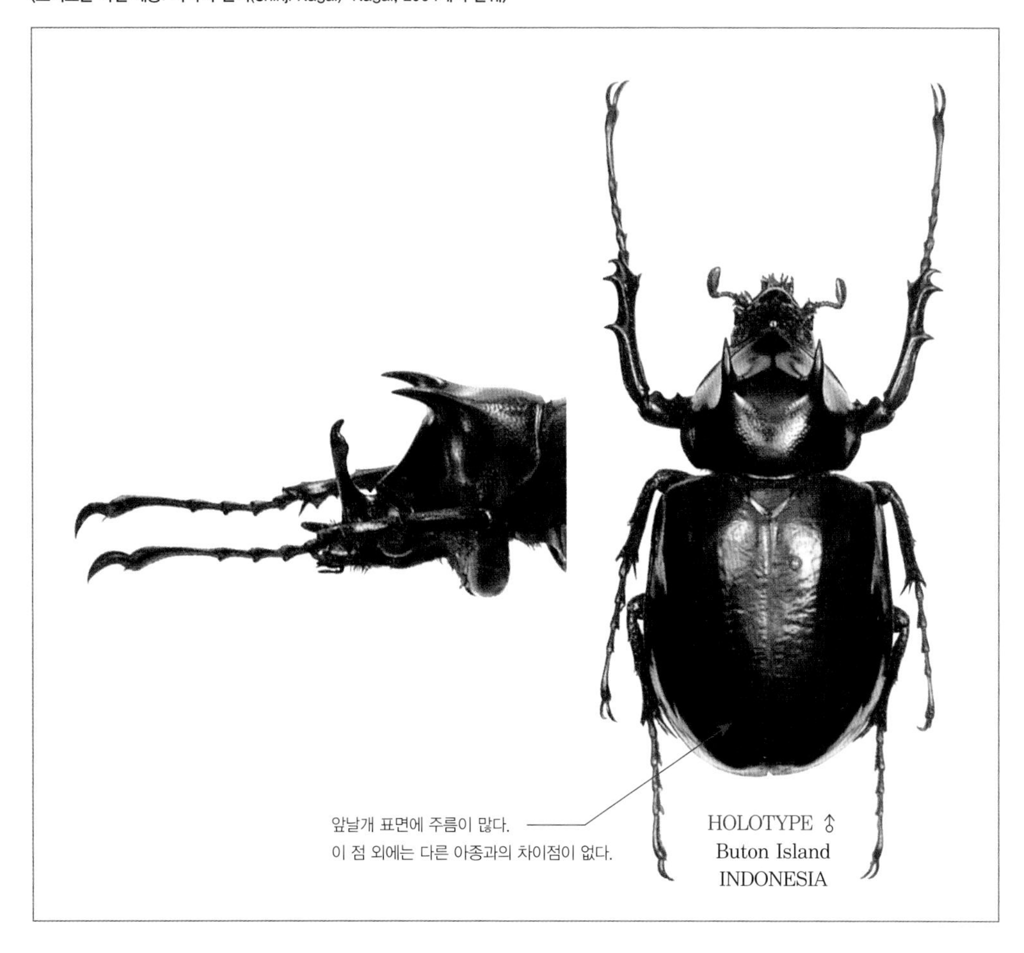

❼ *Chalcosoma atlas simeuluensis* Nagai, 2004
아틀라스청동장수풍뎅이: 시메울루에 아종

크기: –68㎜
분포: 인도네시아의 시메울루에(Simeulue) 섬

소형 수컷 4개체와 암컷 1개체의 모식표본만이 공식적으로 알려진 매우 진귀한 아종이다. 기재자인 나가이는 원기재문에서 '몸 크기가 원명아종과 비슷한데도 뿔은 중형 개체에서처럼 짧은 동시에 두껍다'는 점을 특징으로 기술했다. 또한 그는 1개체만이 알려진 암컷의 몸길이(55㎜)가 다른 아종의 암컷보다 상당히 큰 것으로 미루어 볼 때 시메울루에 섬에서 상당한 크기의 수컷이 서식할 가능성에 대해서도 언급했으나 아직 이 추측은 공식적으로 입증되지 않았다. 또한 암컷의 앞날개 표면에는 털이 적고 주름이 많은 것이 특징이나, 확보된 개체수가 적기 때문에 단순한 개체변이인지 혹은 이 아종의 고유 특징인지에 대해서도 확실하게 논할 수 없다. 나가이의 협조로 현재 일본 에히메대학교 농학부에 소장되어 있는 수컷 완모식표본(holotype)과 암컷 부모식표본(paratype) 사진을 제공받아 수록했으며, 아종명(*simeuluensis*)은 이 아종의 모식지인 시메울루에 섬에서 따온 것이다.

〈모식표본 사진 제공: 나가이 신지(Shinji Nagai)–Nagai, 2004에서 발췌〉

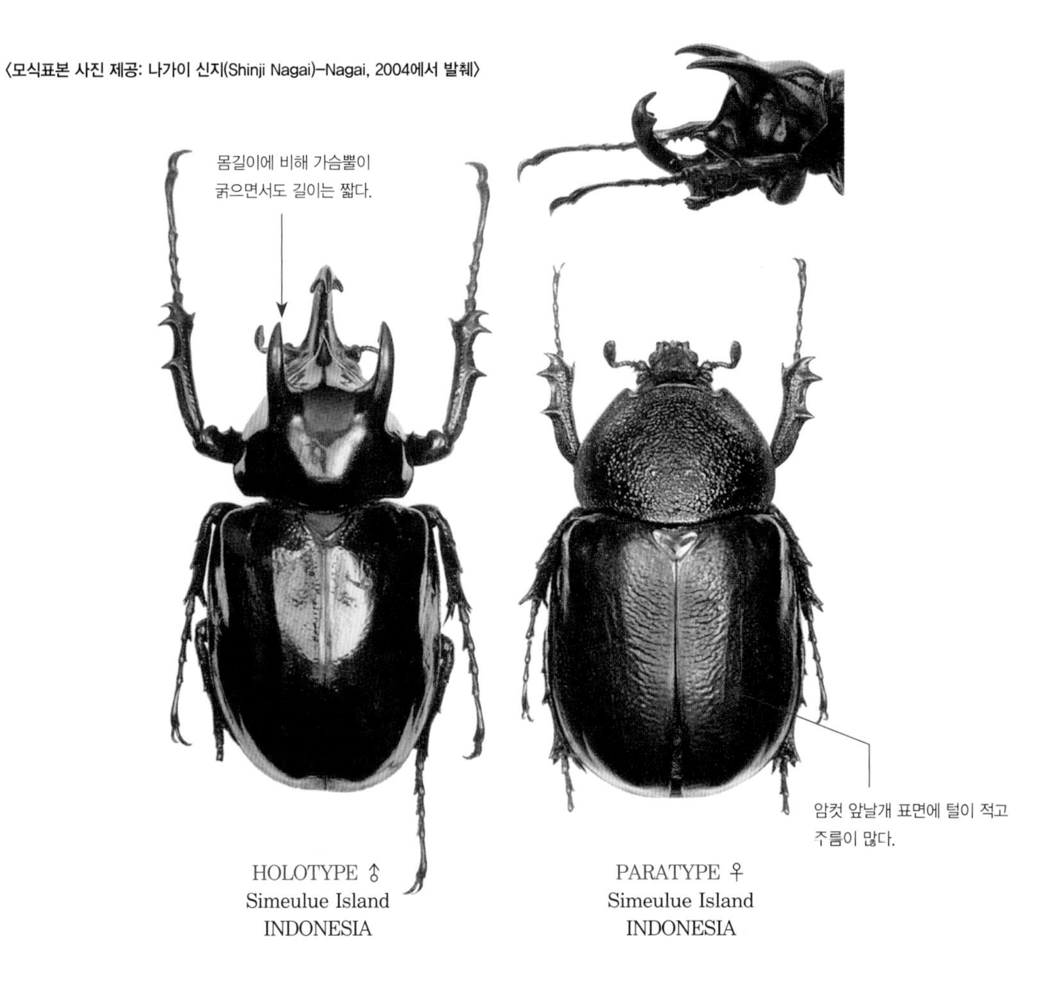

Chalcosoma chiron (Olivier, 1789) 케이론청동장수풍뎅이

아시아 최대의 장수풍뎅이로, 종명(*chiron*)은 그리스 신화에 등장하는 괴물의 이름인 케이론(Cheirōn)을 뜻하며 '키론장수풍뎅이'라는 명칭으로도 국내에 잘 알려졌다. 모식종인 아틀라스청동장수풍뎅이(*C. atlas*)와 거의 같은 형태이지만 수컷의 머리뿔 중간에 돌기가 하나 추가로 발달하는 것이 특징이다. 그러나 소형 개체에서는 이 형질이 발현되지 않는 경우가 많아서 정확한 동정이 어렵다. 국내에서는 인도네시아의 자바(Java) 섬과 수마트라(Sumatra) 섬을 비롯해 말레이 반도(Malay Peninsula)에 있는 말레이시아 서부를 '3대 산지(産地)'라고 부르며 이곳에 분포하는 3종류의 개체군들이 잘 알려진 편이지만, 실제로는 인도차이나 반도(Indochinese Peninsula)를 중심으로 서식하는 진귀한 개체군을 하나 더 포함해 총 4종류의 개체군이 보고되었다.

아종 분류

1) ssp. *chiron* (Olivier, 1789) 원명아종(인도네시아 자바 섬 일대)
2) ssp. *kirbii* (Hope, 1831) 커비 아종(말레이시아 서부)
3) ssp. *belangeri* (Guérin-Méneville, 1834) 벨랑제 아종(인도차이나 반도–말레이 반도 북부의 랑카위 섬)
4) ssp. *janssensi* Beck, 1937 얀센스 아종(인도네시아 수마트라 섬 일대)

케이론청동장수풍뎅이의 아종 및 모엘렌캄프 · 엔가노청동장수풍뎅이의 분포

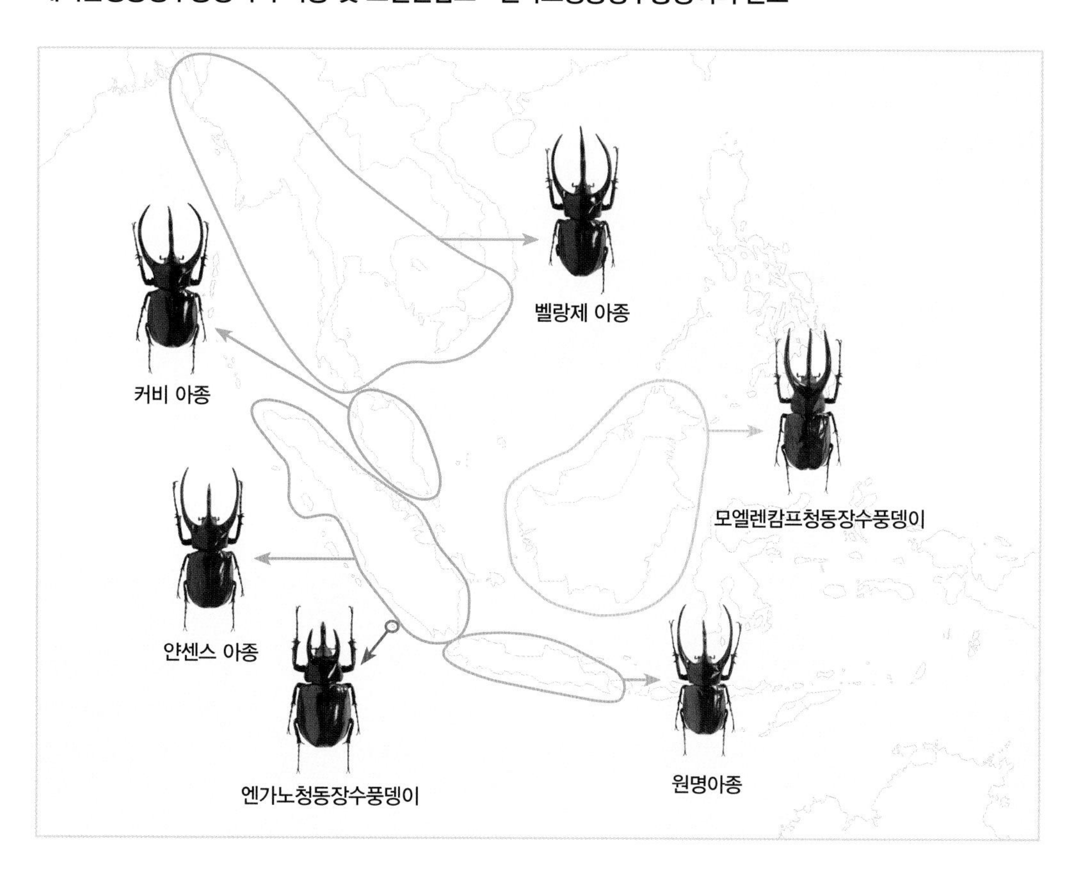

케이론(*chiron*), 코카서스(*caucasus*), 옳은 종명 표기는?

최근 몇 년 전까지만 해도 이 종은 케이론(*chiron*)이라는 종명이 아닌, 파브리시우스가 1801년에 기재했던 코카서스(*caucasus*)로 알려져 있었다. 이것은 고대 그리스어인 카우카소스(Καύκασος)에서 유래한 말로 '하얀 눈(snow)'을 뜻하며, 즉 눈이 반짝반짝 빛나듯 광택을 띠는 수컷의 앞날개에 착안해 지은 이름으로 여겨진다. 그러나 이보다 10여 년이나 앞선 1789년에 올리비에에 의해 케이론이라는 종명으로 기재되었던 인도네시아 자바(Java) 섬의 표본이 코카서스와 같은 종이라는 것이 밝혀짐에 따라, 시기상으로 먼저 발표된 이름이 유효하다는 국제동물명명규약의 규정에 의해 코카서스는 동물이명(synonym)이 되고 케이론이 유효한 종명으로 인정받아 현재까지 이르고 있다. 올리비에가 발표한 1789년의 원기재문에서는 케이론의 삽화가 수록되지 않았으나, 약 20년 후 그가 집필한 1808년의 〈곤충학, Entomologie〉에 실린 삽화를 참고하면 우리가 흔히 알고 있는 중소형급 크기의 코카서스와 사실상 같은 형태의 동일 종이라는 것을 쉽게 알 수 있다.

이 연구는 2002년 당시 영국 런던 자연사 박물관 소속이었던 크렐 박사에 의해 수행되었던 것으로, 그는 왕립 스코틀랜드 박물관에 보관되어 있던 중소형 크기의 수컷 개체를 후모식표본(lectotype)으로 지정했다. 거의 10년 전에 변경된 학명이지만 2-3년 전까지만 해도 코카서스로 불리우는 경우가 많았고 심지어 현재까지도 이 명칭이 쓰이는 일이 적지 않다.

케이론청동장수풍뎅이의 최초 삽화(Olivier, 1808에서 발췌).
인도네시아의 자바(Java) 섬에서 채집된 개체를 묘사한 것으로, 1789년의 원기재문에서는 삽화가 수록되지 않았다. 미국의 크렐(Krell) 박사에 의하면 1808년에 발표되었던 이 그림이 케이론의 형태를 세계 최초로 나타낸 것이라 예상된다고 하며, 이의 생김새로 보아 우리에게 친숙하게 잘 알려진 코카서스와 사실상 같은 종이라는 것을 알 수 있다. 한편 올리비에가 1808년에 발표한 〈곤충학, Entomologie〉은 현재 매우 희소한 서적 중 하나로, 이 삽화를 크렐 박사의 협조로 제공받을 수 있었다.

앞에서 알아본 것처럼 크렐에 의해 최근(2002년) 동물이명(synonym)이 된 코카서스(*caucasus*)는 크기가 소형일 경우 비슷한 근연종과 구별이 쉽지 않고 뿔 형태 또한 다소 변이가 있어, 과거부터 여러 학자들에 의해 다채롭게 분류가 진행되어 왔다.

1976년에 엔드로에디는 코카서스(1976년 당시에 코카서스는 유효한 명칭의 종이었다) 중에서 종의 특성이 잘 발현되는 대형 수컷 개체를 기본형(forma typica)로 제시하고, 이와 다른 특성을 띠는 변이형(aberrations) 4종류를 새로이 발표했다. 이 때 코카서스는 별다른 아종이 발표되지 않은 상태였다(삽화: Endrödi, 1985를 참고해 재묘사).

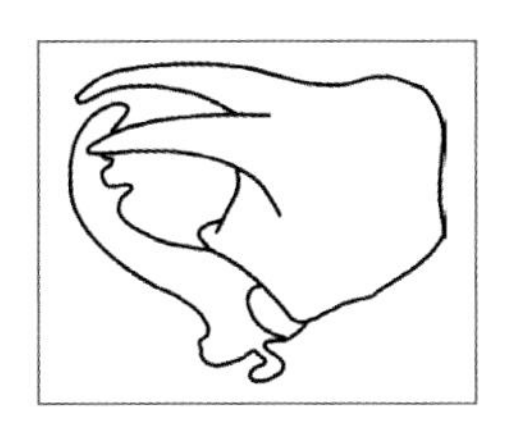

1) *Chalcosoma caucasus* ab. *bidentata* Endrödi, 1976
인도네시아 수마트라(Sumatra)섬에서 채집된 54㎜ 수컷이 완모식표본(holotype)으로 지정되었다. 머리뿔 돌기가 2개 발달하는 형태를 지칭하며, 변이명(*bidentata*) 또한 2개의 돌기가 있음을 뜻하는 말이다.

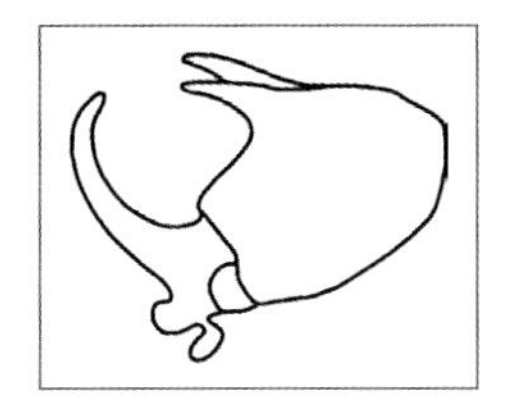

2) *Chalcosoma caucasus* ab. *edentata* Endrödi, 1976
인도네시아 술라웨시(Sulawesi)섬에서 채집된 59㎜ 수컷이 완모식표본(holotype)으로 지정되었다. 마치 아틀라스청동장수풍뎅이(*C. atlas*)처럼 머리뿔 돌기가 없는 형태를 지칭하며, 변이명(*edentata*) 또한 돌기가 소모(edent)되었다는 의미, 즉 돌기가 없음을 뜻한다.

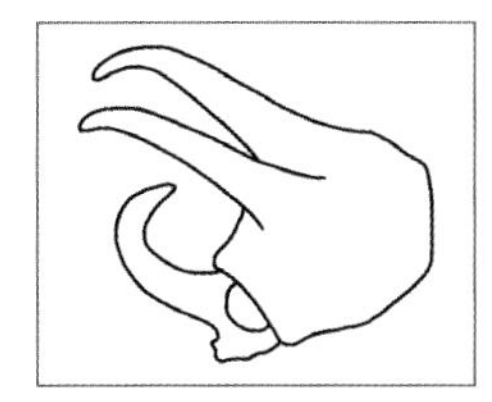

3) *Chalcosoma caucasus* ab. *crassicornis* Endrödi, 1976
82㎜ 수컷이 완모식표본(holotype)으로 지정되어 있으나 모식지는 불분명하다. 머리뿔의 휘어지는 정도가 매우 강하고 굵은 형태를 지칭하며, 변이명(*crassicornis*)도 '거친(crassi) 뿔(cornis)'을 뜻한다.

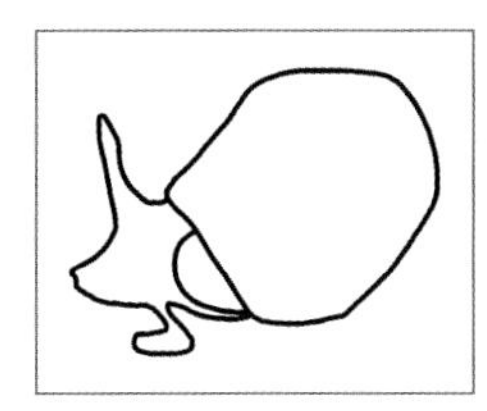

4) *Chalcosoma caucasus* ab. *inornata* Endrödi, 1976
인도네시아 자바(Java)섬에서 채집된 54㎜ 수컷이 완모식표본(holotype)으로 지정되었다. 가슴뿔이 발달하지 않는 초소형의 형태를 지칭하며, 변이명(*inornata*)은 '꾸밈이 없는'을 뜻한다. 즉 가슴뿔이 없고 화려하지 않은 앞가슴등판의 특징에 따라 지어진 것이라 여겨진다.

또한 엔드로에디는 머리뿔 끝에 삼각형 돌기가 있고 가슴뿔은 짧은 소형 개체를 아틀라스청동장수풍뎅이(*C. atlas*)의 변이형으로 분류해 1985년 논문에서 아래의 학명으로 제시했다(원칙적인 표기는 *kirbii*가 옳으며, 이에 대해서는 청동장수풍뎅이: 커비 아종 부분을 참조).

Chalcosoma atlas ab. _kirbyi_ Hope, 1831 아틀라스청동장수풍뎅이: 커비 변이형

이 책에서는 크렐이 코카서스(*caucasus*)를 케이론(*chiron*)의 동물이명(synonym)으로 정리한 이후 청동장수풍뎅이속이 정리된 자료인 나가이의 2004년 문헌을 토대로 원명아종을 비롯해 총 4아종을 수록했다. 나가이의 분류체계에서는 엔드로에디가 아틀라스(*atlas*)에 포함시켰던 커비 변이형(ab. *kirbyi*)이 케이론의 아종으로 소속을 변경하고 있으므로, 종 등급에서의 분류가 과거와 뒤얽혀 있다는 점에서 논란이 될 가능성이 있다. 따라서 아직까지는 케이론의 아종 분류 체계가 정확하게 정립되지 않은 혼돈 상황에 놓여 있다고 판단된다.

❶ *Chalcosoma chiron chiron* (Olivier, 1789)
케이론청동장수풍뎅이: 원명아종

크기: –121㎜
분포: 인도네시아 자바(Java) 섬

케이론의 아종 중에서 최대 몸길이가 가장 작은 편에 속한다. 가슴뿔의 굵기와 휘어지는 정도에 있어서 개체마다 변이가 심한 편이므로 대형 개체일지라도 가슴뿔의 생김새로 아종을 동정하는 것은 불가능하지만, 머리뿔 끝 부분에 아틀라스청동장수풍뎅이(*C. atlas*)에서 나타나는 삼각형 작은 돌기가 추가로 있다는 점으로 다른 케이론의 아종과 구별된다. 물론 소형 개체에서는 이 돌기가 없는 경우가 많아 정확한 동정이 어렵다.

소형 개체는 가슴뿔과 머리뿔이 짧다.

♂ minor (단각형)
Mt. Salak, Java
INDONESIA (실물 70㎜)

소형의 경우 머리뿔 중간 부분에 뾰족한 돌기가 없어 동정이 어렵다.

케이론청동장수풍뎅이의 아종 중에서 수컷 머리뿔 끝 부분에 삼각형 돌기가 있는 유일한 종류다.

케이론청동장수풍뎅이의 아종 중에서 최대 몸길이가 가장 작다.

대형 수컷의 경우 머리뿔 중간 부분에 뾰족하고 긴 돌기가 추가적으로 나타난다.

옆쪽에서 본 모습

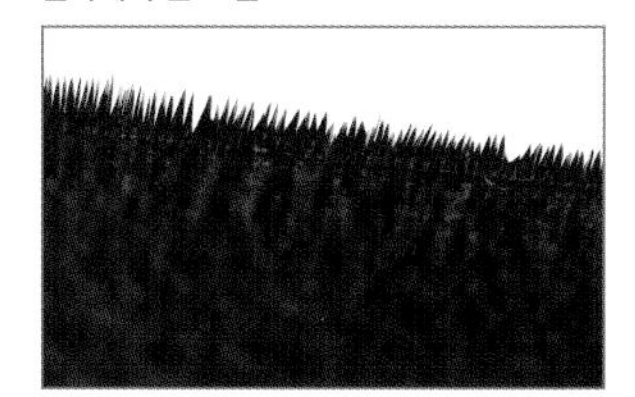

위쪽에서 본 모습

암컷의 앞날개 표면에는 잔털이 잘 발달하지 않아 아틀라스청동장수풍뎅이에 비해 듬성듬성하다.

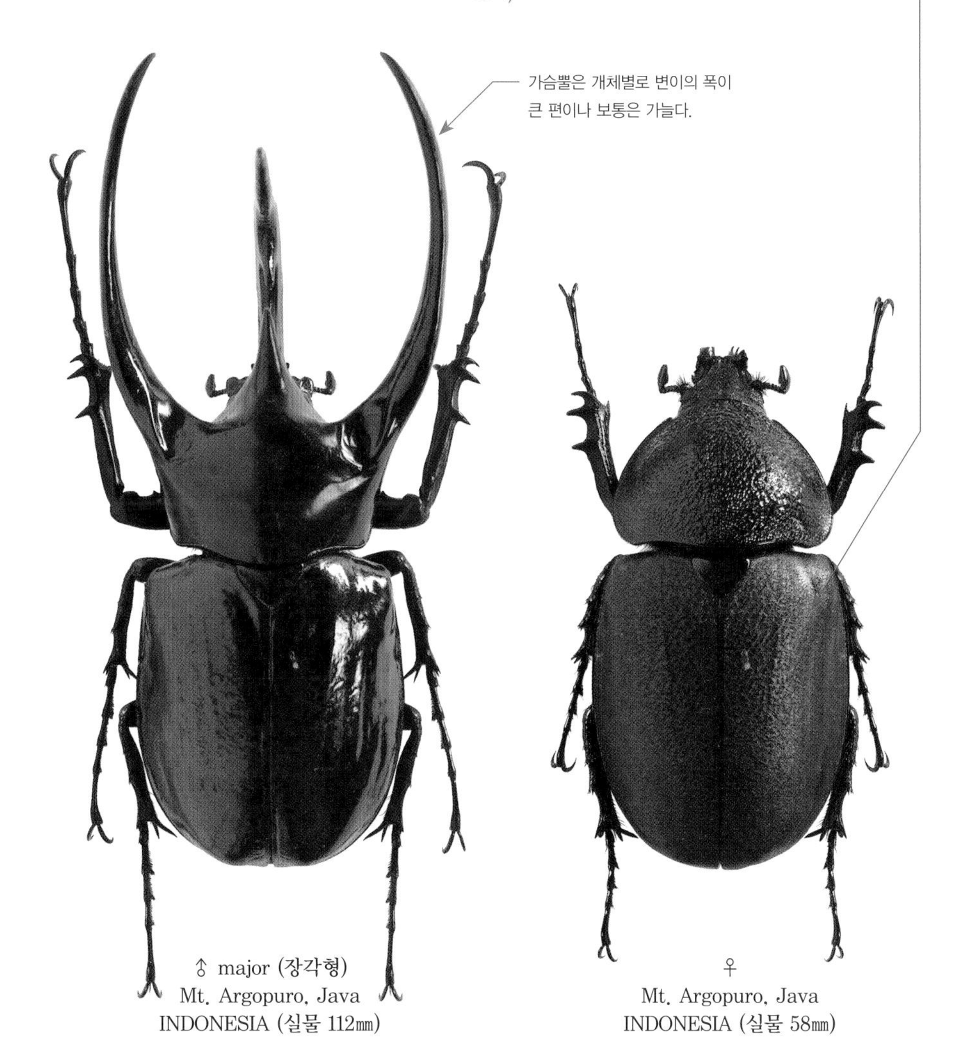
가슴뿔은 개체별로 변이의 폭이 큰 편이나 보통은 가늘다.

♂ major (장각형)
Mt. Argopuro, Java
INDONESIA (실물 112㎜)

♀
Mt. Argopuro, Java
INDONESIA (실물 58㎜)

❷ *Chalcosoma chiron kirbii* (Hope, 1831)
케이론청동장수풍뎅이: 커비 아종

크기: −127㎜
분포: 말레이 반도의 말레이시아 서부

케이론의 아종 중 가슴뿔이 가장 굵고 안쪽으로 많이 휘는 편이어서 상당히 박력 있어 보이는 아종으로, 말레이시아 서부의 카메론 고원(Cameron Highlands)이 유명한 채집지로 알려졌다. 원명아종(ssp. *chiron*)과 얀센스 아종(ssp. *janssensi*)에 비해 희귀한 편이며, 아종명(*kirbii*)은 세계의 장수풍뎅이류를 매우 활발히 연구했던 영국의 곤충학자 커비(William Kirby)를 기려 지은 것이다. 나가이는 2004년 문헌에서 아종명을 *kirbyi*로 제시하고 있지만 원칙적으로는 *kirbii*가 옳은 표기다.

Dynastes Kirbii. **Niger, thorace bicorni anticeque acuminato, cornu capitis recurvo et trilobato. Long. lin. 25 ; lat. 14.**

케이론청동장수풍뎅이(커비 아종)의 원기재문(Hope, 1831에서 발췌)
호프는 1831년 논문에서 이 종류를 본래 10장에 수록된 왕장수풍뎅이속(*Dynastes*)으로 분류되는 신종(*D. kirbii*)으로 발표했다. 심각한 문법적 오류가 아닐 경우 원기재문에 표기된 명칭을 임의로 변경할 수 없는 국제동물명명규약 규정으로 인해 이 아종명의 정확한 표기는 *kirbyi*가 아닌 *kirbii*가 된다.

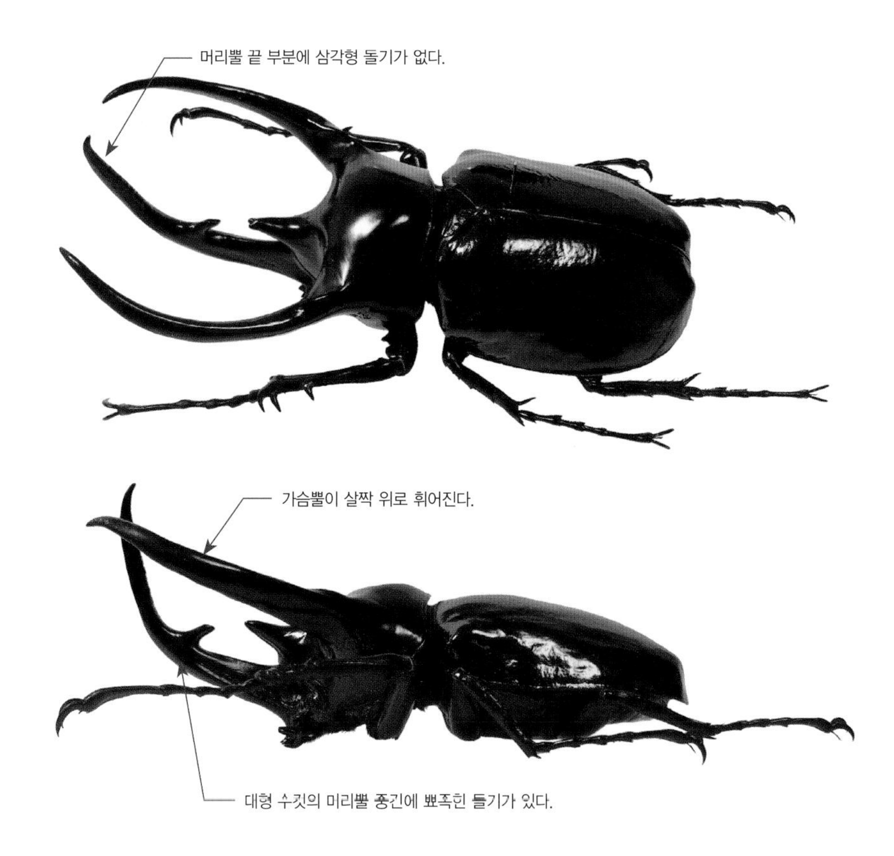

♂
Cameron Highlands
MALAYSIA (실물 113㎜)

♀
Cameron Highlands
MALAYSIA (실물 58㎜)

❸ *Chalcosoma chiron belangeri* (Guérin-Méneville, 1834) 케이론청동장수풍뎅이: 벨랑제 아종

크기: –125㎜
분포: 인도차이나 반도(인도 북동부, 미얀마, 라오스, 태국), 말레이 반도 북단의 랑카위(Langkawi) 섬

분포 지역 범위는 넓은 편이지만 케이론의 아종 중에서 가장 개체수가 적고 희귀한 종류다. 기본적인 형태는 말레이시아 서부에 서식하는 커비 아종(ssp. *kirbii*)과 비슷하지만, 가슴뿔의 휘어지는 정도가 상대적으로 약하고 대형 개체의 경우 머리뿔의 휘어지는 정도가 약해 위에서 관찰했을 때 머리뿔이 가슴뿔보다 더 길게 뻗어나간 형태를 띠는 것이 큰 특징이다. 아종명(*belangeri*)은 1825–1829년에 인도에서의 채집 활동으로 다양한 생물군 기재에 공헌했던 프랑스의 채집가 벨랑제(Charles Bélanger)를 기려 지은 것이다.

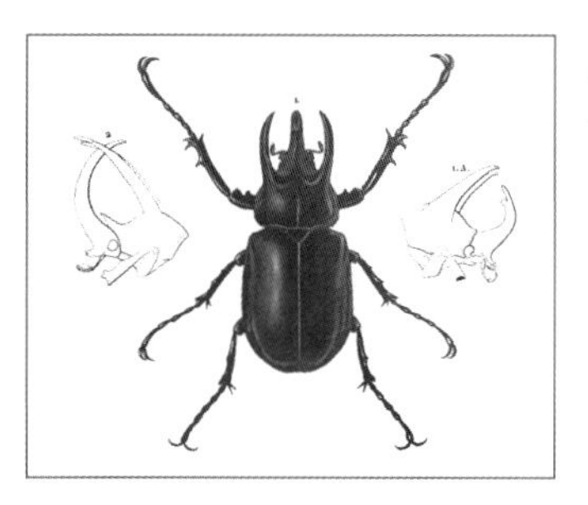

케이론청동장수풍뎅이 벨랑제 아종의 원기재 삽화(Guérin-Méneville, 1834에서 발췌). 정면과 측면이 묘사되어 있으며, 왼쪽의 측면 삽화는 비교를 위해 아틀라스청동장수풍뎅이의 형태를 나타낸 것이다(중앙: 수컷 정면, 오른쪽: 수컷 측면, 왼쪽: 아틀라스청동장수풍뎅이의 수컷 측면).

♂ Langkawi Island MALAYSIA (실물 113㎜)

♀ Tenasserim MYANMAR (실물 57㎜)

❹ *Chalcosoma chiron janssensi* Beck, 1937
케이론청동장수풍뎅이: 얀센스 아종

크기: –133㎜
분포: 인도네시아 수마트라(Sumatra) 섬

가슴뿔의 휘어지는 정도가 약하고 거의 곧게 뻗어나가기 때문에 뿔의 길이로 인해 케이론의 아종 중 전체 몸길이가 가장 크다. 알려진 케이론장수풍뎅이들은 대부분 이 아종의 개체일 정도로 흔한 편이며, 아종명(*janssensi*)은 벨기에의 곤충학자로 1933년에 청동장수풍뎅이속을 정리한 논문을 발표한 얀센스(Andre Martin Jean Joseph Janssens)를 기려 지은 것이다.

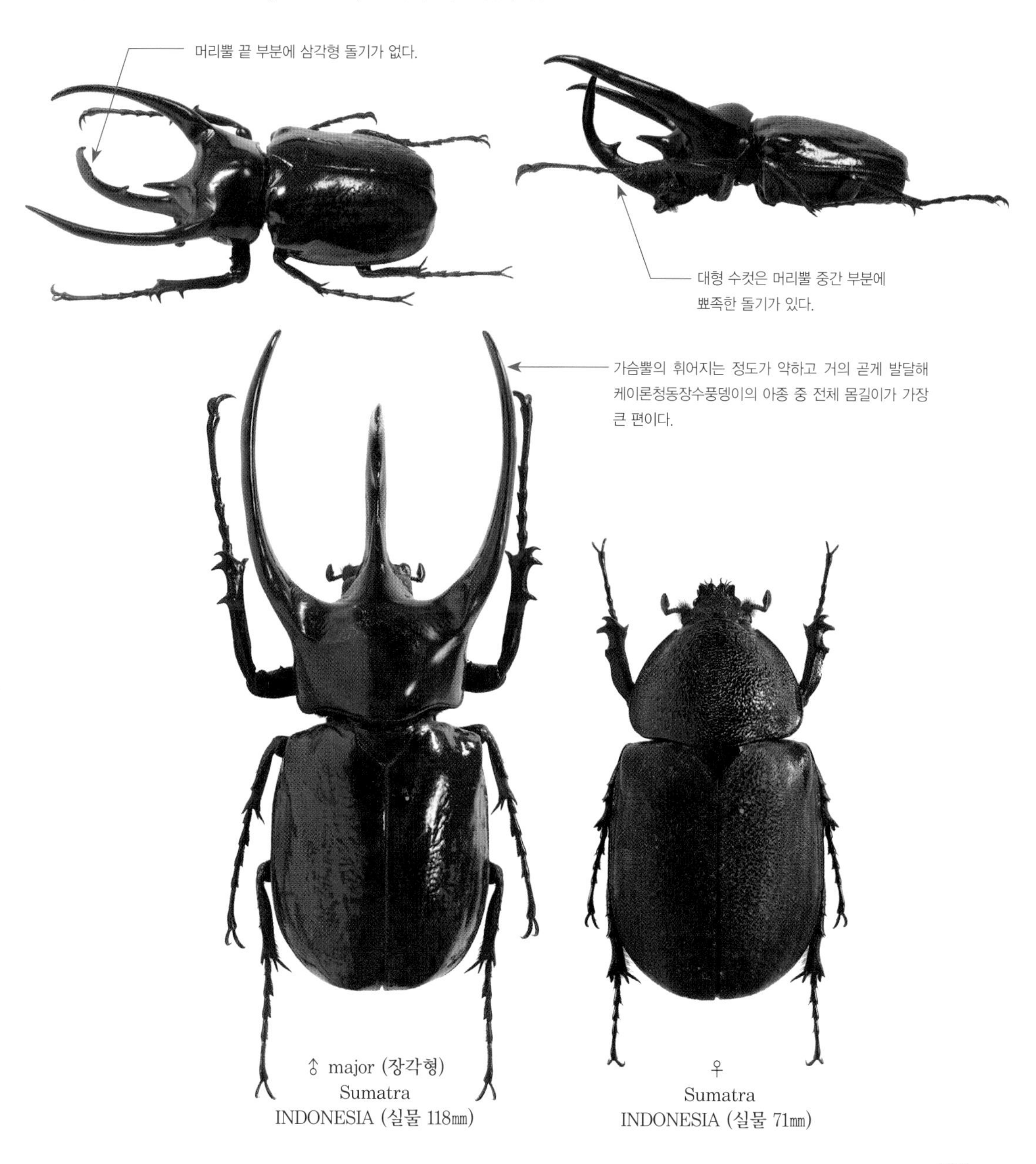

♂ major (장각형)
Sumatra
INDONESIA (실물 118㎜)

♀
Sumatra
INDONESIA (실물 71㎜)

Chalcosoma moellenkampi Kolbe, 1900
모엘렌캄프청동장수풍뎅이

크기: –112㎜
분포: 말레이 제도에 있는 보르네오(Borneo) 섬, 라우트(Laut) 섬

가슴뿔이 매우 굵고 거의 좌우 평행으로 곧으며 가슴뿔이 자라나는 기초부 사이의 간격이 좁은 것이 특징이다. 나가이에 의하면 보르네오 섬 북부와 서부에서는 해발 1,500m 정도의 고지대를 중심으로 채집되지만 남부와 남동부 지역에서는 500–600m의 저지대에서도 적지 않은 수가 발견된다고 한다. 종명(*moellenkampi*)은 장수풍뎅이류를 활발히 연구했던 독일의 곤충학자 모엘렌캄프(Wilhelm Möllenkamp)를 기려 지은 것이다.

모엘렌캄프청동장수풍뎅이의 종명에 대해
(*Chalcosoma moellenkampi*? VS *Chalcosoma mollenkampi*?)
국내에서든 해외에서든 이 종의 종명을 *mollenkampi*라고 잘못 표기하는 경우가 많다. 이는 독일의 학자 콜베(Kolbe)가 1900년에 이 종을 기재할 당시 원기재문에서의 종명을 *möllenkampi*로 표기해서 생긴 문제로, 원기재문의 종명 표기를 최대한 따르는 것이 국제동물명명규약의 규정이지만 독일어 ö(오-움라아트)는 라틴어에 없는 철자이기 때문에 이를 그대로 따를 수 없다. 따라서 오-움라아트의 알파벳 발음인 'oe'를 적용해 *moellemkampi*라는 표기가 이 종의 정확한 종명이 된다.

가슴뿔이 매우 굵고 가슴뿔이 시작되는 기초 부분 사이의 간격이 다소 좁다.

♂
minor (단각형)
Laut Island
INDONESIA (실물 79㎜)

소형 수컷은 머리뿔 중간에 부수적인 돌기가 발달한다.

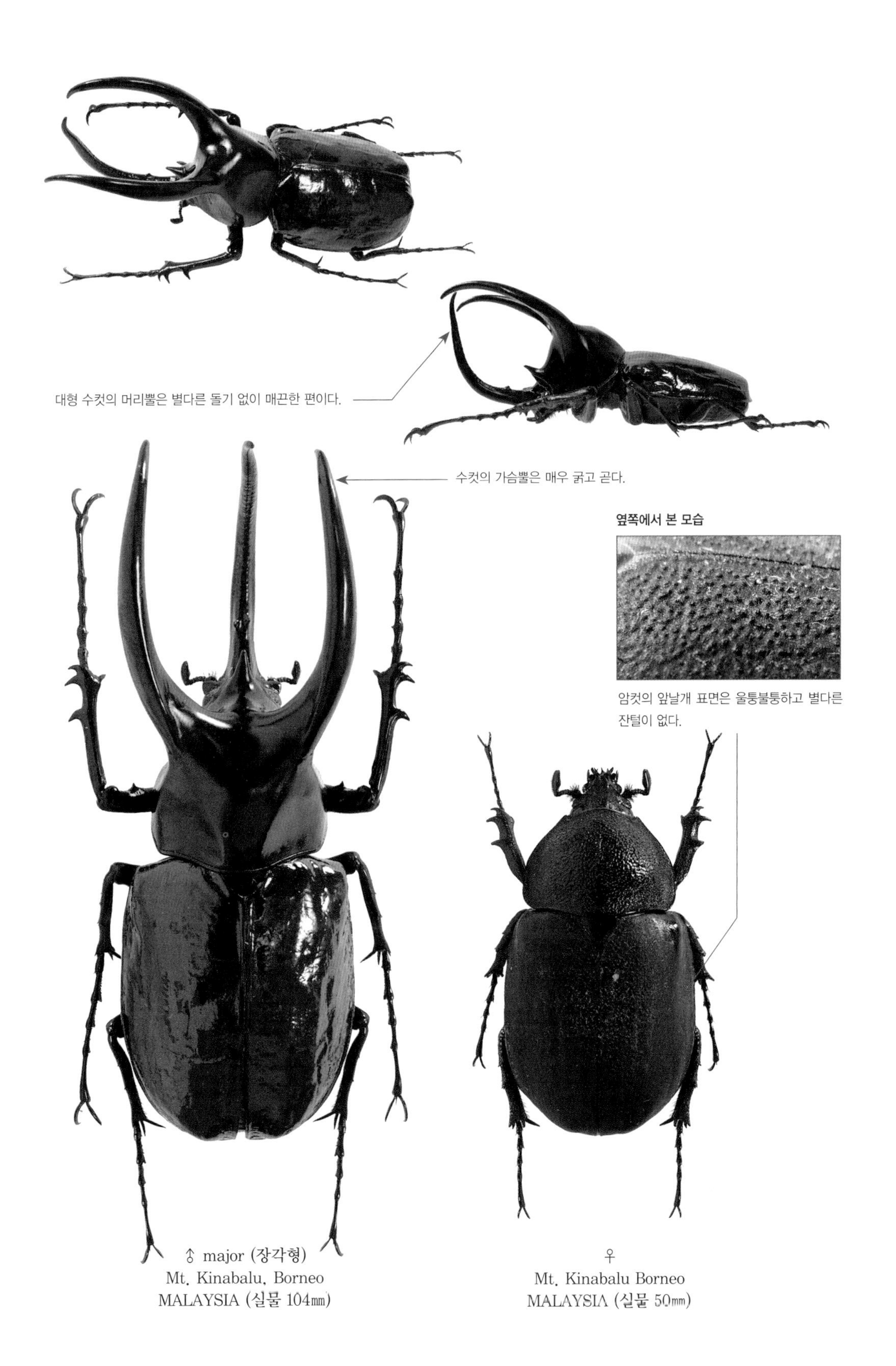

♂ major (장각형)
Mt. Kinabalu, Borneo
MALAYSIA (실물 104㎜)

♀
Mt. Kinabalu Borneo
MALAYSIA (실물 50㎜)

Chalcosoma engganensis Nagai, 2004
엔가노청동장수풍뎅이

크기: –70㎜
분포: 인도네시아 엔가노(Enggano) 섬

2004년에 나가이에 의해 발표될 때 '104년 만의 청동장수풍뎅이 신종 발견'이라 해 일본을 떠들썩하게 했던 종으로, 발표 당시에는 50㎜가 최대 크기였으나 그 후 일본에서 이 종의 사육이 이루어지면서 최대 70㎜에 이르는 대형도 나타났다. 원기재문에 의하면 이 종의 암컷 앞날개는 광택이 강하고 털이 없이 매끈하며, 수컷의 앞다리에 있는 돌기는 다른 종보다 짧은 것이 큰 특징이다. 또한 60㎜ 이상 대형 개체에서는 머리뿔의 중간 부분에 케이론청동장수풍뎅이(*C. chiron*)의 것과는 미묘하게 다른 위치에서 돌기 하나가 추가로 발달하기 때문에 다른 근연종과 구별할 수 있다. 나가이의 협조로 현재 일본 에히메대학교 농학부에 소장되어 있는 이 종의 수컷 완모식표본(holotype) 및 암컷 부모식표본(paratype) 사진을 제공받았다. 종명(*engganensis*)은 이 종의 모식지인 인도네시아의 엔가노(Enggano) 섬에서 따온 것이다.

〈모식표본 사진 제공: 나가이 신지(Shinji Nagai)–Nagai, 2004에서 발췌〉

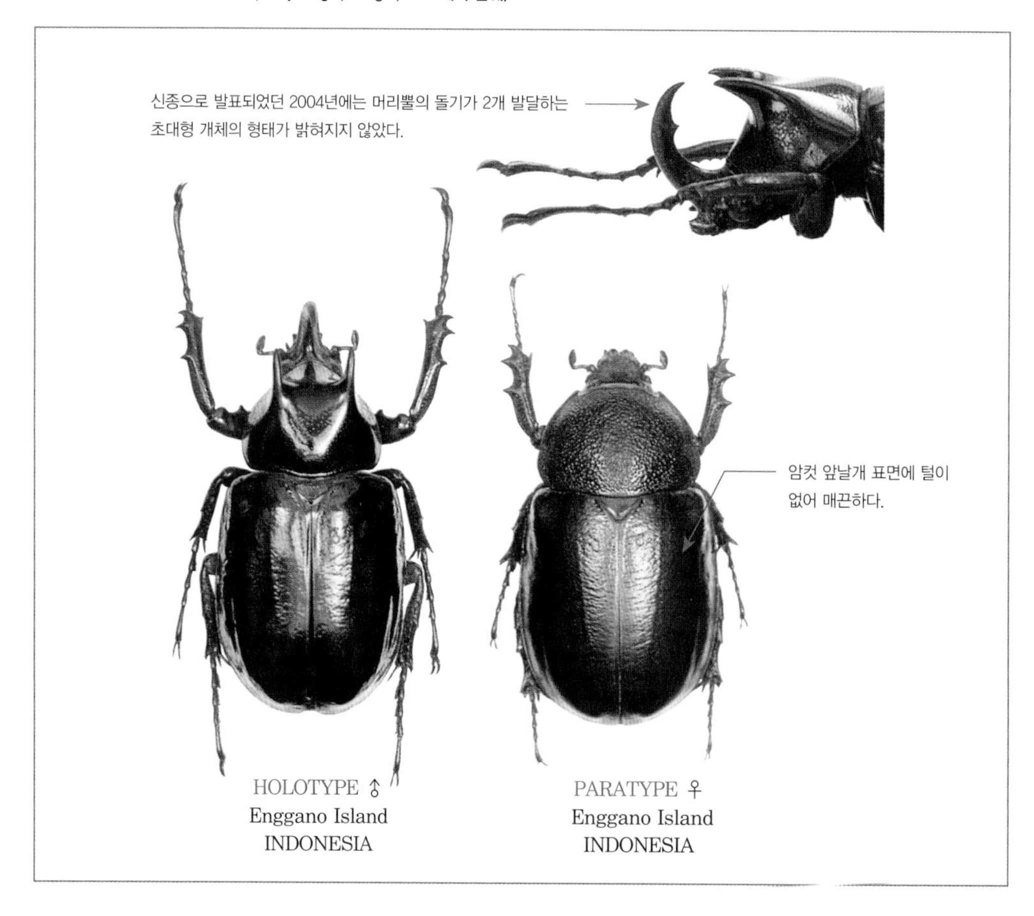

♂ minor (단각형)
Enggano Island
INDONESIA (실물 53㎜)

위쪽에서 관찰했을 때는 다른 근연종과의 구분이 어렵다.

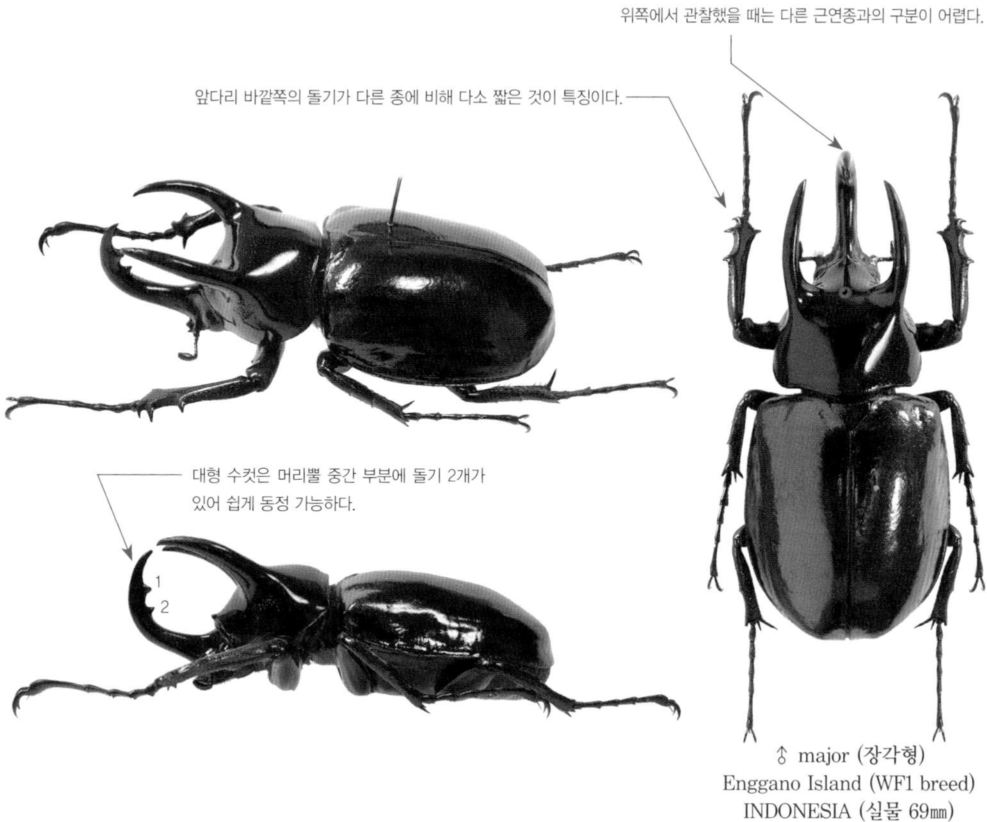

♂ major (장각형)
Enggano Island (WF1 breed)
INDONESIA (실물 69㎜)

07

Haploscapanes Arrow, 1908
호주장수풍뎅이속

몸은 전체적으로 검은색 또는 진한 흑갈색을 띠고 크기가 대략 50㎜ 전후인 중소형 장수풍뎅이 3종이 알려져 있었던 분류군이며, 이 3종은 모두 오스트레일리아에서만 서식하는 특산종이었다. 그러나 2004년에 프랑스의 드샹브르(Dechambre)와 벨기에의 드뤼몽(Drumont)이 수행한 공동연구에서 오스트레일리아 북쪽에 있는 국가인 파푸아뉴기니에 서식하는 신종이 추가로 발표되어 현재 이 속에는 모두 4종이 있다. 속명(*Haploscapanes*)은 땅굴을 판다는 의미의 라틴어 스카파네(skapane)와 하플로(haplo: '단순한'을 의미하는 접두사)가 합성된 것이다. 오스트레일리아 북쪽에 있는 솔로몬 제도에서부터 파푸아뉴기니 일대에 이 속과 비슷한 형태이면서도 머리뿔과 가슴뿔이 더 긴 스카파네스(*Scapanes*)속의 장수풍뎅이들이 분포하는데, 하플로스카파네스(*Haploscapanes*)는 이들보다 뿔의 발달이 약해 형태가 더 단순하다는 점에 착안해 지어진 명칭으로 여겨진다.

Haploscapanes barbarossa (Fabricius, 1775) 바르바로사호주장수풍뎅이

크기: –56㎜
분포: 오스트레일리아

머리뿔은 짧으면서도 뾰족하며 앞날개와 앞가슴등판에 점각이 전체적으로 발달하는 종으로서, 초대형 개체의 경우 앞가슴등판 중앙 부분에 가슴뿔 2개가 짤막하게 발달하지만 이렇게 가슴뿔이 명확하게 발현되는 개체는 대단히 드물다. 프랑스의 드샹브르와 벨기에의 드뤼몽이 발표한 2004년의 논문에 제시되었던 초대형 개체의 삽화를 간략하게 재 묘사한 것을 수록했다. 현재 암수 한 쌍의 총모식표본(syntype)이 영국 런던 자연사 박물관에 소장되어 있으며, 종명(*barbarossa*)은 신성 로마 제국의 황제였던 프리드리히 바르바로사(Fridrich Barbarossa)를 뜻한다.

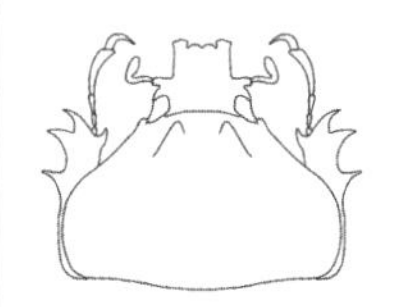

바르바로사호주장수풍뎅이의 초대형 개체 삽화 (Dechambre et Drumont, 2004)를 간략하게 재 묘사. 앞가슴등판에 짤막한 가슴뿔 2개가 발달하지만 실제로 이렇게 뿔이 뚜렷한 대형 개체는 매우 보기 어렵다.

minor ♂ (단각형)
Mt. Surprise, Queensland
AUSTRALIA (실물 46㎜)

♀
Mt. Surprise, Queensland
AUSTRALIA (실물 39㎜)

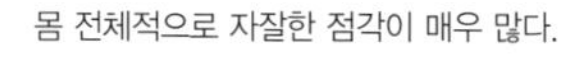

몸 전체적으로 자잘한 점각이 매우 많다.

소형 개체는 앞가슴등판의 짧은 뿔이 없다.

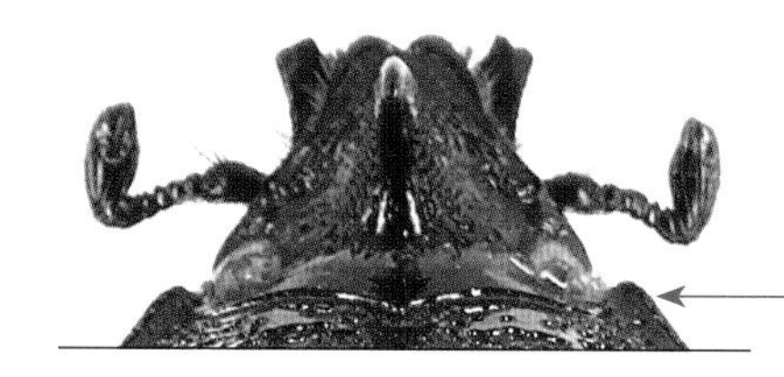

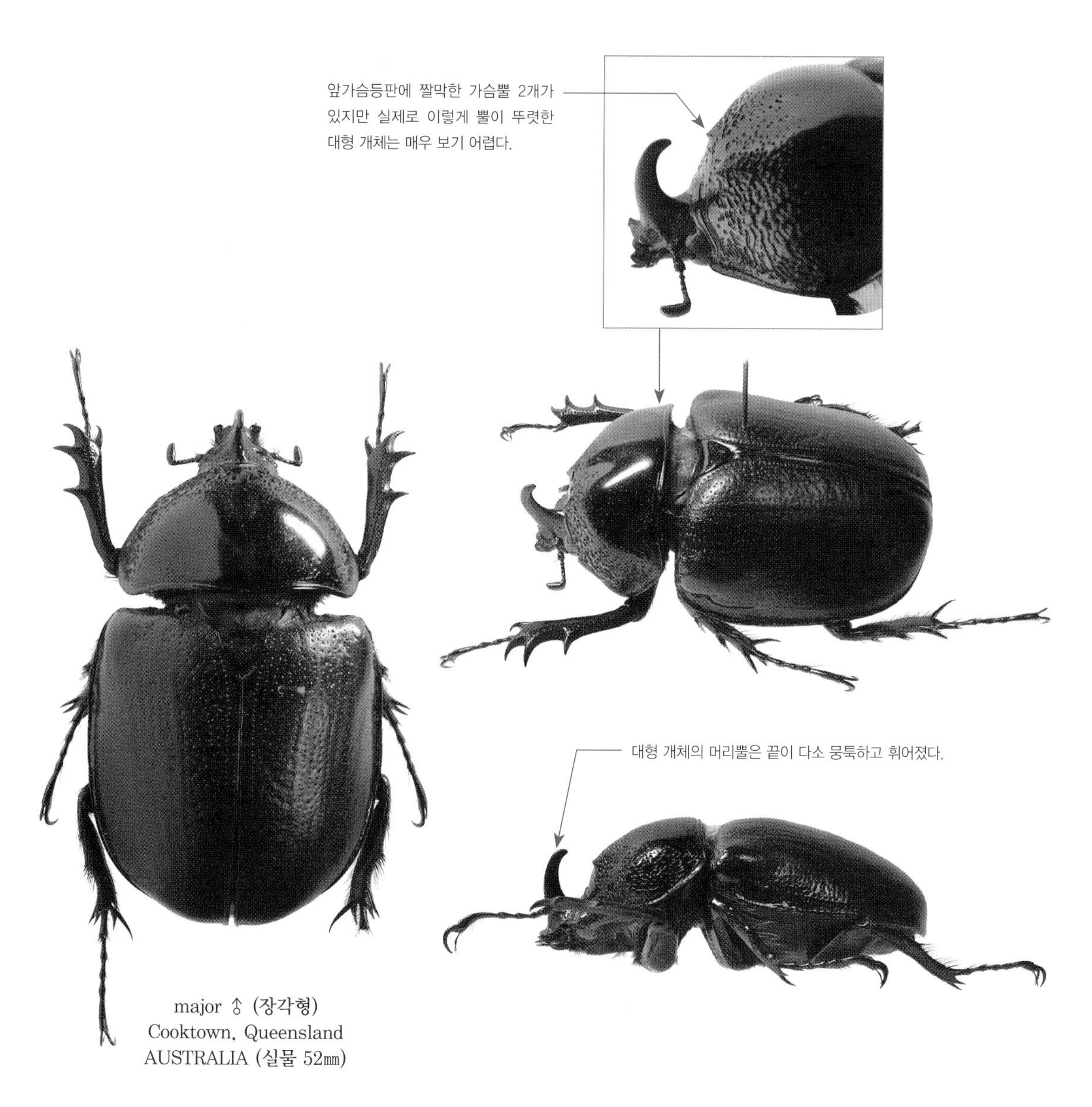

major ♂ (장각형)
Cooktown, Queensland
AUSTRALIA (실물 52㎜)

Haploscapanes australicus (Arrow, 1908) 긴뿔호주장수풍뎅이

크기: -53㎜
분포: 오스트레일리아

본래 오각장수풍뎅이속(*Eupatorus*)의 신종으로 발표되었던 종류이며 모식지는 오스트레일리아 북동부에 있는 퀸즐랜드(Queensland)다. 드물게 채집되는 희귀종으로 앞가슴등판에 있는 가슴뿔 2개가 바르바로사호주장수풍뎅이(*H. barbarossa*)에 비해 길고 그 간격 또한 넓은 점으로 쉽게 구별이 가능하다. 프랑스의 드샹브르와 벨기에의 드뤼몽이 발표한 2004년의 논문에 제시되었던 수컷 초대형 후모식표본(lectotype)의 삽화를 간략하게 재 묘사했으며, 이 표본은 현재 영국 런던 자연사 박물관에 있다. 종명(*australicus*)은 모식지인 오스트레일리아(Australia)의 국가명에서 따온 것이다.

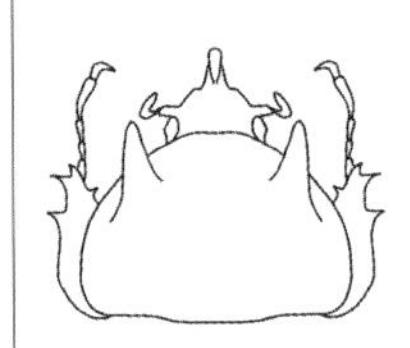

긴뿔호주장수풍뎅이의 후모식표본 삽화 (Dechambre et Drumont, 2004)를 간략하게 재 묘사. 바르바로사호주장수풍뎅이에 비해 훨씬 긴 가슴뿔 2개가 앞가슴등판의 양쪽에 발달하는 것이 특징이며 실제로 이렇게 뿔이 긴 초대형 개체는 보기 어렵다.

호주장수풍뎅이류는 머리 모양을 관찰하면 각 종을 쉽게 동정할 수 있다.

minor ♂ (단각형)
Mt. Garnet, Queensland
AUSTRALIA (실물 41㎜)

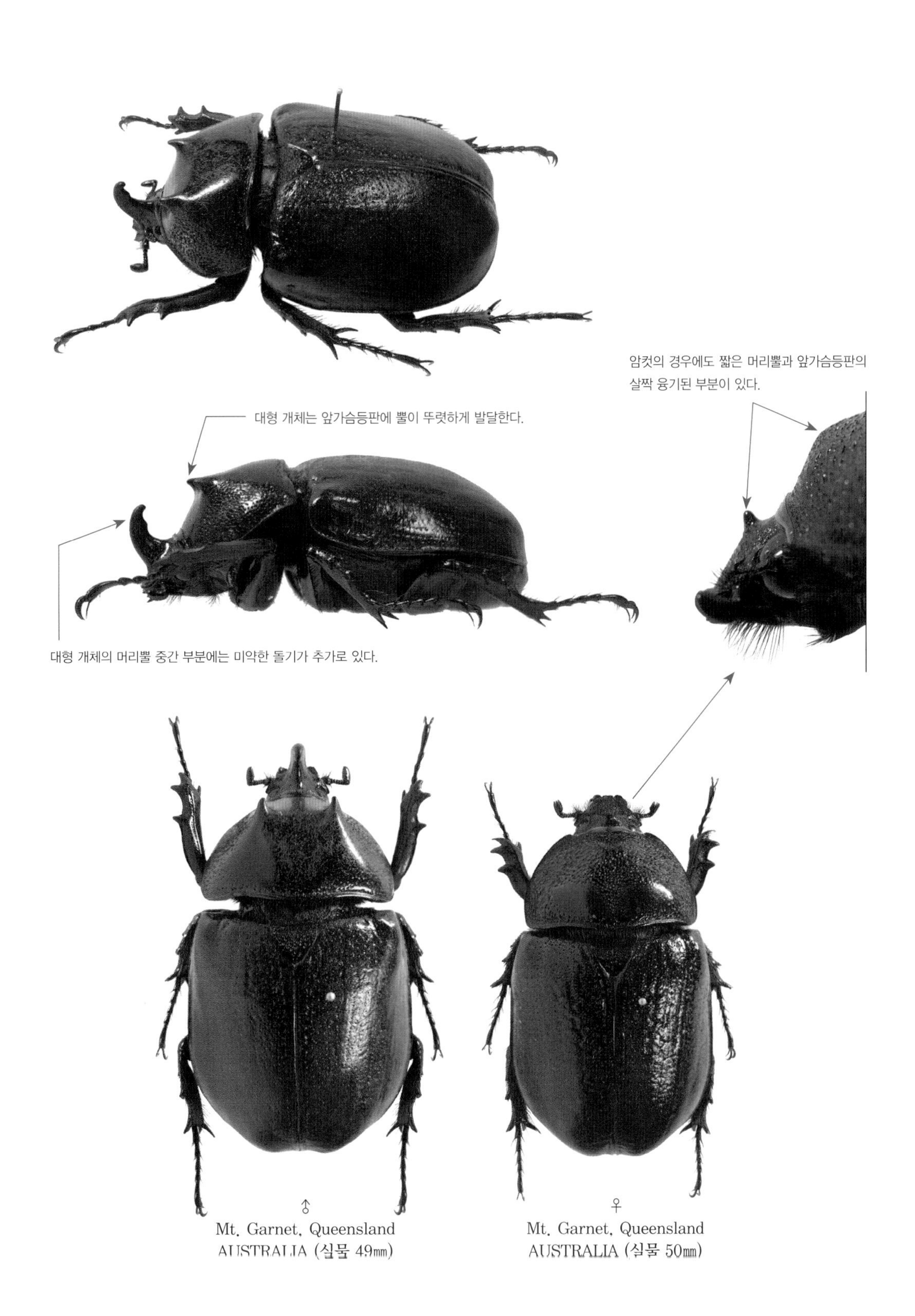

♂
Mt. Garnet, Queensland
AUSTRALIA (실물 49㎜)

♀
Mt. Garnet, Queensland
AUSTRALIA (실물 50㎜)

Haploscapanes inermis (Prell, 1911)
이네르미스호주장수풍뎅이

크기: -37㎜
분포: 오스트레일리아

오스트레일리아에 서식하는 호주장수풍뎅이 3종 중 가장 크기가 작고 진귀한 종으로, 앞서 소개했던 종들과 비슷한 형태이나 앞다리 종아리마디의 바깥쪽에 돌기가 없어서 전체적으로 매끈해 구분된다. 프랑스의 드샹브르와 벨기에의 드뤼몽이 발표한 2004년의 논문에 제시되었던 이 종의 수컷 삽화를 간략하게 재 묘사했으며, 상당히 진귀해 표본을 실물로 보지 못했다. 1911년에 기재될 당시에는 수컷 3개체와 암컷 1개체가 증빙 표본으로 사용되었던 적이 있고, 독일 베를린 자연사 박물관에 엔드로에디가 지정해 놓은 수컷 후모식표본(lectotype)이 소장되었다. 이 박물관 소속의 빌러스에게 협조를 구해 후모식표본의 사진을 제공받아 수록했으며, 종명(*inermis*)은 돌기가 없는 앞다리 종아리마디의 특징에 따른 명칭으로 '뿔 혹은 돌기가 없는'의 뜻이다.

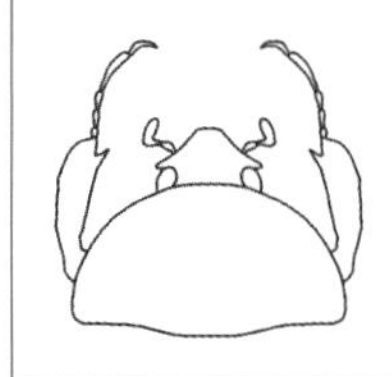

이네르미스호주장수풍뎅이의 삽화
(Dechambre et Drumont, 2004)를 간략하게 재 묘사.
앞다리 종아리마디의 바깥쪽에 별다른 돌기가 없어
전체적으로 매끈하다.

〈모식표본 사진 제공: 요아힘 빌러스(Joachim Willers)〉

Haploscapanes papuanus Dechambre et Drumont, 2004
파푸아호주장수풍뎅이

크기: −49㎜
분포: 파푸아뉴기니

대부분의 장수풍뎅이류가 수컷의 형태를 기준으로 삼아 신종으로 발표되는 것과는 달리, 이 종은 암컷의 형태에 기초해 신종으로 기재되었으며 수컷은 현재까지도 발견되지 않고 있다. 공식적으로 암컷 모식표본만이 알려진 매우 진귀한 종으로, 1996년 6월에 파푸아뉴기니의 마당(Madang) 지역에서 채집된 암컷 49㎜ 개체가 완모식표본(holotype)으로 지정되어 현재 벨기에 왕립 자연사 박물관에 소장되었다. 이곳 소속 큐레이터인 드뤼몽(Drumont)으로부터 완모식표본(holotype)사진을 제공받아 수록했으며, 종명(*papuanus*)은 모식지인 파푸아뉴기니(Papua New Guinea)의 국가명에서 따온 것이다.

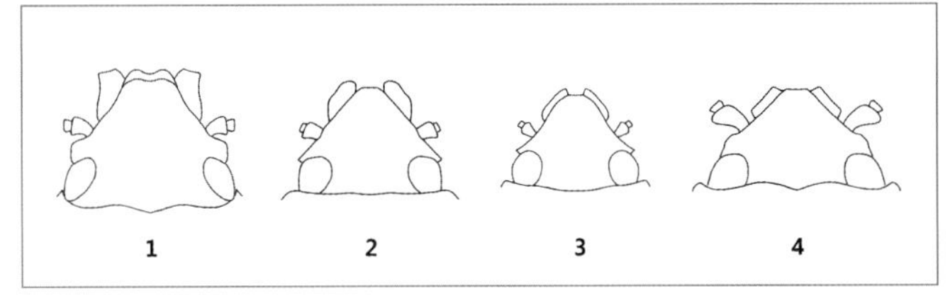

호주장수풍뎅이속 4종의 암컷 머리 부분 삽화(Dechambre et Drumont, 2004)를 재 묘사.
암컷은 수컷처럼 뿔이 발달하지 않기 때문에 구분이 훨씬 어렵지만, 머리 부분을 자세히 관찰하면 동정이 가능하다(1: 바르바로사호주장수풍뎅이, 2: 긴뿔호주장수풍뎅이, 3: 이네르미스호주장수풍뎅이, 4: 파푸아호주장수풍뎅이의 암컷 머리 확대).

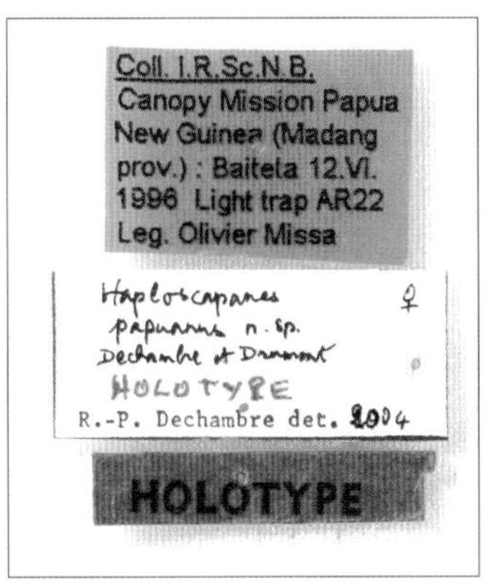

HOLOTYPE ♀
Madang Prov.
PAPUA NEW GUINEA(실물 49㎜)

〈모식표본 사진 촬영: 제롬 콩스탕(Jérôme Constant)〉
〈모식표본 사진 제공: 알라인 드뤼몽(Alain Drumont)〉

호주장수풍뎅이속의 분포

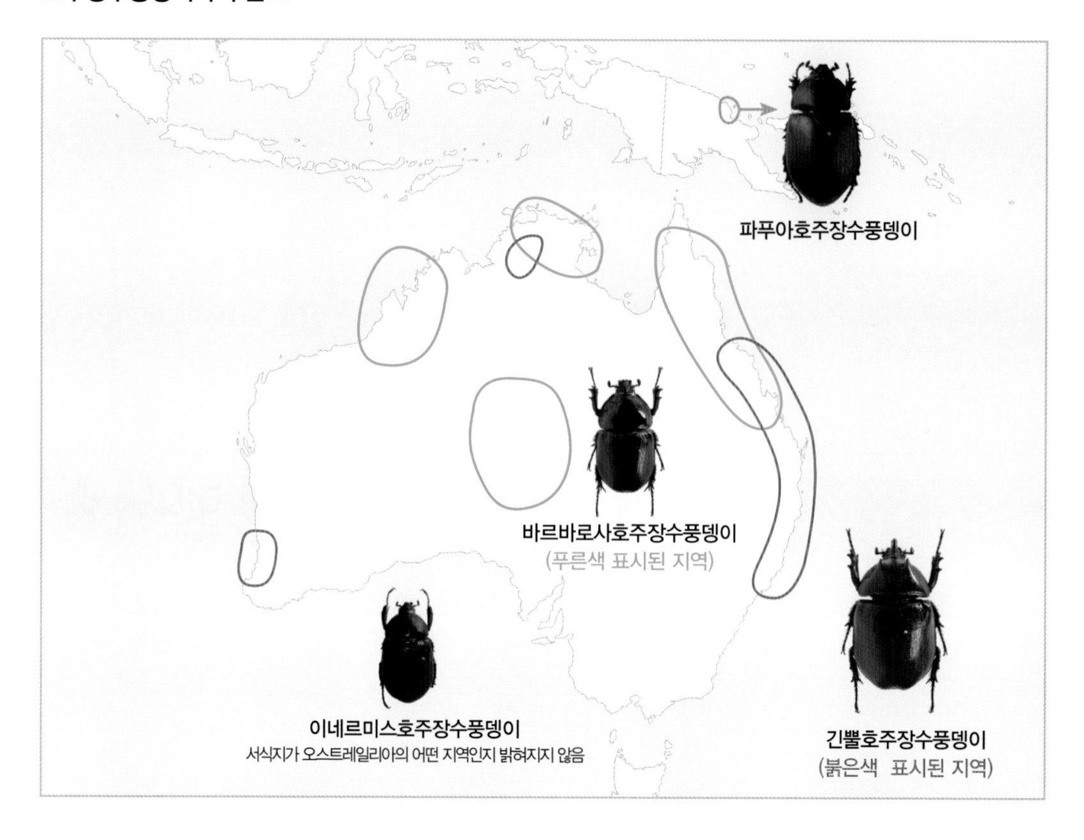

08

Pachyoryctes Arrow, 1908
굵은남방장수풍뎅이속

몸은 전체적으로 뚱뚱한 편이고 앞가슴등판이 깊게 함몰된 장수풍뎅이가 포함되는 속으로, 인도차이나 반도에 있는 태국과 미얀마에 분포하는 2종이 알려졌으며 이들은 모두 영국의 애로우에 의해 발표되었다. 그는 이 속에 대해 발표했던 1908년의 원기재문에서 '남방장수풍뎅이족(Oryctini)의 한 분류군인 남방장수풍뎅이속(*Oryctes*)과 이 속이 외부적으로 많이 닮았지만, 뒷다리의 발목마디 및 털의 형상 등으로 미루어 볼 때 장수풍뎅이족(Dynastini)의 청동장수풍뎅이속(*Chalcosoma*)에 가장 가까운 분류군'이라고 기록했다. 남방장수풍뎅이의 속명인 오릭테스(*Oryctes*)는 고대 그리스어 'ὀρύκτης' 에서 유래한 것으로 '단단한 땅을 파헤치는 생물'을 뜻하며, 접두사인 패키(pachy)는 '굵은' 혹은 '두꺼운'의 뜻을 지닌다. 현재까지 알려진 2종의 표본 사진을 모두 수록했다.

굵은남방장수풍뎅이속의 분포

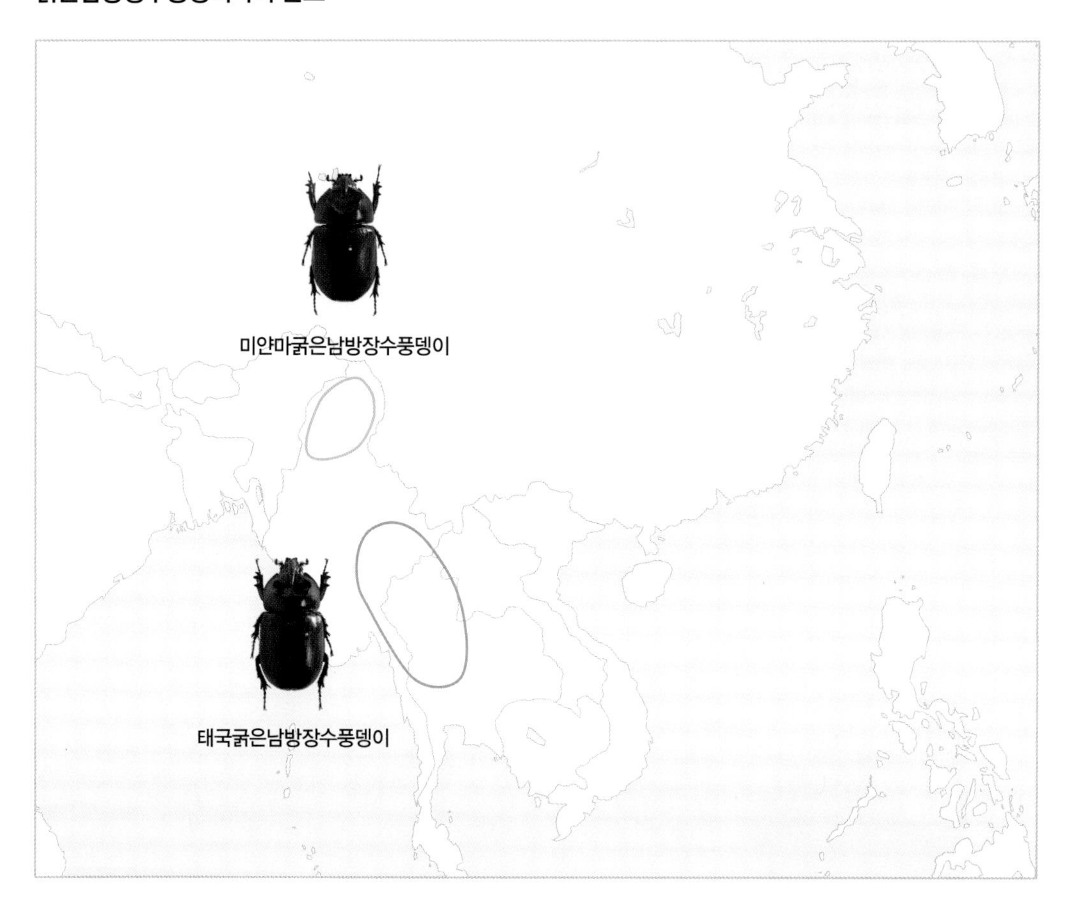

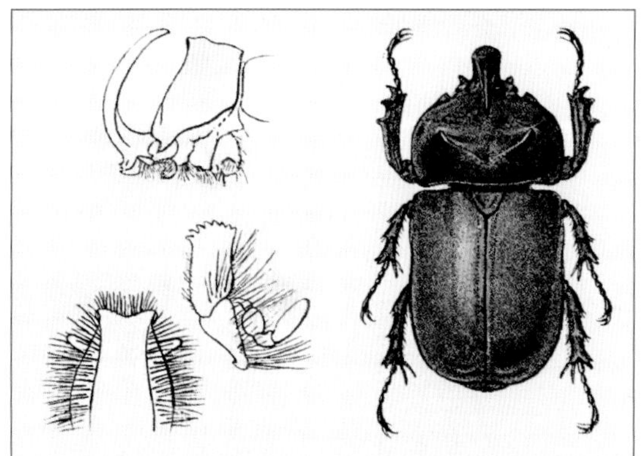

태국굵은남방장수풍뎅이의 삽화(Arrow, 1910에서 발췌).
수컷의 전체적인 모습과 측면에서의 머리뿔 형태, 그리고 턱 부분이 자세하게 묘사되었다.

굵은남방장수풍뎅이속의 모식종

Pachyoryctes solidus Arrow, 1908
태국굵은남방장수풍뎅이

크기: −50㎜
분포: 미얀마, 태국

전체적으로 검은색 또는 흑갈색을 띠는 종으로 원기재문에서는 버마(Burma, 현재의 미얀마)에 있는 카린 체바(Carin Cheba) 지역의 해발 고도 650−1,000m 지대가 서식지로 기록되었다. 그러나 현재 여기에서 보다는 오히려 태국에서 상당수의 개체들이 흔하게 채집되고 있으나 두 지역 모두 암컷은 매우 드물다. 1908년에 발표될 당시 원기재문에서는 이 종의 삽화가 수록되지 않았으나 2년 후인 1910년에 기재자인 애로우가 미얀마, 스리랑카, 인도에 서식하는 장수풍뎅이의 분류군에 대해 정리한 논문을 발표하면서 이 종의 형태를 자세하게 묘사했으며 이를 발췌했다. 종명(*solidus*)은 '튼튼한' 혹은 '강건한'의 뜻이다.

앞가슴등판의 가운데 부분은 가장자리보다 상대적으로 덜 함몰되었다.

수컷 머리뿔의 휘어지는 정도가 강한 편이다.

암수 모두 몸이 짜리몽땅하면서 굵은 편이다.

♂
Tak
THAILAND (실물 48㎜)

♀
Fang
THAILAND (실물 42㎜)

Pachyoryctes elongatus Arrow, 1941
미얀마굵은남방장수풍뎅이

크기: –50㎜
분포: 미얀마

미얀마에만 서식하는 매우 희귀한 특산종이다. 미얀마 북부의 카친(Kachin) 지역이 주된 서식지이며 모식종인 태국굵은남방장수풍뎅이(*P. solidus*)와 전체적으로 비슷한 형태지만 앞가슴등판의 함몰된 부분 및 수컷 생식기의 형태에서 차이가 있다. 암컷이 수컷보다 더 드물기 때문에 암컷 표본을 입수할 수 없었으나, 엔드로에디가 1985년의 논문에서 기록한 것에 의하면 이 종의 암컷 몸체는 모식종에 비해 약간 더 길쭉하다고 한다. 종명(*elongatus*)은 '길게 확장된'이라는 의미를 지녔으며 아마도 이 종이 모식종에 비해 약간 더 날렵한 형태인 점에 착안해 지은 것으로 여겨진다.

♂
Kachin
MYANMAR (실물 46㎜)

〈표본제공: 미야시타 케이(Kei Miyashita)〉

09

Xylotrupes Hope, 1837
애왕장수풍뎅이속

이 속의 장수풍뎅이들은 인도 및 스리랑카에서부터 인도차이나 반도, 중국, 대만과 동남아시아를 거쳐 오스트레일리아와 바누아투에 이르기까지 상당히 광범위하게 분포하고 있다. 또한 장수풍뎅이족(Dynastini)을 이루는 13종류의 속(屬) 중 가장 큰 혼란에 빠져 있는 분류군이기도 하다. 몇몇을 제외하고는 형태가 매우 비슷해 수컷 생식기 검토 및 채집된 지역을 확인해야 정확한 동정이 가능하다. 일반적으로 몸은 검은색 또는 적갈색을 띠고, 가슴뿔은 짧거나 길며 머리뿔은 거의 돌기가 없고 매끈하지만 종에 따라서는 위쪽으로 살짝 솟아오른 돌기가 있다. 2011년 5월 6일에 로우랜드(Rowland)에 의해 이들의 전반적인 목록이 정리된 논문이 발표되었으며, 이에 따르면 아직 분류학적 위치를 확정지을 수 없는 종을 제외하더라도 20여 종 이상이 이 속에 포함되었다. 여기에서는 애왕장수풍뎅이속을 다룬 자료 중에서 가장 최근에 발표된 이 논문의 분류체계에 따라 정리했으며, 이들은 가슴뿔이 길게 발달하는 등 10장에 수록된 왕장수풍뎅이속(*Dynastes*)과 다소 비슷한 형태이나 몸 크기는 훨씬 작기 때문에 '애왕장수풍뎅이속'이라는 우리말 가칭을 부여했다. 속명(*Xylotrupes*)은 라틴어로 '나무에 굴을 파는(lignum perforo)'을 뜻한다.

이 장에 수록된 애왕장수풍뎅이속의 분류 체계에 대해

이번 장을 준비하면서, 미국 뉴멕시코대학교 로우랜드(Rowland)로부터 각 종에 대한 정보와 분류 체계에 대한 귀중한 조언을 약 10개월에 걸쳐 받았다. 종을 분류하는 데에 있어서 매우 중요한 요소인 수컷의 생식기 형상에 근거한 형태학적 분류를 통해 2003년과 2006년에 애왕장수풍뎅이류의 여러 신아종을 발표했던 그는 약 2,900개체에 이르는 방대한 양의 표본 및 세계 각국 박물관에 소장되어 있는 모식표본들을 최근까지 검토했다. 또한 장수풍뎅이를 연구 대상으로 삼는 연구자들 중에서 DNA 염기서열 분석을 통한 분자생물학적 연구를 수행하는 몇 안 되는 연구자이기도 하다.

그가 사용하는 형태 분류 방법은 크게 2가지로 요약할 수 있으며, 첫 번째는 수컷 생식기에 있는 라스풀라(raspula, 하나의 생식기 내에 2개씩 있으며 날카로운 갈고리 모양을 띠고 있는 미세 부속지)의 형태로 종과 아종을 분류하는 방법이다. 일반적으로 곤충의 수컷 생식기를 관찰할 때 가장 중요한 것은 파라미어(paramere)라는 부위인데, 애왕장수풍뎅이속에서는 서로 다른 종이더라도 이 부분의 형태가 거의 같은 경우가 많기 때문에 더 작고 미세한 부위인 라스풀라의 형태를 추가로 검토하는 것이다.

니제쉬애왕장수풍뎅이(*Xylotrupes mniszechii*, 왼쪽)와 시암애왕장수풍뎅이(*X. siamensis*, 오른쪽)의 라스풀라.
두 종은 형태가 서로 매우 비슷하고 서식지도 중복되기 때문에 정확한 동정이 어려우나 수컷 생식기 내에 있는 2개의 라스풀라 형태(끝이 뾰족한 돌기가 휘어진 정도 및 굵기 등)를 비교해 동정이 가능하다. 라스풀라는 각 종별로 거의 변이가 없이 안정적인 형태를 띠므로 훌륭한 동정 수단이 된다. 〈사진 제공: 마크 로우랜드(J. Mark Rowland)〉

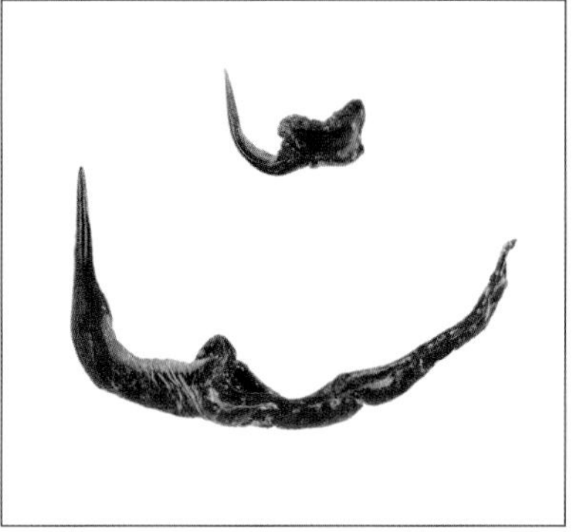

두 번째는, 수많은 표본들을 대상으로 몸체만의 길이와 머리뿔 및 가슴뿔의 길이를 비율적으로 분석하는 방법이다. 이 비율에 따라 수컷에게서 뿔이 발달하는 양상을 알파(alpha, 뿔이 최고조로 발달해 그 종의 특징이 잘 발현되는 개체), 베타(beta, 뿔이 다소 짧아서 중간 정도의 길이를 띠는 개체), 감마(gamma, 암컷과 거의 비슷하게 뿔이 전혀 발달하지 않거나 짧은 돌기 수준으로 흔적만 있는 개체)의 3가지 형태로 세분화하며, 많은 표본이 확보되어야만 가능한 방법이다. 예를 들면, A개체와 B개체가 서로의 뿔을 포함한 전체 몸길이가 거의 비슷한데 전자는 감마 형태만 발견되고 후자는 알파 형태만 발견된다면 이 둘은 다른 종일 가능성이 크다는 예측이 가능하다는 원리다. 이렇듯 로우랜드에 의해 제창된 '수컷의 삼형태론(male trimorphism)'에 대한 논문은 2009년에 〈사이언스, Science〉지에 실리기도 했다.

그는 위와 같은 분석법을 사용해 기존에 알려진 여러 종의 분류학적 위치를 다시 바로잡는 논문을 준비했고 이는 2011년 5월 6일자로 최종 발표되었다. 논문 발표 당일 그로부터 이메일로 논문을 제공받았으며 분류체계에 많은 변화가 적용되었고 1종의 신종과 1종의 신아종이 추가로 기재되었으며, 여러 아종들이 종으로 조정되어서 전체적으로 종 수가 크게 늘어난 것을 확인했다.

애왕장수풍뎅이속은 장수풍뎅이족의 분류군 중 가장 복잡한 상황에 놓여 있다. 이미 동물이명(synonym)으로 수정된 예전의 학명을 사용하거나 아직 확실하게 유효한 종으로 정립되지 않은 종류에 대해 버젓이 그 학명이 사용되는 경우가 많다. 또한 아예 인도네시아의 타님바르(Taminbar) 섬에 서식하는 개체군이 *Xylotrupes gilleti*라는 학명으로 통용되는 등 정식 발표조차 되지 않은 학명이 유효한 이름인 것처럼 둔갑하는 경우도 있다. 이것은 겉모습은 사실상 똑같고 채집 지역과 수컷 생식기의 형태만 조금씩 다른 종류들도 있기 때문에 발생하는 일이다. 이렇듯 애왕장수풍뎅이속이 매우 복잡한 상황에 빠진 이유는, 아래의 3가지가 빈번하게 이루어져 왔기 때문으로 볼 수 있다.

1. 수많은 신종 및 신아종이 발표되었다가 동물이명(synonym)으로 수정된 경우가 많았고, 이후에 또다시 유효한 종(valid species)로 재분류된 경우가 빈번했다.
2. 특정 종의 아종으로 발표되었다가 종 수준으로 상향 조정되었거나, 신종으로 발표되었다가 아종 수준으로 하향 조정된 경우가 많았다.
3. 특정 종의 아종으로 발표되었다가 완전히 다른 종의 아종으로 종의 소속 자체가 변경되는 경우가 많았다.

1800년대 후반에 샤우푸스(Schaufuss)에 의해 애왕장수풍뎅이류 여러 종이 발표되었으며, 이들을 발표된 순서대로 나열하고 최근 로우랜드 박사에 의한 모식표본 재검토를 통한 각 종류의 분류학적 위치를 정리하면 아래와 같다.

샤우푸스가 발표했던 애왕장수풍뎅이속의 종류들

Xylotrupes socrates Schaufuss, 1863	동물이명(synonym), 2012년에 로우랜드가 논문 발표 예정
Xylotrupes baumeisteri Schaufuss, 1885	클레이니아스애왕장수풍뎅이(*X. clinias*)의 동물이명(synonym)
Xylotrupes beckeri Schaufuss, 1885	유효한 종(베커애왕장수풍뎅이로 이번 장에 수록함)
Xylotrupes clinias Schaufuss, 1885	유효한 종(클레이니아스애왕장수풍뎅이로 이번 장에 수록함)
Xylotrupes lorquini Schaufuss, 1885	유효한 종(로르켕애왕장수풍뎅이로 이번 장에 수록함)

이후 1920년에는 밍크(Minck)에 의해 수많은 신종이 기재되었으며, 이들 또한 로우랜드 박사에 의해 모식표본의 재검토가 이루어졌고 그의 연구 결과를 정리한 것은 아래와 같다.

밍크가 발표했던 애왕장수풍뎅이속의 종류들

Xylotrupes falcatus Minck, 1920	유효한 종(갈고리애왕장수풍뎅이로 이번 장에 수록함)
Xylotrupes lamachus Minck, 1920	율리시스애왕장수풍뎅이(*X. ulysses*)의 동물이명(synonym)
Xylotrupes trasybulus Minck, 1920	율리시스애왕장수풍뎅이(*X. ulysses*)의 동물이명(synonym)
Xylotrupes asperulus Minck, 1920	맥클레이애왕장수풍뎅이(*X. macleayi*)의 동물이명(synonym)

Xylotrupes tonkinensis Minck, 1920 | 니제쉬애왕장수풍뎅이(*X. mniszechii*)의 동물이명(synonym)
Xylotrupes siamensis Minck, 1920 | 유효한 종(시암애왕장수풍뎅이로 이번 장에 수록함)
Xylotrupes sumatrensis Minck, 1920 | 유효한 종(수마트라애왕장수풍뎅이로 이번 장에 수록함)
Xylotrupes borneensis Minck, 1920 | 기드온애왕장수풍뎅이(*X. gideon*)의 동물이명(synonym)

샤우푸스와 밍크 이외에도 여러 학자들에 의해 다양한 종류의 애왕장수풍뎅이들이 발표되었고, 이들이 발표된 연도 순서로 정리하면 아래와 같다. 또한 로우랜드 박사의 재검토에 의하면 이들은 현재 모두 유효한 종으로 간주되고 있다.

Xylotrupes gideon (Linnaeus, 1767) | 기드온애왕장수풍뎅이
Xylotrupes ulysses (Guérin-Méneville, 1830) | 율리시스애왕장수풍뎅이
Xylotrupes pubescens Waterhouse, 1841 | 털보애왕장수풍뎅이
Xylotrupes macleayi Montrouzier, 1855 | 맥클레이애왕장수풍뎅이
Xylotrupes australicus Thomson, 1859 | 호주애왕장수풍뎅이
Xylotrupes mniszechii Thomson, 1859 | 니제쉬애왕장수풍뎅이
Xylotrupes florensis Lansberge, 1879 | 플로레스애왕장수풍뎅이
Xylotrupes inarmatus Sternberg, 1906 | 꼬마애왕장수풍뎅이
Xylotrupes meridionalis Prell, 1914 | 남방애왕장수풍뎅이

로우랜드 이외에 현재까지도 애왕장수풍뎅이속의 신종 및 신아종을 발표하는 연구자는 프랑스의 프리랜서 곤충학자인 실베스트르(Silvestre)가 유일하며, 그에 의해 수많은 애왕장수풍뎅이의 신종과 신아종들이 1990년대부터 2006년 사이에 발표되었다. 그러나 모식표본의 재검토가 불가능한 상황이어서 실베스트르가 발표한 애왕장수풍뎅이류 대부분은 분류학적으로 유효한 종이라 확정할 수 없는 상태다. 이에 대해서는 이번 장의 마지막 부분인 '5. 부록' 에서 자세히 다뤘다.

애왕장수풍뎅이속의 하위 분류

로우랜드는 애왕장수풍뎅이속에 포함되는 여러 종들을 '종군(種群, species group)'으로 세밀하게 분류하는 체계를 주장했으며, '기드온애왕장수풍뎅이 종군(*gideon* species group)', '털보애왕장수풍뎅이 종군(*pubescens* species group)', '율리시스애왕장수풍뎅이 종군(*ulysses* species group)'의 3종류다. 이들을 분류하는 주요 근거는 수컷 생식기의 주요 부속지 중 하나인 라스풀라(raspula)의 형태학적 분류 및 DNA 염기서열을 이용한 분자생물학적 분류 결과에 따른 것이다. 특히 단순한 외부 형태 분류에 그치지 않은 분자생물학적 분석 결과까지 검토되었다는 것은 이러한 세부 분류에 더욱 신빙성을 갖게 한다. 단 애왕장수풍뎅이속의 모든 종이 이러한 종군으로 세분화되는 작업이 완료되지는 않았고, 위의 3가지 종군 내에 포함되지 않는 종류들에 대해서는 현재도 연구가 진행되고 있다.

1. *gideon* species group: '기드온애왕장수풍뎅이' 종군(種群)

애왕장수풍뎅이속의 모식종인 기드온애왕장수풍뎅이(*X. gideon*)를 비롯해 총 6종이 이 종군에 포함되며, 여기에서는 이들이 발표된 연도 순서대로 수록했다.

Xylotrupes gideon (Linnaeus, 1767)	기드온애왕장수풍뎅이
Xylotrupes inarmatus Sternberg, 1906	꼬마애왕장수풍뎅이
Xylotrupes sumatrensis Minck, 1920	수마트라애왕장수풍뎅이
Xylotrupes damarensis Rowland, 2006	다마르애왕장수풍뎅이
Xylotrupes pachycera Rowland, 2006	굵은뿔애왕장수풍뎅이
Xylotrupes tadoana Rowland, 2006	타도애왕장수풍뎅이

기드온애왕장수풍뎅이 종군의 분포

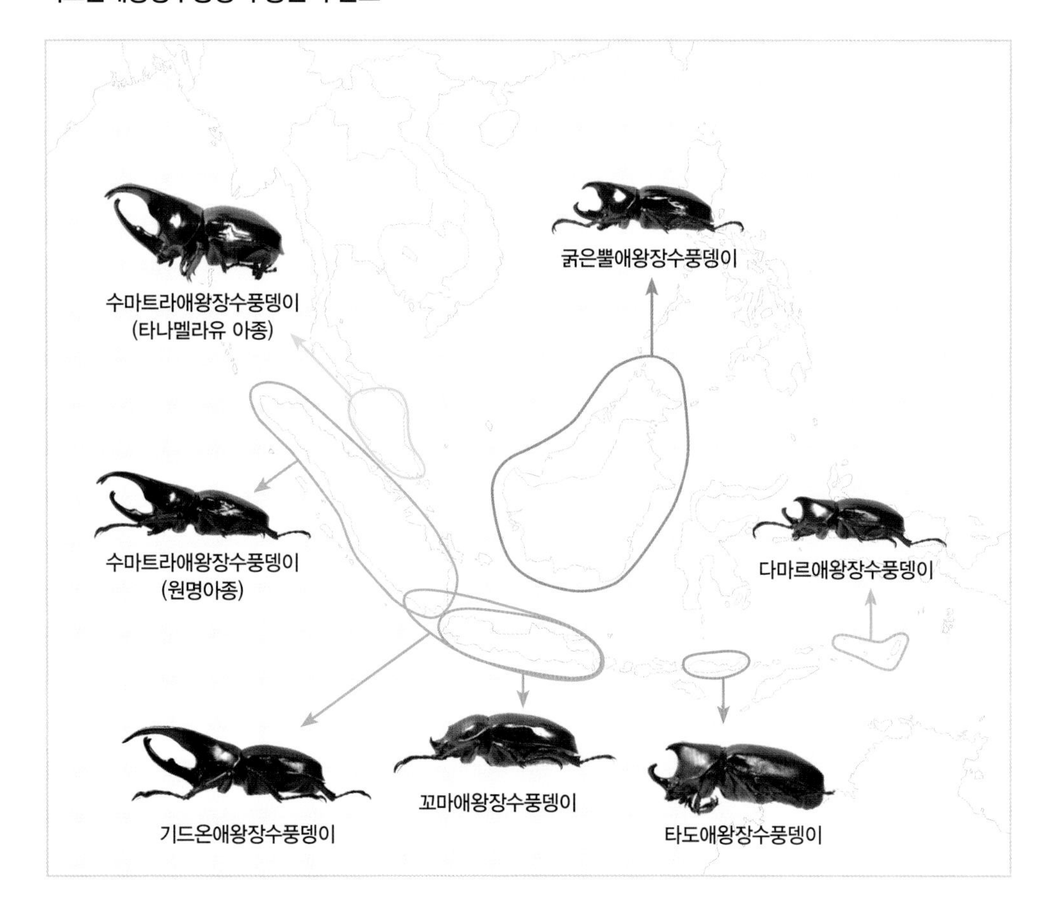

Xylotrupes gideon (Linnaeus, 1767) 기드온애왕장수풍뎅이

크기: -75㎜
분포: 인도네시아의 자바(Java) 섬 및 수마트라(Sumatra) 섬 남서부

애왕장수풍뎅이속(*Xylotrupes*)에서 최초로 발표된 종이자 이 속을 대표하는 모식종이며 수컷의 머리뿔 중간 부분에 강하게 솟아오른 돌기가 특징이다. 종명(*gideon*)은 구약 성경에 등장하는 이스라엘 백성의 지도자 기드온(Gideon)을 뜻하며, 영어식으로 발음한 '기데온'이라는 명칭으로도 국내에 잘 알려졌다. 엔드로에디는 이 종의 아종을 지역별 16종류로 세분화해 분류했고, 몇몇 서적에서는 이 분류체계를 최근까지 그대로 적용시키는 경우가 많지만 이것은 1985년에 발표되었던 예전의 체계다. 현재는 여기에서 큰 변화가 이루어진 상태이며, 2011년에 로우랜드가 주장한 분류체계에 의하면 과거에 이 종의 아종으로 분류되었던 수많은 타 지역 개체군들은 전부 다른 종의 동물이명(synonym)으로 처리되거나 기드온이 아닌 다른 종의 아종으로 재분류된 상태이며, 이 종은 현재 아종이 없는 단일분류군으로 간주되고 있다.

기드온애왕장수풍뎅이의 모식표본과 표본의 라벨(사진 제공: 영국 린네 학회(The Linnean Society of London))
영국 린네 학회에 소장되어 있는 기드온애왕장수풍뎅이의 모식표본을 촬영한 사진을 린네 학회 소속 셜우드(Sherwood) 박사에게서 제공받았다. 사진에 잘 나타나듯 머리뿔을 포함한 머리 부위가 소실되었다(왼쪽부터 시계방향으로: 측면, 정면, 표본의 라벨, 수컷 생식기).

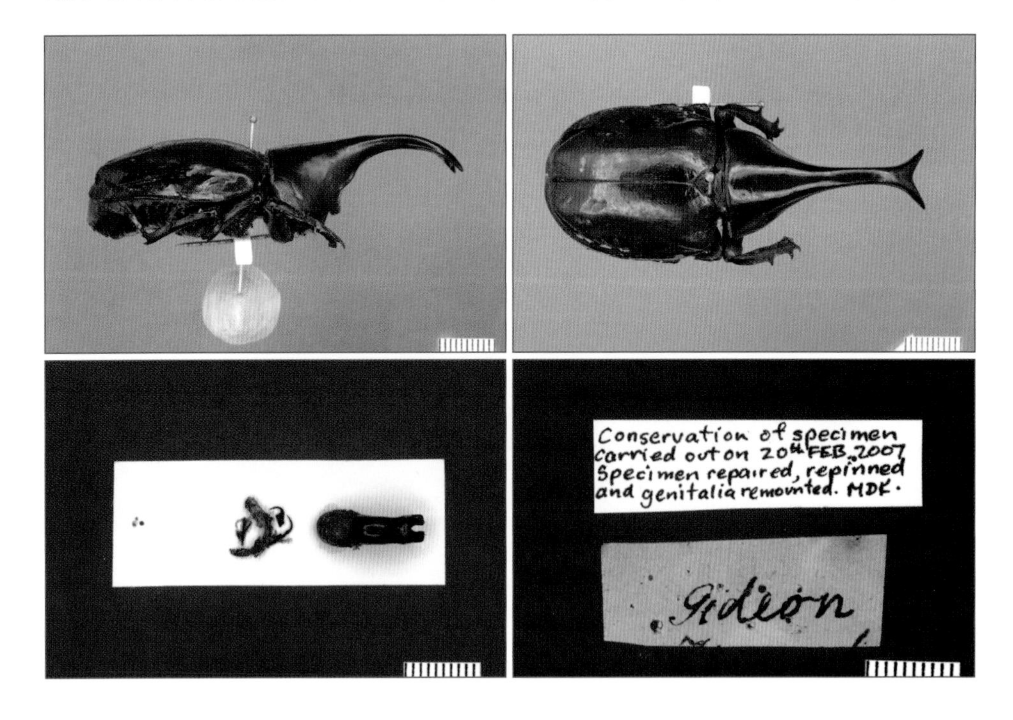

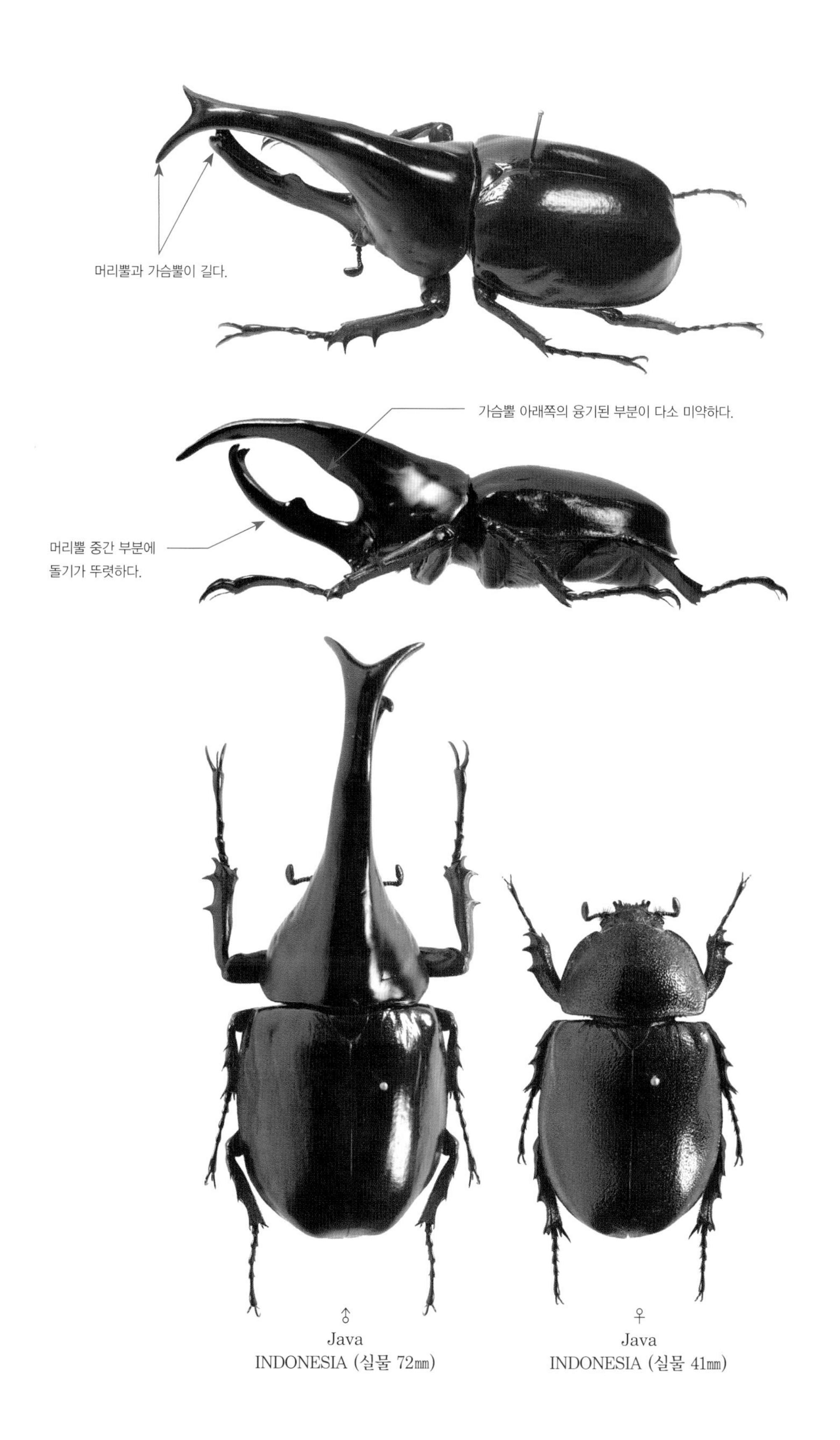

♂
Java
INDONESIA (실물 72㎜)

♀
Java
INDONESIA (실물 41㎜)

Xylotrupes inarmatus Sternberg, 1906
꼬마애왕장수풍뎅이

크기: -40㎜
분포: 인도네시아의 자바(Java) 섬

머리뿔이 매우 짧고 가슴뿔은 거의 없는 소형 종으로, 기드온애왕장수풍뎅이(*X. gideon*)와 동일하게 인도네시아의 자바 섬에 서식하지만 더 드물며 특히 암컷이 상당히 귀하다. 종명(*inarmatus*)은 'in(-하지 않은)'과 'armatus(무장을 한)'의 합성어로서, '무장하지 않은'이라는 의미에 걸맞게 다른 종에 비해 상당히 작고 뿔이 길지 않은 특성에 따라 지은 것이다. 로우랜드는 2003년에 이 종을 기드온애왕장수풍뎅이의 동물이명(synonym)으로 처리했으나, 이후 독일 베를린 자연사 박물관에 소장된 이 종의 모식표본을 재차 검토해 2011년 5월의 논문에서는 별개의 종으로 확정지어 발표했다.

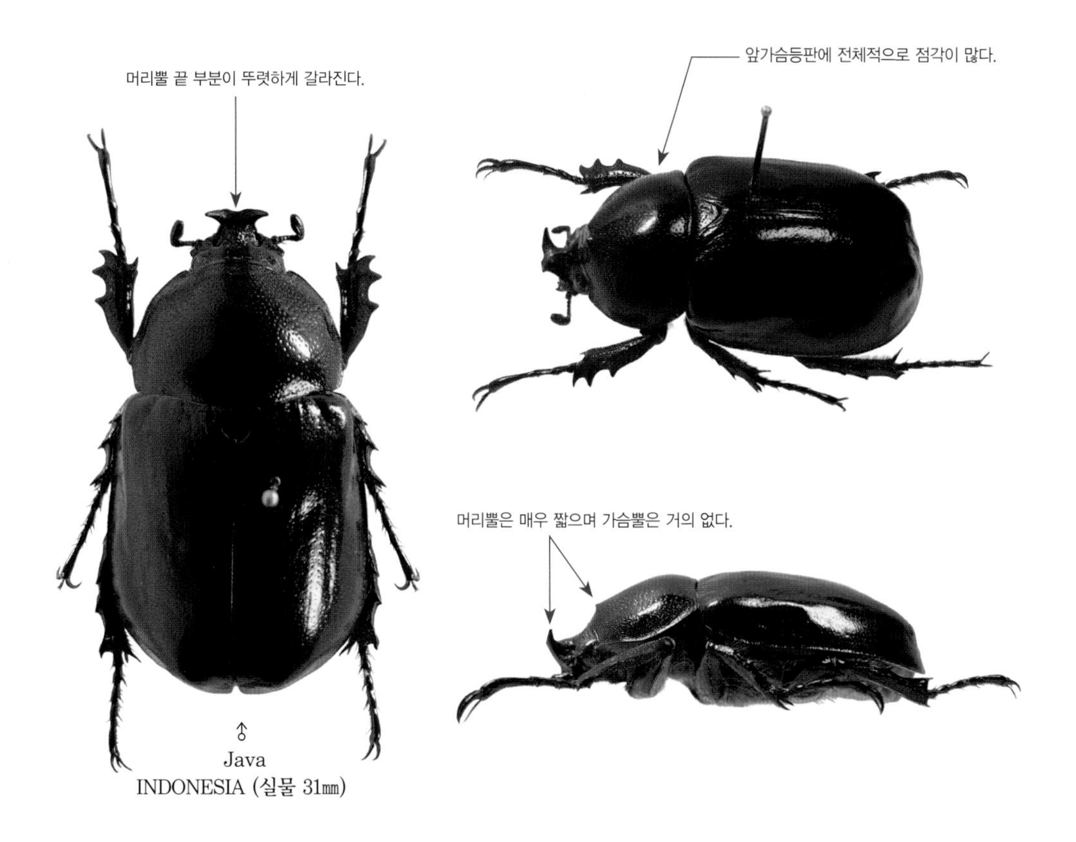

♂
Java
INDONESIA (실물 31㎜)

Xylotrupes sumatrensis Minck, 1920 수마트라애왕장수풍뎅이

밍크(Minck)가 발표했던 종으로 기드온애왕장수풍뎅이 종군에 속하는 종 중에서 머리뿔과 가슴뿔이 몸길이에 비해 가장 길게 발달하는 경향을 보인다. 엔드로에디와 실베스트르는 이 종을 기드온애왕장수풍뎅이의 수마트라 아종(*X. gideon sumatrensis*)으로 분류했고 최근까지도 이 분류체계가 이어져 왔으나, 최근 로우랜드가 수행한 연구에 의해 종 등급으로 재분류 되었다. 분류가 수정된 가장 큰 이유는 이 종이 서식하는 수마트라 섬 남서부에는 수컷 생식기의 미세 부속지인 라스풀라(raspula)가 명확히 서로 다른 형태를 띠는 기드온애왕장수풍뎅이(*X. gideon*)가 있기 때문이다. 즉, 지역별로 격리되는 개체군인 아종의 개념으로 볼 때 이 종을 기드온의 아종으로 분류하는 것이 옳지 않다는 것이다. 한편 이 종은 수마트라 섬에 분포하는 원명아종을 제외하고도 하나의 아종이 더 알려졌다.

아종 분류

1) ssp. *sumatrensis* Minck, 1920 원명아종(인도네시아 수마트라 섬)

2) ssp. *tanahmelayu* Rowland, 2006 타나멜라유 아종(말레이시아 서부)

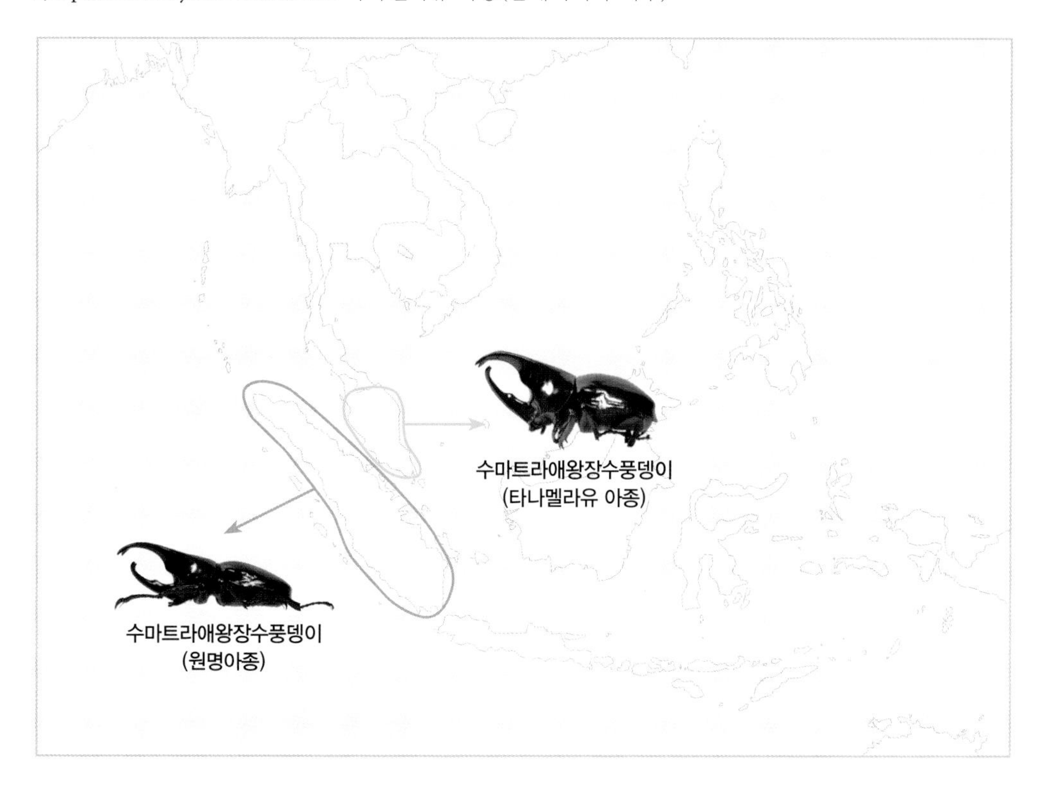

❶ *Xylotrupes sumatrensis sumatrensis* Minck, 1920 수마트라애왕장수풍뎅이: 원명아종

크기: −85㎜
분포: 인도네시아의 수마트라(Sumatra) 섬

율리시스애왕장수풍뎅이(*X. ulysses*)에 뒤이어 애왕장수풍뎅이속에서 2–3번째 대형인 종류다. 머리뿔과 가슴뿔이 다른 종에 비해 긴 편이며, 모식표본은 베를린 자연사 박물관에 소장되었다. 종명 · 아종명(*sumatrensis*)은 이 종의 모식지인 인도네시아의 '수마트라(Sumatra)'에서 따온 것이다.

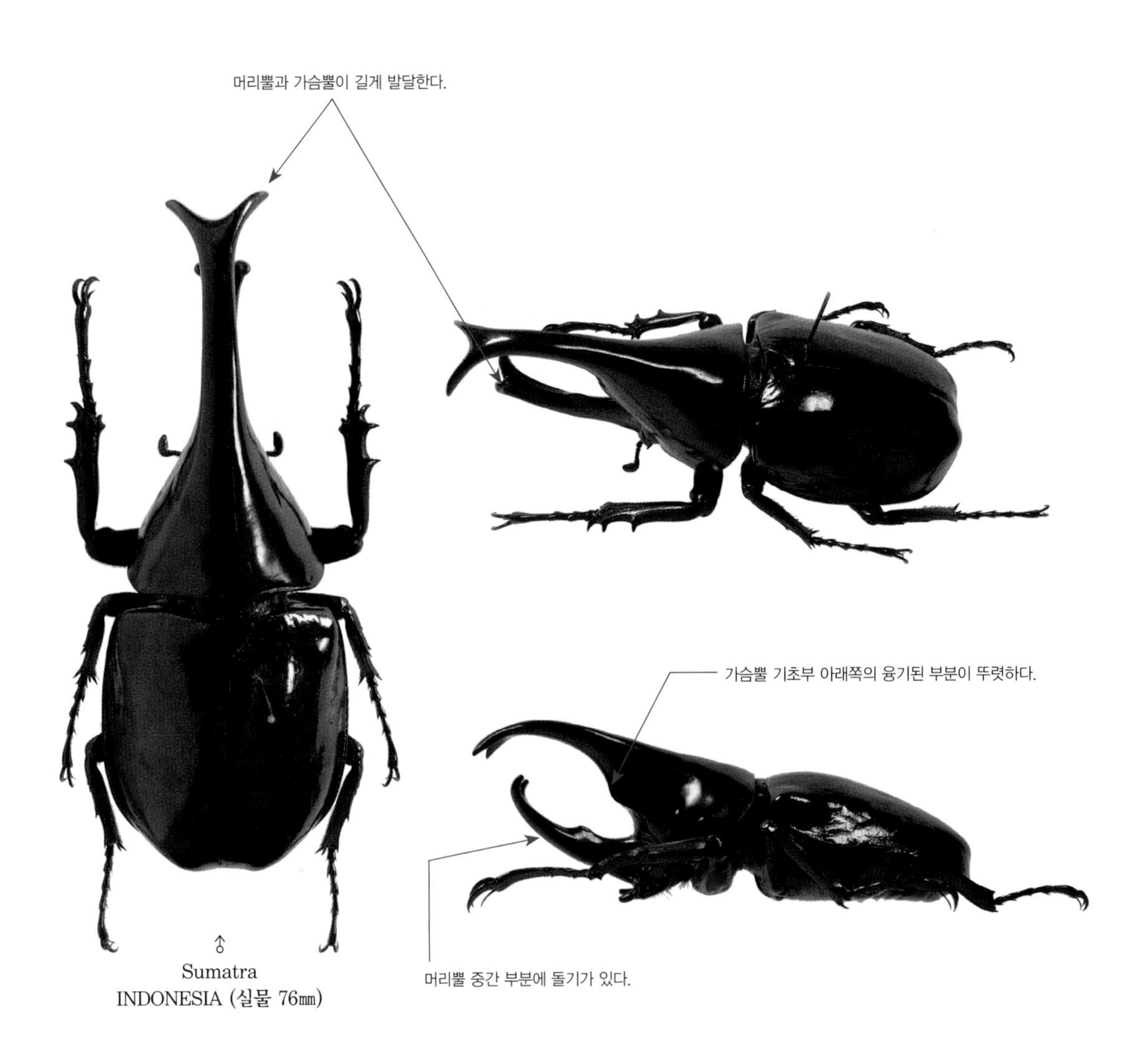

♂
Sumatra
INDONESIA (실물 76㎜)

❷ *Xylotrupes sumatrensis tanahmelayu* Rowland, 2006
수마트라애왕장수풍뎅이: 타나멜라유 아종

크기: −75㎜
분포: 말레이시아 서부(말레이 반도)

아종명(*tanahmelayu*)은 모식지인 말레이시아 서부 지역을 일컫는 고유어 '타나멜라유(Tanah Melayu)'에서 따온 것으로, '말레이(Melayu)의 영토(tanah)'를 뜻한다. 수컷 뿔의 휘어지는 정도가 원명아종보다 약하고 몸의 광택은 더 강한 것이 특징이며, 2006년에 로우랜드에 의해 최초 발표될 당시에는 기드온애왕장수풍뎅이의 아종(*X. gideon tenahmelayu*)이었으나 수컷의 뿔이 발달하는 양상과 특히 라스풀라(raspula)의 형태에 따른 수컷 생식기의 재검토로 수마트라애왕장수풍뎅이의 아종으로 재분류되었다. 이렇듯 로우랜드가 본인이 발표했던 분류 체계를 직접 수정했다는 것은 그만큼 애왕장수풍뎅이류의 분류학적 위치를 정립하는 것이 쉽지 않다는 의미일 것이다. 그에게 협조를 구해 현재 스미소니언 자연사 박물관에 소장되어 있는 이 아종의 완모식표본(holotype) 사진과 부모식표본(paratype)을 직접 제공받아 총 2개체의 사진을 수록했다.

HOLOTYPE ♂
Cameron Highlands
MALAYSIA
〈모식표본 사진 제공: 마크 로우랜드(J. Mark Rowland)〉

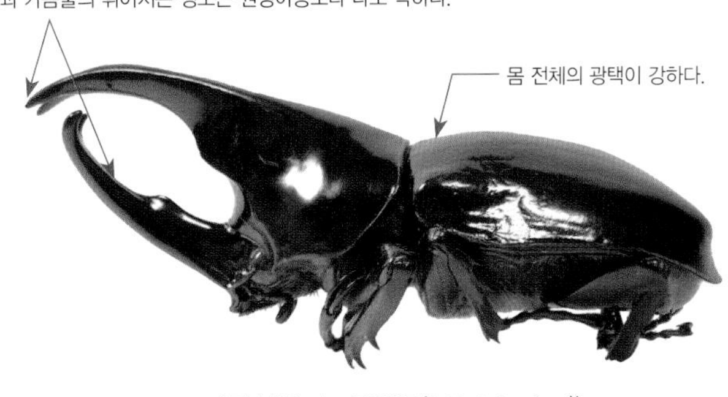

〈표본제공: 마크 로우랜드(J. Mark Rowland)〉

PARATYPE ♂
Cameron Highlands
MALAYSIA (실물 66㎜)

PARATYPE
Xylotrupes gideon tanahmelayu
Rowland 2006a:1

수마트라애왕장수풍뎅이(타나멜라유 아종)의 부모식표본(PARATYPE) 라벨

Xylotrupes damarensis Rowland, 2006
다마르애왕장수풍뎅이

크기: –55㎜
분포: 인도네시아의 다마르(Damar) 섬, 타님바르(Tanimbar) 제도

2006년에 로우랜드에 의해 발표될 때는 베커애왕장수풍뎅이의 아종(*X. beckeri damarensis*)으로 분류되었으나, 알파(alpha)형 수컷 가슴뿔의 휘어짐과 비교적 가늘게 발달하는 머리뿔의 특징에 따라 2011년에 종 등급으로 재분류되었다. 그에게 협조를 구해 현재 베를린 자연사 박물관에 소장된 이 종의 완모식표본(holotype) 사진과 부모식표본(paratype)을 제공받아 총 2개체의 사진을 수록했다. 종명(*damarensis*)은 모식지인 인도네시아의 다마르(Damar) 섬에서 따온 것이며, 이 곳 이외에도 인도네시아 동부에 있는 65개의 섬을 포함하는 타님바르 제도에서도 서식이 확인되고 있다. 이곳에서 플로레스애왕장수풍뎅이의 타님바르 아종(*X. florensis tanimbar*)도 서식하고 있어 이 종과 서로 구별해야 할 필요가 있는데, 로우랜드가 조언한 동정 방법은 다음과 같다: 1) 수컷 생식기의 라스풀라(raspula)가 훨씬 더 크다; 2) 뒷다리 발목마디 기부의 끝이 뾰족하지 않고 단순하다(플로레스애왕장수풍뎅이는 끝이 뾰족한 형태); 3) 가슴뿔이 시작되는 기부 아래쪽에 뾰족한 돌기가 없다.

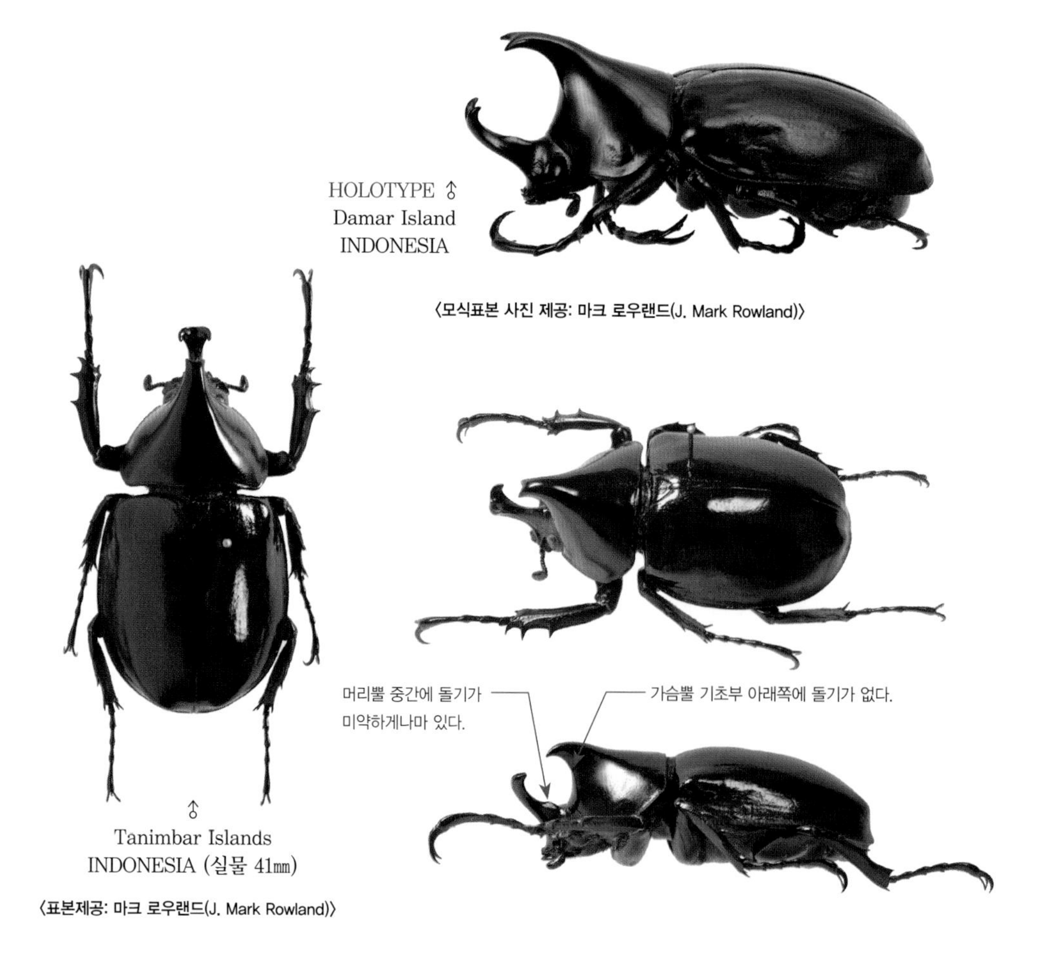

〈모식표본 사진 제공: 마크 로우랜드(J. Mark Rowland)〉

〈표본제공: 마크 로우랜드(J. Mark Rowland)〉

Xylotrupes pachycera Rowland, 2006
굵은뿔애왕장수풍뎅이

크기: -65㎜
분포: 동남아시아 말레이 제도에 있는 보르네오(Borneo) 섬

2006년에 로우랜드에 의해 발표될 당시에는 기드온애왕장수풍뎅이의 아종(*X. gideon pachycera*)이었으나, 알파(alpha)형의 수컷이 없는 점, 몸의 광택이 매우 강하면서도 머리뿔 및 가슴뿔이 굵고 몸길이에 비해 짧게 발달하는 점 때문에 2011년에 종 등급으로 재분류되었다. 이 책에서는 그에게 협조를 구해 미국의 뉴욕 자연사 박물관에 소장되어 있는 완모식표본(holotype) 사진과 표본을 제공받아 총 2개체의 사진을 수록했다. 종명(*pachycera*)은 라틴어로 '굵은(pachy) 뿔(cera)' 을 뜻한다.

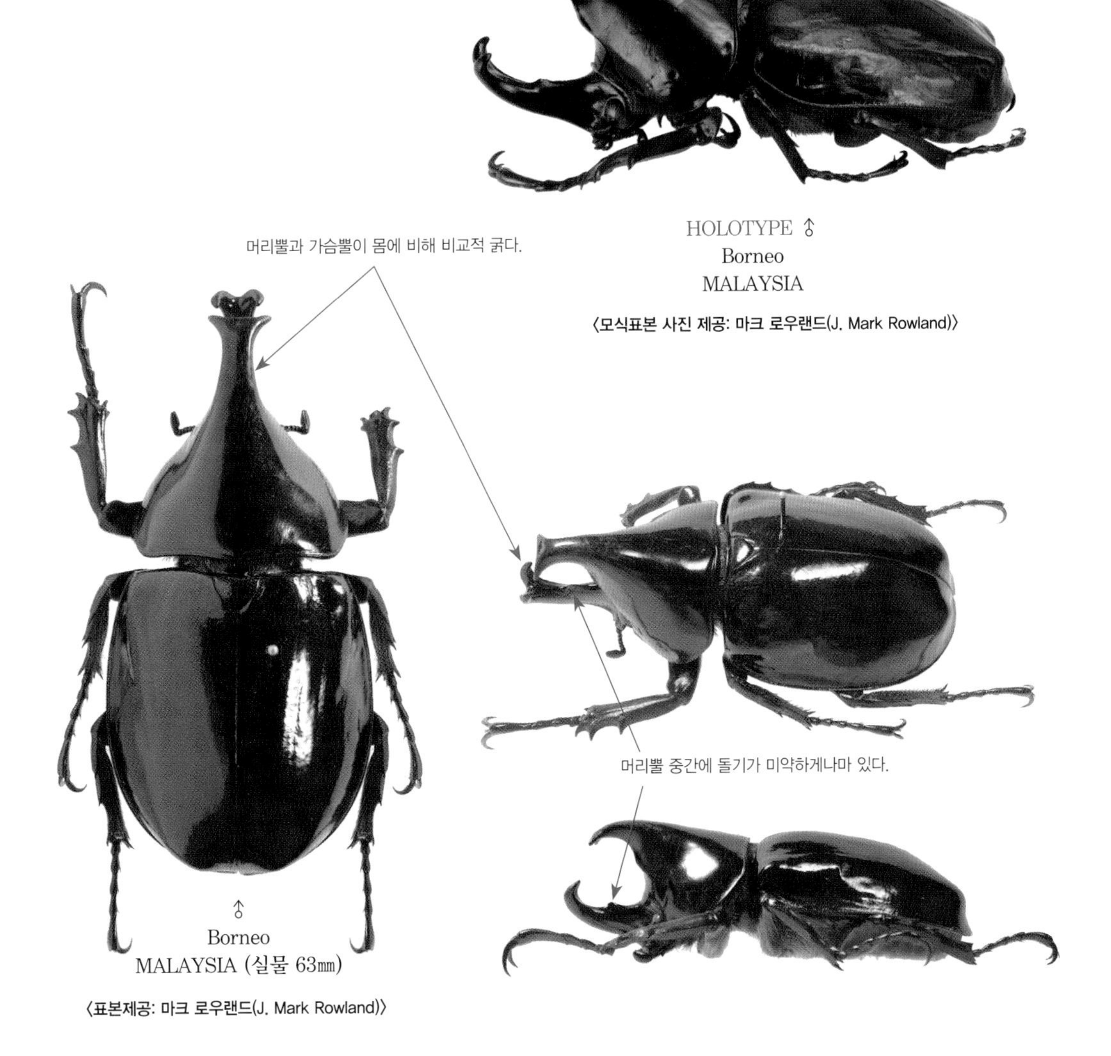

HOLOTYPE ♂
Borneo
MALAYSIA

〈모식표본 사진 제공: 마크 로우랜드(J. Mark Rowland)〉

♂
Borneo
MALAYSIA (실물 63㎜)

〈표본제공: 마크 로우랜드(J. Mark Rowland)〉

Xylotrupes tadoana Rowland, 2006
타도애왕장수풍뎅이

크기: -50㎜
분포: 인도네시아의 플로레스(Flores) 섬

종명(*tadoana*)은 플로레스 섬 서부 지역의 토착 문명 및 원주민을 의미하는 현지의 말인 '타도(Tado)'에서 따온 것이다. 로우랜드에 의해 2006년에 발표될 당시에는 베커애왕장수풍뎅이의 아종(*X. beckeri tadoana*)이었으나, 수컷 생식기의 라스풀라(raspula)를 비롯한 미세 부위의 형태 재검토를 통해 2011년에 종 등급으로 상향 조정되었다. 그에게 협조를 구해 현재 스미소니언 자연사 박물관에 소장되어 있는 완모식표본(holotype) 사진을 제공받았고, 직접 촬영한 부모식표본(paratype) 한 쌍을 더해 총 3개체의 사진을 수록했다. 한편 이 종의 유일한 서식지로 알려진 플로레스 섬은 수컷의 가슴뿔이 발달되는 기초부에 작은 돌기가 있는 플로레스애왕장수풍뎅이(*X. florensis*)의 모식지로도 잘 알려져 있으며 다음의 사항으로 구별이 가능하다: 1) 가슴뿔 기초부 아래쪽에 짧은 돌기가 없다; 2) 뒷다리 발목마다 기초부 끝은 뾰족하지 않고 단순하다.

HOLOTYPE ♂
Flores Island
INDONESIA

〈모식표본 사진 제공: 마크 로우랜드(J. Mark Rowland)〉

수컷 머리뿔 끝의 갈라지는 정도가 매우 크다.

암수 모두 전체적으로 몸의 광택이 약하다.

머리뿔 끝의 휘어지는 정도가 강하다.

PARATYPE ♂
Flores Island
INDONESIA (실물 40㎜)

PARATYPE ♀
Flores Island
INDONESIA (실물 32㎜)

PARATYPE
Xylotrupes beckeri tadoana
Rowland 2006b:22

타도애왕장수풍뎅이의 부모식표본(PARATYPE) 라벨

〈표본제공: 마크 로우랜드(J. Mark Rowland)〉

2. *pubescens species* group: '털보애왕장수풍뎅이' 종군(種群)

앞날개에 황토색 계열의 잔털이 발달하는 털보애왕장수풍뎅이(*X. pubescens*)를 포함해 모두 4종이 이 그룹에 포함되며, 여기에서는 이들이 발표된 연도 순서대로 수록했다.

Xylotrupes pubescens Waterhouse, 1841 털보애왕장수풍뎅이
Xylotrupes lorquini Schaufuss, 1885 로르켕애왕장수풍뎅이
Xylotrupes philippinensis Endrödi, 1957 필리핀애왕장수풍뎅이
Xylotrupes pauliani Silvestre, 1997 폴리안애왕장수풍뎅이

털보애왕장수풍뎅이 종군의 분포

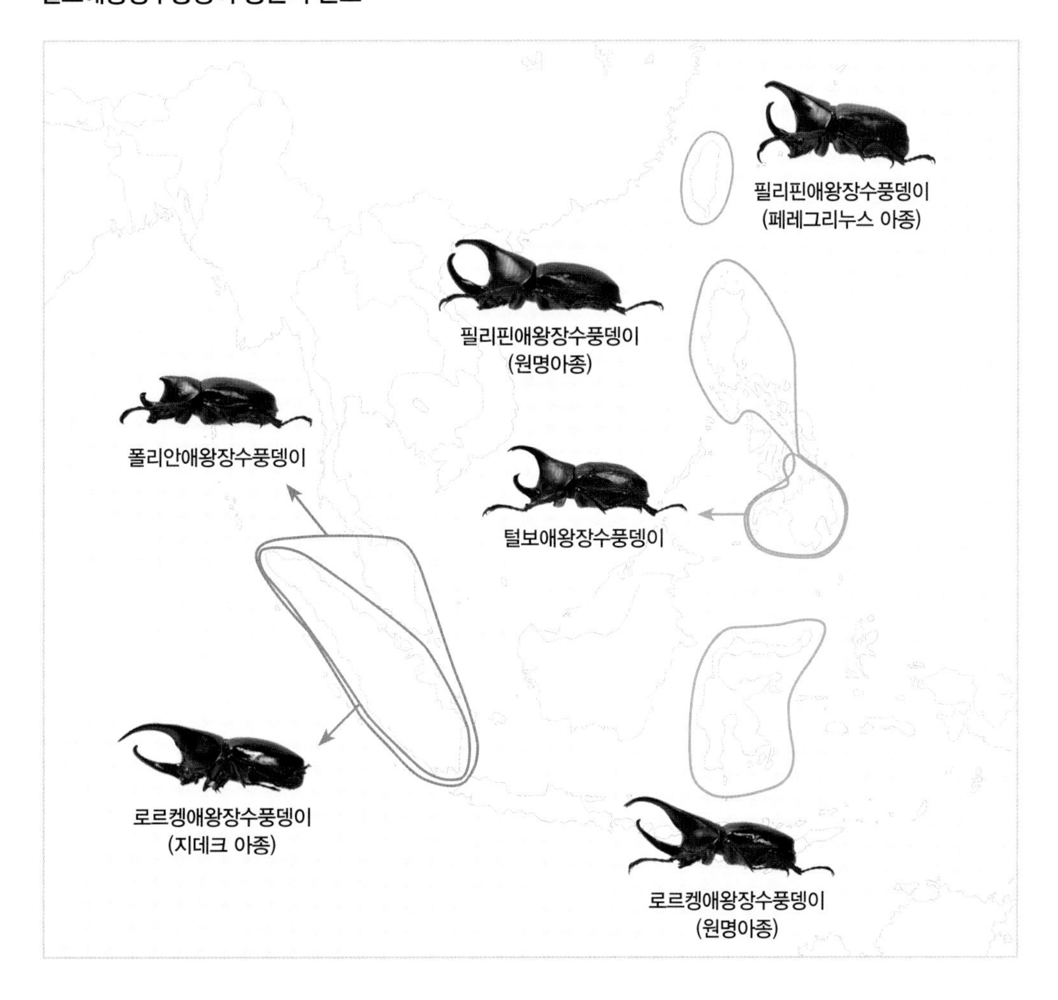

Xylotrupes pubescens Waterhouse, 1841
털보애왕장수풍뎅이

크기: –70㎜
분포: 필리핀

앞날개 표면에 황토색 계열의 털이 뚜렷하게 발달하는 것으로 쉽게 동정 가능하다. 종명(*pubescens*)은 라틴어로 '털이 많은'을 뜻하며, 모식표본은 현재 런던 자연사 박물관에 소장되었다. 1957년에 엔드로에디는 필리핀에서 앞날개에 털이 발달하는 개체와 발달하지 않는 개체들이 함께 채집되고 있어 이들이 같은 종이라는 주장을 펼치며, 전자를 기드온애왕장수풍뎅이의 변이형(*X. gideon* ab. *pubescens*), 후자를 기드온애왕장수풍뎅이의 필리핀 아종(*X. gideon philippinensis*)으로 발표했다. 그러나 최근 로우랜드는 필리핀 내에 서식하는 개체군의 방대한 표본을 재검토해 앞날개에 털이 발달하는 이들을 종 등급으로 재분류했다.

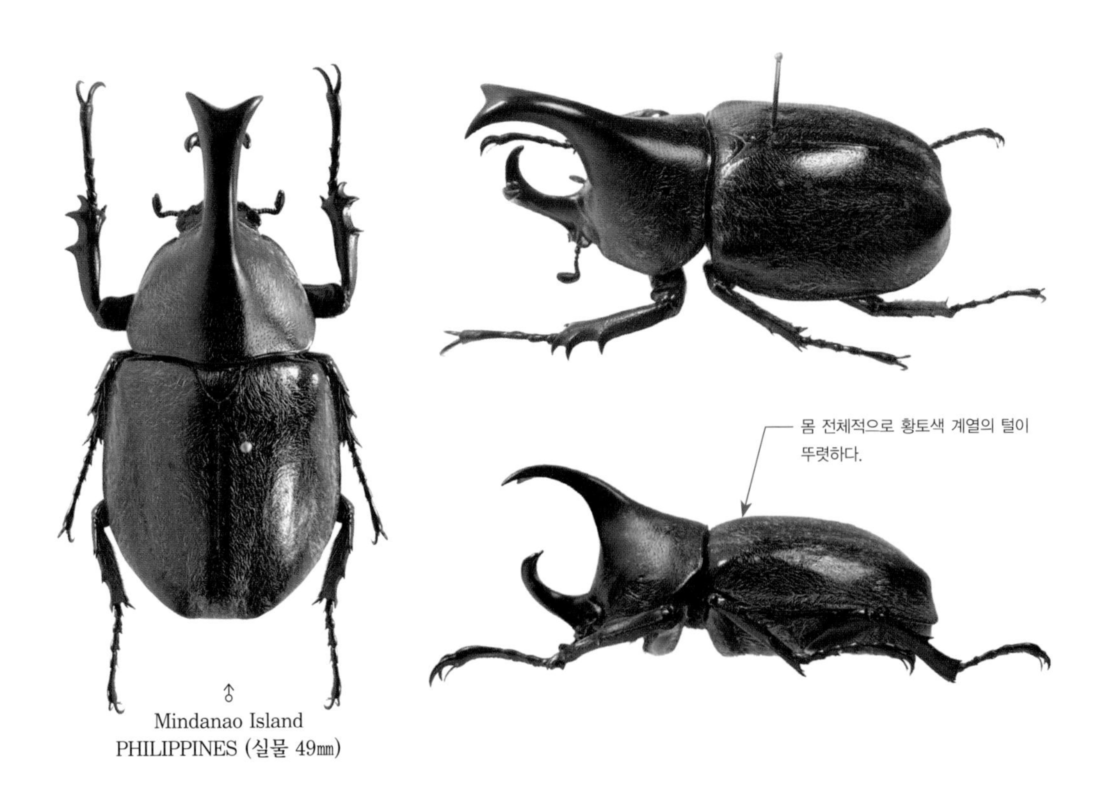

♂
Mindanao Island
PHILIPPINES (실물 49㎜)

Xylotrupes lorquini Schaufuss, 1885 로르켕애왕장수풍뎅이

샤우푸스(Schaufuss)가 신종으로 발표했던 종으로, 이후 엔드로에디가 기드온애왕장수풍뎅이의 아종(*X. gideon lorquini*)으로 분류하기도 했다. 수컷 뿔의 휘어지는 정도가 강한 것이 특징이며 술라웨시 섬에 분포하는 원명아종 이외에도 수마트라 섬의 아종이 추가로 발표되어 있다.

아종 분류

1) ssp. *lorquini* Schaufuss, 1885 원명아종(인도네시아 술라웨시 섬)
2) ssp. *zideki* Rowland, 2003 지데크 아종(인도네시아 수마트라 섬)

로르켕애왕장수풍뎅이 아종의 분류

❶ *Xylotrupes lorquini lorquini* Schaufuss, 1885
로르켕애왕장수풍뎅이: 원명아종

크기: –75㎜
분포: 인도네시아의 술라웨시(Sulawesi) 섬

몸체가 호리호리하고 가슴뿔은 가늘면서도 긴 것이 특징이다. 모식표본은 현재 베를린 자연사 박물관에 소장되어 있으며, 종명 · 아종명(*lorquini*)은 프랑스의 곤충학자였던 로르켕(Lorquin)을 기려 지은 것이다. 그의 업적을 기려서 만들어진 로르켕 곤충학회(Lorquin Entomological Society)가 현재 미국의 로스앤젤레스에서 정기적으로 개최되고 있다.

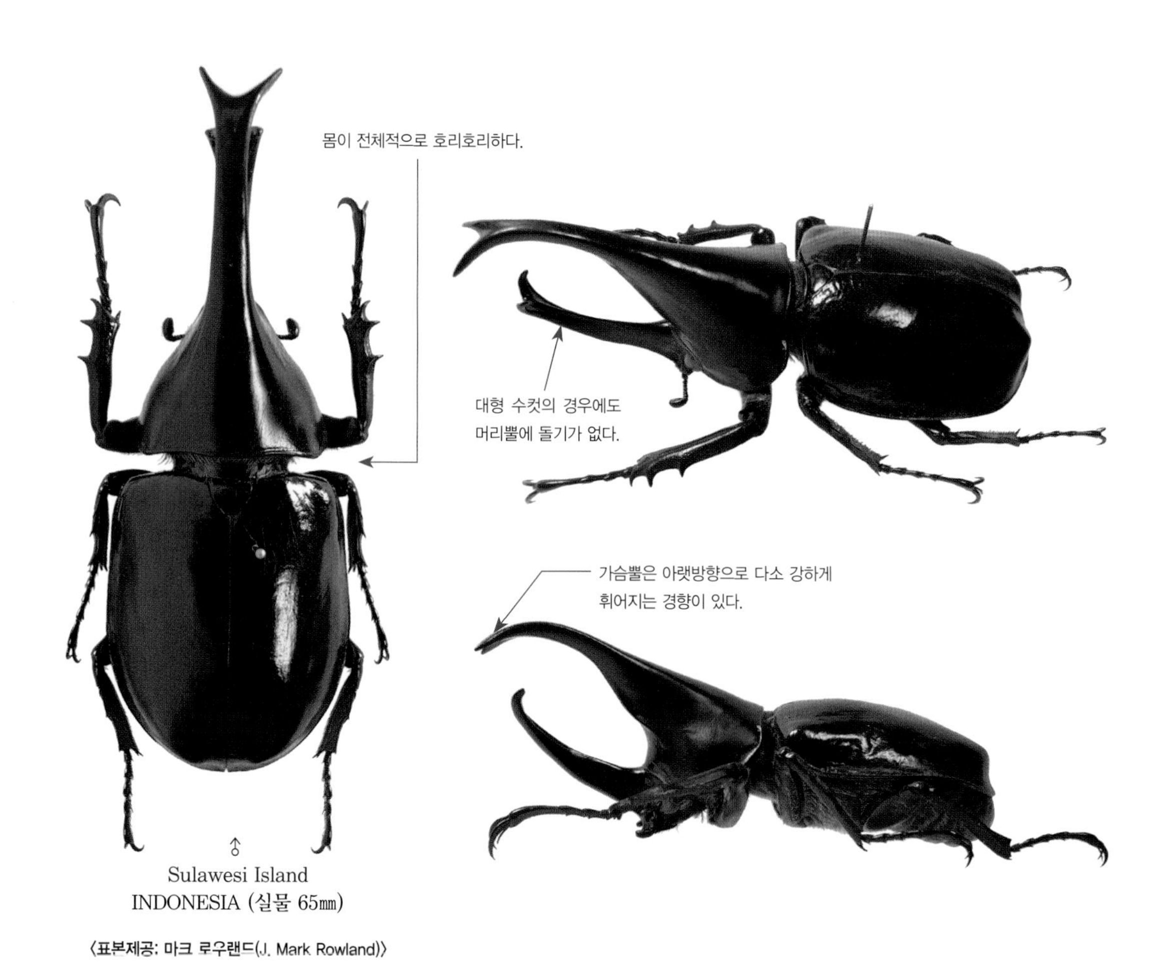

〈표본제공: 마크 로우랜드(J. Mark Rowland)〉

❷ *Xylotrupes lorquini zideki* Rowland, 2003
로르켕애왕장수풍뎅이: 지데크 아종

크기: –70㎜
분포: 인도네시아의 수마트라(Sumatra) 섬

2003년에 로우랜드에 의해 발표될 당시에는 털보애왕장수풍뎅이의 아종(*X. pubescens zideki*)이었으나, 2011년에 그는 수컷 생식기의 미세 형태와 휘어지는 정도가 강한 뿔 발달 양상을 토대로 로르켕애왕장수풍뎅이의 아종으로 재분류했다. 이렇듯 로우랜드 본인이 발표했던 분류 체계를 직접 수정했다는 것은 그만큼 애왕장수풍뎅이류의 분류학적 위치를 정립하는 것이 쉽지 않다는 증거가 될 수 있다. 그에게 협조를 구해 현재 스미소니언 자연사 박물관에 소장되어 있는 이 종의 완모식표본(holotype) 사진을 제공받았고, 촬영한 부모식표본(paratype)을 더해 2개체의 사진을 수록했다. 아종명(*zideki*)은 로우랜드의 동료이자 체코의 학자인 지데크(Jiri Zidek)를 기려 지은 것이다.

HOLOTYPE ♂
Sumatra
INDONESIA
〈모식표본 사진 제공: 마크 로우랜드(J. Mark Rowland)〉

PARATYPE ♂
Sumatra
INDONESIA (실물 56㎜)
〈표본제공: 마크 로우랜드(J. Mark Rowland)〉

로르켕애왕장수풍뎅이(지데크 아종)의 부모식표본(PARATYPE) 라벨

Xylotrupes philippinensis Endrödi, 1957 필리핀애왕장수풍뎅이

본래 기드온애왕장수풍뎅이의 필리핀 아종(*X. gideon philippinensis*)으로 분류되어 발표되었고 이후 1985년에 이르기까지 약 30년간 이 분류체계가 계속 유지되고 있었다. 최근 실베스트르에 의해 종 등급으로 재분류되었고, 로우랜드 또한 수컷 생식기의 부속지인 라스풀라(raspula)의 형태 및 수컷 앞가슴등판 뒤쪽의 점각이 적게 발달하는 특징에 근거해 종 등급으로 재분류한 적이 있다. 이 종은 필리핀에 분포하는 원명아종을 제외하고도 대만에 서식하는 아종이 하나 더 알려졌다.

아종 분류

1) ssp. *philippinensis* Endrödi, 1957 원명아종(필리핀)

2) ssp. *peregrinus* Rowland, 2006 페레그리누스 아종(대만)

필리핀애왕장수풍뎅이 아종의 분포

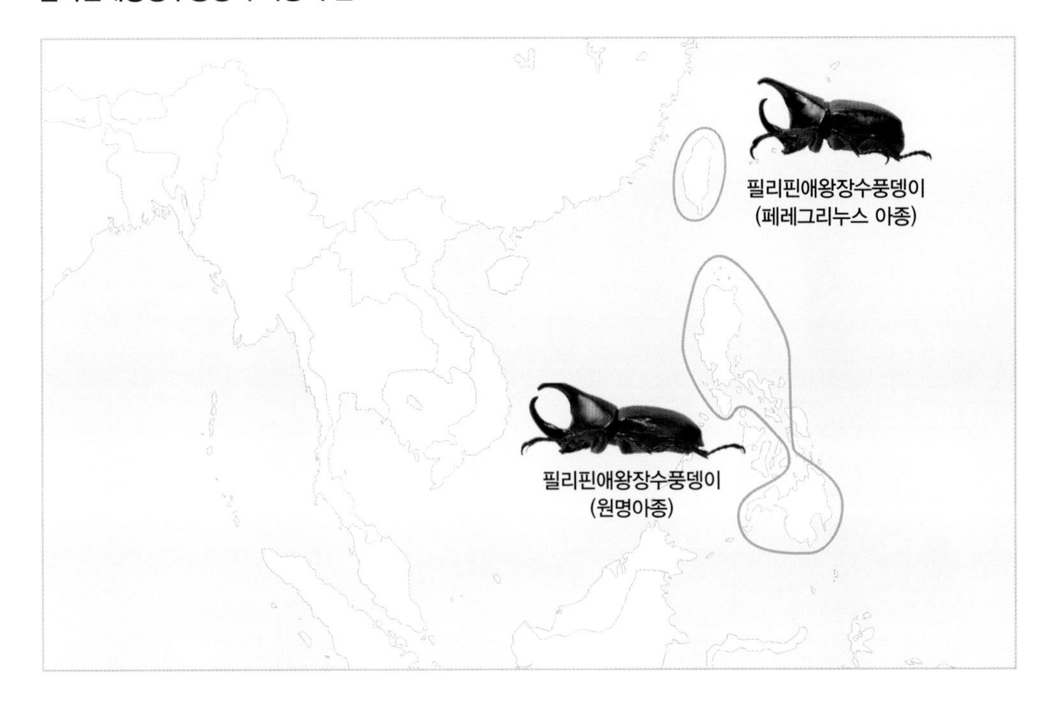

❶ *Xylotrupes philippinensis philippinensis* Endrödi, 1957
필리핀애왕장수풍뎅이: 원명아종

크기: -65㎜
분포: 필리핀

앞날개에 눈으로도 확인할 수 있는 황토색 계열의 잔털이 없는 점으로 필리핀에 함께 서식하는 털보애왕장수풍뎅이(*X. pubescens*)와 구별이 가능하며, 필리핀의 루손(Luzon) 섬과 민도로(Mindoro) 섬이 주된 채집지다. 머리뿔과 가슴뿔이 거의 비슷한 길이인 것이 특징이고 모식표본은 아쉽게도 소실된 상태여서 확인이 불가능하며, 종명 · 아종명(*philippinensis*)은 모식지인 필리핀(Philippines)에서 따온 것이다. 필리핀 루손 섬에서는 실베스트르가 2002년에 발표한 루마위그애왕장수풍뎅이(*X. lumawigi*)도 알려져 있지만 현재 분류학적으로 명확하지 않은 종류라는 주장이 있으며 이에 대해서는 이번 장 마지막의 '5. 부록'에 자세한 설명을 수록했다.

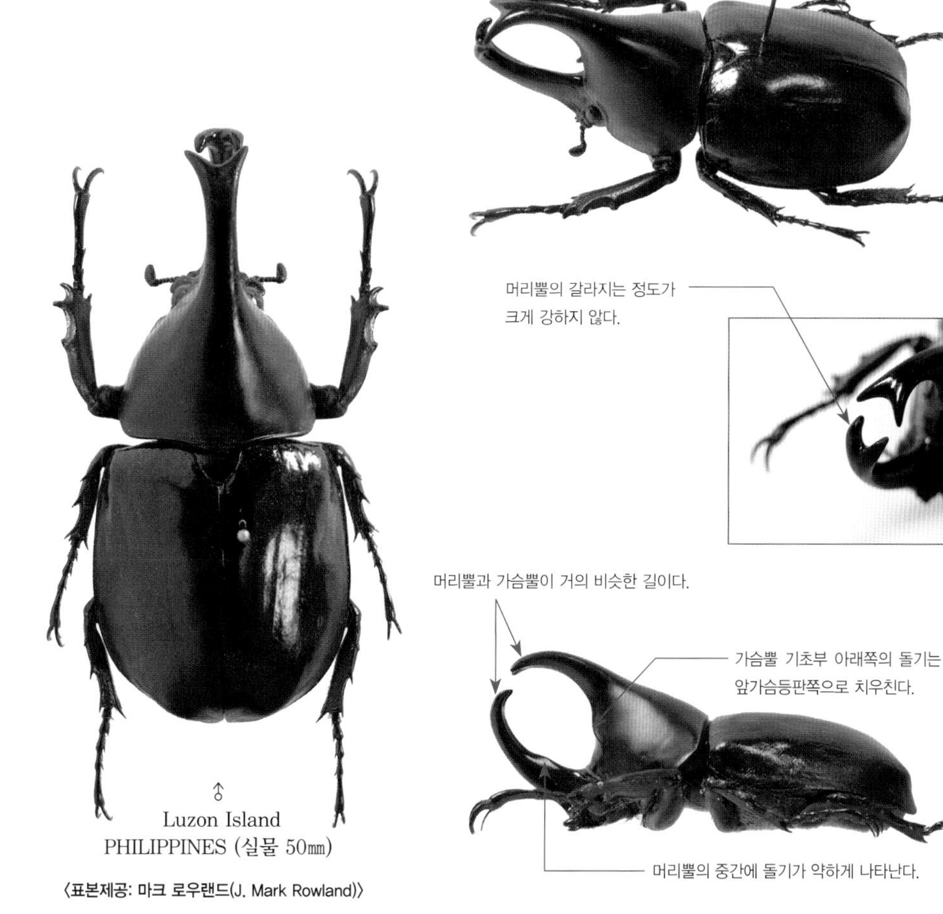

〈표본제공: 마크 로우랜드(J. Mark Rowland)〉

❷ *Xylotrupes philippinensis peregrinus* Rowland, 2006
필리핀애왕장수풍뎅이: 페레그리누스 아종

크기: −50㎜
분포: 대만

2006년에 로우랜드에 의해 발표될 당시에는 털보애왕장수풍뎅이의 아종(*X. pubescens peregrinus*)이었으나 수컷의 생식기 형태와 수컷 뿔의 발달 양상으로 인해 필리핀애왕장수풍뎅이의 아종으로 2011년에 재분류되었다. 그의 도움으로 현재 미국의 뉴멕시코대학교 생물학 박물관에 소장되어 있는 완모식표본(holotype) 사진을 제공받았고, 직접 촬영한 부모식표본(paratype)을 더해 총 2개체의 사진을 수록했다. 아종명(*peregrinus*)은 라틴어로 '방랑자(wanderer)'를 뜻하며, 필리핀에서 거리상으로 꽤 떨어진 대만에 안정적으로 정착한 분포 특성에 착안해 지어진 것이다.

HOLOTYPE ♂
TAIWAN

〈모식표본 사진 제공: 마크 로우랜드(J. Mark Rowland)〉

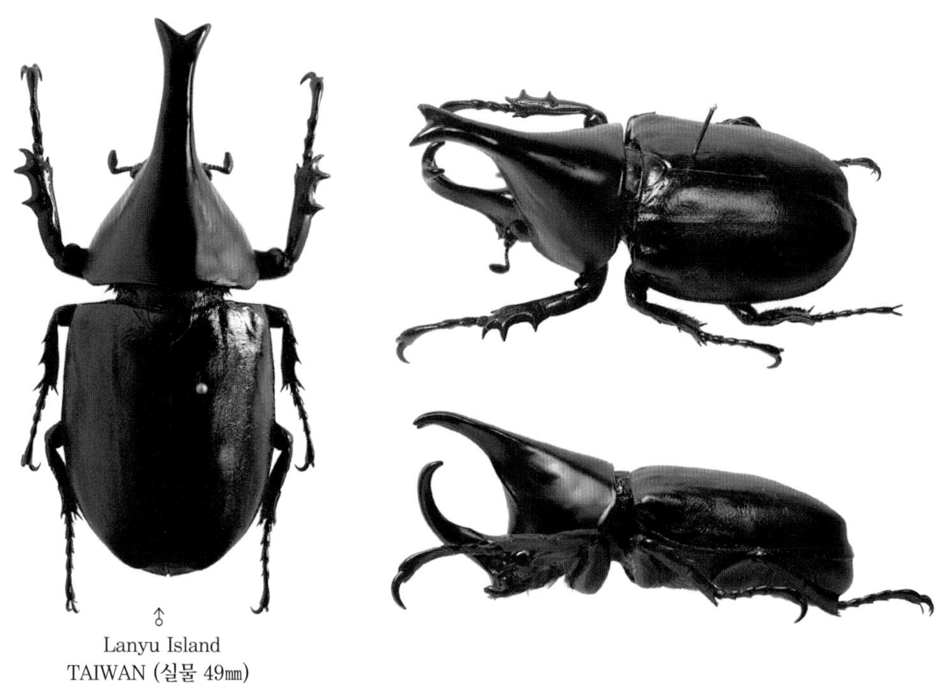
♂
Lanyu Island
TAIWAN (실물 49㎜)

Xylotrupes pauliani Silvestre, 1997
폴리안애왕장수풍뎅이

크기: -45㎜
분포: 인도네시아의 수마트라(Sumatra) 섬, 말레이시아 서부

실베스트르가 기재한 종으로, 그가 발표했던 수많은 애왕장수풍뎅이의 신종 및 신아종들은 모식표본의 재검증이 승인되지 않고 있어 분류학적 위치가 대부분 명확하지 않다('5. 부록' 참조). 그러나 프랑스의 파리 국립 자연사 박물관에 소장되어 있는 이 종의 완모식표본(holotype)을 로우랜드가 10여 년 전 재검토한 결과 현재 이 종은 유효한 분류군인 것으로 확정되었다. 수컷 생식기의 차이점 이외에도 다른 종에 비해 앞가슴등판에 점각이 매우 잘 발달하는 것이 특징이며, 종명(*pauliani*)은 1900년대 중반 다수의 장수풍뎅이 종류들에 대한 연구를 활발히 수행했던 폴리안(Paulian)을 기려 지은 것이다.

앞가슴등판에 전체적으로 점각이 매우 많다.

♂
Pahang
Cameron Highlands
MALAYSIA (실물 40㎜)

3. *ulysses* species group: '율리시스애왕장수풍뎅이' 종군(種群)

모두 6종이 이 그룹에 포함되며, 여기에서는 이들이 발표된 연도 순서대로 수록했다. 단, 갈고리애왕장수풍뎅이(*X. falcatus*)와 작은돌기애왕장수풍뎅이(*X. carinulus*)는 서로 매우 비슷한 형태여서 보다 쉬운 구분을 위해 연이어 수록했다.

Xylotrupes ulysses (Guérin-Méneville, 1830) 율리시스애왕장수풍뎅이
Xylotrupes macleayi Montrouzier, 1855 맥클레이애왕장수풍뎅이
Xylotrupes australicus Thomson, 1859 호주애왕장수풍뎅이
Xylotrupes clinias Schaufuss, 1885 클레이니아스애왕장수풍뎅이
Xylotrupes falcatus Minck, 1920 갈고리애왕장수풍뎅이
Xylotrupes telemachos Rowland, 2003 텔레마코스애왕장수풍뎅이
Xylotrupes carinulus Rowland, 2011 작은돌기애왕장수풍뎅이

율리시스애왕장수풍뎅이 종군의 분포

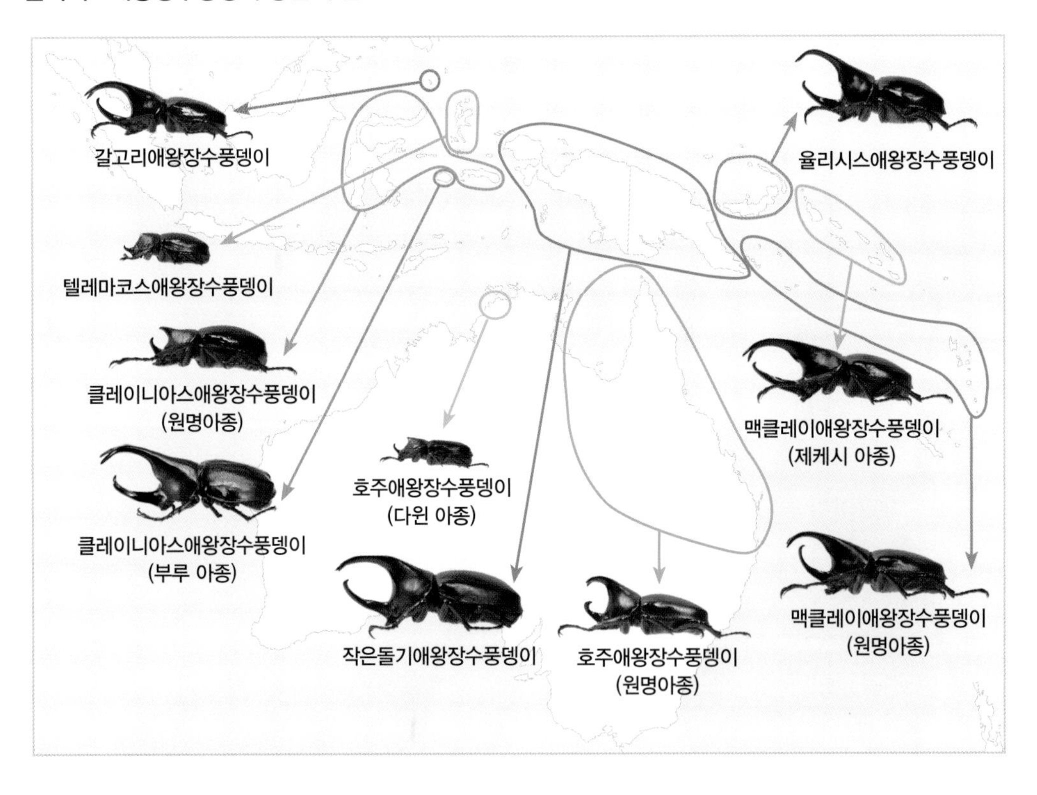

Xylotrupes ulysses (Guérin-Méneville, 1830) 율리시스애왕장수풍뎅이

크기: −95㎜
분포: 비스마르크(Bismarck) 제도

이 종은 최근까지 많은 아종(sspp. *australicus, clinias, falcatus, telemachos*)들을 포함하고 있었고 그 중에서도 비스마르크 제도의 뉴아일랜드(New Ireland) 섬과 뉴브리튼(New Britain) 섬이 대표 서식지인 이 개체군이 원명아종으로 분류되고 있었다. 그러나 로우랜드가 아종을 재분류해 원명아종 이외의 개체군이 모두 종 등급으로 재분류됨에 따라 율리시스는 아종을 포함하지 않는 단일 종이 되었다. 초대형의 몸길이가 95㎜를 넘나드는 종으로 애왕장수풍뎅이속 최대 종인 동시에 진귀한 편이다. 이 종의 모식표본은 소실되었으며, 로우랜드로부터 대형 수컷 1개체를 제공받아 촬영해 수록했다. 종명(*ulysses*)은 그리스 신화에 등장하는 영웅 율리시스(Ulixēs)를 뜻한다.

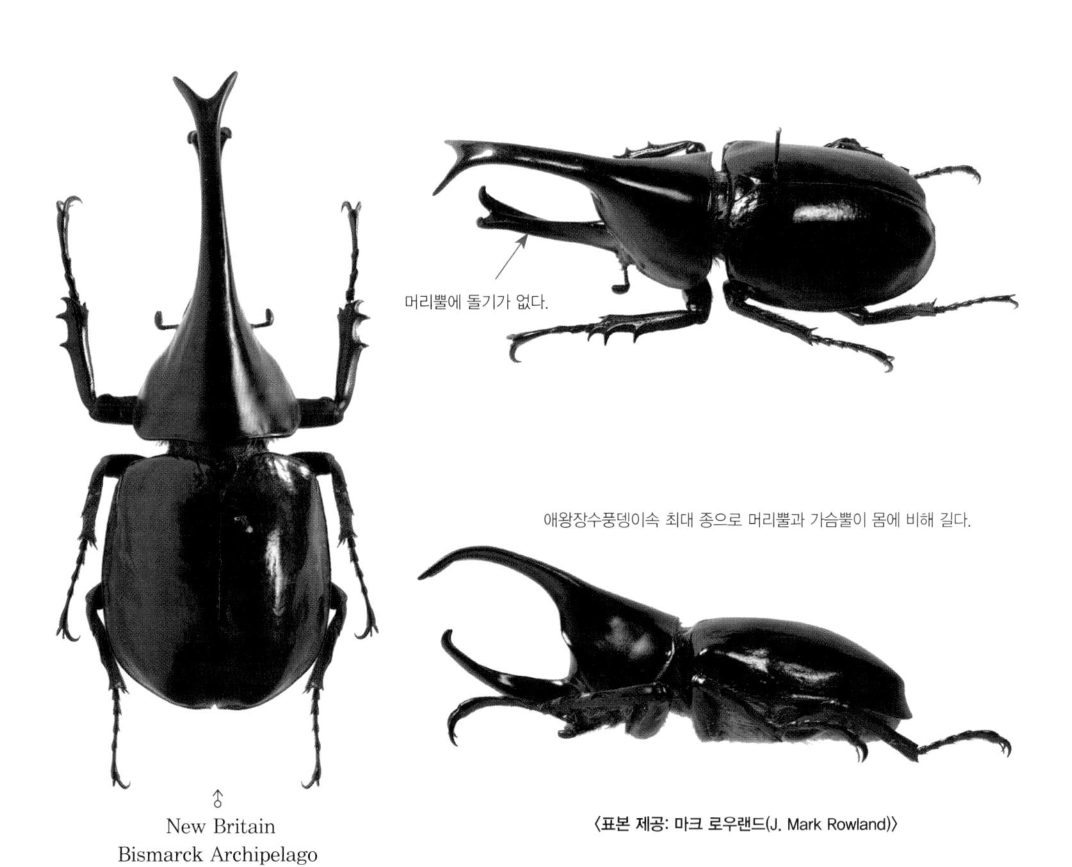

머리뿔에 돌기가 없다.

애왕장수풍뎅이속 최대 종으로 머리뿔과 가슴뿔이 몸에 비해 길다.

♂
New Britain
Bismarck Archipelago
PAPUA NEW GUINEA (실물 77㎜)

〈표본 제공: 마크 로우랜드(J. Mark Rowland)〉

Xylotrupes macleayi Montrouzier, 1855 맥클레이애왕장수풍뎅이

파푸아뉴기니(Papua New Guinea)에서부터 솔로몬 제도(Solomon Islands)를 거쳐 바누아투(Vanuatu) 공화국에 이르는 넓은 지역에 분포하는 종으로, 1855년에 신종으로 발표되었지만 한때 기드온애왕장수풍뎅이의 아종(*X. gideon macleayi*)으로 분류체계가 수정되었던 적도 있다. 그러나 2011년 로우랜드의 논문에서는 다시 종 등급으로 조정이 된 상태이며, 현재 원명아종 이외에 하나의 아종이 더 알려졌다.

아종 분류

1) ssp. *macleayi* Montrouzier, 1855 원명아종(파푸아뉴기니 동부–뉴 헤브리데스 제도)

2) ssp. *szekessyi* Endrödi, 1951 제케시 아종(솔로몬 제도)

맥클레이애왕장수풍뎅이 아종의 분포

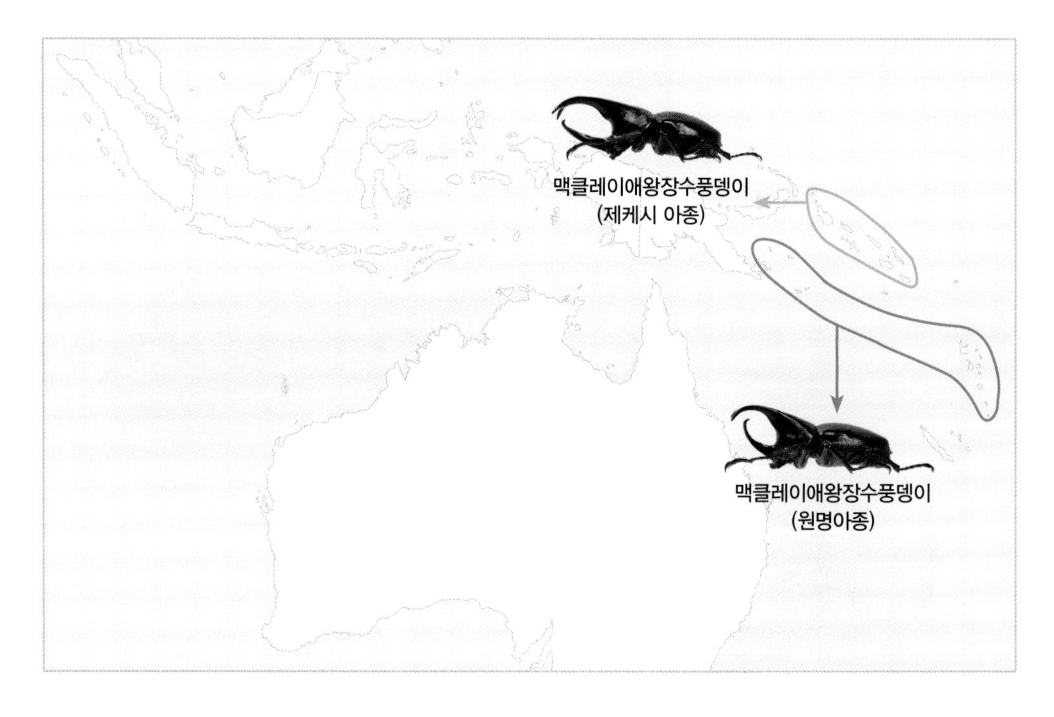

❶ *Xylotrupes macleayi macleayi* Montrouzier, 1855
맥클레이애왕장수풍뎅이: 원명아종

크기: –70㎜
분포: 파푸아뉴기니 밀른(Milne) 만, 뉴 헤브리데스(New Hebrides) 제도, 바누아투(Vanuatu) 공화국

밍크(Minck)는 뉴 헤브리데스 제도에 분포하는 개체군을 신종(*X. asperulus*)으로 1920년에 발표했고 1985년에 엔드로에디가 이를 수정해 기드온애왕장수풍뎅이의 아종(*X. gideon asperulus*)으로 재분류했으나, 수컷 생식기의 라스풀라(raspula) 형태를 검토한 로우랜드에 의해 2011년에 맥클레이애왕장수풍뎅이 원명아종의 동물이명(synonym)으로 조정되었다. 이 종은 작은방패판(scutellum)이 좁아지는 끝 부근에 움푹 들어간 부위가 눈으로도 확인할 수 있을 만큼 뚜렷한 점이 다른 종과 구별되는 큰 특징이며 비교적 희귀하다. 모식표본은 벨기에의 브뤼셀에 있는 왕립 자연사 박물관에 소장되어 있으며, 종명 · 아종명(*macleayi*)은 영국의 곤충학자로 수많은 딱정벌레를 정리한 맥클레이(MacLeay)를 기려 지은 것이다.

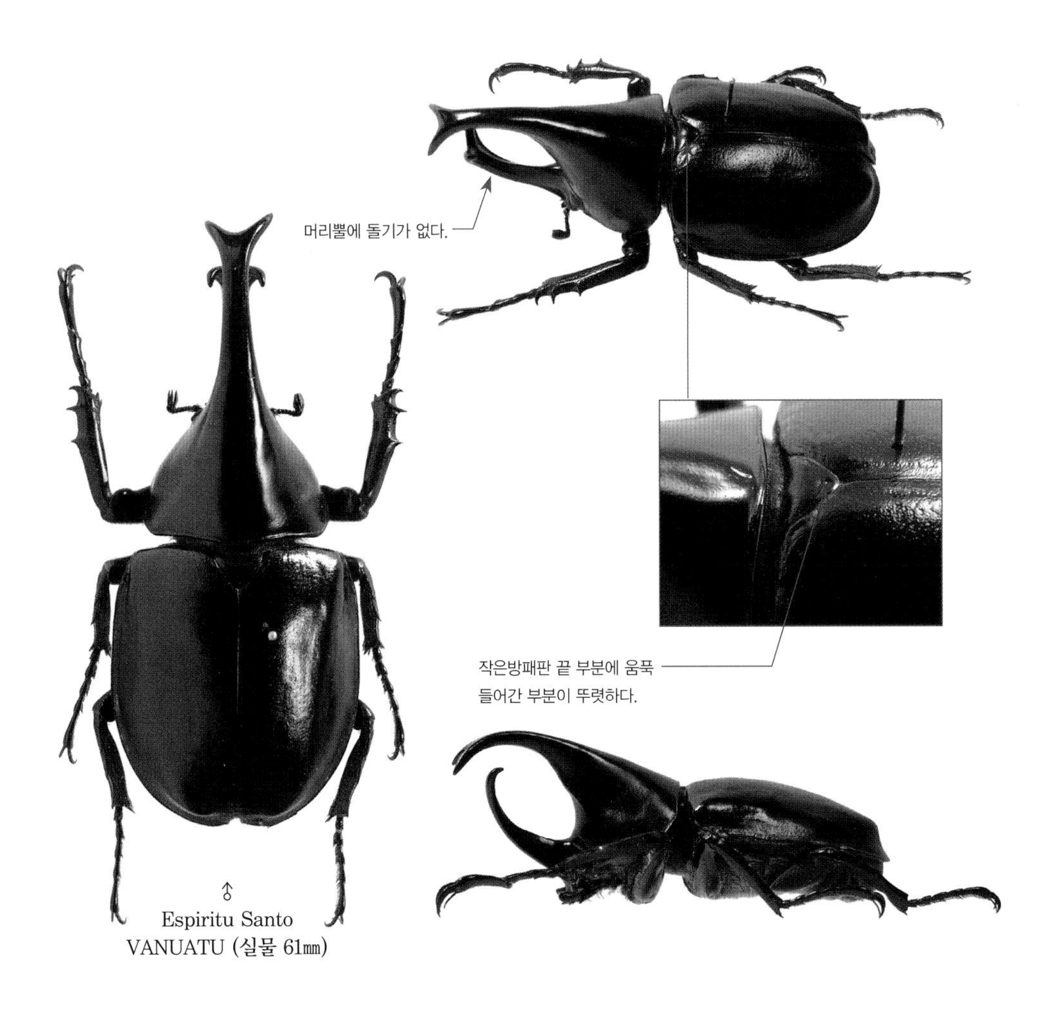

❷ *Xylotrupes macleayi szekessyi* Endrödi, 1951
맥클레이애왕장수풍뎅이: 제케시 아종

크기: -85㎜
분포: 솔로몬 제도

1951년 발표될 당시에는 기드온애왕장수풍뎅이의 아종(*X. gideon szekessyi*)으로 분류되었지만 2011년 로우랜드에 의해 맥클레이애왕장수풍뎅이의 아종으로 소속이 변경되었다. 작은방패판(scutellum)이 좁아지는 끝 부분에 오목하게 들어간 부위가 원명아종에 비해 약하거나 거의 없는 것이 다르다. 모식표본은 헝가리 자연사 박물관에 소장되어 있으며, 아종명(*szekessyi*)은 기재자인 엔드로에디의 동료였던 제케시(Szekessy)를 기려 지은 것이다. 한편 솔로몬 제도에 서식하는 맥클레이애왕장수풍뎅이가 원명아종으로 분류되는 경우가 빈번하지만, 이는 옳지 않으며 제케시 아종으로 분류되는 것이 옳다.

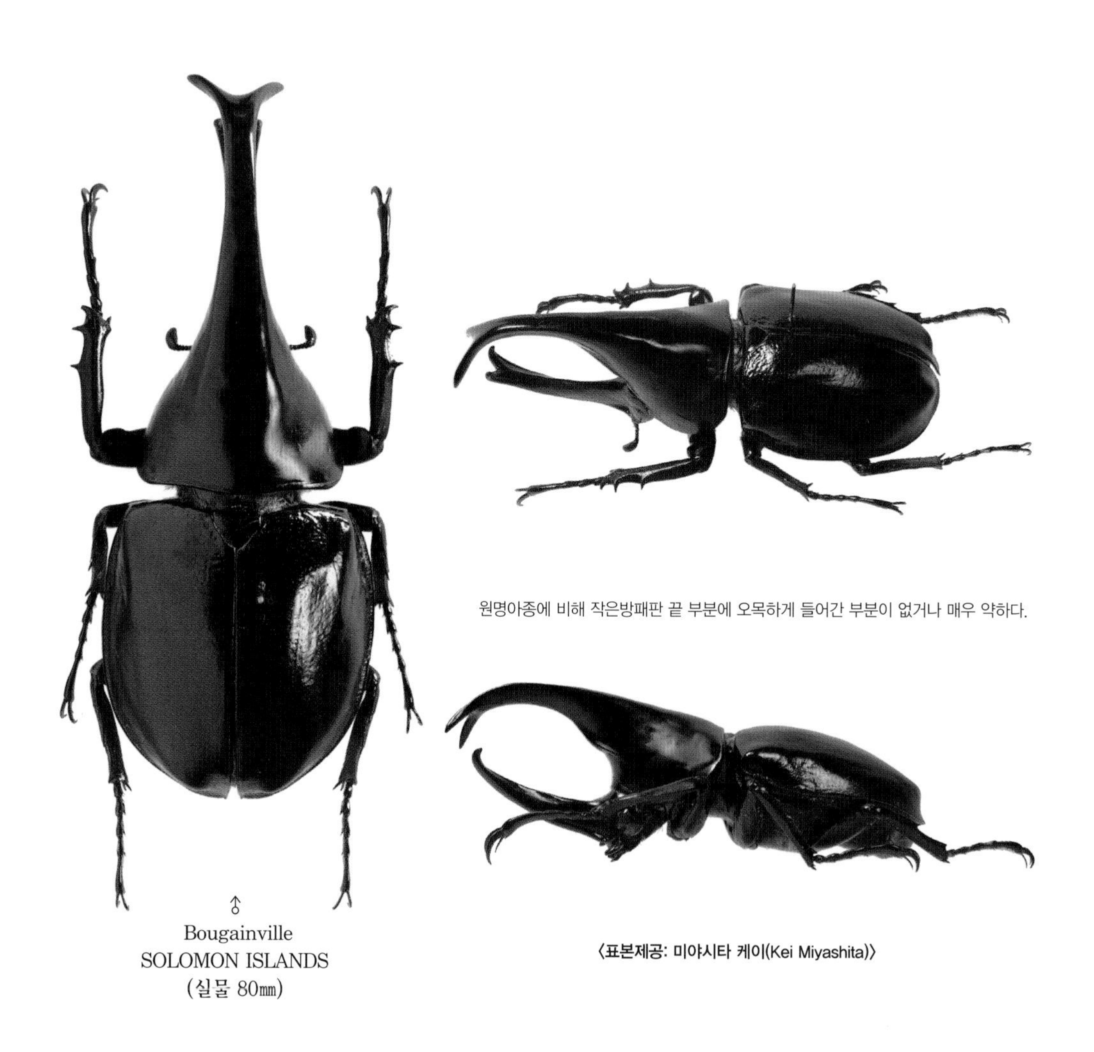

원명아종에 비해 작은방패판 끝 부분에 오목하게 들어간 부분이 없거나 매우 약하다.

♂
Bougainville
SOLOMON ISLANDS
(실물 80㎜)

〈표본제공: 미야시타 케이(Kei Miyashita)〉

Xylotrupes australicus Thomson, 1859 호주애왕장수풍뎅이

오스트레일리아에 서식하며 분류학적 위치가 특히 혼란스러웠던 종류다. 기드온애왕장수풍뎅이의 아종(*X. gideon australicus*)으로 분류되다가 율리시스애왕장수풍뎅이의 아종(*X. ulysses australicus*)으로 수정되었던 적이 있고, 최근에는 종 등급으로 분류가 재차 조정되었다. 2006년에 오스트레일리아 북부의 진귀한 개체군이 새로운 아종으로 발표되어 현재는 두 개체군이 알려져 있다.

아종 분류

1) ssp. *australicus* Thomson, 1859 원명아종(오스트레일리아 북동부의 퀸즐랜드 주)

2) ssp. *darwinia* Rowland, 2006 다윈 아종(오스트레일리아 북부의 노던 준주(準州))

호주애왕장수풍뎅이 아종의 분포

❶ *Xylotrupes australicus australicus* Thomson, 1859
호주애왕장수풍뎅이: 원명아종

크기: –55㎜
분포: 오스트레일리아 북동부 퀸즐랜드(Queensland) 주

현재 파리 국립 자연사 박물관에 모식표본이 소장되어 있으며 과거부터 분류학적 위치가 여러 차례 변경되어 왔던 종류다. 수컷의 뿔이 몸길이에 비해 다소 굵게 발달하며, 본래 신종으로 발표되었으나 엔드로에디에 의해 1951년부터 1985년까지 30년 이상이나 기드온애왕장수풍뎅이(*X. gideon australicus*)의 아종으로 분류되기도 했다. 2003년에는 로우랜드에 의해 율리시스애왕장수풍뎅이의 아종(*X. ulysses australicus*)으로 변경되었다가 2011년에 다시 1859년의 최초 체계로 돌아가서 종 등급으로 수정되었다. 종명 · 아종명(*australicus*)은 모식지인 오스트레일리아(Australia)에서 따온 것이다.

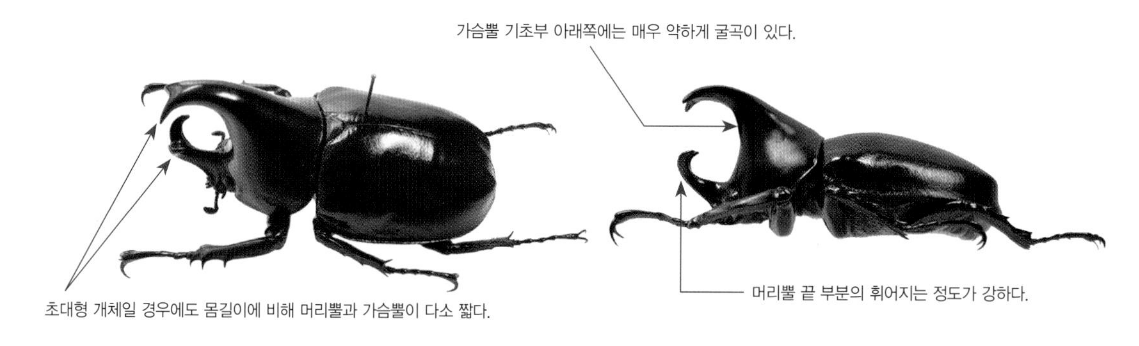

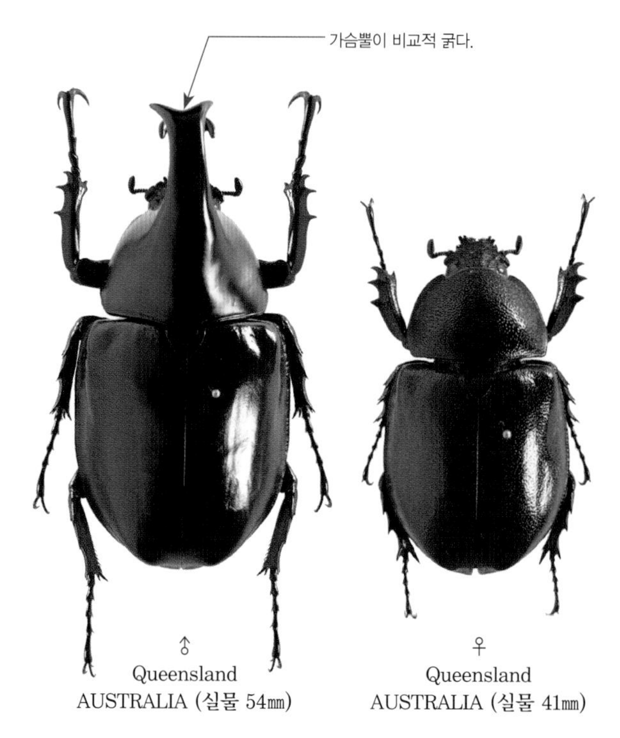

♂
Queensland
AUSTRALIA (실물 54㎜)

♀
Queensland
AUSTRALIA (실물 41㎜)

❷ *Xylotrupes australicus darwinia* Rowland, 2006
호주애왕장수풍뎅이: 다윈 아종

크기: –35㎜
분포: 오스트레일리아 북부 노던 준주(Northern Territory)

원명아종과는 달리 머리뿔이 전체적으로 가늘면서도 끝의 갈라지는 정도는 뚜렷하게 발현되는 소형이며 상당히 드물다. 수컷 생식기에서도 큰 차이가 나타나는데, 로우랜드가 발표한 2011년 논문에 따르면 원명아종의 경우 생식기의 오른쪽과 왼쪽 라스풀라(raspula)가 거의 비슷한 크기인 반면 이 아종은 오른쪽 라스풀라가 왼쪽의 것보다 훨씬 가늘다고 한다. 이 책에서는 그의 협조로 현재 오스트레일리아의 노던 준주 박물관에 소장되어 있는 완모식표본(holotype) 사진 및 새의 부리에 쪼인 상태로 채집되어 몸이 파손된 개체를 추가로 제공받아 2개체의 사진을 수록했다. 종명(*darwinia*)은 모식지인 오스트레일리아 노던 준주의 주도(主都)인 다윈(Darwin)에서 따온 것이다.

HOLOTYPE ♂
Darwin
Northern Territory
AUSTRALIA

〈모식표본 사진 제공: 마크 로우랜드(J. Mark Rowland)〉

♂
Darwin
Northern Territory
AUSTRALIA (실물 34㎜)

상당한 소형 아종으로 최대 크기가 35㎜정도다.

〈표본제공: 마크 로우랜드(J. Mark Rowland)〉

Xylotrupes clinias Schaufuss, 1885 클레이니아스애왕장수풍뎅이

1885년에 신종으로 발표되었던 종류이나 2003년에 로우랜드에 의해 율리시스애왕장수풍뎅이의 아종(*X. ulysses clinias*)으로 수정되었다가 2011년에 다시 종으로 재분류되었다. 인도네시아의 술라웨시 섬을 중심으로 분포하는 원명아종 이외에도 로우랜드에 의해 부루(Buru) 섬에 서식하는 아종이 2011년 5월에 발표되었다.

아종 분류

1) ssp. *clinias* Schaufuss, 1885 원명아종(인도네시아의 술라웨시 섬, 세람 섬을 비롯한 말루쿠 제도)

2) ssp. *buru* Rowland, 2011 부루 아종(인도네시아의 부루 섬)

클레이니아스애왕장수풍뎅이 아종의 분포

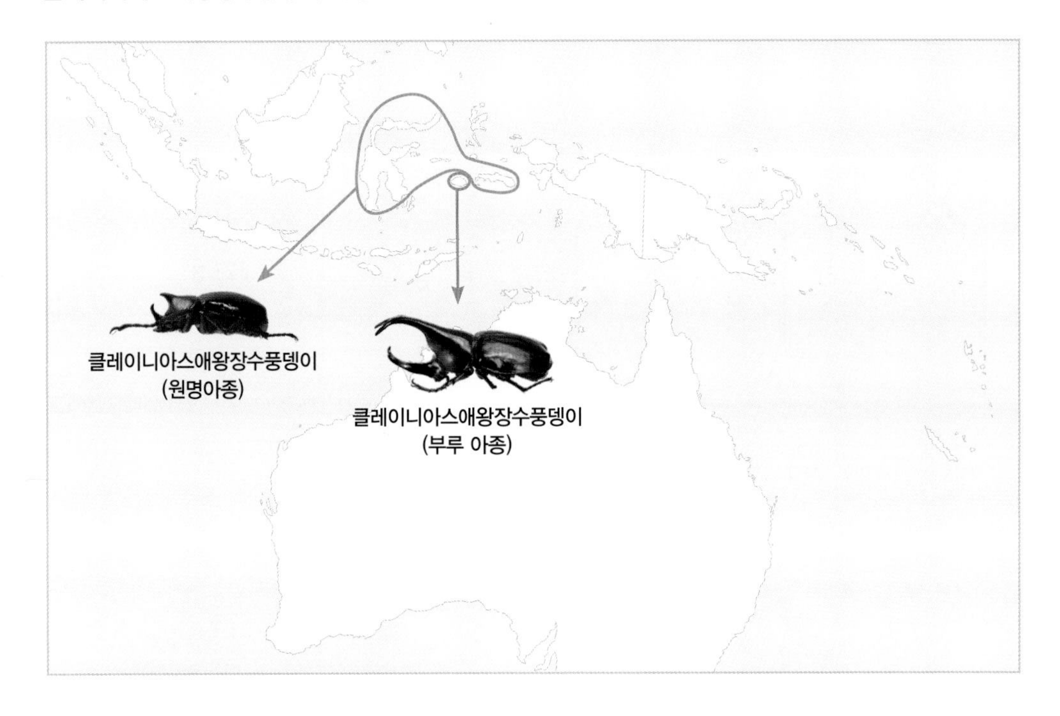

❶ *Xylotrupes clinias clinias* Schaufuss, 1885
클레이니아스애왕장수풍뎅이: 원명아종

크기: -70㎜
분포: 인도네시아의 술라웨시(Sulawesi) 섬 및 세람(Ceram) 섬을 비롯한 말루쿠(Maluku) 제도

전체적으로 광택은 강하며 머리뿔 중간의 돌기는 없다. 수컷 생식기의 왼쪽 라스풀라(raspula)가 둥그스름한 율리시스애왕장수풍뎅이(*X. ulysses*)와는 달리 뚜렷하게 삼각형인 것이 다르다. 로우랜드가 선정한 후모식표본(lectotype)이 베를린 자연사 박물관에 소장되어 있으며, 이 책에서는 이곳 소속의 큐레이터인 빌러스의 협조로 후모식표본 사진을 제공받았고 로우랜드 박사로부터도 수컷 표본을 제공받아 2개체의 사진을 수록했다. 종명(*clinias*)은 고대 그리스의 철학자 소크라테스(Socrates)와 동시대를 살았던 철학자 클레이니아스(Cleinias, 고대 그리스어로는 Κλεινίας)를 뜻한다.

LECTOTYPE ♂, Sulawesi (Celebes) Island, INDONESIA
〈모식 표본 사진 제공: 요아힘 빌러스(Joachim Willers)〉

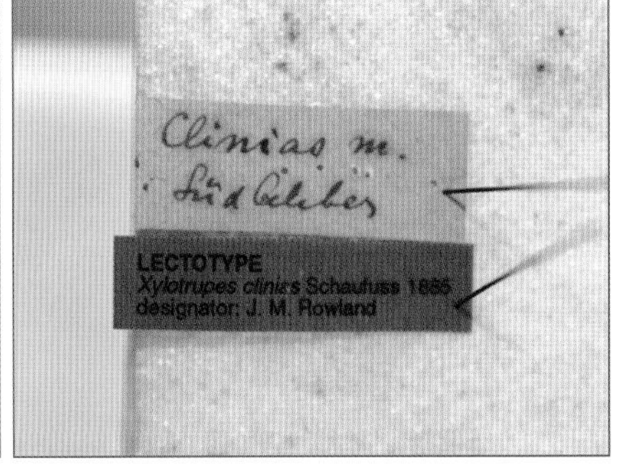

클레이니아스애왕장수풍뎅이의 후모식표본(LECTOTYPE) 라벨.
로우랜드가 후모식표본을 선정했다는 것을 알 수 있다.

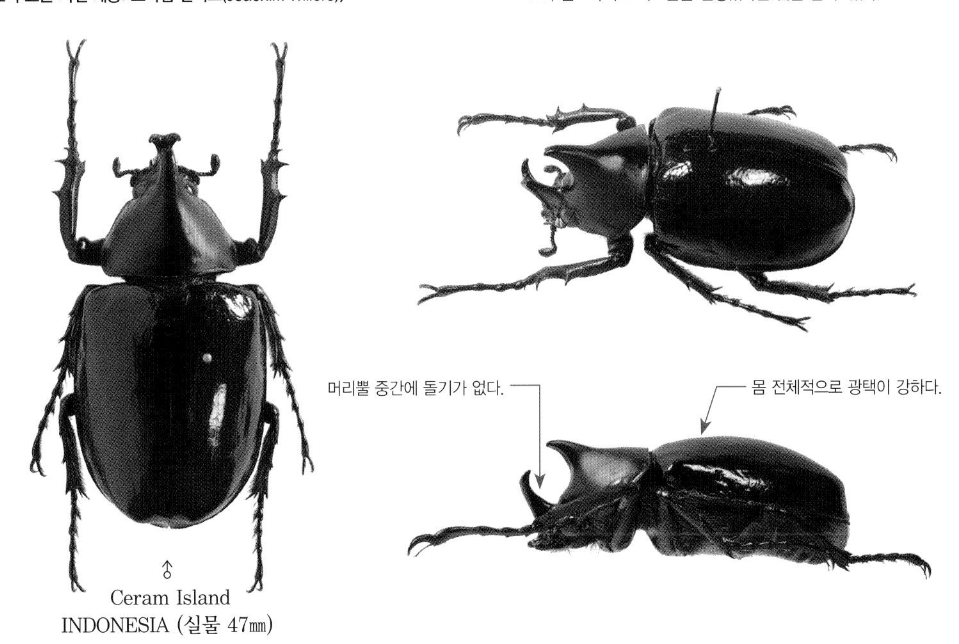

♂
Ceram Island
INDONESIA (실물 47㎜)

❷ *Xylotrupes clinias buru* Rowland, 2011 클레이니아스애왕장수풍뎅이: 부루 아종

크기: –69㎜
분포: 인도네시아의 부루(Buru) 섬

2011년 5월에 발표된 아종으로, 수컷 완모식표본(holotype) 1개체와 부모식표본(paratype) 8개체가 알려져 있으며 이들은 모두 베를린 자연사 박물관에 소장되었다. 수컷 생식기의 오른쪽 라스풀라(raspula)가 왼쪽의 것보다 더 짧은 것이 특징이며 원명아종(ssp. *clinias*)은 이와 반대다. 아종명(*buru*)은 모식지인 인도네시아의 부루(Buru) 섬에서 따온 것이다. 로우랜드의 협조로 완모식표본(holotype) 사진을 수록했다.

HOLOTYPE ♂
Buru Island
INDONESIA

〈모식표본 사진 제공: 마크 로우랜드(J. Mark Rowland)〉

샤우푸스(Schaufuss)가 발표했던 애왕장수풍뎅이의 분류학적 위치에 대해

1885년에 샤우푸스는 여러 종류의 애왕장수풍뎅이를 새로이 발표했는데, 이들 중에서 아래 2종은 분류학적 위치가 상당히 복잡하게 얽혀 있다.

1) *Xylotrupes clinias* Schaufuss, 1885(클레이니아스애왕장수풍뎅이. 이하 '1번'으로 표기)
2) *Xylotrupes baumeisteri* Schaufuss, 1885(바우마이스터애왕장수풍뎅이. 이하 '2번'으로 표기)

이 중에서 유효한 종으로 이번 장에 수록한 것은 '1번'이나, 사실상 '2번' 학명으로 통용되는 경우가 훨씬 많다. 그러나 로우랜드가 발표한 2011년 5월 논문에 따르면 지금 상황에서 조금이나마 더 명확한 것은 '1번'으로 여겨진다.

위의 두 종은 인도네시아의 셀레베스(Celebes) 섬에서 채집된 개체들을 증빙으로 발표되었으며, 셀레베스는 술라웨시(Sulawesi) 섬의 옛 이름이다. 이들을 같은 종이라 여긴 폴리안이 1947년에, 엔드로에디가 1951년에, 실베스트르가 2003년에 '1번'을 '2번'의 동물이명(synonym)으로 분류했다. 즉 '2번'을 유효로 채택한 것이다. 1947년에 폴리안이 이것을 처음 채택했으므로, '특정 출판물에 의해 학명의 혼란이 생겼을 때 이를 최초로 검토하는 학자는 하나의 이름을 자신이 선택할 수 있는 권한이 있다'는 국제동물명명규약의 '최초 검토자 원리(First Reviser Principle)'에 의해 두 분류군이 정말로 같은 종이라면 '2번'이 정식 학명이 될 수 있었다.

그러나 베를린 자연사 박물관에 소장되어 있는 '1번'과 '2번'의 총모식표본(syntype)들을 로우랜드가 수컷 생식기의 라스풀라(raspula) 형태를 중심으로 재검토한 것에 따르면, 이 둘은 종군 자체가 다르게 여겨지는 서로 다른 종이었다. 그런데 실베스트르가 파리 국립 자연사 박물관에 소장되어 있던 '2번'의 총모식표본(syntype)들을 검토해 수컷 1개체를 이미 후모식표본(lectotype)으로 선정했던 적이 있어, 로우랜드는 비록 베를린 박물관에 소장된 '2번'의 총모식표본 검토는 수행했지만 명명상의 지위를 갖고 있는 파리 박물관의 후모식표본을 반드시 검토해야 '2번'의 분류학적 위치를 확정지을 수 있게 되었다. 베를린에 소장된 '2번'의 총모식표본과 파리에 소장된 '2번'의 후모식표본이 혹시 다른 종일 가능성을 배제할 수 없었기 때문이다. 그러나 파리 박물관 측은 표본 재검토를 위한 다른 학자들의 표본 제공 요청을 승인하지 않고 있어, 그는 '2번' 후모식표본의 분류학적 위치를 진단하는 것이 불가능했다. 학자가 표본 검토를 요청하면 표본을 제공해 주는 것이 관례인데, 파리 박물관은 이 자체를 거부하고 있다는 것이다. 이러한 이유로 로우랜드는 현재의 상황에서 '2번'과 '1번'이 명확히 다른 종인지 확정지을 수 없다고 판단해 '1번'만을 유효한 종으로 제시했으며, 파리 박물관의 '2번' 후모식표본을 검토한 후의 결과에 따라서 아래와 같은 경우의 수가 생긴다.

1. 파리의 '2번' 후모식표본이 베를린의 '1번' 총모식표본들과 같은 종이라면, '최초 검토자 원리'에 따라 '1번'은 유효한 학명이 아니게 된다. 즉, 클레이니아스애왕장수풍뎅이(*X. clinias*)는 동물이명이고 바우마이스터애왕장수풍뎅이(*X. baumeisteri*)가 유효한 학명으로 유지된다.

2. 파리의 '2번' 후모식표본이 베를린의 '2번' 총모식표본들과 같은 종이라면, '1번'은 유효한 학명으로 유지된다. 즉, 클레이니아스애왕장수풍뎅이(*X. clinias*)와 바우마이스터애왕장수풍뎅이(*X. baumeisteri*)는 모두 유효한 종이 된다.

로우랜드가 베를린 박물관에 소장된 '2번'의 총모식표본을 모두 검토했는데도 이것의 분류학적 위치를 확정지을 수 없는 이유는, 명명상의 지위를 획득하고 있는 후모식표본이 이미 지정되어 있고 이것을 검토하지 못했기 때문이다. 어떠한 이유로 파리 박물관이 다른 학자들에게 표본의 검토를 승인하지 않는가에 대해서는 알 수 없다.

Xylotrupes falcatus Minck, 1920
갈고리애왕장수풍뎅이

크기: -65㎜
분포: 인도네시아 산기르(Sangir) 제도

1920년에 신종으로 발표되었다가 율리시스애왕장수풍뎅이의 아종(*X. ulysses falcatus*)으로 분류가 수정되었던 적이 있으나, 실베스트르에 의해 2006년에 이르러 또다시 종 등급으로 조정되었다. 수컷 가슴뿔 기초부의 아랫부분에 살짝 볼록하게 융기하는 부분(pronotal carinae)이 거의 없고 몸 전체적으로 광택이 매우 강하며 앞가슴등판 가장자리에 점각이 적은 것이 특징이다. 로우랜드에 의하면 이 종은 독일 베를린 자연사 박물관에 소장되어 있는 모식표본들만이 공식적으로 알려진 매우 진귀한 종이라고 한다. 산기르 섬에서 2010년에 채집되어 미동정 상태에 있던 표본을 일본의 수집가 미야시타로부터 기증받아 사진을 촬영해 수록했고, 로우랜드로부터 후모식표본(lectotype), 그리고 베를린 자연사 박물관의 빌러스로부터 부후모식표본(paralectotype) 사진을 제공받아 3개체의 사진을 수록했다. 종명(*falcatus*)은 '갈고리처럼 휘어진 모양'을 라틴어로 일컫는 말이며, 휘어지는 수컷의 가슴뿔에 착안해 지어진 이름으로 여겨진다.

LECTOTYPE ♂
Sangir Island
INDONESIA

〈모식표본 사진 제공: 마크 로우랜드(J. Mark Rowland)〉

PARALECTOTYPE ♂, Sangir Island, INDONESIA
〈모식표본 사진 제공: 요아힘 빌러스(Joachim Willers)〉

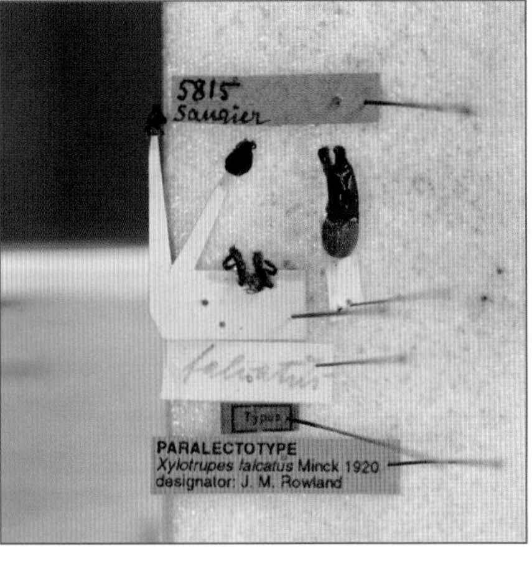

갈고리애왕장수풍뎅이의 부후모식표본(PARALECTOTYPE) 라벨 및 생식기. 부후모식표본을 선정한 학자가 로우랜드(Rowland) 박사라는 것을 알 수 있다.

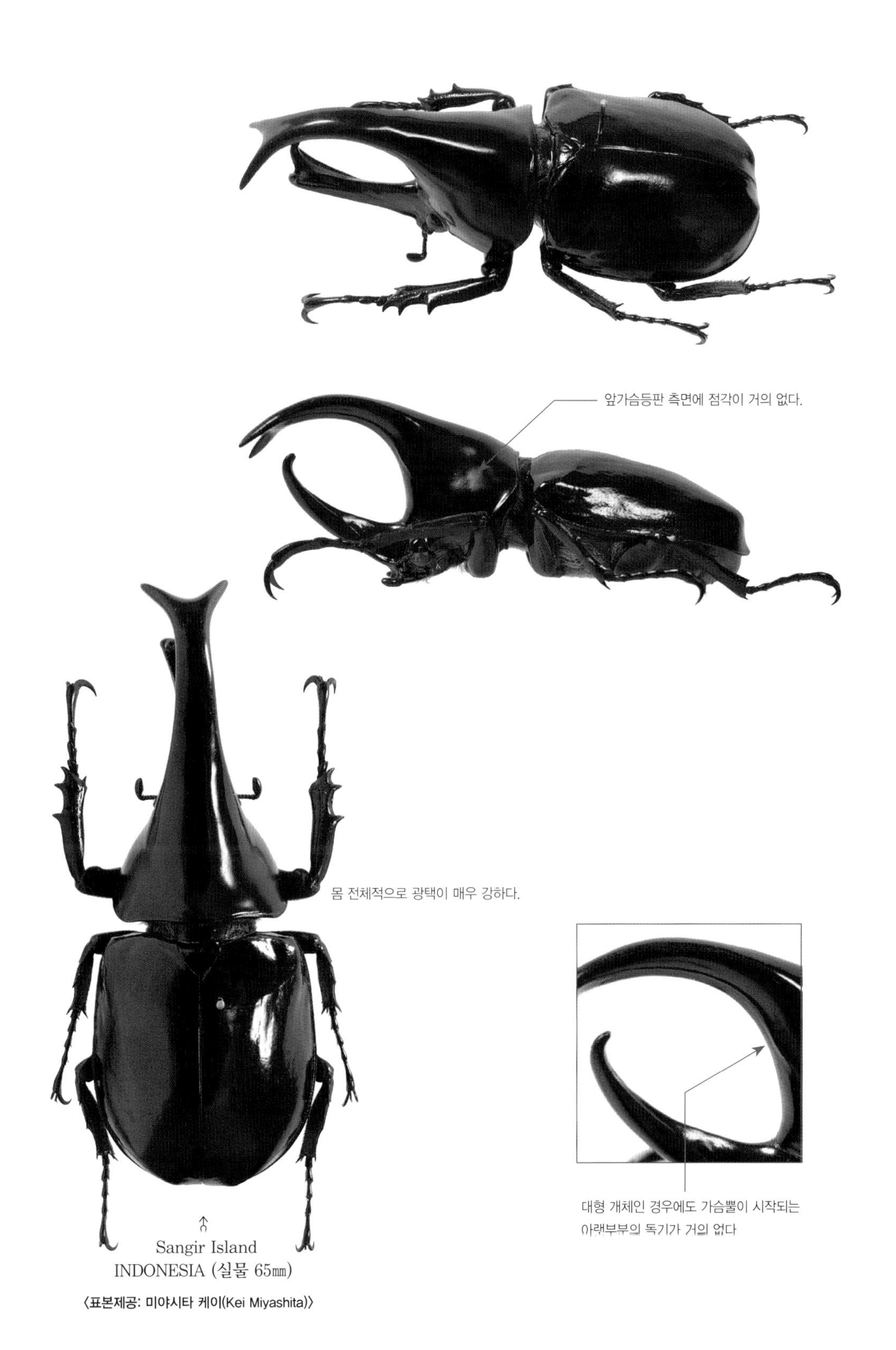

Sangir Island
INDONESIA (실물 65㎜)

〈표본제공: 미야시타 케이(Kei Miyashita)〉

Xylotrupes carinulus Rowland, 2011
작은돌기애왕장수풍뎅이

크기: -66㎜
분포: 뉴기니, 인도네시아 아루(Aru) 섬

2011년에 발표된 신종이지만 완전히 새로운 개체군이 아니라 그동안 다른 종으로 동정되어 오던 종류(*X. lamachus*)를 동물이명(synonym)으로 처리하고 새롭게 신종으로 명명한 것이다. 수컷 가슴뿔 기초부 아랫부분에 볼록하게 융기하는 부분(pronotal carinae)이 거의 없는 것은 갈고리애왕장수풍뎅이(*X. falcatus*)와 같지만, 앞날개의 광택이 적고 앞가슴등판 가장자리의 점각이 잘 발달하는 것이 특징이다. 종명(*carinulus*)은 라틴어로 '작은(ulus) 돌기(carin)'를 뜻하며, 가슴뿔 아랫부분의 돌기가 거의 발달하지 않는 것에 착안해 지은 것이다.

HOLOTYPE ♂
Wao Valley
Morobe
PAPUA NEW GUINEA

〈모식표본 사진 제공: 마크 로우랜드(J. Mark Rowland)〉

PARATYPE ♂
Wao Valley
Morobe
PAPUA NEW GUINEA (실물 61㎜)

〈표본제공: 마크 로우랜드(J. Mark Rowland)〉

작은돌기애왕장수풍뎅이의 부모식표본(PARATYPE) 라벨

작은돌기애왕장수풍뎅이가 신종으로 기재된 이유에 대해

작은돌기애왕장수풍뎅이는 기존에 잘 알려져 있던 개체군을 새롭게 신종으로 다시 명명한 것이다. 이러한 연구가 진행될 수 있었던 이유는 바로 모식표본 때문이다. 밍크는 파푸아뉴기니(Papua New Guinea)에 서식하는 개체군을 *Xylotrupes lamachus* (라마쿠스애왕장수풍뎅이)로 1920년에 발표했고, 이후 여러 연구자들에 의해 기드온애왕장수풍뎅이의 아종(*X. gideon lamachus*)으로 분류체계가 수정되기도 했으며, 맥클레이애왕장수풍뎅이의 아종(*X. macleayi lamachus*)으로 분류된 적도 있다. 이러한 분류 체계에 따라 파푸아뉴기니와 인도네시아의 이리안자야(Irian Jaya) 지역을 포괄하는 세계에서 2번째로 큰 섬인 뉴기니(New Guinea)에 서식하는 이 개체군이 여러 해외 표본 시장에서 라마쿠스(*lamachus*)라는 명칭으로 대량 매매가 이루어진 일도 있었다.

그러나 로우랜드는 1920년에 발표되어 현재 베를린 자연사 박물관에 소장된 총모식표본(syntype) 수컷 개체들을 모두 재검토해, 이들이 모두 비스마르크 제도의 뉴브리튼(New Britain) 섬을 중심으로 분포하는 현재의 율리시스애왕장수풍뎅이(*X. ulysses*)와 같은 종이라는 것을 밝혀냈다. 율리시스는 1830년에 발표되었고 라마쿠스는 1920년에 발표된 종이었으므로, 먼저 발표된 이름이 유효하다는 국제동물명명규약에 따라서 후자는 전자의 동물이명(synonym)으로 최종 수정되었으며 이 내용을 수록한 로우랜드의 논문이 정식 발표된 일자가 2011년 5월 6일이다.

뉴기니 섬에서는 비스마르크 제도에 분포하는 율리시스애왕장수풍뎅이와는 또 다른 종이 서식하는 것이 확인되어 로우랜드는 이 개체군을 *X. carinulus* (작은돌기애왕장수풍뎅이)라는 학명의 신종으로 2011년 5월 6일자 논문에 함께 발표했다. 따라서 라마쿠스(*lamachus*)의 모식표본이 율리시스(*ulysses*)의 동물이명으로 처리되었기 때문에 이 명칭은 사용할 수 없게 되었고 새롭게 카리눌루스(*carinulus*)라는 종명이 국제동물명명규약에 따라 유효한 새 이름이 되었다.

Xylotrupes telemachos Rowland, 2003
텔레마코스애왕장수풍뎅이

크기: −40㎜
분포: 인도네시아의 할마헤라(Halmahera) 섬을 중심으로 한 말루쿠(Maluku) 제도

2003년에 발표될 당시에는 율리시스애왕장수풍뎅이(*X. ulysses*)의 아종으로 분류된 적이 있으나, 2011년에 이르러 종 등급으로 분류체계가 수정된 종류다. 베타(beta)형 수컷만이 있고 생식기의 오른쪽 라스풀라(raspula) 기초부가 전체의 20% 이하를 차지하는 것이 주요 특징인 것으로 기재자인 로우랜드가 2011년의 논문에 기록했다. 종명(*telemachos*)은 그리스 신화에 등장하는 영웅 율리시스의 아들 텔레마코스(Telemachos, 고대 그리스어로는 Τηλέμαχος)를 뜻한다. 또한 할마헤라 섬에 분포하는 이 종이 실베스트르가 2003년에 발표한 *X. striatopunctatus*라는 학명으로 통용되는 경우가 많다. 그러나 이 명칭은 1906년 이전에 이미 기술된 바 있는 종명이기에 국제동물명명규약에 따라서 유효한 학명이 될 수 없는데, 이에 대해서는 뒷부분 '5. 부록' 에서 자세히 설명했다.

HOLOTYPE ♂
Halmahera Island
INDONESIA

〈모식표본 사진 제공: 마크 로우랜드(J. Mark Rowland)〉

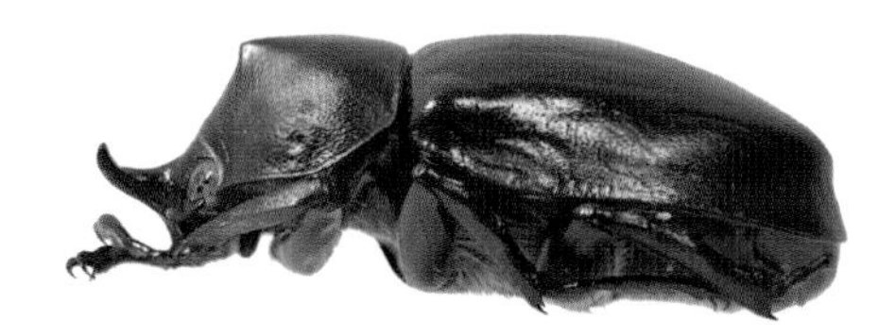

PARATYPE
Xylotrupes ulysses telemachos
Rowland 2003:226

텔레마코스애왕장수풍뎅이의 부모식표본(PARATYPE) 라벨

뿔이 길지 않은 종으로 앞가슴등판에
전체적으로 점각이 많다.

PARATYPE ♂
Halmahera Island
INDONESIA (실물 36㎜)

PARATYPE ♀
Halmahera Island
INDONESIA (실물 34㎜)

〈모식표본제공: 마크 로우랜드(J. Mark Rowland)〉

4. 종군(種群, species group)에 포함되지 않는 종류들

로우랜드의 수컷 생식기 미세 형태와 DNA의 염기서열 분석을 기초로 한 분자생물학적 연구 결과에 따라서 애왕장수풍뎅이속(*Xylotrupes*)의 많은 종들이 3가지 종군으로 세분되었으나, 아직 종군 수준의 분류체계가 확정되지 않은 종들도 있다. 2011년 5월에 발표된 로우랜드의 연구 결과 이후에 발표된 1종의 신종을 포함해 종군이 확정되지 않은 총 7종을 발표 연도 순서대로 수록했다.

Xylotrupes mniszechii Thomson, 1859	니제쉬애왕장수풍뎅이
Xylotrupes florensis Lansberge, 1879	플로레스애왕장수풍뎅이
Xylotrupes beckeri Schaufuss, 1885	베커애왕장수풍뎅이
Xylotrupes meridionalis Prell, 1914	남방애왕장수풍뎅이
Xylotrupes siamensis Minck, 1920	시암애왕장수풍뎅이
Xylotrupes wiltrudae Silvestre, 1997	빌트루트애왕장수풍뎅이
Xylotrupes rindaae Fujii, 2011	린다애왕장수풍뎅이

종군에 포함되지 않는 애왕장수풍뎅이속의 분포

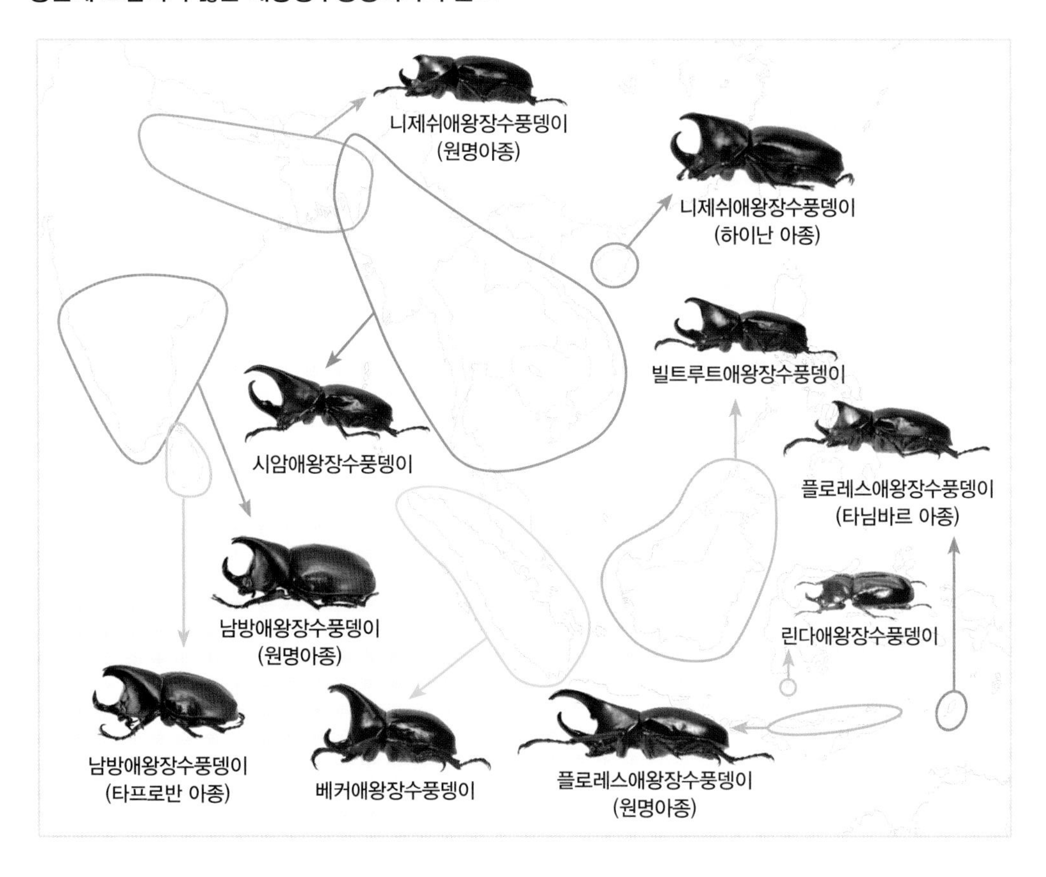

Xylotrupes mniszechii Thomson, 1859 니제쉬애왕장수풍뎅이

인도에서 채집된 개체를 모식표본으로 해 발표된 종으로, 모식지를 중심으로 부탄, 네팔에 걸친 히말라야 지역 및 중국 남부에까지 널리 서식하지만 비교적 드물다. 히말라야의 개체군이 원명아종으로 분류되어 있으며, 로우랜드에 의해 중국 남부의 하이난(Hainan) 섬에 서식하는 하이난 아종(ssp. *hainaniana*)과 태국에 서식하는 베커로이데스 아종(ssp. *beckeroides*)이 발표되었던 적이 있으나 로우랜드는 자신이 기재했던 태국에서의 아종이 현재는 시암애왕장수풍뎅이(*X. siamensis*)의 동물이명(synonym)으로 판단된다고 한다. 그에 따라서 히말라야와 하이난 섬의 두 개체군만이 유효하다고 볼 수 있다. 실제 이 두 지역은 거리상으로 매우 동떨어져 있으므로, 이 사이의 지역에서 니제쉬애왕장수풍뎅이의 또 다른 개체군이 서식하고 있을 확률 또한 배제할 수 없다.

아종 분류

1) ssp. *mniszechii* Thomson, 1859 원명아종(히말라야 일대)
2) ssp. *hainaniana* Rowland, 2006 하이난 아종(하이난 섬)

니제쉬애왕장수풍뎅이 아종의 분포

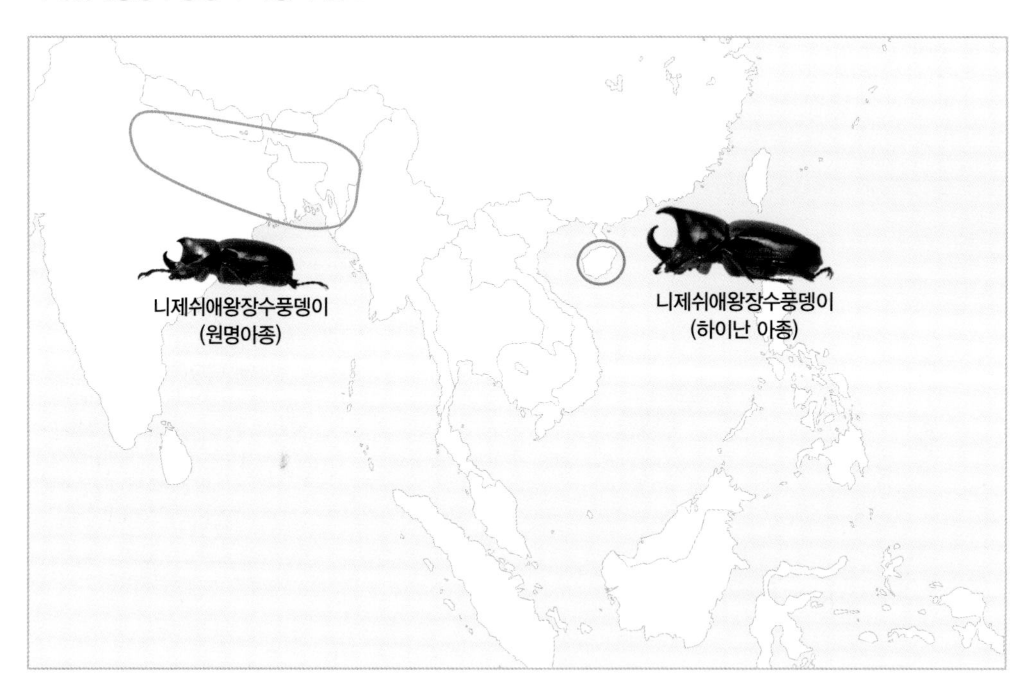

❶ *Xylotrupes mniszechii mniszechii* Thomson, 1859
니제쉬애왕장수풍뎅이: 원명아종

크기: −45㎜
분포: 인도 북부, 파키스탄, 네팔, 부탄을 포함하는 히말라야(Himalaya) 일대

모식지인 인도 북부의 심라(Simla) 지방에서부터 부탄까지 이르는 드넓은 히말라야 지역에 분포하는 다소 드문 종으로 알파(alpha)형 수컷이 없는 중소형 종이다. 시암애왕장수풍뎅이(*X. siamensis*)와 서식지가 겹치기 때문에 소형 개체에서 구별이 어려울 수 있으나, 이 종은 일반적으로 수컷 머리뿔 중간 부분에 작은 돌기가 없고, 시암애왕장수풍뎅이는 대부분 돌기가 작게나마 있어 구별 가능하다. 종명 · 아종명(*mniszechii*)은 기재자인 톰슨의 동료였던 니제쉬(Mniszech)를 기려 지은 것이다. 종명이 *mniszechi*로 알려져 있기도 하지만, 1859년 원기재문에 기술되었던 *mniszechii*로 표기하는 것이 옳다.

6. XYLOTRUPES MNISZECHII, Thomson.

Patrie : SIMLA, INDE. ♂ Long. 23 à 29 mill. ; larg. 13 à 16 mill.

♂ (Développement moyen). D'un brun foncé brillant, plus rougeâtre en dessus. Corne céphalique et pattes noires.

Tête armée d'une corne très-fortement bifide dirigée en avant; cette dernière pointillée. Prothorax, plus large que long, plus étroit en avant, à angles latéraux antérieurs grands, aigus; arrondi sur les bords latéraux et sinué en arrière, très-légèrement pointillé ; la ponctuation très-espacée. Écusson subtriangulaire. Élytres ayant environ deux fois et un quart la longueur du prothorax, convexes, lisses, un peu plus larges au milieu de leur longueur. Poitrine pointillée. Segments abdominaux garnis de gros points latéralement. Pattes à cuisses irrégulièrement ponctuées ; tibias fortement ponctués, les antérieurs tridentés ; tarses lisses.

니제쉬애왕장수풍뎅이의 원기재문(Thomson, 1859에서 발췌)
종명 가장 끝에 알파벳 'i'가 2개로 표기되어 있다. 남자 이름에 하나의 'i'를 붙이는 것이 원칙이나 1800년대의 학자들은 라틴어의 사용에 능통했기에 아마도 니제쉬(Mniszech)라는 이름을 라틴어화한 니제키우스(Mniszechius)를 이름 표기의 기준으로 했기 때문인 듯하다.

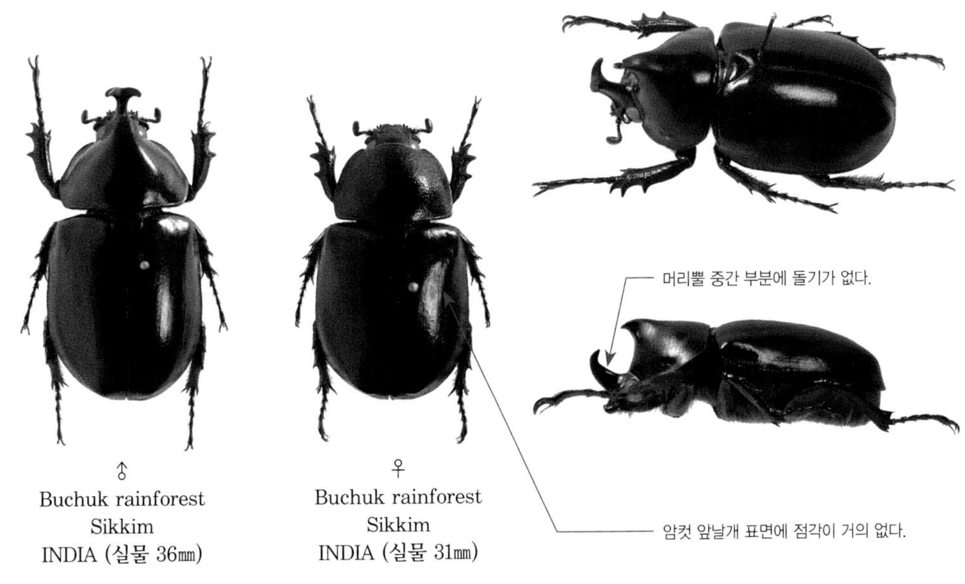

♂
Buchuk rainforest
Sikkim
INDIA (실물 36㎜)

♀
Buchuk rainforest
Sikkim
INDIA (실물 31㎜)

〈표본제공: 마크 로우랜드(J. Mark Rowland)〉

❷ *Xylotrupes mniszechii hainaniana* Rowland, 2006
니제쉬애왕장수풍뎅이: 하이난 아종

크기: −45㎜
분포: 중국 남부 하이난(Hainan) 섬

원명아종에 비해 수컷의 가슴뿔이 다소 길게 발달하며 특히 암컷의 몸 전체적으로 점각이 많은 것이 주된 차이다. 기재자인 로우랜드의 도움으로 부모식표본(paratype) 한 쌍을 제공받아 수록했다. 아종명(*hainaniana*)은 모식지인 중국 남부의 하이난(Hainan) 섬의 이름을 따서 지은 것이다.

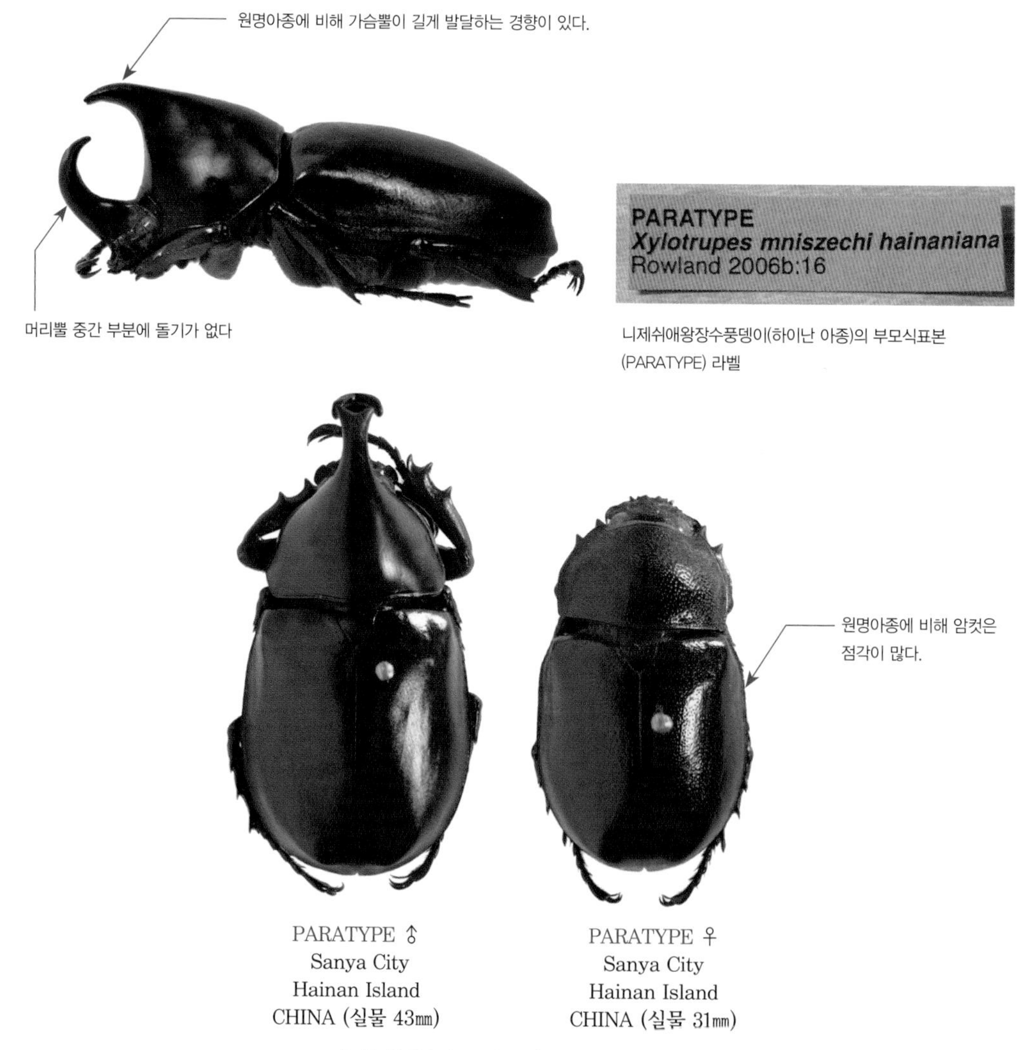

니제쉬애왕장수풍뎅이(하이난 아종)의 부모식표본(PARATYPE) 라벨

〈모식표본제공: 마크 로우랜드(J. Mark Rowland)〉

Xylotrupes florensis Lansberge, 1879 플로레스애왕장수풍뎅이

이 속의 종 중 유일하게 가슴뿔이 시작되는 기초부 아래쪽에 비교적 뾰족한 돌기가 뚜렷한 것이 큰 특징이다. 특히 유럽에서는 이들을 엔데비우스(*Endebius*)속으로 분류하는 경향이 있지만, 1937년에 애로우가 애왕장수풍뎅이속(*Xylotrupes*)의 동물이명(synonym)으로 처리했던 적이 있으므로 이는 정식 속명이 될 수 없다. 현재까지 인도네시아의 소순다 열도(Lesser Sunda Islands)에 널리 분포하는 원명아종과 인도네시아의 타님바르(Tanimbar) 섬에 서식하는 타님바르 아종이 알려졌다.

아종 분류

1) ssp. *florensis* Lansberge, 1879 원명아종(소순다 열도)
2) ssp. *tanimbar* Rowland, 2006 타님바르 아종(타님바르 제도)

플로레스애왕장수풍뎅이 아종의 분류

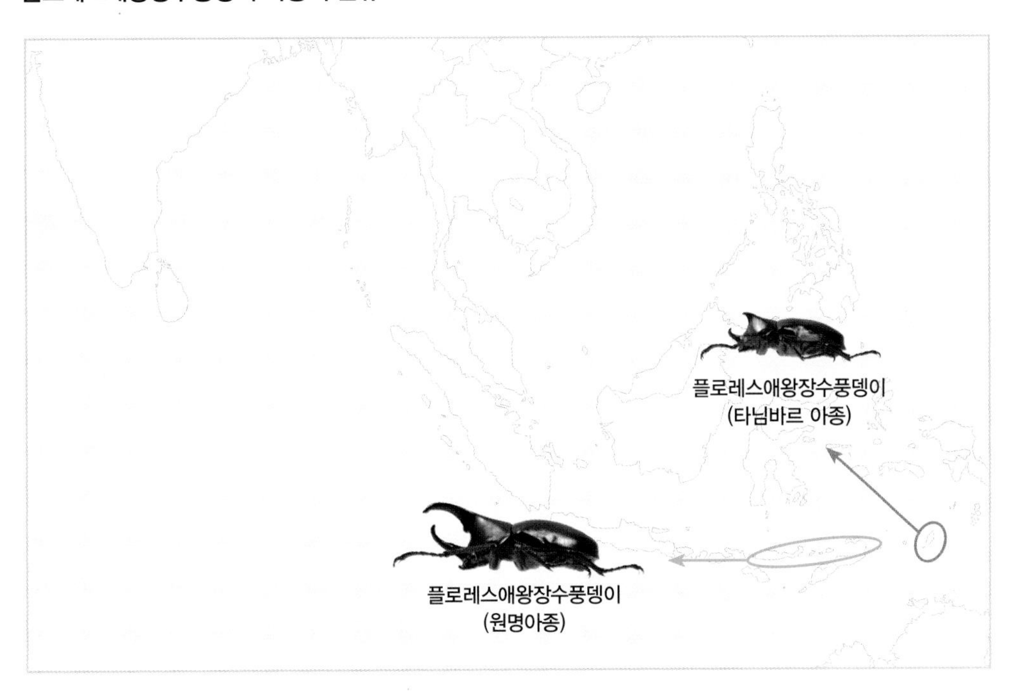

❶ *Xylotrupes florensis florensis* Lansberge, 1879
플로레스애왕장수풍뎅이: 원명아종

크기: –80㎜
분포: 인도네시아의 플로레스(Flores) 섬을 중심으로 한 소순다(Lesser Sunda) 열도

플로레스 섬에서 채집된 개체를 모식표본으로 해 발표된 종류다. 원기재문에 의하면 채집된 모식표본의 크기는 70㎜에 달한다. 굳이 수컷 생식기를 살펴보지 않아도 어렵지 않게 동정이 가능한 종으로, 가슴뿔이 시작되는 아래쪽에 비교적 큰 돌기가 발달하는 것이 특징이다. 단, 이 돌기는 소형 개체에서는 잘 나타나지 않는 경향이 있어 소형 개체를 정확히 동정하려면 수컷 생식기를 검토해야 하며, 로우랜드에 의하면 다른 애왕장수풍뎅이들과는 달리 수컷 생식기의 라스풀라(raspula)는 현저히 작다고 한다. 종명(*florensis*)은 인도네시아 남동부에 있는 모식지인 플로레스(Flores) 섬에서 따온 것이다.

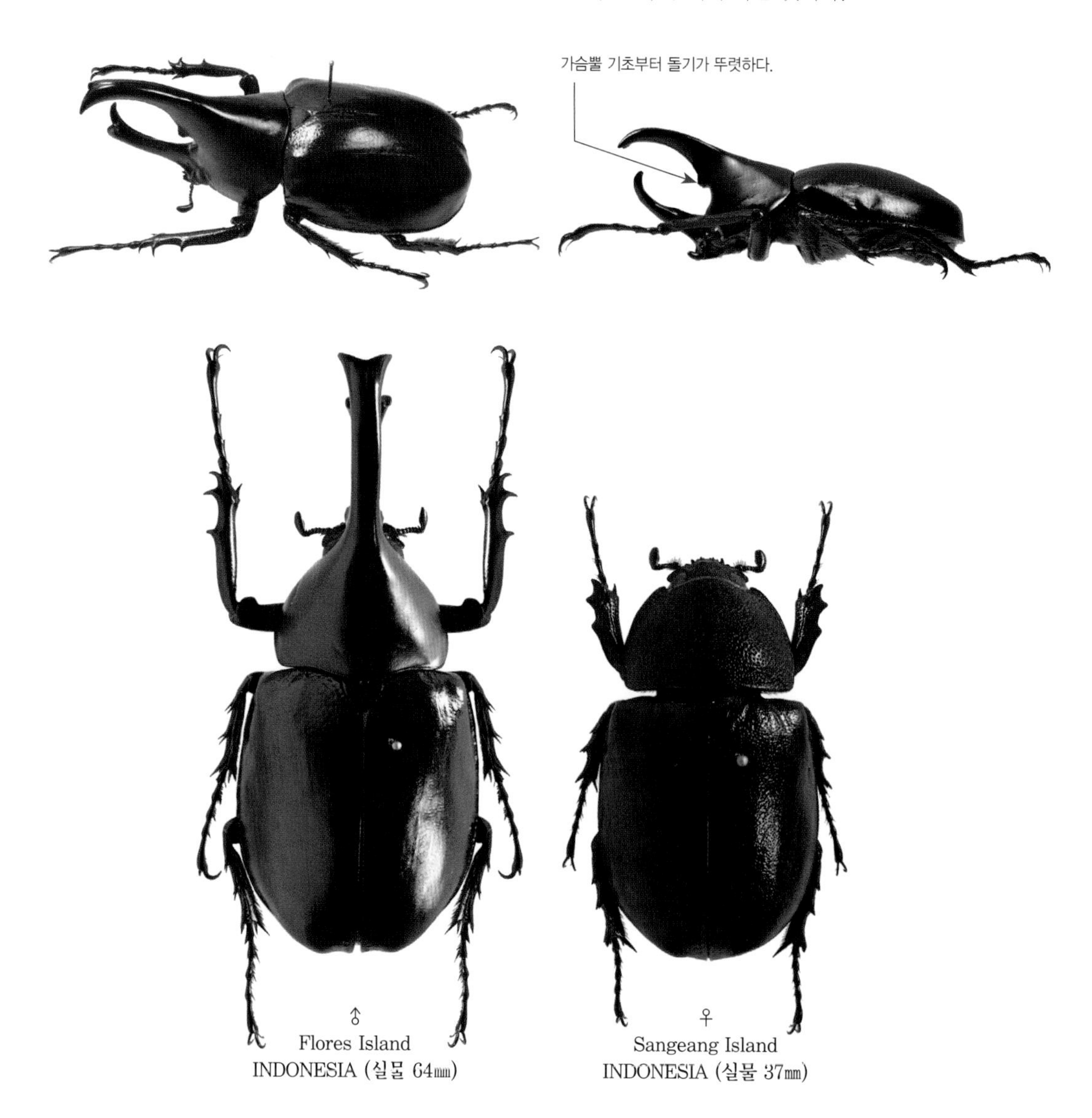

♂
Flores Island
INDONESIA (실물 64㎜)

♀
Sangeang Island
INDONESIA (실물 37㎜)

❷ *Xylotrupes florensis tanimbar* Rowland, 2006
플로레스애왕장수풍뎅이: 타님바르 아종

크기: −60㎜
분포: 인도네시아의 타님바르(Tanimbar) 제도

원명아종보다 약간 작지만, 플로레스애왕장수풍뎅이 고유의 특징인 가슴뿔 아래의 돌기는 미약하게나마 나타나므로 동정은 비교적 쉽다. 또한 수컷 뒷다리 발목마디의 기부 끝 부분이 뾰족하기 때문에 이 형질을 참고해도 쉽게 동정할 수 있다. 아종명(*tanimbar*)은 모식지인 인도네시아의 타님바르(Tanimbar) 섬에서 따온 것이다.

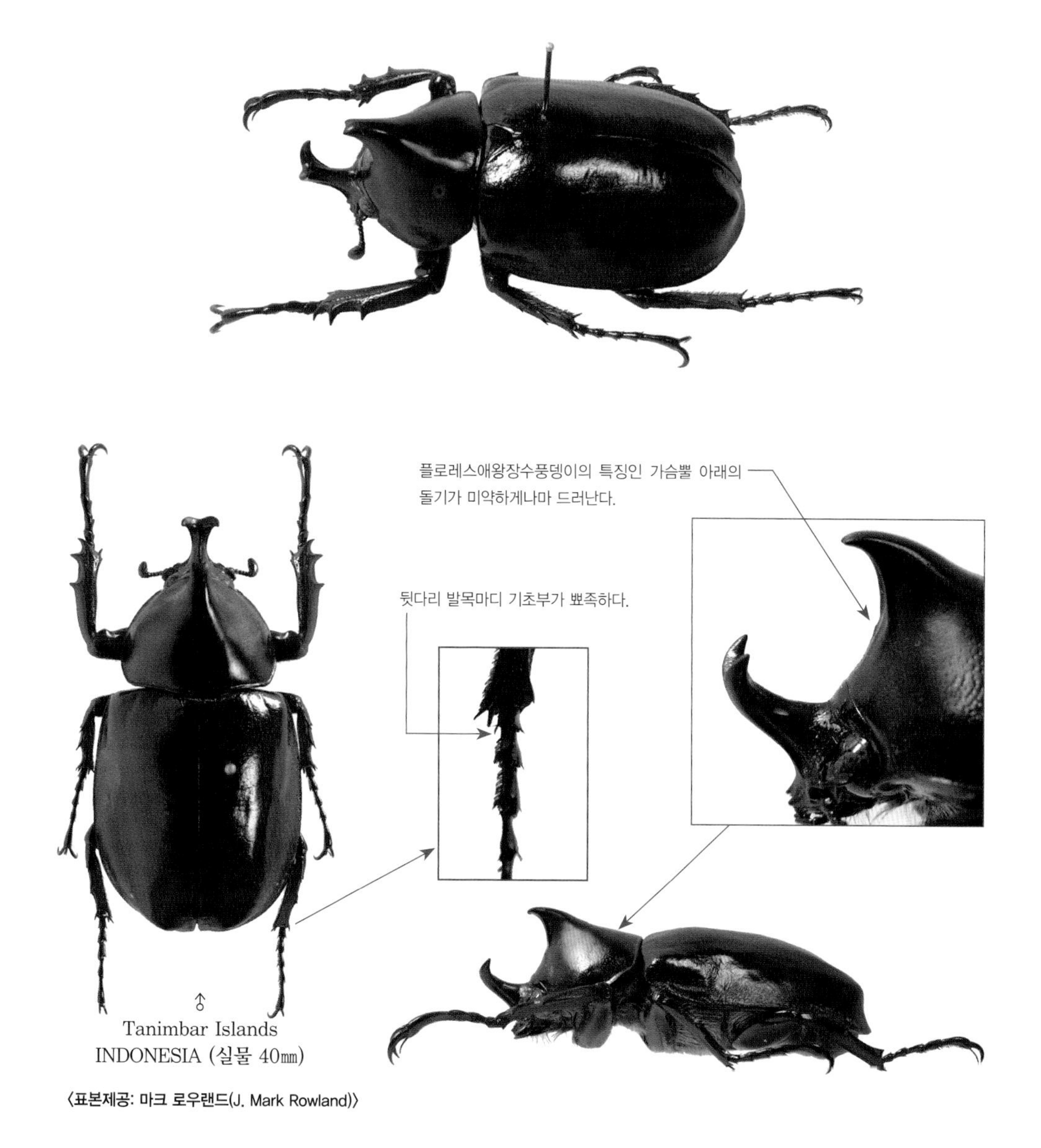

〈표본제공: 마크 로우랜드(J. Mark Rowland)〉

Xylotrupes beckeri Schaufuss, 1885
베커애왕장수풍뎅이

크기: –55㎜
분포: 인도네시아의 수마트라(Sumatra) 및 싱가포르를 포함한 말레이시아 서부

모식지는 싱가포르이며 기재자인 샤우푸스는 '기드온애왕장수풍뎅이(*X. gideon*)보다 작은 소형 종이며 앞날개가 거의 평행을 이룬다.'고 원기재문에 기록했다. 그가 남긴 기록처럼 몸체가 다소 좌우폭이 넓으면서도 평행해 같은 크기의 다른 종에 비해 좀더 커 보인다. 알파(alpha)형 개체가 없는 중형 종으로서 머리뿔과 가슴뿔이 모두 굵고 짧으며, 머리뿔 끝이 강하게 휘어지면서 두 갈래로 크게 갈라지는 것 또한 특징이다. 모식표본이 소장되어 있는 독일 베를린 자연사 박물관의 빌러스로 부터 후모식표본(lectotype) 사진을 제공받았다. 종명(*beckeri*)은 싱가포르에서 이 종을 채집한 후 샤우푸스에게 제공해 신종 발표에 기여한 베커(Ed. Jul. Becker)를 기려 지은 것이다.

LECTOTYPE ♂, SINGAPORE
〈모식표본 사진 제공: 요아힘 빌러스(Joachim Willers)〉

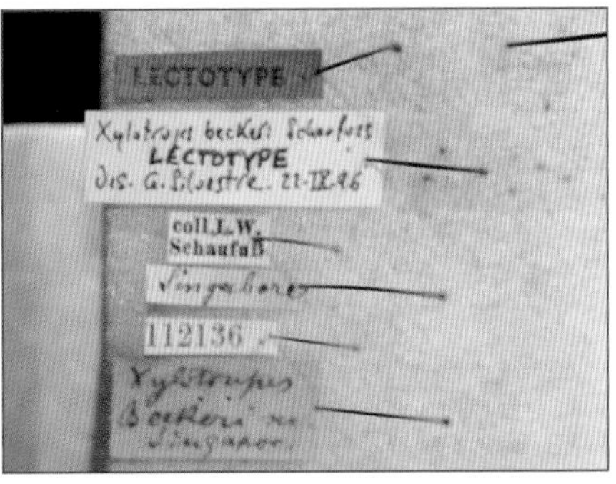

베커애왕장수풍뎅이의 후모식표본(LECTOTYPE) 라벨. 실베스트르(Silvestre)가 1996년 9월 22일에 후모식표본을 지정했다는 것을 알 수 있다.

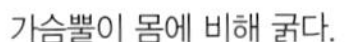

♂
Cameron Highland
MALAYSIA (실물 49㎜)

Xylotrupes meridionalis Prell, 1914 남방애왕장수풍뎅이

프렐(Prell)이 발표한 진귀한 종으로 인도 남부에 서식하는 원명아종(ssp. *meridionalis*)과 스리랑카에 서식하는 타프로반 아종(ssp. *taprobanes*)이 있으며 이들은 수컷 머리뿔의 발달 양상과 수컷 생식기의 형태에서 약간의 차이가 있다고 원기재문에 기록되었다. 두 개체군의 모식표본은 베를린 자연사 박물관에 소장되었다.

아종 분류

1) ssp. *meridionalis* Prell, 1914 원명아종(인도 남부)
2) ssp. *taprobanes* Prell, 1914 타프로반 아종(스리랑카)

남방애왕장수풍뎅이 아종의 분포

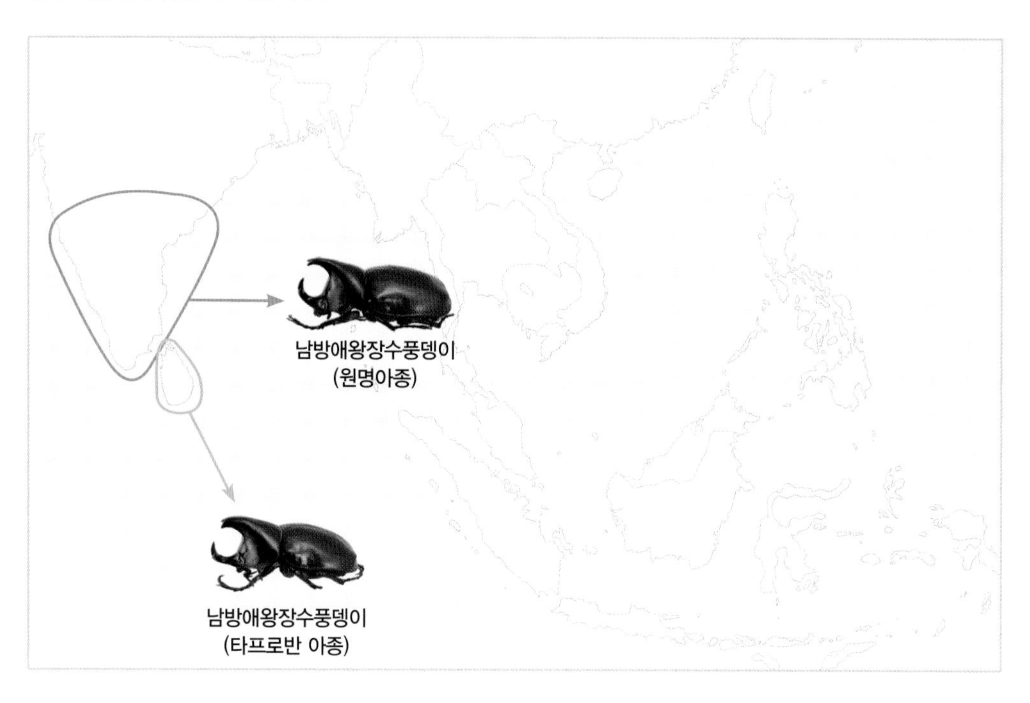

❶ *Xylotrupes meridionalis meridionalis* Prell, 1914
남방애왕장수풍뎅이: 원명아종

크기: –50㎜
분포: 인도 남부

수컷 10개체와 암컷 6개체를 모식표본으로 해 발표되었으며 인도 남부에 서식하는 진귀한 개체군이다. 머리뿔 끝의 갈라지는 정도가 다른 종에 비해 매우 강하기 때문에 일차적인 동정이 가능하지만 수컷 생식기의 라스풀라(raspula) 형태 및 채집된 장소를 확인해야만 더욱 정확히 판단할 수 있다. 독일 베를린 자연사 박물관 큐레이터 빌러스의 협조로 총모식표본(syntype) 사진을 제공받았고, 뉴멕시코대학교에 소장된 표본 사진을 더해 2개체의 사진을 수록했다. 아울러 '5. 부록'에서 거론되는 타프로반애왕장수풍뎅이: 가네샤 아종(*X. taprobanes ganesha*) 부분에 실린 수컷 표본은 남방애왕장수풍뎅이 원명아종과 똑같은 종이며, 이 책에서는 전자를 후자의 동물이명(synonym)으로 확정해 수록했다('5. 부록' 참고). 종명 · 아종명(*meridionalis*)은 '남쪽(south)' 혹은 '남부'를 뜻한다.

SYNTYPE ♂, Madras, INDIA
〈모식표본 사진 제공: 요아힘 빌러스(Joachim Willers)〉

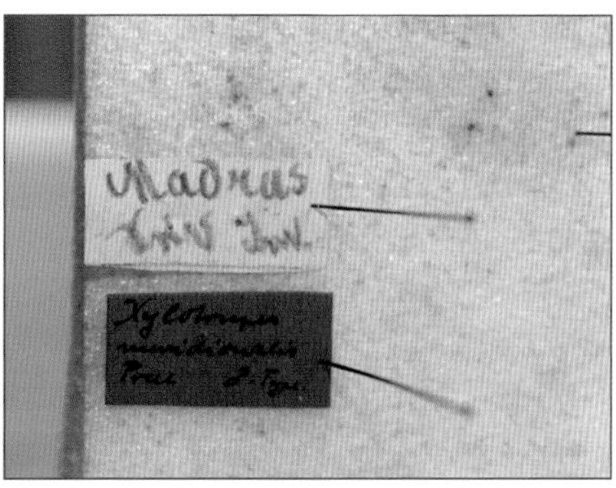

남방애왕장수풍뎅이 원명아종의 총모식표본(SYNTYPE) 라벨

♂
S. INDIA
〈표본 사진 제공: 마크 로우랜드(J. Mark Rowland)〉

❷ *Xylotrupes meridionalis taprobanes* Prell, 1914
남방애왕장수풍뎅이: 타프로반 아종

크기: –45㎜
분포: 스리랑카

수컷 5개체와 암컷 4개체를 모식표본으로 해 발표되었으며 스리랑카에 서식하는 매우 진귀한 아종이다. 스리랑카는 엄격한 불교 국가로 곤충의 채집이나 표본 유통을 금기하는 지역이기 때문에 이 아종의 희귀성이 더욱 부각된다. 머리뿔 끝의 갈라지는 정도가 원명아종(ssp. *meridionalis*)보다 강하고 앞가슴등판의 점각이 상대적으로 적으며 수컷 생식기의 라스풀라(raspula) 형태에서 약간의 차이가 있어 다른 아종으로 분류된다. 독일 베를린 자연사 박물관 큐레이터 빌러스의 협조로 총모식표본(syntype) 사진을 제공받아 수록했다. 아종명(*taprobanes*)은 모식지인 스리랑카를 일컫는 옛 이름인 타프로반(Taprobanê)에서 따온 것이다.

SYNTYPE ♂, Kandy, CEYLON (=SRI LANKA)
〈표본 사진 제공: 요아힘 빌러스(Joachim Willers)〉

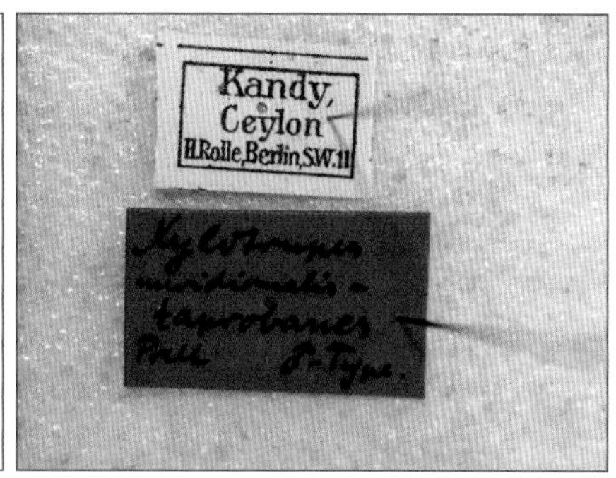

남방애왕장수풍뎅이 타프로반 아종의 총모식표본(SYNTYPE) 라벨. 세일론(Ceylon)은 스리랑카의 옛 이름이다.

♂
SRI LANKA

〈표본제공: 마크 로우랜드(J. Mark Rowland)〉

♂
Dambulla
SRI LANKA (실물 42㎜)

Xylotrupes siamensis Minck, 1920
시암애왕장수풍뎅이

크기: -65㎜
분포: 인도 북부, 태국, 베트남, 미얀마를 포괄하는 인도차이나 반도

모식지는 태국이며 인도차이나 반도에 흔하게 분포하는 종이지만 니제쉬애왕장수풍뎅이(*X. mniszechii*)가 서식하는 인도 북부 지역에서도 드물게 발견되기 때문에 이 둘을 서로 혼동할 가능성이 크다. 이 종은 머리뿔 중간 부분에 작은 돌기가 뚜렷하고, 니제쉬는 이 돌기가 없어 쉽게 구별된다. 독일 베를린 자연사 박물관 큐레이터 빌러스의 협조로 후모식표본(lectotype) 사진을 제공받았고, 로우랜드로부터 수컷 표본을 제공받아 2개체의 사진을 수록했다. 종명(*siamensis*)은 모식지인 시암(또는 샴, Siam, 현재의 태국을 일컫는 옛 이름)에서 따온 것이다.

LECTOTYTE ♂, SIAM (=THAILAND)
〈모식표본 사진 제공: 요아힘 빌러스(Joachim Willers)〉

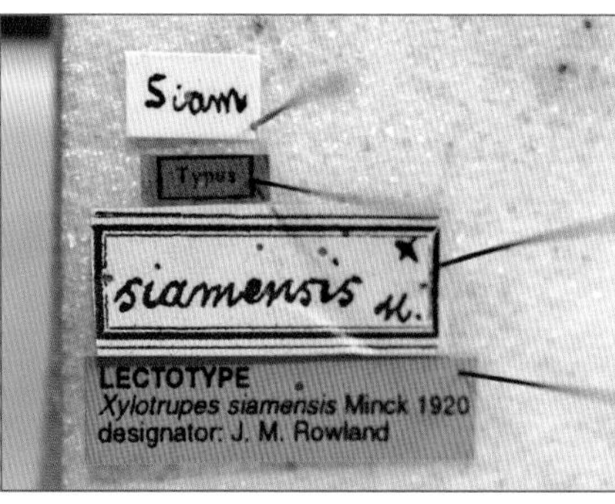

시암애왕장수풍뎅이의 후모식표본(LECTOTYPE) 라벨.
로우랜드(Rowland)가 후모식표본을 선정했다는 것을 알 수 있다.

♂
Chiang Mai
THAILAND (실물 55㎜)

〈표본제공: 마크 로우랜드(J. Mark Rowland)〉

앞날개가 비교적 짙은 적갈색을 띠는 경우가 많다.

머리뿔 중간에 돌기가 있다.

Xylotrupes wiltrudae Silvestre, 1997
빌트루트애왕장수풍뎅이

크기: -55㎜
분포: 보르네오(Borneo)

보르네오 섬에 한정되어 분포하는 중형급 종으로서 1997년 기재될 당시에는 베커애왕장수풍뎅이의 아종(*X. beckeri wiltrudae*)으로 분류되었다. 그러나 로우랜드가 완모식표본(holotype)을 재검토해 종 등급으로 2011년에 분류를 수정했다. 보르네오 섬에 있는 국가인 브루나이(Brunei)에서 채집된 표본을 기재자인 실베스트르에게서 제공받아 사진을 수록했다. 종명(*wiltrudae*)은 실베스트르의 아내 빌트루트(Wiltrud)를 기려 지은 것이다.

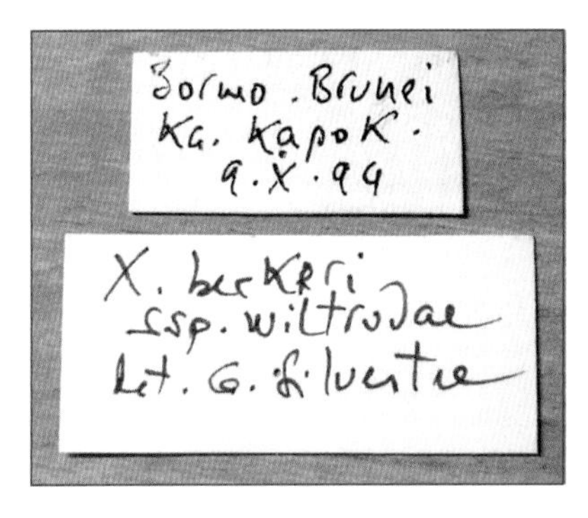

실베스트르의 자필 라벨.

♂
Borneo
Kapok
BRUNEI (실물 49㎜)

가슴뿔에 비해 머리뿔이 더 긴 경향이 있다.

가슴뿔 기초부의 융기 부분이 앞가슴등판 앞쪽에 넓게 나타난다.

Xylotrupes rindaae Fujii, 2011
린다애왕장수풍뎅이

크기: –36.4㎜
분포: 인도네시아의 살라야르(Selayar) 섬

일본 딱정벌레 연구자 및 동호인들이 발간하는 저널 〈코가네, Kogane〉를 통해 2011년 7월에 발표되었다. 이 책에 수록된 장수풍뎅이족(Dynastini) 중 가장 최근에 보고된 것이다. 인도네시아의 술라웨시(Sulawesi) 섬 남쪽에 있는 살라야르 섬의 해발 400m 지역이 모식지이며, 다른 지역 분포 여부는 아직 밝혀지지 않았다. 기재자인 후지이(Takaaki Fujii)는 2009년 12월에 채집된 수컷 완모식표본(holotype) 1개체, 수컷 부모식표본(paratype) 5개체 및 암컷 부모식표본 4개체에 이르는 총 10마리의 표본을 약 2년간 검토해 이 종을 발표했다고 하며, 종명(*rindaae*)은 위 표본들을 그에게 제공해 신종 발표에 기여한 수집가 사사마키(Kazunobu Sasamaki)의 아내 린다(Rinda Sasamaki)를 기려 지은 것이다. 기재자의 협조로 완모식표본 및 부모식표본 암수의 표본 사진을 제공받아 총 3개체의 사진을 수록했다. 원기재문에 의하면 이 종은 술라웨시 섬에 서식하는 로르켕애왕장수풍뎅이의 원명아종(*X. lorquini lorquini*)과 다소 비슷하나 다음의 형질로 구별할 수 있다: 1) 머리뿔 끝 부분이 강하게 뒤쪽으로 휘어지는 로르켕애왕장수풍뎅이와 달리 매우 미약하게 휘어진다; 2) 가슴뿔이 시작되는 기초부가 다른 애왕장수풍뎅이류에 비해 상대적으로 가늘다.

HOLOTYPE ♂
Mt. Bontoharu (alt. 400m)
Rea-Rea, Selayar Island
INDONESIA

〈 모식표본 사진 제공: 후지이 타카아키(Takaaki Fujii)–Fujii, 2011에서 발췌 〉

PARATYPE ♂
Mt. Bontoharu (alt. 400m)
Rea-Rea, Selayar Island
INDONESIA

PARATYPE ♀
Mt. Bontoharu (alt. 400m)
Rea-Rea, Selayar Island
INDONESIA

5. 부록

실베스트르(Silvestre)가 기재했으나 분류학적 위치가 불분명한 다수의 종들에 대해

로우랜드 이외에 꾸준히 이 분류군의 신종 및 신아종을 발표하는 사람으로는 실베스트르가 있다. 그가 발표한 애왕장수풍뎅이류의 완모식표본(holotype)은 파리 국립 자연사 박물관에 보관되어 있는데, 로우랜드에 의하면 어떠한 이유에서인지 실베스트르는 다른 연구자들이 완모식표본을 재검토할 수 있도록 대여를 허락하지 않는다고 한다. 일반적으로 다른 연구자의 모식표본 검토 요청이 있을 때에 박물관 측이 보관하고 있는 완모식표본을 대여해 표본 검토 요청을 한 연구자가 표본을 직접 관찰할 수 있도록 지원하는 것이 일반적인데, 왜 실베스트르가 표본 검토를 허락하지 않는지 알 수 없다. 로우랜드는 실베스트르가 기재했던 폴리안애왕장수풍뎅이(*X. pauliani*)와 빌트루트애왕장수풍뎅이(*X. wiltrudae*) 2종에 한해 약 10여 년 전 완모식표본을 제공받아 재검토할 수 있었으나, 당시에 표본 대여를 허락한 파리 자연사 박물관의 곤충 큐레이터가 은퇴한 이후부터는 실베스트르 측에서 그가 기재한 다른 종 및 아종들의 완모식표본 검토를 지속적으로 거부해 현재로서는 위의 2종을 제외한 나머지 애왕장수풍뎅이류의 유효성 검토가 불가능하다고 한다. 결론적으로 이들을 '분류학적 위치가 명확하지 않은 상태(=*Incertae Sedis*)'로 간주해야 한다고 조언했다.

Dr. J. Mark Rowland will soon complete a comprehensive revision of the genus *Xylotrupes* which uses the names and concepts he has published in a recent publication (2011). Unfortunately, the Muséum National d'Histoire Naturelle, Paris, has not allowed Dr. Rowland to examine important *Xylotrupes* type specimens in their collection. Therefore many of the names that were created by Mr. Silvestre must be presently treated as '*Incertae Sedis*'.

굳이 박물관 큐레이터의 도움을 받지 않더라도 기재자인 실베스트르의 협조가 있었다면 완모식표본의 검토는 그리 어려운 일이 아니었겠지만 무엇보다도 기재자 본인이 표본 재검토를 거부한다는 점이 의아하다. 실베스트르에게 연락해 이 책에 대해 설명하고 그가 기재했던 몇몇 종류의 부모식표본(paratype)을 직접 구입해 표본을 확인했으나, 그가 보낸 표본들은 인도 남부에서 채집된 1개체를 제외하고는 모두 수컷 생식기가 제거된 상태여서 정확한 동정이 불가능했다. 외부 형태가 비슷한 애왕장수풍뎅이류는 수컷 생식기가 없다면 정확한 동정을 할 수 없고, 즉 이 부분이 없어진 표본은 분류학적 가치가 없는 것으로 간주해도 지나치지 않기 때문에 그가 왜 생식기를 제거하고 표본을 보냈는지 이해할 수 없다.

결론적으로 현재 애왕장수풍뎅이속(*Xylotrupes*) 연구에 몸담고 있는 로우랜드와 실베스트르의 교류가 시작되어 분류학적 위치가 현재로서 불명확하다고 여겨지는 종류들에 대한 재검토가 이루어져야 한다. 이 책에서는 로우랜드의 조언에 따라 이들을 정식 종으로 인정하지 않았으며 부록 형식으로 소개한다. 물론 생식기와 외부 형태가 다른 종과 차이가 있어 완모식표본의 검토가 없어도 사실상 다른 종류라고 잠정적인 결론을 내릴 수 있는 것들도 있으며, 그에 대해서는 각 종 설명 부분에 기술해 두었다. 아울러 실베스트르가 기재한 대다수의 애왕장수풍뎅이류들은 뿔의 굵기 또는 길이의 미약한 차이에 의해 새로운 종류로 발표된 경우가 많아 로우랜드가 애왕장수풍뎅이류의 중요한 분류 근거로 내세우는 특징인 수컷 생식기의 라스풀라(raspula) 형태 검토가 반드시 필요하다고 여겨진다.

1) 실베스트르가 발표한 애왕장수풍뎅이 중에서 종의 유효성이 확정된 2종

로우랜드에 의해 완모식표본이 재검토되어 확실하게 유효한 종으로 인정할 수 있는 것은 아래의 2종이다. 이들은 이 책에서 정식 종으로 인정해 앞부분에 설명 및 표본사진을 수록했다.

***Xylotrupes beckeri wiltrudae* Silvestre, 1997 빌트루트애왕장수풍뎅이**

베커애왕장수풍뎅이(*X. beckeri*)의 아종으로 발표되었던 종류이지만 현재는 종 등급(species level)으로 조정이 이루어져 학명이 *X. wiltrudae*로 변경

***Xylotrupes pauliani* Silvestre, 1997 폴리안애왕장수풍뎅이**

1997년에 기재되었던 학명과 동일하게, 현 상황에서도 종 등급으로 확정되어 있는 유효한 종

2) 실베스트르가 발표한 애왕장수풍뎅이 중에서 종의 유효성을 확정지을 수 없는 종류(*Incertae Sedis*)

완모식표본 대여가 거부되고 있어 수컷 생식기를 포함한 표본의 특징을 확인할 수 없는 종류들로, 현 상황에서의 증빙 자료는 오직 실베스트르가 작성한 원기재문 뿐이다. 모두 15종류이며 이들이 기재된 연도 순서로 나열한 것은 아래와 같다. 실베스트르에게서 입수한 부모식표본(paratype)들을 포함해 총 10종의 표본 사진을 실었고, 사진을 싣지 못한 나머지 종류에 대해서는 그 종류의 특징에 입각해 그린 삽화를 수록했다.

2002년에 발표

Xylotrupes faber Silvestre, 2002 대장장이애왕장수풍뎅이
Xylotrupes gideon lakorensis Silvestre, 2002 기드온애왕장수풍뎅이: 라코르 아종
Xylotrupes gideon sawuensis Silvestre, 2002 기드온애왕장수풍뎅이: 사우 아종
Xylotrupes gideon sondaicus Silvestre, 2002 기드온애왕장수풍뎅이: 순다 아종
Xylotrupes lumawigi Silvestre, 2002 루마위그애왕장수풍뎅이

2003년에 발표

Xylotrupes socrates nitidus Silvestre, 2003 소크라테스애왕장수풍뎅이: 니티두스 아종
Xylotrupes striatopunctatus Silvestre, 2003 발표된 종명(*striatopunctatus*)에 분류학적 문제가 있는 종
Xylotrupes toprobanes ganesha Silvestre, 2003 남방애왕장수풍뎅이(원명아종)의 동물이명(synonym)

2004년에 발표

Xylotrupes beckeri intermedius Silvestre, 2004 베커애왕장수풍뎅이: 인터메디우스 아종
Xylotrupes pauliani dayakorum Silvestre, 2004 폴리안애왕장수풍뎅이: 다야크 아종

2006년에 발표

Xylotrupes mirabilis (Silvestre, 2006) 플로레스애왕장수풍뎅이(타님바르 아종)의 동물이명(synonym)
Xylotrupes philippinensis boudanti Silvestre, 2006 필리핀애왕장수풍뎅이: 부단 아종
Xylotrupes pubescens beaudeti Silvestre, 2006 털보애왕장수풍뎅이: 보데 아종
Xylotrupes pubescens gracilis Silvestre, 2006 털보애왕장수풍뎅이: 그라킬리스 아종
Xylotrupes pubescens sibuyanensis Silvestre, 2006 털보애왕장수풍뎅이: 시부얀 아종

Xylotrupes faber Silvestre, 2002
대장장이애왕장수풍뎅이

크기: –45㎜
분포: 인도네시아의 자바(Java) 섬

자바 섬 중서부 고지대에 서식하는 드문 종이다. 종명(*faber*)은 불(fire)을 많이 다루는 사람인 '대장장이(smith)'를 뜻하는 라틴어로, 서식지인 자바 섬에 화산(volcano)이 많다는 점에 착안해 지어졌다. 희귀종이어서 표본을 입수하지 못해 정면 및 측면을 묘사한 삽화를 수록했다. 기재자인 실베스트르에 의하면, 광택이 강한 니제쉬애왕장수풍뎅이(*X. mniszechii*) 또는 초대형급 꼬마애왕장수풍뎅이(*X. inarmatus*)처럼 보이는 것이 특징이며, 자바 섬에 함께 서식하는 기드온애왕장수풍뎅이(*X. gideon*)와 비교하면 다음의 차이가 있어 수컷 생식기를 검토하지 않아도 동정이 가능하다고 한다: 1) 몸이 더 작고 전체적으로 광택이 강하며 앞날개에 점각이 많다; 2) 머리뿔 중간 부분에 돌기가 없다; 3) 가슴뿔은 짧으면서도 굵다.

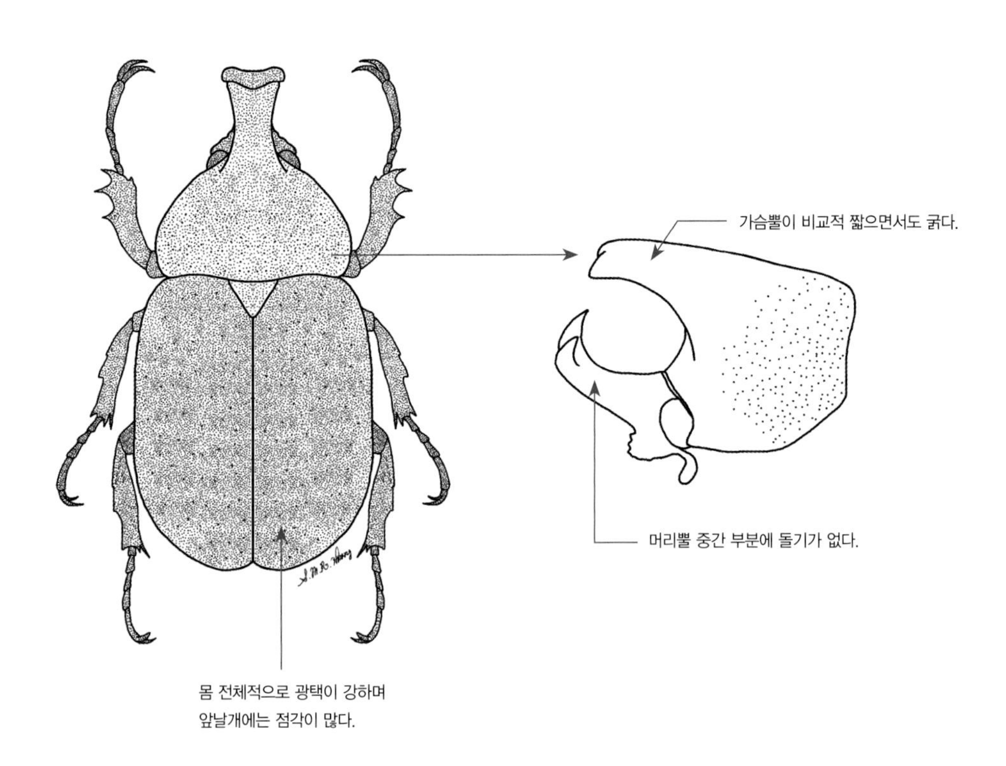

Xylotrupes gideon lakorensis Silvestre, 2002
기드온애왕장수풍뎅이: 라코르 아종

크기: -50㎜
분포: 인도네시아의 라코르(Lakor) 섬, 모아(Moa) 섬

이 아종의 기재자인 실베스트르는 인도네시아 자바(Java) 섬에 서식하는 기드온애왕장수풍뎅이의 원명아종(*X. gideon gideon*)과는 달리 이 아종은: 1) 크기가 상대적으로 더 작고; 2) 뿔 또한 더 짧으며; 3) 몸 전체적으로 광택이 강한 것이 특징이라고 밝혔다. 인도네시아의 라코르 섬이 모식지이지만 일본의 학자 나가이에 의하면 라코르 섬 바로 옆 모아 섬에서도 같은 형태의 개체들이 채집되고 있어 이 아종 서식지에 포함시킬 수 있다고 한다. 로우랜드는 현재 기드온애왕장수풍뎅이가 아종이 없는 단일종이라 분류하고 있으므로 차후 이 아종의 완모식표본(holotype) 재검토를 통해 분류학적 위치를 재진단할 필요가 있다. 아종명(*lakorensis*)은 모식지인 인도네시아의 라코르(Lakor) 섬의 이름을 따서 지었으며, 이 책에는 일본의 수집가 후지이(Yoshimasa Fujii)로부터 사진을 제공받아 수록했다.

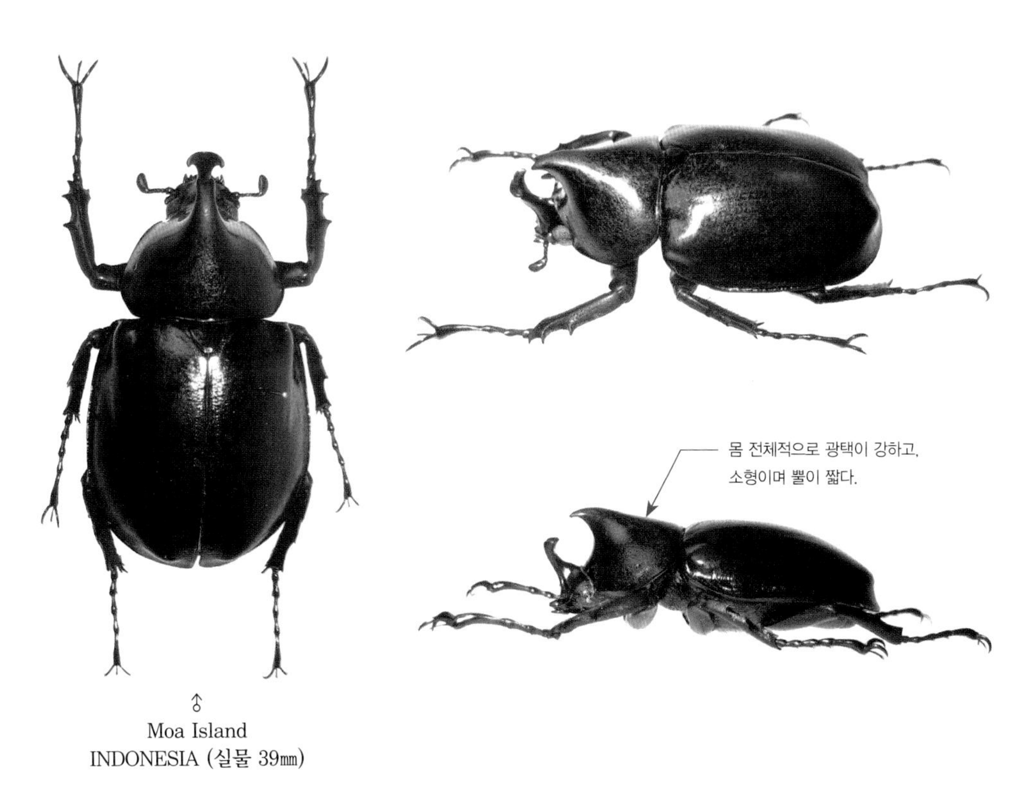

〈사진제공: 후지이 요시마사(Yoshimasa Fujii)〉

Xylotrupes gideon sawuensis Silvestre, 2002
기드온애왕장수풍뎅이: 사우 아종

크기: –55㎜
분포: 인도네시아의 사우(Sawu) 섬, 숨바(Sumba) 섬

기재자인 실베스트르는 인도네시아의 자바(Java) 섬에 서식하는 기드온애왕장수풍뎅이의 원명아종(*X. gideon gideon*)과는 달리 이 아종은: 1) 크기가 상대적으로 더 작고; 2) 뿔이 짧으면서도 상당히 굵으며; 3) 앞가슴등판의 광택이 강하고; 4) 머리뿔 중간 부분에 매우 작은 돌기가 하나 있는 것이 특징이라고 밝혔다. 로우랜드는 현재 기드온애왕장수풍뎅이가 아종이 없는 단일종이라 분류하고 있으므로 차후 이 아종의 완모식표본(holotype)을 재검토해 분류학적 위치를 재진단할 필요가 있다. 아종명(*sawuensis*)은 모식지인 인도네시아의 사우(Sawu) 섬의 이름을 따서 지어진 것이다. 나가이는 사우 섬 근처의 숨바(Sumba) 섬에도 서식한다고 발표했으나 실제로 두 섬의 거리는 꽤 동떨어져 있어서 정확한 표본의 검증이 필요해 보이며, 이 책에는 사우 섬에서 아종의 수컷 부모식표본(paratype)을 촬영 · 수록했다.

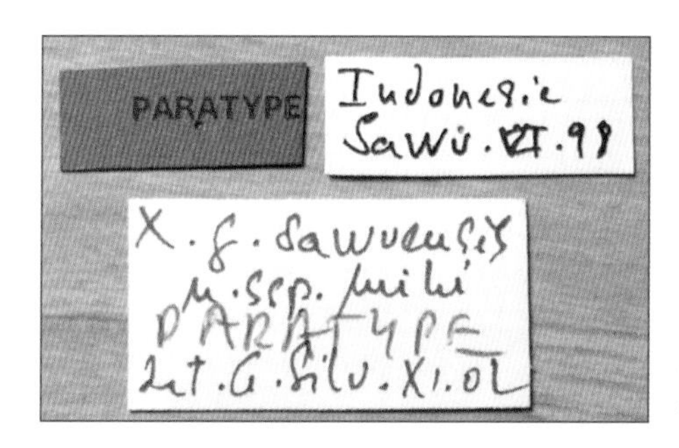

기드온애왕장수풍뎅이(사우 아종)
부모식표본(PARATYPE) 라벨

PARATYPE ♂
Sawu Island
INDONESIA (실물 39㎜)

Xylotrupes gideon sondaicus Silvestre, 2002
기드온애왕장수풍뎅이: 순다 아종

크기: –55㎜
분포: 인도네시아의 티모르(Timor) 섬을 포함한 순다(Sunda) 열도

기재자인 실베스트르는 인도네시아의 자바(Java) 섬에 서식하는 기드온애왕장수풍뎅이의 원명아종(*X. gideon gideon*)과는 달리 이 아종은: 1) 크기가 상대적으로 더 작고; 2) 가슴뿔은 비교적 짧으면서도 굵고; 3) 머리뿔 중간에 돌기가 없고 매끈한 것이 특징이라고 밝혔다. 로우랜드는 현재 기드온애왕장수풍뎅이가 아종이 없는 단일종이라 분류하고 있으므로 차후 이 아종의 완모식표본(holotype) 재검토를 통해 분류학적 위치를 재진단할 필요가 있다. 아종명(*sondaicus*)은 서식지인 인도네시아의 순다 열도(Sunda Islands)의 이름을 따서 지어진 것이며 이 책에는 수컷 부모식표본(paratype)을 촬영 · 수록했다.

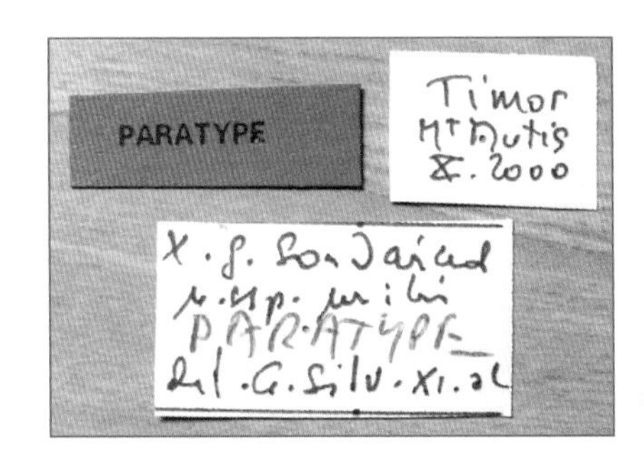

기드온애왕장수풍뎅이(순다 아종)의
부모식표본(PARATYPE) 라벨

PARATYPE ♂
Timor Island
INDONESIA (실물 49㎜)

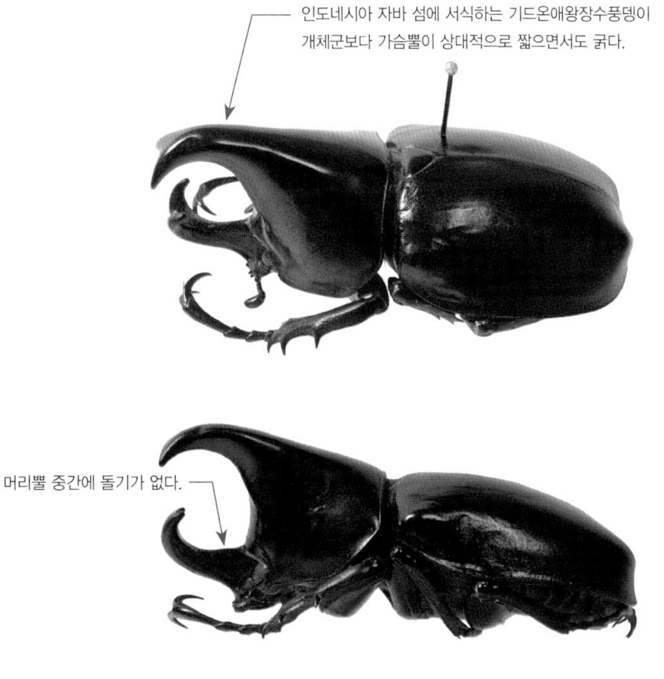

Xylotrupes lumawigi Silvestre, 2002
루마위그애왕장수풍뎅이

크기: –65㎜
분포: 필리핀 루손(Luzon) 섬

이 종을 최초로 채집한 필리핀의 채집가 루마위그(Lumawig)를 기려 종명이 지어졌다. 필리핀 특산종으로 현재 완모식표본(holotype)의 재검토가 이루어진 상황은 아니지만, 이 종과 함께 루손 섬에 서식하는 필리핀애왕장수풍뎅이(*X. philippinensis*)와 비교해 보면 형태와 수컷 생식기가 확연히 다르므로 유효한 종이라 판단된다. 필리핀애왕장수풍뎅이와는 다음의 외부 특징으로 잠정적인 구별이 가능하다: 1) 머리뿔 끝의 갈라지는 정도가 매우 강하다; 2) 머리뿔 중간의 돌기가 없다; 3) 가슴뿔이 시작되는 기초부 아래쪽 돌기는 가슴뿔 중간 부분까지 넓게 확장된다.

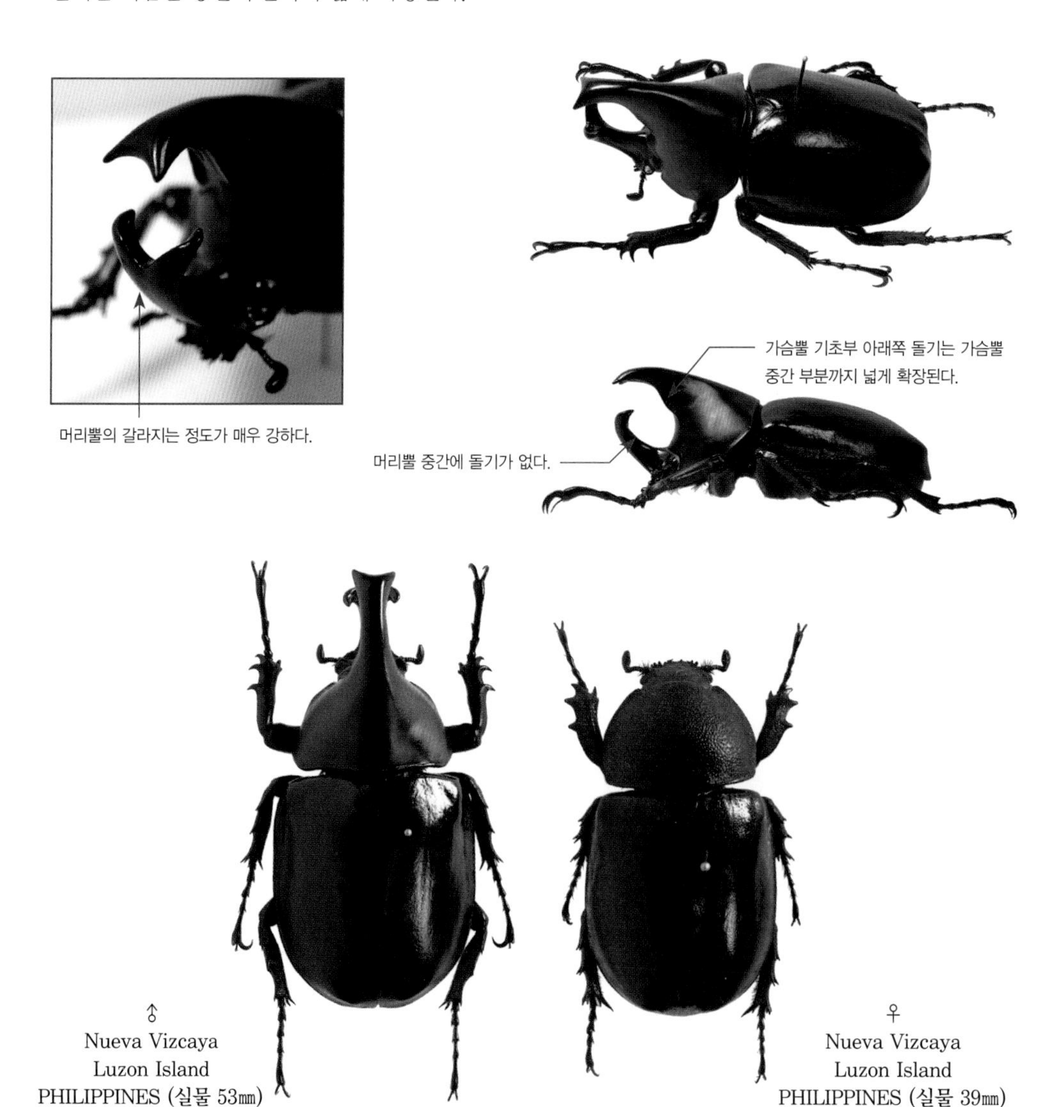

♂
Nueva Vizcaya
Luzon Island
PHILIPPINES (실물 53㎜)

♀
Nueva Vizcaya
Luzon Island
PHILIPPINES (실물 39㎜)

Xylotrupes socrates nitidus Silvestre, 2003
소크라테스애왕장수풍뎅이: 니티두스 아종

크기: –60㎜
분포: 인도 안다만(Andaman) 제도

매우 진귀한 종류여서 표본을 입수하지 못해 정면 및 측면을 묘사한 삽화를 수록했다. 로우랜드에 따르면 완모식표본(holotype) 재검토가 기재자인 실베스트르의 거부로 불가능해 현재 정확한 분류학적 위치를 확인할 수 없는 종류다. 로우랜드는 소크라테스애왕장수풍뎅이 원명아종(*X. socrates socrates*)의 모식표본을 최근 재검토해 그 종이 다른 애왕장수풍뎅이로 동정되는 것을 확인하고 동물이명(synonym) 처리에 대해 2012년에 발표할 예정이라고 조언했으며(따라서 이 책에서는 소크라테스를 유효한 종으로 간주하지 않았다), 그 발표가 이뤄지면 '니티두스(*nitidus*)'라는 표기의 아종명은 유지되고 종 소속만 변경되거나, 또는 전면적으로 동물이명이 될 가능성도 충분히 있다. 한편 실베스트르가 밝힌 이 아종의 특징은 다음과 같다: 1) 자바(Java)섬에 서식하는 기드온애왕장수풍뎅이(*X. gideon*)처럼 머리뿔 중간 부분에 돌기가 뚜렷하다; 2) 몸은 전체적으로 검은색이며 특히 광택이 매우 강하다. 이 특징에 의해 '광택이 강하다'는 의미를 가지는 아종명(*nitidus*)이 지어졌다.

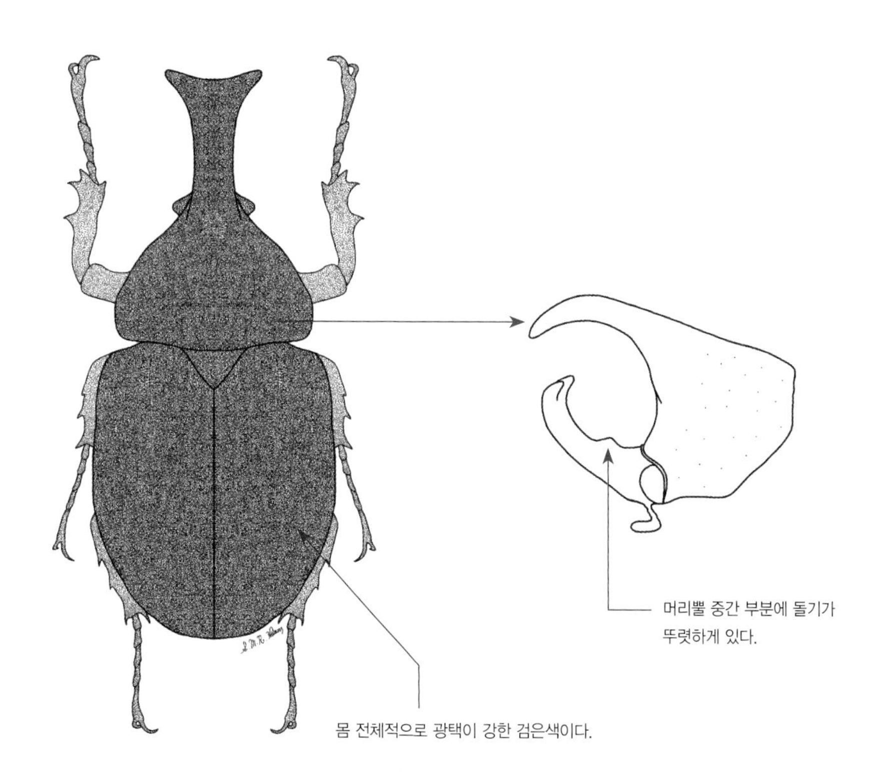

Xylotrupes striatopunctatus Silvestre, 2003

종명(*striatopunctatus*)에 오류가 있으며, 텔레마코스애왕장수풍뎅이(*X. telemachos* Rowland, 2006)와 같은 종

크기: −40㎜
분포: 인도네시아 할마헤라(Halmahera) 섬, 바칸(Bacan) 섬을 포함하는 말루쿠(Maluku) 제도

종명(*striatopunctatus*)은 '주름(striate)'과 '점각(punctate)'의 합성어로서 앞날개에 주름과 점각이 있는 특성에 착안해 지었으며 2003년에 신종으로 발표되었다. 그러나 이 종의 옳은 명칭은 2006년 로우랜드에 의해 발표된 텔레마코스애왕장수풍뎅이(*X. telemachos*)라고 판단된다. 로우랜드 박사의 기재가 실베스트르보다 3년이 늦었는데도 후자가 옳은 이유는 실베스트르가 발표한 종명(*striatopunctatus*) 표기는 1900년대 초에 이미 발표되었던 것이어서 분류학적으로 무효이기 때문이다. 독일의 학자 스테른베르크는 1906년에 꼬마애왕장수풍뎅이(*X. inarmatus*)를 신종으로 발표하면서 '꼬마애왕장수풍뎅이가 *X. striatopunctatus*와 비슷하다'는 표현을 원기재문에 기록하고 있으므로, 그 당시 종명 *striatopunctatus*로 기재된 제 3의 종이 있었다는 것을 알 수 있다. 단 이 종이 어떤 연구자에 의해, 그리고 언제 기재되었는지는 현재까지 확인되지 않고 있다.

Xylotropes inarmatus nov. spec.

Beschrieben von

Chr. Sternberg, Stralsund.

In meiner Sammlung: 16 ♂ und 5 ♀.

♂ Länge: 25—35 mill. — Breite: 14—19 mill. — ♀ Länge: 33—35 mill. — Breite: 19—20 mill.

Diese neue Art gehört zu den kleinsten der Gattung, ist tief schwarzbraun und ähnelt dem *X. striatopunctatus.* Sie unterscheidet sich leicht von allen anderen Arten durch das ungemein kurze, eigenartige Kopfhorn und ganz besonders durch das gänzliche Fehlen des Hlsch.-Hornes.

꼬마애왕장수풍뎅이(*X. inarmatus*)의 원기재문 초반부
(Sternberg, 1906에서 발췌)
꼬마애왕장수풍뎅이가 *X. striatopunctatus*와 비슷한 형태라는 것을 밝히고 있다. 이로 미루어 볼 때 1906년 당시에 이미 *X. striatopunctatus*라는 종이 기재되어 있었다는 것을 알 수 있기 때문에 실베스트르에 의해 2003년도에 기재된 학명은 무효일 가능성이 크다.

Xylotrupes mirabilis (Silvestre, 2006)
미라빌리스애왕장수풍뎅이

플로레스애왕장수풍뎅이 타님바르 아종(*X. florensis tanimbar* Rowland, 2006)과 같은 종류이면서도 더 늦게 발표되었으므로 동물이명(synonym)이 됨.
분포: −50㎜
분포: 인도네시아 타님바르(Tanimbar) 제도

타님바르 제도에 포함되는 라라트(Larat) 섬이 모식지이며 플로레스애왕장수풍뎅이(*X. florensis*)와 비슷한 형태인 신종으로 2006년 10월에 발표되었다. 그러나 이보다 2개월 앞선 2006년 8월에 로우랜드는 이 지역에 서식하는 개체군에 대해 *X. florensis tanimbar*(플로레스애왕장수풍뎅이의 타님바르 아종)이라는 학명을 먼저 발표했기 때문에, 미라빌리스(*mirabilis*)라는 종명은 동물이명(synonym)인 것으로 볼 수 있다. 타님바르 섬의 개체군에 대해 *X. gilleti*라는 학명이 쓰이기도 하지만, 종명(*gillcti*)이 언제 누구에 의해 발표되었는지조차 확인되지 않기 때문에 이 학명은 분류학적으로 전혀 효력이 없다.

Xylotrupes taprobanes ganesha Silvestre, 2003
타프로반애왕장수풍뎅이: 가네샤 아종

남방애왕장수풍뎅이 원명아종(*X. meridionalis meridionalis* Prell, 1914)과 완전히 같은 종류라는 것을 확인했으므로 동물이명(synonym)으로 확정됨.
분포: −50㎜
분포: 인도 남부

1914년 프렐은 남방애왕장수풍뎅이(*X. meridionalis*)를 신종으로 발표하면서 인도 남부의 마드라스(Madras, 현재는 첸나이(Chennai))가 모식지인 원명아종(ssp. *meridionalis*)과 스리랑카에 서식하는 타프로반 아종(ssp. *taprobanes*)을 동시에 분류했다. 로우랜드는 이 체계를 따르고 있지만 실베스트르는 2003년에 스리랑카의 아종을 종 등급(*X. taprobanes*)으로 승격시키고 인도 남부의 개체군에 대해서는 가네샤(*ganesha*)라는 아종으로 발표했다. 즉 남방애왕장수풍뎅이의 원명아종(*X. meridionalis meridionalis*)과 이 아종(*Xylotrupes toprobanes ganesha*)은 똑같이 인도 남부에 서식하는 종류였다. 실베스트르는 두 개체군의 생식기 삽화를 발표하면서 생식기의 형태가 다르므로 서로 다른 종류라 기술했다. 실베스트르가 직접 동정한 이 아종의 수컷 표본을 입수해 로우랜드에게 생식기를 보내 검토를 부탁했으나, 그는 이미 생식기 내부의 미세 부위인 라스풀라(raspula)가 제거되어 있어 명확한 동정이 불가능하고 생식기 외부 형태는 남방애왕장수풍뎅이의 원명아종과 완벽하게 동일하다고 조언했다. 아울러 2011년 10월에 실베스트르에게 이 아종의 분류 근거에 대해 설명을 부탁했는데, 그는 '생식기 형태가 다르다고 판단해 이 아종을 2003년에 기재했지만 현재로서는 아종 수준이 아니라 단순한 변이에 해당하는 것으로 판단되며, 결과적으로 인도 남부에 서식하는 남방애왕장수풍뎅이의 원명아종과 이 아종은 같은 종류이므로 프렐의 1914년 분류를 따르는 것이 옳다'고 답변했다. 따라서 이 아종을 남방애왕장수풍뎅이 원명아종의 동물이명(synonym)으로 확정지을 수 있다. 가네샤(*ganesha*)로 발음되는 아종명은 인도 신화에 등장하며 코끼리 얼굴을 지녔다고 전해지는 지혜의 신 가네샤(Ganeśa)를 뜻한다.

♂
Nilgiri Hills
INDIA (실물 46㎜)

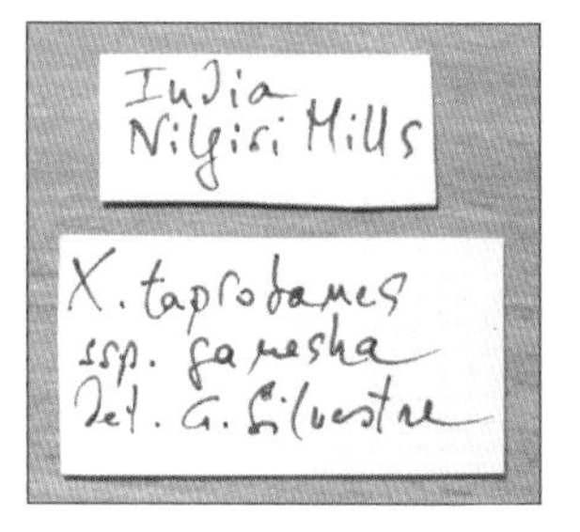

기재자인 실베스트르가 제공한 자필 라벨

Xylotrupes beckeri intermedius Silvestre, 2004
베커애왕장수풍뎅이: 인터메디우스 아종

크기: –50㎜
분포: 인도네시아의 싱케프(Singkep) 섬

아종명(*intermedius*)은 '중간(medium)'을 뜻하며, 기재자인 실베스트르에 의하면 베커애왕장수풍뎅이(*X. beckeri*)와 빌트루트애왕장수풍뎅이(*X. wiltrudae*, 기재 당시에는 베커애왕장수풍뎅이의 아종으로 분류되었으나 현재는 독립된 종으로 변경)'의 중간 정도 길이로 뿔이 발달하므로 이 점에 착안해 지었다고 한다. 전자는 가슴뿔이 몸길이에 비해 매우 짧으면서도 굵고 후자는 상대적으로 가슴뿔이 더 긴 것에 반해, 두 종의 중간 정도 비율로 뿔이 발달하는 특징이 그가 주장하는 아종 분류 근거다. 이 책에는 수컷 부모식표본(paratype)을 촬영 · 수록했다.

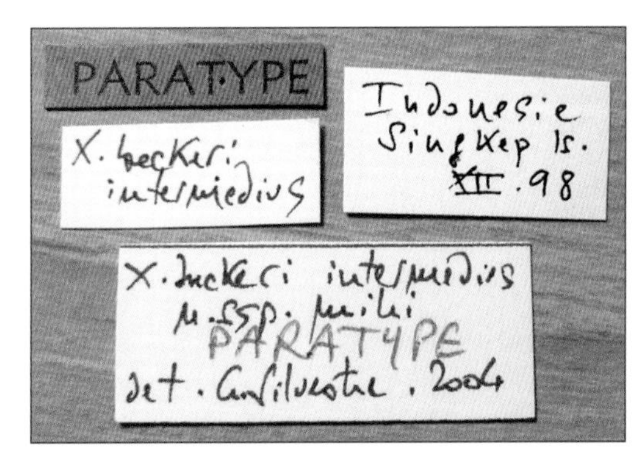

베커애왕장수풍뎅이(인터메디우스 아종)의
부모식표본(PARATYPE) 라벨

PARATYPE ♂
Singkep Island
INDONESIA (실물 47㎜)

베커애왕장수풍뎅이(*X. beckeri*)와 빌루투애왕장수풍뎅이
(*X. wiltrudae*)의 중간 정도 비율로 가슴뿔이 발달한다.

Xylotrupes pauliani dayakorum Silvestre, 2004
폴리안애왕장수풍뎅이: 다야크 아종

크기: −45㎜
분포: 보르네오(Borneo) 섬

아종명(*dayakorum*)은 보르네오 섬에 정착해 살고 있는 원주민족의 이름인 '다야크(Dayak)'를 따서 지어진 것이며, 희귀한 종류여서 표본을 입수하지 못해 정면 및 측면 삽화를 수록했다. 기재자인 실베스트르에 의하면, 폴리안애왕장수풍뎅이 원명아종(*X. pauliani pauliani*)과는 달리 이 아종의 경우: 1) 몸이 더 호리호리하고; 2) 앞가슴등판의 점각이 적은 것이 특징이라고 한다.

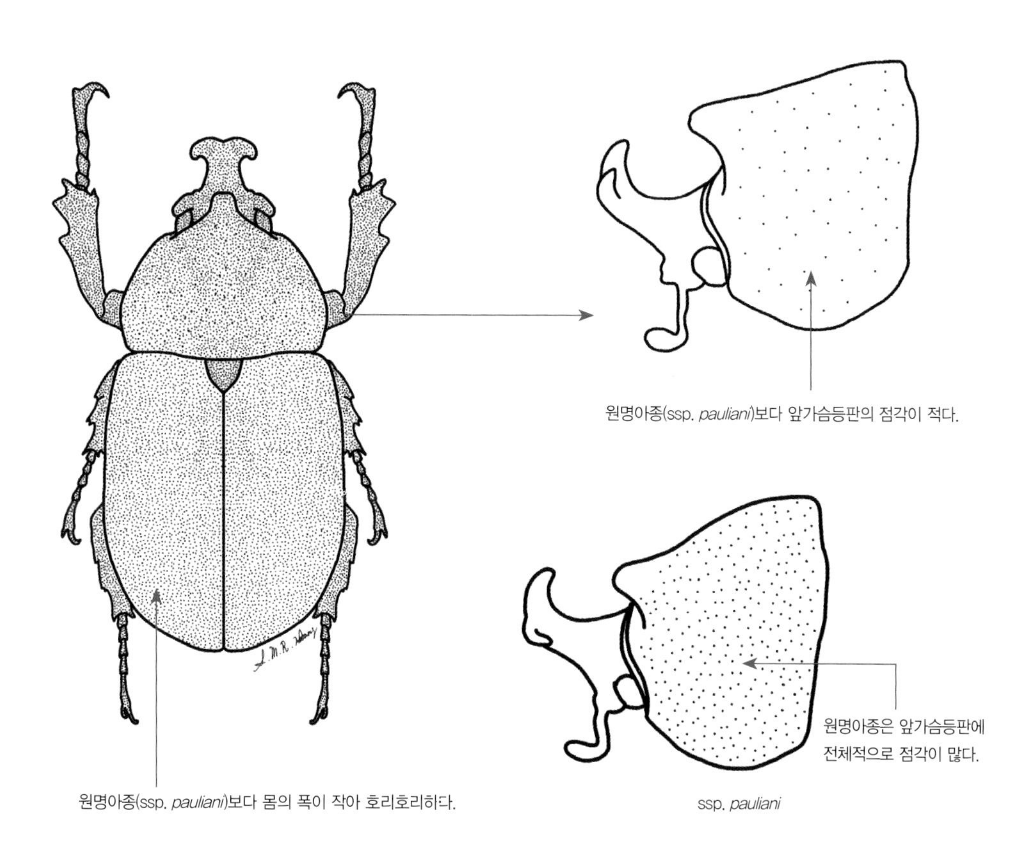

Xylotrupes philippinensis boudanti Silvestre, 2006
필리핀애왕장수풍뎅이: 부단 아종

크기: –50㎜
분포: 필리핀 팔라완(Palawan) 섬

기재자인 실베스트르는 필리핀애왕장수풍뎅이의 원명아종(*X. philippinensis philippinensis*)과는 달리 이 아종은 소형 개체만이 발견되며 뿔이 매우 짧은 것이 특징이라고 밝혔다. 아종명(*boudanti*)은 최초 채집자인 프랑스의 채집가 부단(Boudant)을 기려 지었으며, 이 책에는 수컷 부모식표본(paratype)을 촬영 · 수록했다.

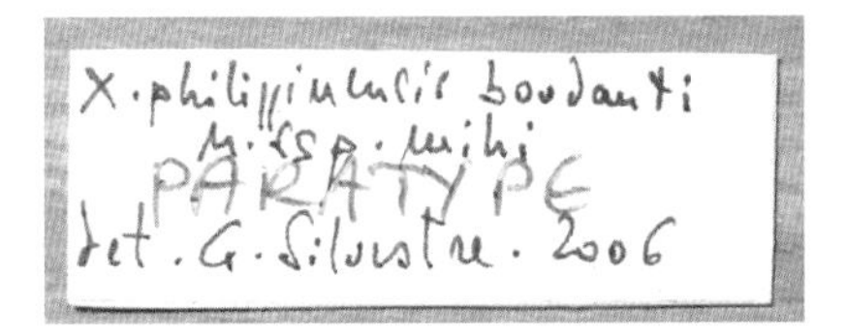

필리핀애왕장수풍뎅이(부단 아종)의 부모식표본(PARATYPE) 라벨

PARATYPE ♂
Palawan Island
PHILIPPINES (실물 40㎜)

필리핀 팔라완 섬에서만 발견되며 머리뿔과 가슴뿔이 짧은 단각형 소형 개체만 있다.

Xylotrupes pubescens sibuyanensis Silvestre, 2006
털보애왕장수풍뎅이: 시부얀 아종

크기: -65㎜
분포: 필리핀의 시부얀(Sibuyan) 섬

기재자인 실베스트르는 필리핀의 민다나오(Mindanao) 섬에 서식하는 털보애왕장수풍뎅이의 원명아종(*X. pubescens pubescens*)과 달리 이 아종은: 1) 몸이 더 작고; 2) 앞날개에 발달한 털이 상대적으로 길면서도 적갈색에 더 가깝고; 3) 머리뿔 끝이 약하게 휘어지는 것을 특징으로 제시했다. 아종명(*sibuyanensis*)은 모식지인 필리핀의 시부얀(Sibuyan) 섬을 따서 지었으며 여기서는 수컷 부모식표본(paratype)을 촬영 · 수록했다.

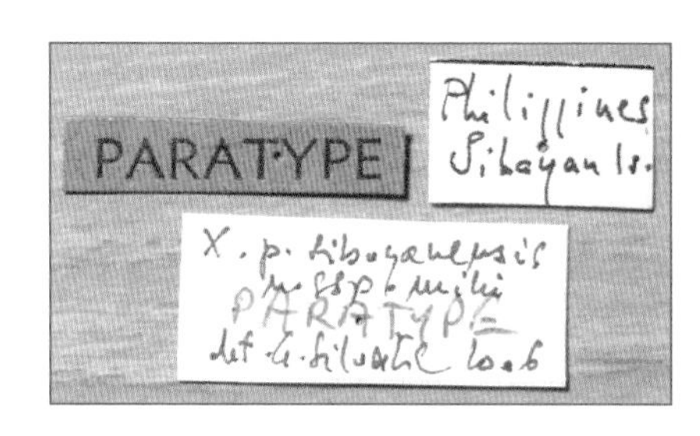

털보애왕장수풍뎅이(시부얀 아종)의
부모식표본(PARATYPE) 라벨

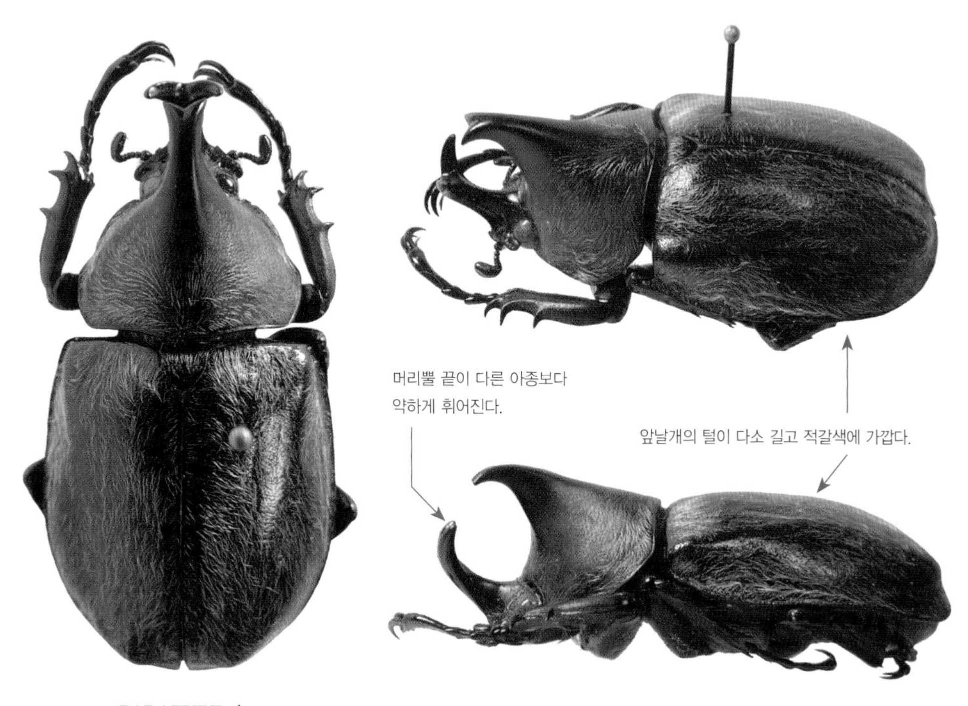

PARATYPE ♂
Sibuyan Island
PHILIPPINES (실물 42㎜)

Xylotrupes pubescens beaudeti Silvestre, 2006
털보애왕장수풍뎅이: 보데 아종

크기: –55㎜
분포: 필리핀 사마르(Samar) 섬이 모식지이지만 근처의 레이테(Leyte) 섬, 세부(Cebu) 섬에서도 서식하는 것으로 판단됨.

기재자인 실베스트르는 필리핀의 민다나오(Mindanao) 섬에 서식하는 털보애왕장수풍뎅이의 원명아종(*X. pubescens pubescens*)과는 달리 이 아종은 앞날개의 털이 매우 미약하게 발달해 눈으로 거의 보이지 않는 것을 특징으로 제시했다. 털이 완전히 없는 것은 아니며, 자세히 관찰하면 앞날개 뒤쪽 끝 부분에 미약하지만 명료하게 털이 발달한다. 이러한 형태의 털보애왕장수풍뎅이는 1957년에 엔드로에디에 의해 이미 언급된 적이 있다. 필리핀의 사마르 섬이 유일한 서식지로 알려져 있었지만, 사마르 섬 근처의 레이테 섬에서 채집된 개체들이 이 아종의 특징을 띠고 있는 것을 확인했고 로우랜드에게 표본을 보내어 동정을 확정하고 서식지에 포함시켰다. 단 로우랜드는 이 아종의 모식표본이 검증되지 않았기 때문에 유효한 아종이라 판단하는 것은 시기상조라고 조언했다. 또한 사마르 섬과 가까운 거리에 있는 세부 섬에서도 이 아종과 동일한 특징을 지니는 개체가 채집되는 것을 확인했기에 추가로 표본 사진을 수록했다. 아종명(*beaudeti*)은 실베스트르의 동료이자 프랑스의 곤충학자인 보데(Beaudet)를 기려 지은 것이다.

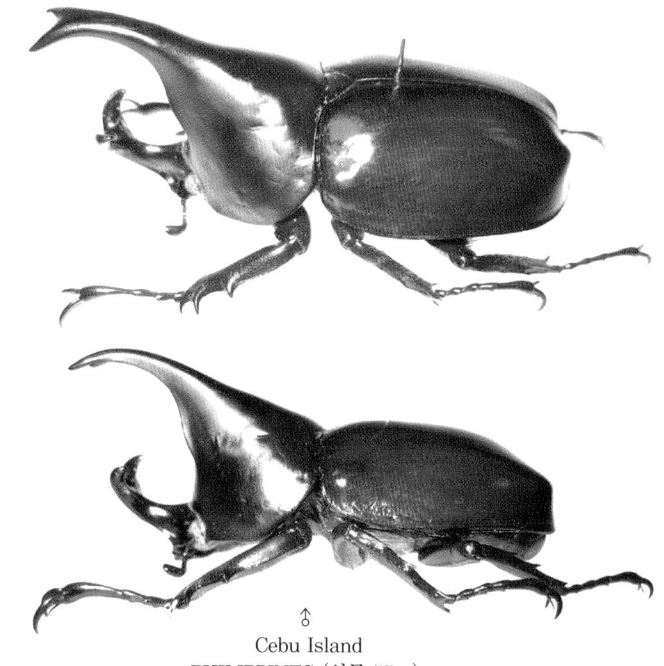

♂
Cebu Island
PHILIPPINES (실물 55㎜)

〈표본제공: 후지이 요시마사(Yoshimasa Fujii)〉

암컷의 앞날개 표면에는 미세한 털이 뚜렷하다.

필리핀 사마르 섬이 거의 유일한 서식지로 알려져 있었으나 이로부터 머지 않은 레이터 섬에서 채집된 개체들 또한 털보애왕장수풍뎅이(보데 아종)의 특징을 지니는 것을 확인했다.

♂
Leyte Island
PHILIPPINES (실물 47㎜)

♀
Leyte Island
PHILIPPINES (실물 37㎜)

Xylotrupes pubescens gracilis Silvestre, 2006
털보애왕장수풍뎅이: 그라킬리스 아종

크기: −55㎜
분포: 인도네시아 탈라우드(Talaud) 제도

기재자인 실베스트르는 필리핀의 민다나오(Mindanao) 섬에 서식하는 털보애왕장수풍뎅이의 원명아종(*X. pubescens pubescens*)과 이 아종을 서로 비교했을 때에, 대형 개체에 한해 가슴뿔이 상대적으로 더 가늘게 발달하는 것을 특징으로 제시했다. 아종명(*gracilis*)도 '호리호리한(slender)'을 뜻하는 라틴어다.

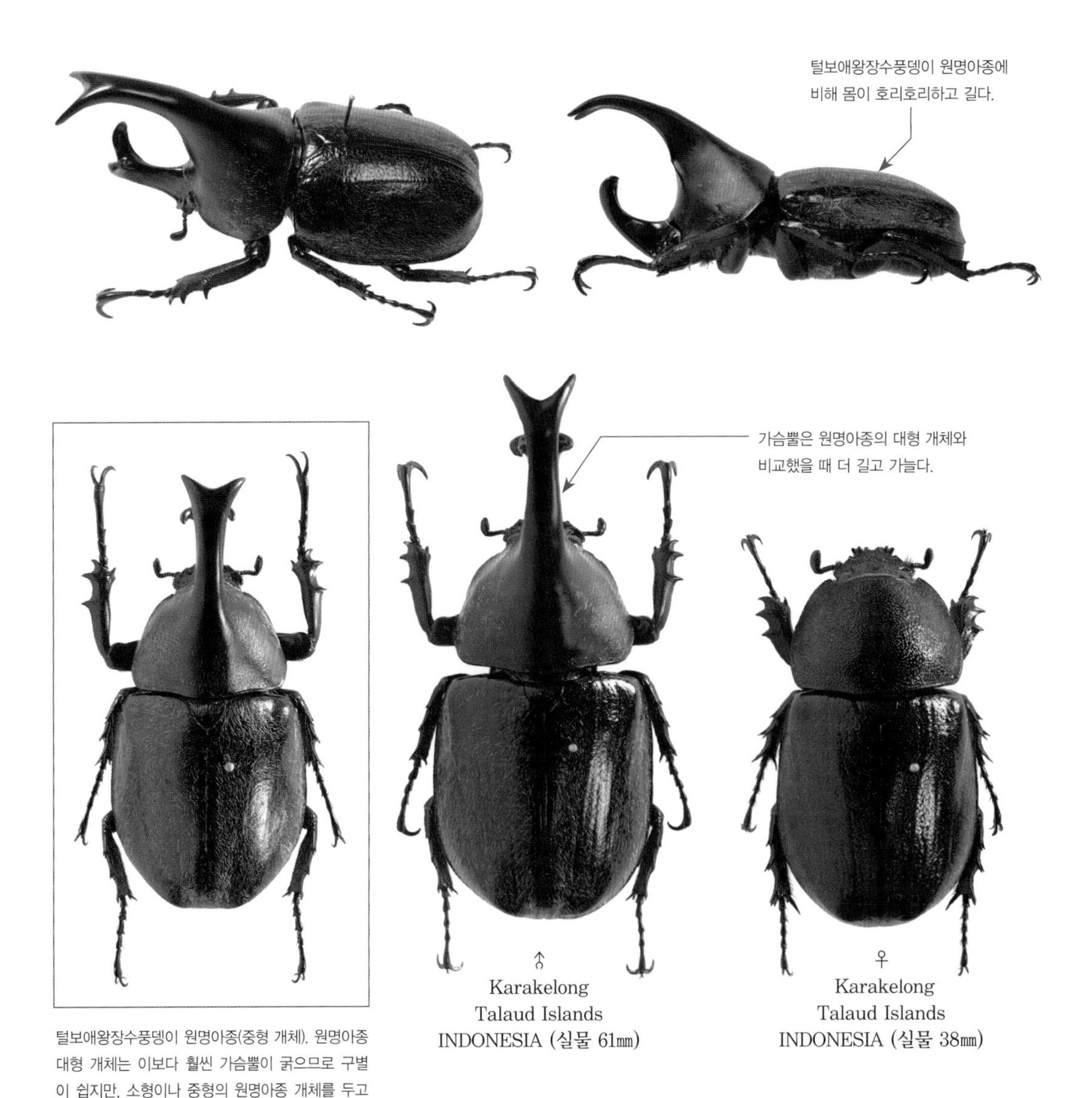

털보애왕장수풍뎅이 원명아종(중형 개체). 원명아종 대형 개체는 이보다 훨씬 가슴뿔이 굵으므로 구별이 쉽지만, 소형이나 중형의 원명아종 개체를 두고 관찰했을 때는 아종 진단이 불가능하다.

♂ Karakelong Talaud Islands INDONESIA (실물 61㎜)

♀ Karakelong Talaud Islands INDONESIA (실물 38㎜)

10

Dynastes MacLeay, 1819
왕장수풍뎅이속

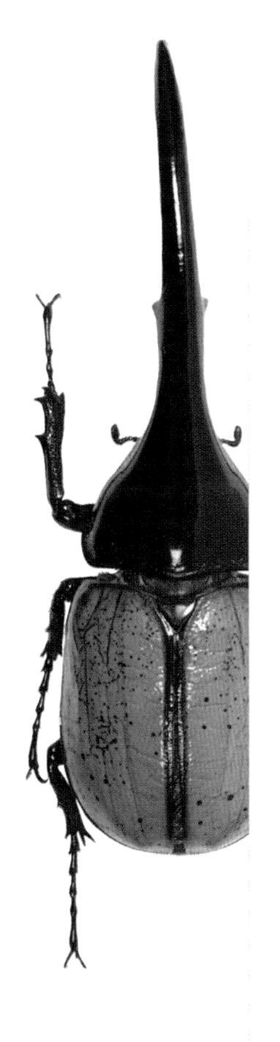

세계 최대의 딱정벌레 중 하나로 손꼽히는 헤라클레스왕장수풍뎅이(*Dynastes hercules*)를 포함한 분류군이다. 미국 남부에서부터 남아메리카 대륙의 볼리비아까지 널리 분포하며, 속명(*Dynastes*)은 이들의 큰 크기를 뒷받침하기라도 하듯 '지배자(ruler)' 혹은 '제왕(lord)' 이라는 의미다. 이 속으로 분류되는 종들은 가슴뿔이 상당히 길게 발달해 몸길이의 절반 또는 그 이상을 차지하기도 하며, 위쪽에서 보았을 때 가슴뿔에 가려서 머리뿔과 머리 부분이 거의 보이지 않는다. 몸길이의 대부분을 가슴뿔이 차지하기 때문에 순수한 몸뚱이 크기는 11장에 수록된 코끼리장수풍뎅이속(*Megasoma*)의 대형 종과 비교했을 때 더 작다고 볼 수 있으나, 뿔의 길이를 포함한 전체 몸길이로 보면 전 세계 장수풍뎅이류 중 가장 크다. 이번 장에서는 현재까지 알려진 총 8종 11아종의 표본 사진을 모두 수록했으며 촬영한 표본은 30개체다.

왕장수풍뎅이속(*Dynastes*)의 아속(subgenus) 구분

왕장수풍뎅이속은 수컷 앞날개의 색상 및 앞다리 발톱 부분의 형태에 따라 2개의 아속으로 세밀하게 분류되기도 한다. 2006년에 나가이(Nagai)가 헤라클레스왕장수풍뎅이아속(subgenus *Dynastes*)과 넵투누스왕장수풍뎅이아속(subgenus *Theogenes*)으로 나누어 구분하는 것을 최초로 주장했으며, 멕시코의 모론(Morón)이 이 체계를 적용한 논문을 2009년에 발표했다. 사실상 아속을 구별하지 않는 경우가 더 많지만 이번 장에서는 가장 최신 자료인 모론의 2009년 논문에 제시된 분류 체계에 따라 두 아속으로 나누어 수록했다. 두 아속의 차이는 아래와 같다.

1. subgenus *Dynastes* MacLeay, 1819 헤라클레스왕장수풍뎅이아속(亞屬)

수컷의 앞다리 발톱 부위에 돌기가 없어 전체적으로 단순하면서도 매끈하며, 앞날개는 황토색에서 올리브색 및 흰색 계열에 이르기까지 다양한 색상을 띤다.

2. subgenus *Theogenes* Burmeister, 1847 넵투누스왕장수풍뎅이아속(亞屬)

수컷의 앞다리 발톱 부위가 다른 발목마디에 비해 넓게 확장되고 끝이 뾰족한 돌기가 여러 개 있다. 앞날개는 전체적으로 검은색을 띤다.

1. subgenus *Dynastes* MacLeay, 1819 헤라클레스왕장수풍뎅이아속

아메리카 대륙에 널리 분포하는 6종이 포함되는 분류군이다. 앞날개의 색은 흰색에서 어두운 올리브색 혹은 푸르스름한 색에 이르기까지 다양하며, 크고 작은 검은색 반점이 드문드문 있지만 이것이 발달하는 형상은 같은 종이라 해도 개체마다 전부 다르다. 건조표본 제작 때 앞날개에 핀을 꽂은 후 일정 기간이 지나면 체내의 기름이 배어나와 날개 전체가 시커멓게 변색되는 경우가 많아 표본을 끓는 물이나 상온의 아세톤(acetone)에 장시간 넣어 체내의 기름을 제거하는 별도의 작업이 필요하다. 살아있는 개체의 경우 습도가 높아지면 앞날개가 어두운 색으로 변하며 습도가 낮아지면 원래의 색으로 다시 돌아온다. 헤라클레스왕장수풍뎅이(*Dynastes hercules*)의 앞날개가 습도에 따라 색상이 변하는 원리에 착안해 2010년 8월에 서강대학교 기계공학과 연구팀이 나노 구조를 사용한 습도 측정 센서를 개발하기도 했다.

왕장수풍뎅이속의 모식종

Dynastes (Dynastes) hercules (Linnaeus, 1758) 헤라클레스왕장수풍뎅이

공식적으로 알려진 가장 큰 개체의 몸길이가 178㎜로 알려진 세계 최대의 장수풍뎅이로, 종명(*hercules*)은 그리스 신화에 등장하는 영웅 헤라클레스(Hēraklēs)를 뜻한다. 대형과 소형에서 뿔이 발달하는 양상이 다소 다르며, 이에 따라 과거에는 크기 별로 다른 종이라 여겨 각각 신종으로 발표되었던 적이 있다. 예를 들어 덴마크의 파브리시우스(Fabricius)가 소형 단각형(短角形) 개체를 알키데스(*alcides*)라는 종명으로 1781년에 발표했고, 이듬해인 1782년에는 독일의 학자 판저(Panzer)가 중형급 개체를 이피클루스(*iphiclus*)로 발표했지만 이들은 1758년에 기재된 헤라클레스(*hercules*)보다 뒤늦게 보고된 종류들이므로 모두 동물이명(synonym)이다. 판저가 저술한 1782년의 문헌에 이피클루스의 원기재 삽화와 함께 알키데스의 형태도 자세히 묘사되어 있다. 이 종은 중남미에 분포하며 현재까지 수많은 아종이 발표되었으나 연구자마다 아종 분류에 대한 의견이 달라서 논란이 많다. 현재 중앙아메리카의 장수풍뎅이류에 대해 활발히 연구하는 미국의 라트클리프가 2003년의 논문에서 현재까지 알려진 헤라클레스의 아종들을 전부 동물이명(synonym)으로 처리했으나, 훗날 다른 연구자들의 자료에는 이들이 계속 유효한 아종으로 제시되고 있어 분류에 대한 의견이 일치되지 않는 것이라 추측된다. 여기에서는 라트클리프가 동물이명으로 처리하기 이전의 시점에서 유효한 아종으로 여겼던 총 12종류를 발표 연도 순서대로 수록했다.

아종 분류

1) ssp. *hercules* (Linnaeus, 1758) 원명아종(서인도 제도-과들루프 섬, 도미니카 연방)
2) ssp. *reidi* Chalumeau, 1977 레이드 아종(서인도 제도-세인트루시아, 프랑스령 마르티니크 섬)
3) ssp. *lichyi* Lachaume, 1985 리쉬 아종(남아메리카 북서부)
4) ssp. *occidentalis* Lachaume, 1985 옥시덴탈리스 아종(중앙아메리카-남아메리카 안데스 산맥 서부)
5) ssp. *septentrionalis* Lachaume, 1985 셉텐트리오날리스 아종(중앙아메리카)
6) ssp. *ecuatorianus* Ohaus, 1913 에콰토리아누스 아종(남아메리카 중앙부)
7) ssp. *paschoali* Grossi et Arnaud, 1993 파스쿠알 아종(브라질의 바이아 주, 이스피리투산투 주)
8) ssp. *tuxtlaensis* Morón, 1993 툭스틀라스 아종(멕시코의 베라크루즈 주)
9) ssp. *bleuzeni* Silvestre et Dechambre, 1995 블뢰제 아종(베네수엘라의 볼리바르 주)
10) ssp. *trinidadensis* Chalumeau et Reid, 1995 트리니다드 아종(트리니다드 토바고, 그레나다)
11) ssp. *morishimai* Nagai, 2002 모리시마 아종(볼리비아의 라파스 주)
12) ssp. *takakuwai* Nagai, 2002 타카쿠와 아종(브라질의 혼도니아 주)

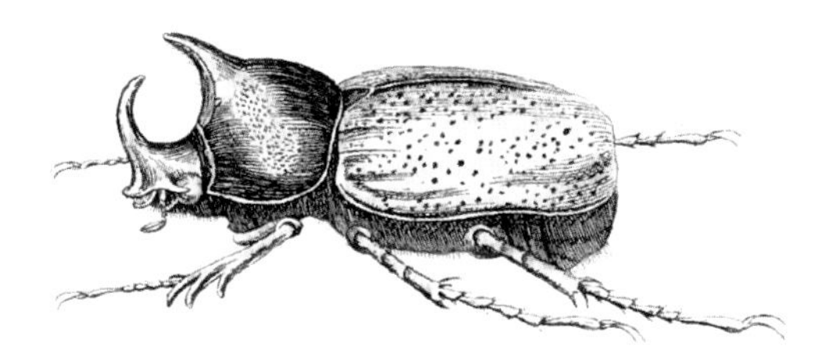

알키데스왕장수풍뎅이(현재 헤라클레스왕장수풍뎅이)의 삽화 (Panzer, 1782에서 발췌)
머리뿔과 가슴뿔에 돌기가 없는 헤라클레스 소형 개체를 묘사한 것으로, 덴마크의 학자 파브리시우스는 알키데스(*Scarabaeus alcides*)라는 명칭으로 1781년에 신종 발표했으나 현재는 헤라클레스의 동물이명(synonym)이다.

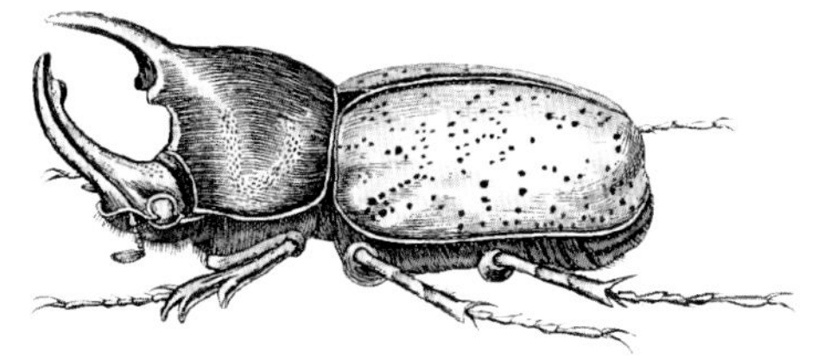

이피클루스왕장수풍뎅이(현재 헤라클레스왕장수풍뎅이)의 원기재 삽화(Panzer, 1782에서 발췌)
머리뿔과 가슴뿔에 돌기가 있지만 대형 개체처럼 길게 발달하지는 않는 헤라클레스 중형 개체를 묘사한 그림으로, 판저는 이피클루스(*Scarabaeus iphiclus*)라는 명칭으로 1782년에 신종 발표했으나 현재는 헤라클레스의 동물이명(synonym)이다.

헤라클레스왕장수풍뎅이의 아종 분포

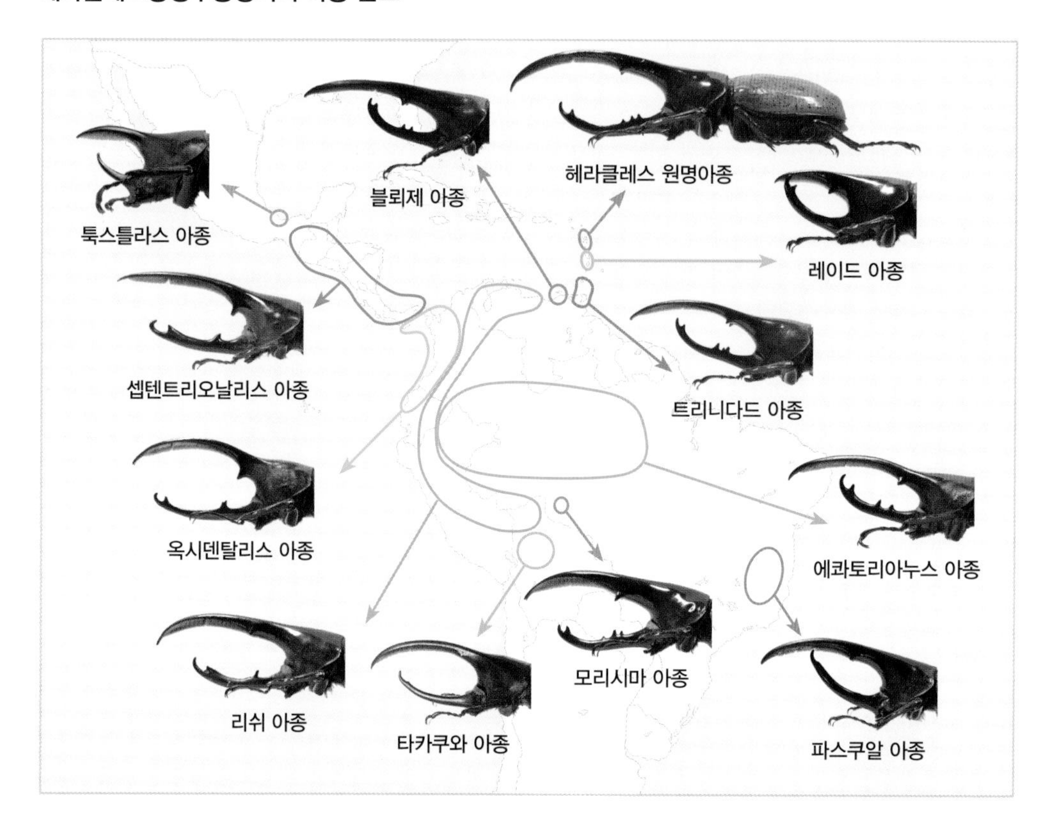

헤라클레스왕장수풍뎅이의 아종 분류에 관해

헤라클레스왕장수풍뎅이 표본 대다수는 각 아종별로 잘 알려진 채집지에서 채집한 것이 대부분이어서 채집지에 따라 어느 정도 정착된 일정한 형태를 띠는 경우가 많다. 따라서 아종 수준의 차이가 분명한 것 같은데 이들을 모두 동물이명(synonym) 처리한다는 것을 이해할 수 없는 사람도 있을 것이다.

2003년 라트클리프는 '색상이나 머리뿔 돌기의 생김새로 구분되는 경우가 많은 헤라클레스 아종들은 이들의 분포지인 중남미가 워낙 넓기 때문에 각 개체군의 변이가 다양한 것이며, 수컷의 머리뿔 돌기 형태는 몇몇 아종에 있어서 동소적(sympatric: 지리적으로 격리되지 않은 장소인데도 다양한 형태가 나타나는 것)인 형질로 나타나기도 하므로 이들을 다른 아종으로 분류할 필요성이 없다'는 주장과 함께 헤라클레스의 아종들을 전부 동물이명이라 주장했다. 잘 알려져 있지 않은 중남미의 여러 지역에서 각 아종의 중간적인 형태를 띠는 개체들이 분명히 서식하고, 이들의 아종 동정이 불가능한 경우가 많으며, 각 아종의 서식 지역을 나누는 경계를 명확하게 지정하기 어렵다는 것도 그가 헤라클레스의 아종 통합을 주장하는 이유 중 하나다. 이렇듯 중간적인 형태를 띠어서 아종 수준의 정확한 동정이 불가능한 헤라클레스에 대해서는 2009년 일본의 야마우치(Yamauchi)가 곤충 잡지인 〈비-쿠와, Be-Kuwa〉를 통해 간략하게 소개했던 적도 있다.

헤라클레스의 아종 분류에 있어서 학자들의 이견이 시작되는 또 하나의 요인은 모식표본의 정당성 때문이다. 프랑스의 샬뤼모가 이 종의 후모식표본(lectotype)을 지정했으며 이 표본은 현재 영국 런던의 린네 학회(The Linnean Society of London)에 소장되어 있는데, 라트클리프에 의하면 이 표본은 1700년대의 골동품 서랍장 안에서 발견된 것으로 채집 장소가 기록된 라벨(label)이 없었고 머리뿔 돌기의 생김새로 미루어 볼 때 중앙아메리카 동부에 있는 카리브해 서인도 제도(West Indies)의 개체인 것으로 간주되어 현재까지 이르고 있다고 한다. 과들루프(Guadeloupe) 섬과 도미니카 연방(Commonwealth of Dominica)에 서식하는 헤라클레스의 개체군이 현재 원명아종(ssp. *hercules*)으로 분류되는 것도 바로 이 때문이다. 그러나 헤라클레스의 후모식표본이 이 지역에 서식하는 개체들의 형태와 비슷하지만, 다른 지역에서 채집된 개체였을 확률 또한 완전히 배제할 수 없는 것이 사실이다. 실제 헤라클레스의 머리뿔 돌기 발달 양상은 상당히 변이가 심한 형질이기 때문이다.

헤라클레스왕장수풍뎅이의 후모식표본(사진 제공: 영국 린네 학회(The Linnean Society of London))
영국 린네 학회에 소장되어 있는 헤라클레스왕장수풍뎅이의 후모식표본(lectotype)을 촬영한 사진을 린네 학회 소속 셜우드(Sherwood) 박사에게 요청해 제공받았다. 표본 라벨에는 후모식표본을 직접 선정했던 프랑스의 학자 샬뤼모(Chalumeau)의 이름이 자필로 기록되었다(왼쪽 위부터 시계방향으로: 정면, 측면, 모식표본 라벨, 모식표본에서 적출한 수컷 생식기).

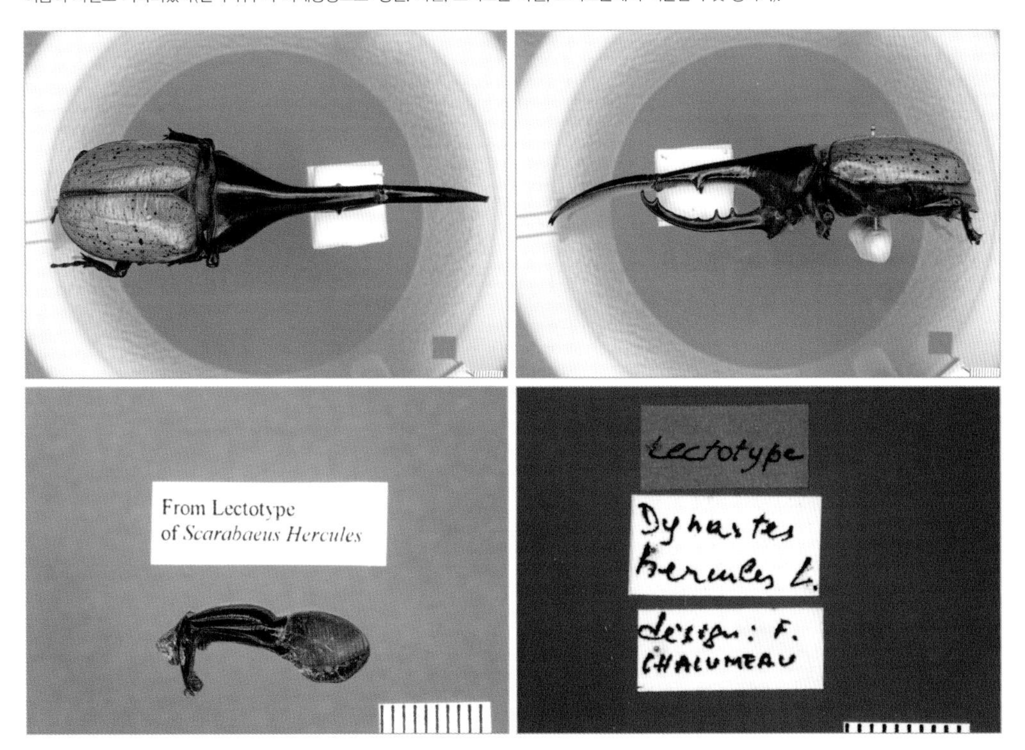

❶ *Dynastes (Dynastes) hercules hercules* (Linnaeus, 1758)
헤라클레스왕장수풍뎅이: 원명아종

크기: –178㎜
분포: 카리브해 서인도 제도–프랑스령 과들루프(Guadeloupe) 섬, 도미니카(Dominica) 연방

린네가 1758년에 저술한 〈자연의 체계, Systema Naturae〉 제10판에서 가장 처음에 소개된 종이다. 즉 이명법으로 발표된 세계 최초의 곤충이다. 서식지의 경우 단순하게 아메리카(America)로만 표기되어 있어 어떤 지역에서 채집된 표본으로 린네가 신종 기재했는지는 검증이 불가능하다. 이들의 대표 서식지 중 하나인 프랑스령 과들루프 섬은 거의 붙어 있는 섬 2개, 바스테르(Basse-Terre) 섬과 그랑드테르(Grande-Terre) 섬으로 이루어졌다. 이 중에서 개발이 더 진행되고 이 종이 서식할 정도의 마땅한 고지대가 없는 바스테르 섬에서는 현재 멸종한 것으로 알려졌고 그랑드테르 섬과 도미니카 연방에서는 7–9월 사이에 주로 발견된다. 또한 이들은 과들루프에서 지정한 보호종으로 생체 또는 표본의 해외 반출이 금지되어 있으나 일본에서 수입한 애완용의 사육법이 완전히 정착되어 곤충사육가들 사이에서 퍼지고 있다. 머리뿔의 돌기는 약간의 변이가 있지만 보통 2–4개가 있으며, 가슴뿔이 시작되는 기초부는 헤라클레스의 모든 아종 중 가장 굵은 경향이 있다.

Hercules. 1. S. thoracis cornu incurvo maximo ſubtus barbato, capitis cornu recurvato: ſupra dentato.
Marcgr. braſ. 247. *f.* 3. *Jonſt. inſ. t.* 16. *f.* 1.
Olear. muſ. t. 16. *f.* 1. *Pet. gaz. t.* 70. *f.* 1.
Grew. muſ. 162. *Swamm. bibl. t.* 30. *f.* 2.
Rœſ. ſcarab. 1. *t. A. f.* 1. *inſ.* 4. *p.* 45. *t.* 5. *f.* 3.
Habitat in America.

헤라클레스왕장수풍뎅이의 원기재문 (Linnaeus, 1758에서 발췌)
원기재문의 길이는 짧지만 이 몇 줄의 효력으로 인해 '헤라클레스'라는 명칭이 253년이 지난 현재까지 쓰이고 있다.

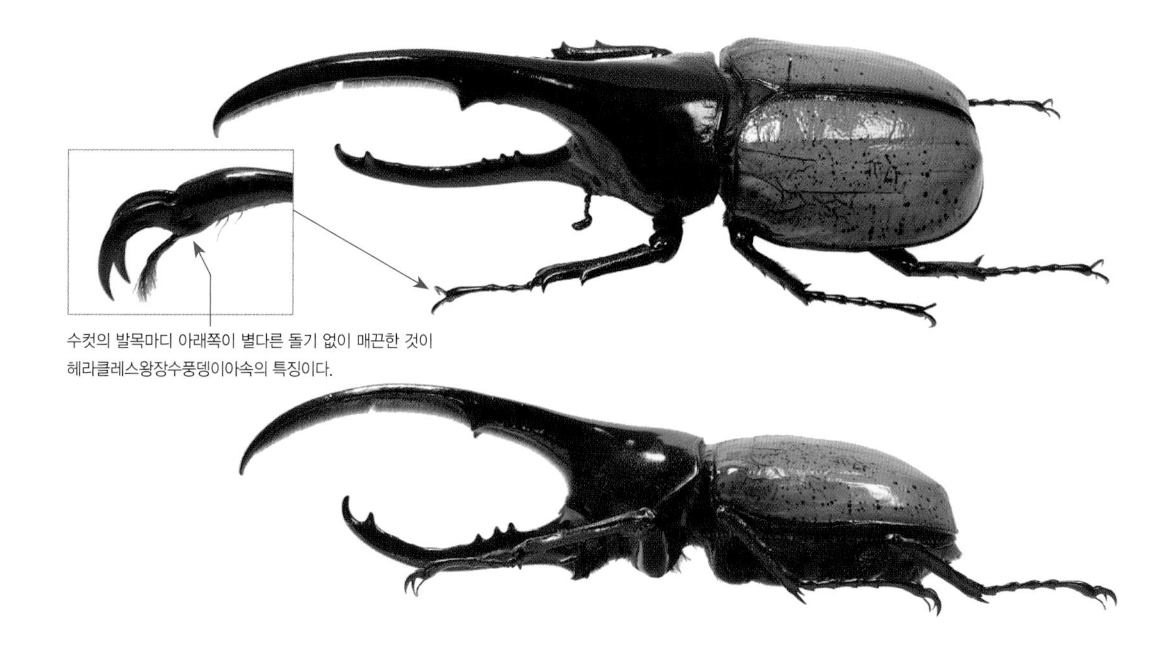

수컷의 발목마디 아래쪽이 별다른 돌기 없이 매끈한 것이 헤라클레스왕장수풍뎅이아속의 특징이다.

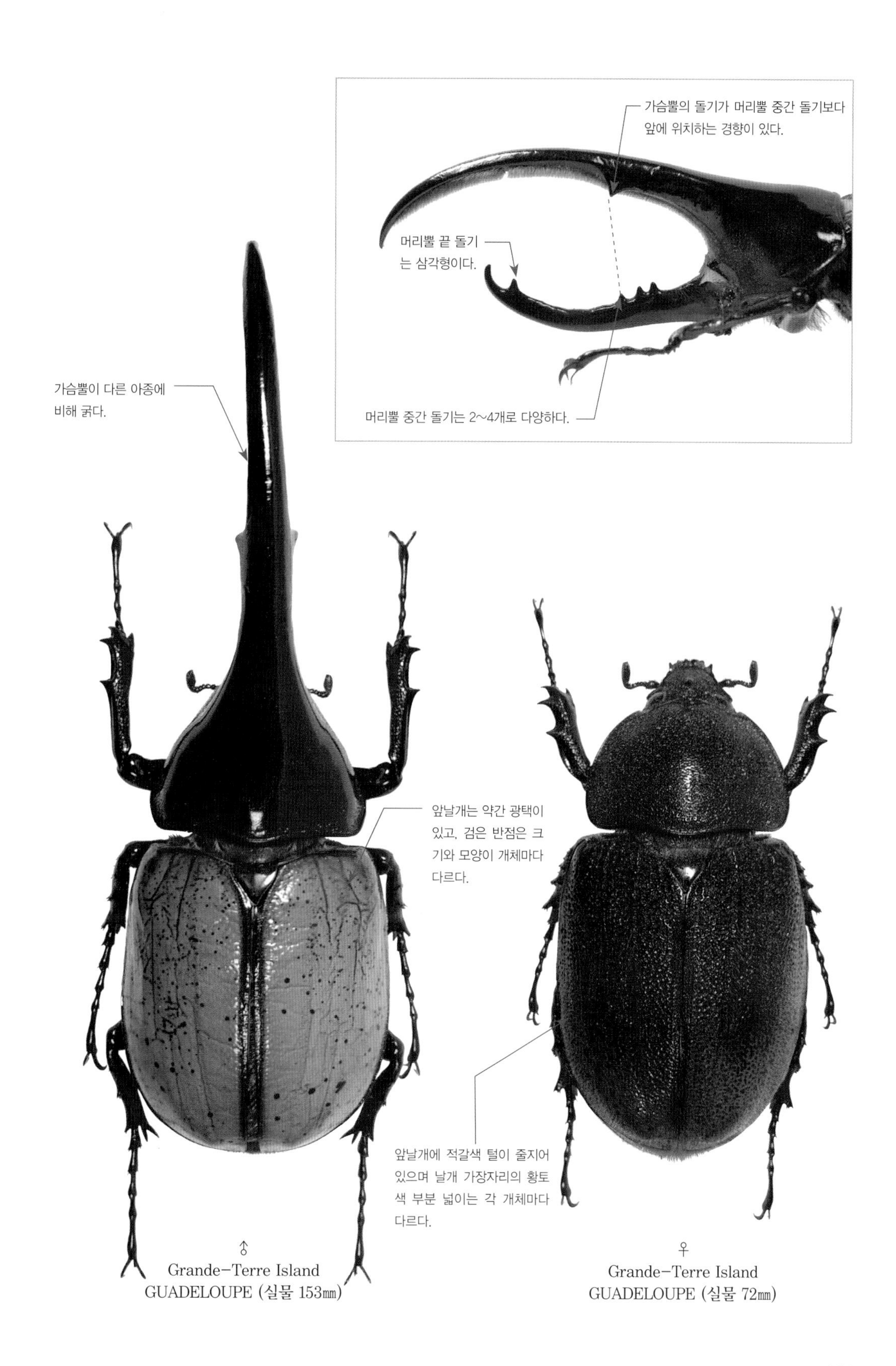

♂
Grande-Terre Island
GUADELOUPE (실물 153㎜)

♀
Grande-Terre Island
GUADELOUPE (실물 72㎜)

❷ *Dynastes (Dynastes) hercules reidi* Chalumeau, 1977
헤라클레스왕장수풍뎅이: 레이드 아종

크기: −110㎜
분포: 카리브해 서인도 제도−세인트루시아(St. Lucia), 프랑스령 마르티니크(Martinique) 섬

2004년까지는 진귀한 종류였으나 일본에서 애완용 사육 개체들이 번식에 성공해 희귀성이 많이 낮아졌다. 이들은 모두 세인트루시아에서 수입된 개체의 자손이며 프랑스령 마르티니크 섬의 개체군은 개발로 인해 서식지가 많이 파괴되어 절멸 위기에 놓여 있고 생태 또한 자세히 알려지지 않았다. 세인트루시아의 개체들은 8−10월에 많이 발생하므로 이와 멀지 않은 마르티니크 섬의 개체들도 비슷하리라 예상된다. 또한 이 아종은 머리뿔 중간 부분에 돌기가 없는 것과 부차적인 돌기가 1−2개 발달하는 2가지 형태가 있으며 일본에서는 전자를 레이드 형(*reidi* form), 후자를 보드리 형(*baudrii* form)이라 부르지만 공식적인 명칭은 아니다. 아종명(*reidi*)은 기재자인 샬뤼모(Chalumeau)의 동료이자 미국의 연구자인 레이드(William Reid)를 기려 지은 것이다. 2002년에 샬뤼모와 레이드는 이 아종이 독립적인 종으로서의 특색이 더 강하다고 판단해 1789년에 프랑스의 올리비에가 발표했던 알키데스(*alcides*)라는 종명을 이 서식지에 적용할 수 있다고 주장하며 *Dynastes alcides* (Olivier, 1789)라는 학명을 제시했다. 그러나 종명인 알키데스(*alcides*)는 이보다 8년 앞선 1781년에 이미 덴마크의 파브리시우스가 발표했으므로, 결과적으로 샬뤼모와 레이드가 2002년에 주장한 학명은 동명이물(homonym)이어서 현재는 전혀 인정되지 않는다.

레이드 아종의 학명 논란에 대해: *hercules reidi* VS *hercules baudrii*

레이드 아종은 2가지 아종명이 알려져 분류학적으로 혼란을 일으켰던 적이 있다. 1976년에 프랑스의 펭숑(Pinchon)이 세인트루시아 및 마르티니크 섬에 서식하는 헤라클레스왕장수풍뎅이 개체군을 프랑스의 채집가 보드리(Baudri)의 이름을 딴 보드리 아종(ssp. *baudrii*)으로 발표했다. 그러나 그의 논문에 모식표본이 지정되지 않아서 국제동물명명규약에 위배된다는 이유로 그 이듬해인 1977년에 프랑스의 샬뤼모가 세인트루시아의 헤라클레스 개체군을 대상으로 해 레이드 아종(ssp. *reidi*)으로 다시 발표했다. 이에 반기를 들며 펭숑이 다시 이듬해인 1978년에 보드리 아종의 명칭에 대한 정당성을 주장하며 후모식표본(lectotype)을 지정해 발표하면서 아종의 정확한 명칭이 혼란스럽게 된 것이다.

학명을 지을 때에는 국제동물명명규약을 반드시 따라야 하며, 이 규약은 1999년 개정된 제4판이 현재까지 쓰이고 있다. 펭숑이 보드리 아종을 발표한 1976년 당시의 명명규약(제2판)은 '신종 또는 신아종 발표 시 완모식표본(holotype)을 지정하는 것이 바람직하다'는 권유적인 조항이 있었으나, 제4판에 이르러서는 '완모식표본을 반드시 지정해야 한다'는 의무조항으로 변경되었다. 즉 1976년에는 완모식표본을 지정하지 않아도 되었지만 1999년 이후에는 반드시 지정해야 했다. 이러한 논리에 따라 명명규약 제2판이 적용되는 시기인 1976년에 발표된 보드리 아종이 당시의 명명규약에 위배되는 것은 아니기 때문에 이 아종명이 옳을 가능성도 있다는 추측이 2009년에 일본의 야마우치에 의해 발표된 적 있다.

그러나 1976년에 발표된 보드리 아종의 문제는 모식표본에 대해 전혀 기록하지 않았다는 점이다. 완모식표본(holotype)을 지정하지 않은 것은 당시의 명명규약에 위배되지 않는다 하더라도 단 한 개체를 증빙으로 삼아 발표하는 것이 아닌 여러 개체를 조사한 후 발표할 때에는 총모식표본(syntype)에 대해서라도 기술하는 것이 필수였다. 펭숑의 경우에는 한 개체를 사용해 발표한 것이 아니라 여러 개체를 조사해 이

에 따른 변이까지 설명했기 때문에 이 오류는 피할 수 없다. 또한 레이드 아종이 1977년에 발표된 후 펭숑이 뒤늦게 보드리 아종의 후모식표본(lectotype)을 1978년에 선정했어도 이 또한 인정될 수 없는데, 후모식표본은 총모식표본(syntype) 중에서 한 개체를 훗날 선정하는 것이므로 총모식표본이 지정되지 않은 펭숑의 1976년 논문에서는 후모식표본의 지정이 불가능하다고 결론지을 수 있기 때문이다. 나가이는 일본의 곤충 잡지인 〈비-쿠와, Be-Kuwa〉를 통해, 세인트루시아와 마르티니크 섬의 개체군을 아종으로 최초로 인식했던 사람이 펭숑이기 때문에 그의 안목을 인정하는 차원에서 보드리 아종의 명칭을 사용하는 것에 더 마음이 간다고 기록했다. 그러나 명명규약의 규정을 꼼꼼히 검토해 이에 어긋나지 않는 범위 내에서 신종 또는 신아종을 발표하는 것이 기본적인 자세이며, 펭숑은 결과적으로 이를 준수하지 않았으므로 그의 논문은 무효라고 본다. 따라서 이 책에서는 라트클리프의 조언을 토대로 국제동물명명규약의 규정을 준수해 발표했던 레이드 아종의 명칭을 적용해 소개했다.

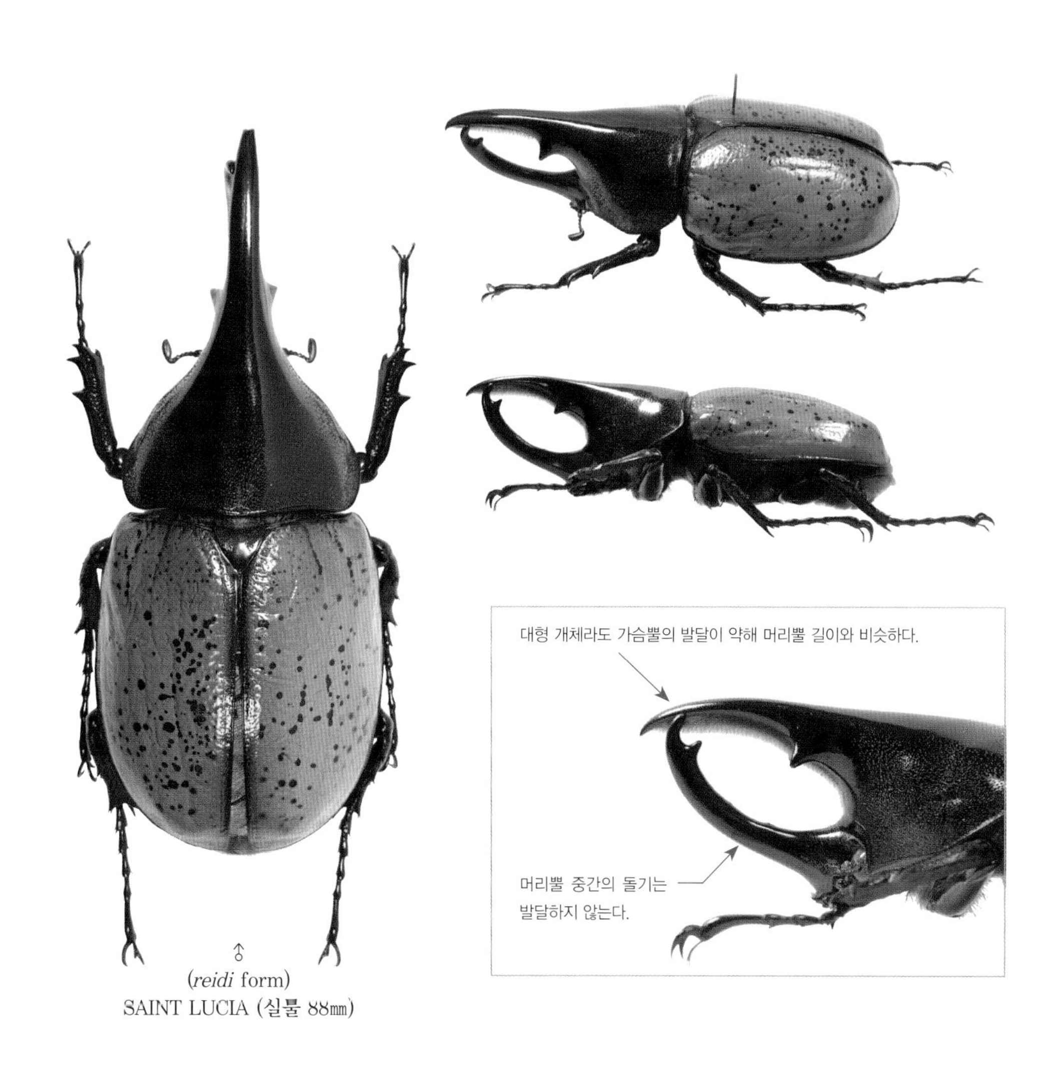

♂
(*reidi* form)
SAINT LUCIA (실물 88㎜)

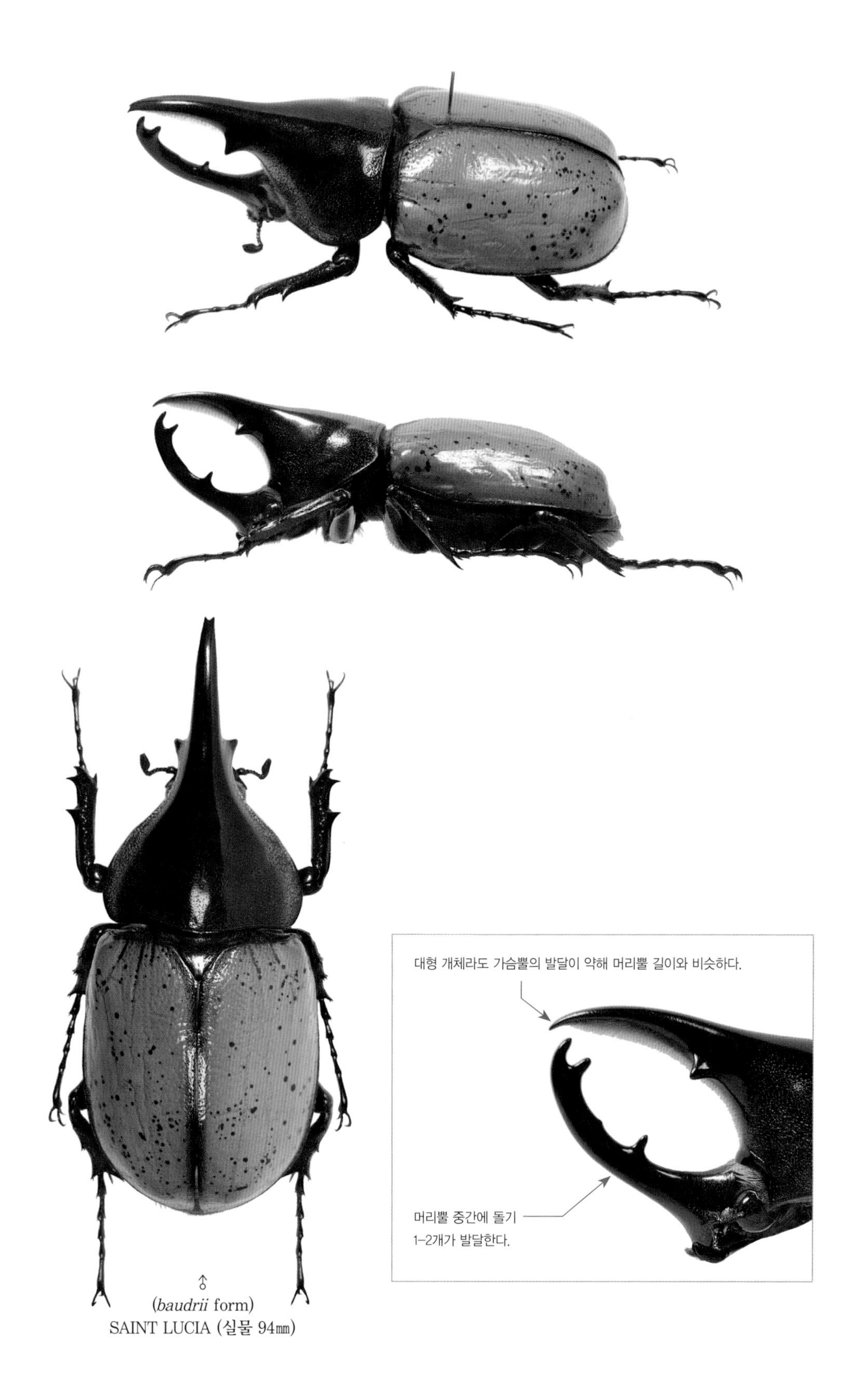

♂
(*baudrii* form)
SAINT LUCIA (실물 94㎜)

③ *Dynastes (Dynastes) hercules tuxtlaensis* Morón, 1993
헤라클레스왕장수풍뎅이: 툭스틀라스 아종

크기: −80㎜ 전후의 모식표본 2개체만이 알려져 있음
분포: 멕시코 동부의 베라크루즈(Veracruz) 주

1992년 9월에 채집된 수컷 완모식표본(holotype)과 부모식표본(paratype) 단 2개체만이 알려진 매우 진귀한 아종으로, 2개체 모두 현재 멕시코의 베라크루즈 환경연구소 곤충학부에 소장되었다. 헤라클레스 아종 중 가장 북쪽에 서식하며 아종명(*tuxtlaensis*)은 모식지인 베라크루즈 주의 툭스틀라스(Los Tuxtlas)에서 따온 것이다. 기재자인 모론의 협조로 완모식표본 사진 및 1993년의 원기재문에 수록된 삽화를 제공받아 수록했다. 또한 그는 표본의 채집 라벨(label)에 오류가 있을 가능성도 언급했기 때문에 아직 이 아종의 분류학적 위치는 분류학적으로 정확하게 결론지어진 상태가 아닌 것으로 예상할 수 있다. 참고로 이 아종으로 곤충 표본 시장에 나오는 개체는 다음과 같은 2가지 가능성이 있는 거짓 표본이다: 1) 셉텐트리오날리스 아종(ssp. *septentrionalis*) 소형 개체와 차이점을 거의 찾을 수 없다. 툭스틀라스 아종이 확실하다면 엄청난 가격이 형성될 것이다; 2) 동일 지역에 서식하는 모론왕장수풍뎅이(*Dynastes moroni*)를 오동정한 것이다. 모론왕장수풍뎅이와 툭스틀라스 아종은 매우 비슷하나, 후자는 앞가슴등판에 점각이 매우 많으나 전자는 점각이 없이 매끈하다.

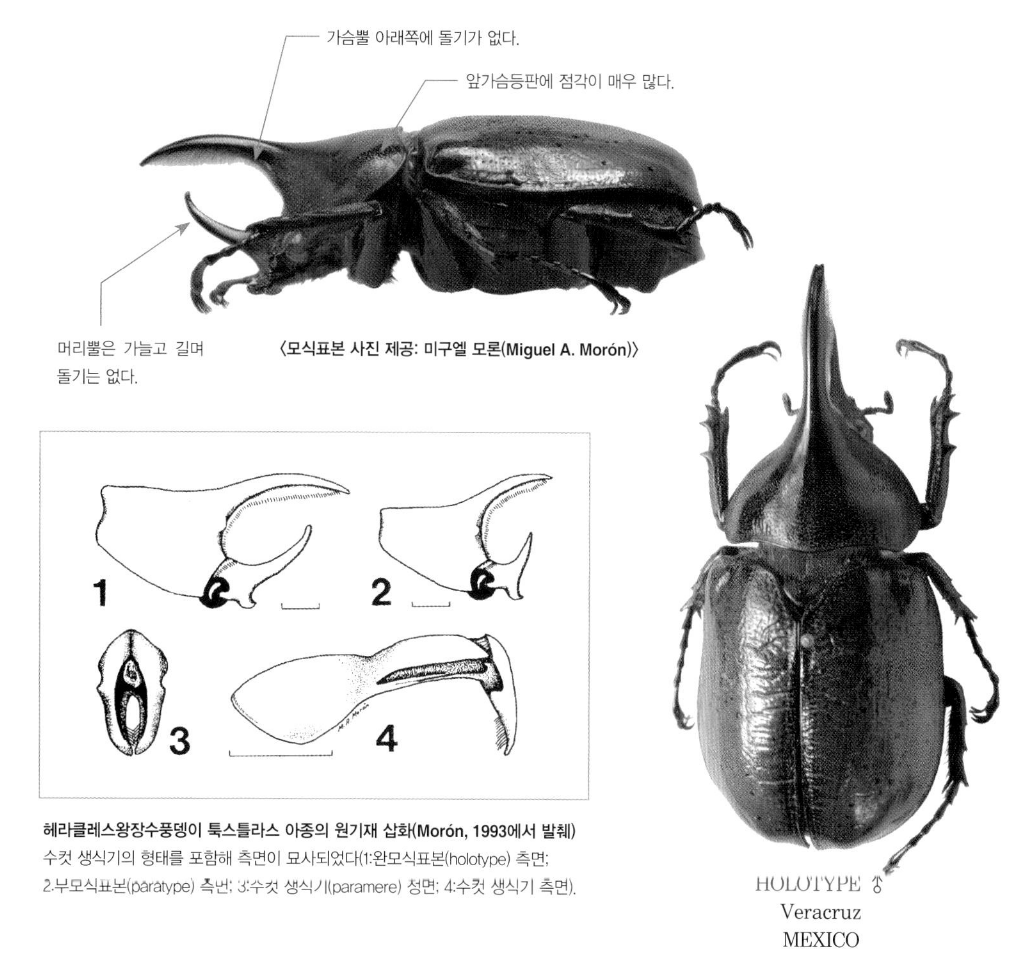

〈모식표본 사진 제공: 미구엘 모론(Miguel A. Morón)〉

헤라클레스왕장수풍뎅이 툭스틀라스 아종의 원기재 삽화(Morón, 1993에서 발췌)
수컷 생식기의 형태를 포함해 측면이 묘사되었다(1:완모식표본(holotype) 측면; 2:부모식표본(paratype) 측면; 3:수컷 생식기(paramere) 정면; 4:수컷 생식기 측면).

④ *Dynastes (Dynastes) hercules lichyi* Lachaume, 1985
헤라클레스왕장수풍뎅이: 리쉬 아종

크기: –174㎜
분포: 남미 대륙 북부–서부 해안 안데스 산맥 고지대(베네수엘라, 콜롬비아, 에콰도르, 페루, 볼리비아)

1964년 6월에 베네수엘라의 1,100m 고지대에서 채집된 125㎜ 수컷이 완모식표본(holotype)으로 지정되어 있으며 현재 파리 국립 자연사 박물관에 소장되었다. 기재자인 라숌의 협조로 원기재문에 실렸던 완모식표본 사진을 제공받아 수록했다. 이 아종은 머리뿔 중간 지점에 돌기가 1–2개 발달하고 머리뿔 끝부분에는 바닥 부분이 넓게 퍼지는 형태의 돌기 1개가 발달하는 것이 특징이다. 간혹 셉텐트리오날리스 아종(ssp. *septentrionalis*)에서도 이런 모양의 돌기가 드물게 발현되어 동정이 혼란스러워지는 경우가 있으나, 리쉬 아종은 가슴뿔 아래쪽 돌기가 기부로부터 꽤 멀어서 머리뿔 중간의 돌기보다 앞쪽에 위치하기 때문에 구별 가능하다. 아종명(*lichyi*)은 완모식표본 채집자인 프랑스의 채집가 리쉬(René Lichy)를 기려 지은 것으로, 국내에서는 아종명의 라틴어 발음인 '리키'라는 이름으로 더욱 잘 알려져 있다.

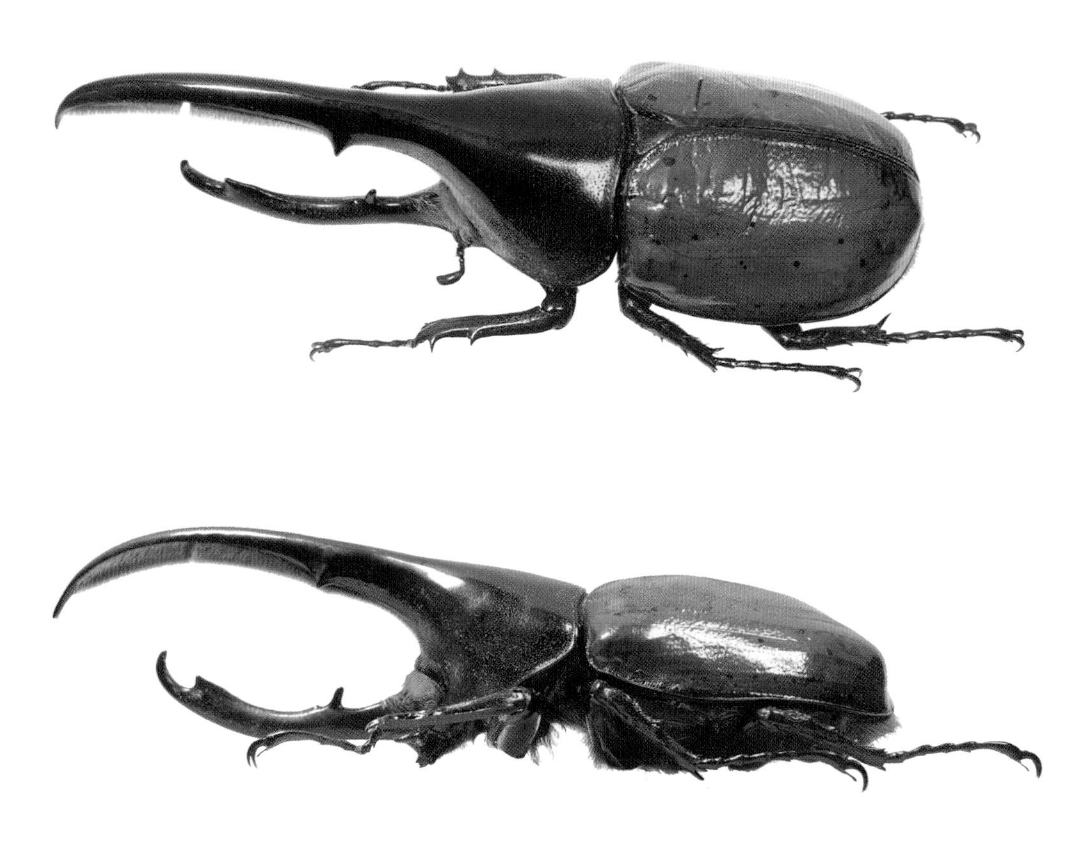

HOLOTYPE ♂
Rancho Grande
VENEZUELA

〈모식표본 사진 제공: 질베르 라숌(Gilbert Lachaume)–Lachaume, 1985 (The Beetles of the world, Science Nat.) 에서 발췌〉

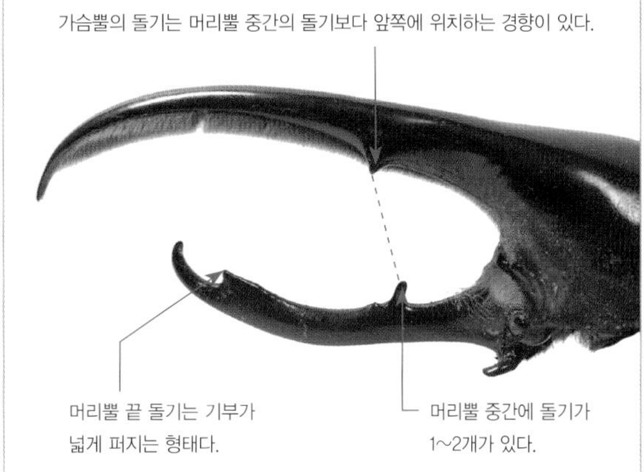

♂
Santander
COLOMBIA (실물 149㎜)

⑤ *Dynastes (Dynastes) hercules occidentalis* Lachaume, 1985
헤라클레스왕장수풍뎅이: 옥시덴탈리스 아종

크기: –150㎜
분포: 중미(파나마)–남미 대륙 안데스 산맥 서부 해안 저지대(콜롬비아, 에콰도르)

1975년 9월에 콜롬비아에서 채집된 135㎜ 수컷이 완모식표본(holotype)으로 지정되어 있으며 현재 프랑스의 파리 국립 자연사 박물관에 소장되었다. 기재자인 라숌의 협조로 원기재문에 실렸던 완모식표본 사진을 제공받아 수록했다. 이 아종은 가슴뿔이 상당히 가늘기 때문에 다른 아종에 비해 가냘픈 느낌을 준다. 아종명(*occidentalis*)은 '서쪽' 또는 '서부'를 뜻하며, 이 아종이 안데스 산맥 서쪽에 분포하는 특징에 근거해 지어진 것이다.

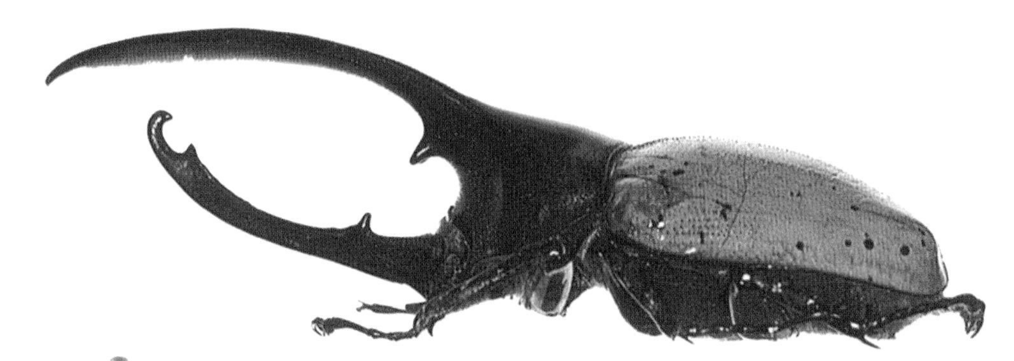

HOLOTYPE ♂
Cali
COLOMBIA

〈모식표본 사진 제공: 질베르 라솜(Gilbert Lachaume)–Lachaume, 1985 (The Beetles of the world, Science Nat.)에서 발췌〉

♂
Cali
COLOMBIA (실물 134㎜)

⑥ *Dynastes (Dynastes) hercules septentrionalis* Lachaume, 1985
헤라클레스왕장수풍뎅이: 셉텐트리오날리스 아종

크기: –150㎜
분포: 중미(멕시코 남부, 과테말라, 온두라스, 엘살바도르, 니카라과, 코스타리카, 파나마)

1979년 1월에 과테말라에서 채집된 130㎜ 수컷이 완모식표본(holotype)으로 지정되어 있으며 현재 프랑스의 파리 국립 자연사 박물관에 소장되었다. 기재자인 라숌의 협조로 원기재문에 실렸던 완모식표본 사진을 제공받아 수록했다. 가슴뿔이 가느다란 편이고 머리뿔 끝 부분에 기둥형 돌기가 발달하지만, 리쉬 아종(ssp. *lichyi*)처럼 기부가 넓게 퍼지는 돌기가 드물게 발현되기도 한다. 그러나 이 아종은 가슴뿔 아래쪽 돌기가 가슴뿔 기부에 치우쳐 있어 머리뿔 중간의 돌기보다 뒤쪽에 있는 점으로 구별이 가능하다. 또한 파나마에서는 옥시덴탈리스 아종(ssp. *occidentalis*)과 중간 형태를 띠는 개체가 서식하기 때문에 이 두 아종 간의 정확한 분포 경계는 아직까지 명확하게 밝혀지지 않았다. 아종명(*septentrionalis*)은 '북쪽' 또는 '북부'를 뜻하며, 헤라클레스 아종 대부분이 남아메리카 대륙에 분포하는 것과 달리 북쪽인 중앙아메리카 지역에 서식하는 특징에 따라 지은 것이다.

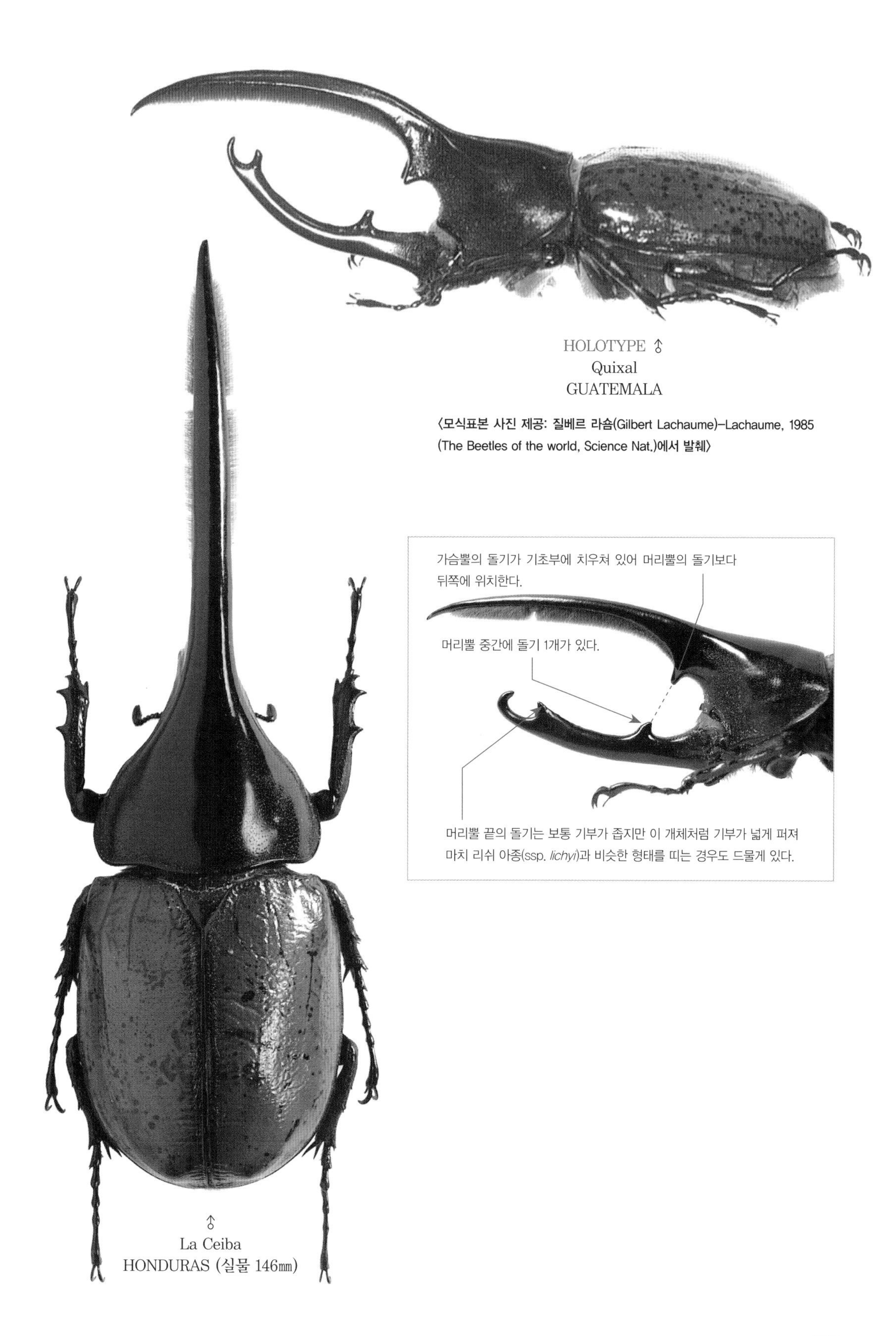

HOLOTYPE ♂
Quixal
GUATEMALA

〈모식표본 사진 제공: 질베르 라숌(Gilbert Lachaume)–Lachaume, 1985 (The Beetles of the world, Science Nat.)**에서 발췌〉**

♂
La Ceiba
HONDURAS (실물 146㎜)

⑦ *Dynastes (Dynastes) hercules ecuatorianus* Ohaus, 1913
헤라클레스왕장수풍뎅이: 에콰토리아누스 아종

크기: –165㎜
분포: 남미 대륙 중앙부 아마존 강 유역 저지대(페루, 에콰도르, 콜롬비아, 브라질)

에콰도르에서 채집된 수컷 개체가 완모식표본(holotype)으로 지정되어 있으며, 아종명(*ecuatorianus*)은 모식지인 에콰도르(Ecuador)에서 따온 것이다. 넓은 아마존 강 유역을 따라 분포하며 지역에 따라 변이가 매우 극심해 판별이 쉽지 않다. 기본적으로는 리쉬 아종(ssp. *lichyi*)과 비슷하나 머리뿔 끝의 돌기는 바닥 부분이 넓게 퍼지는 삼각형이 아니며 다소 뾰족하고 봉긋한 점이 다르다. 또한 머리뿔 중간 부분의 돌기 형태도 매우 다양하며, 나가이는 이러한 특징을 구분지어 두 아종(모리시마 아종, 타카쿠와 아종)을 2002년에 새롭게 발표하기도 했다.

♂
Napo
ECUADOR (실물 119㎜)

⑧ *Dynastes (Dynastes) hercules paschoali* Grossi et Arnaud, 1993
헤라클레스왕장수풍뎅이: 파스쿠알 아종

크기: −145㎜
분포: 브라질 북동부의 바이아(Bahia) 주, 이스피리투산투(Espirito Santo) 주

브라질의 이스피리투산투 주에서 1990년 7월에 채집된 140㎜ 수컷이 완모식표본(holotype)으로 지정된 브라질 특산 희귀 아종이다. 기재자인 에베라르도 그로시의 협조로 완모식표본 사진과 부모식표본(paratype) 수컷 개체를 제공받았다. 이 아종은 머리뿔의 끝 부분을 제외한 다른 부위에 돌기가 없는 특징으로 동정할 수 있으며 헤라클레스 중 가장 고도가 낮은 지대에 서식한다. 브라질 정부는 많은 종의 곤충을 보호하고 있어 곤충 채집이 다른 국가에 비해 어렵기 때문에 이 아종의 희귀성을 뒷받침한다. 아종명(*paschoali*)은 에베라르도 그로시의 아들이자 브라질 파라나 연방대학교(Universidade Federal do Paraná) 소속으로 그와 여러 가지 공동 연구를 진행하는 파스쿠알 그로시(Paschoal C. Grossi)를 기려 지은 것이다. 그는 아버지인 에베라르도 그로시와 더불어 많은 논문과 진귀한 종의 표본 사진을 제공해 이 책에 많은 도움을 주었다.

〈모식표본 사진 제공: 에베라르도 그로시(Everardo J. Grossi)〉

HOLOTYPE ♂
Espírito Santo
BRAZIL

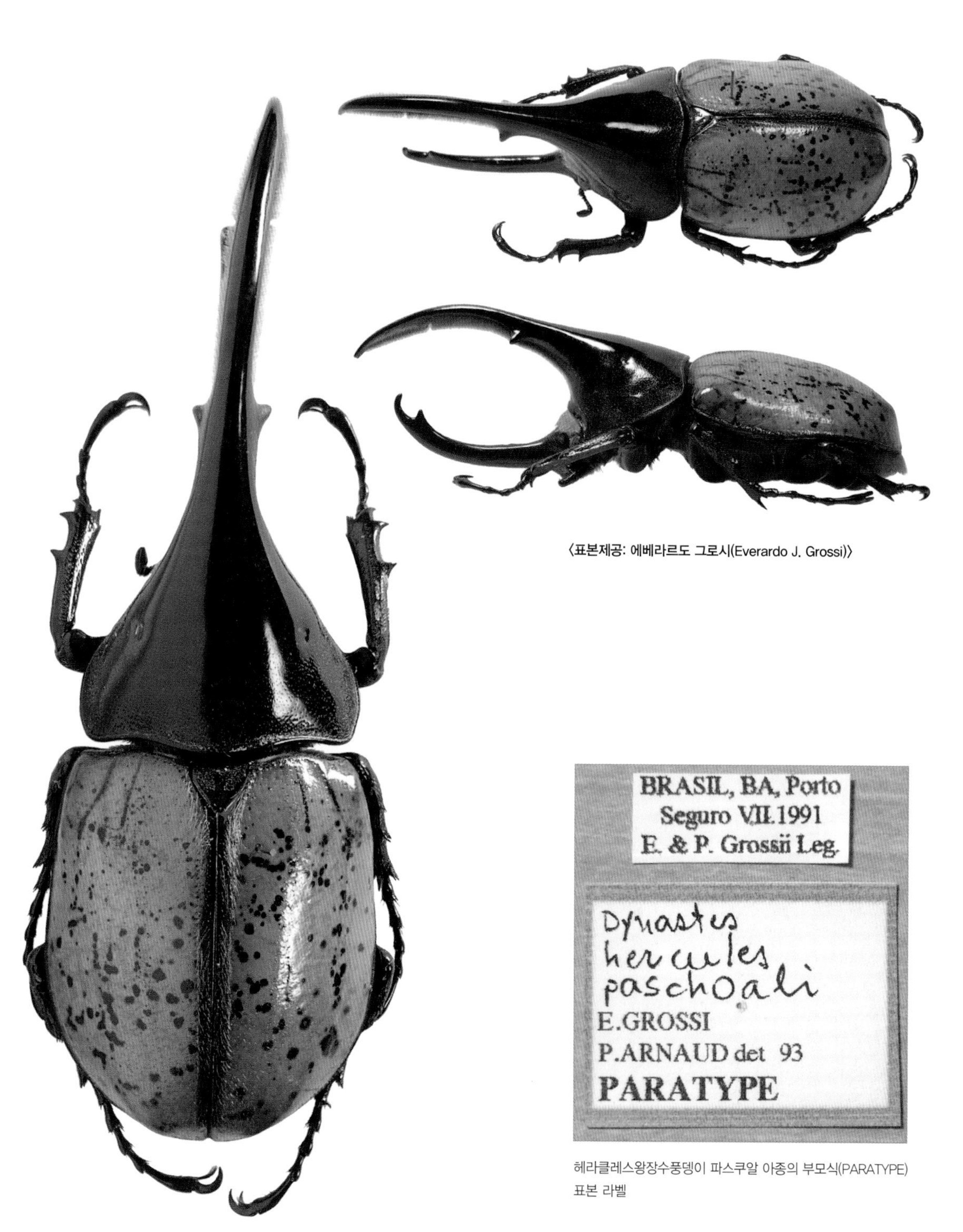

〈표본제공: 에베라르도 그로시(Everardo J. Grossi)〉

헤라클레스왕장수풍뎅이 파스쿠알 아종의 부모식(PARATYPE) 표본 라벨

PARATYPE ♂
Bahia
BRAZIL (실물 127㎜)

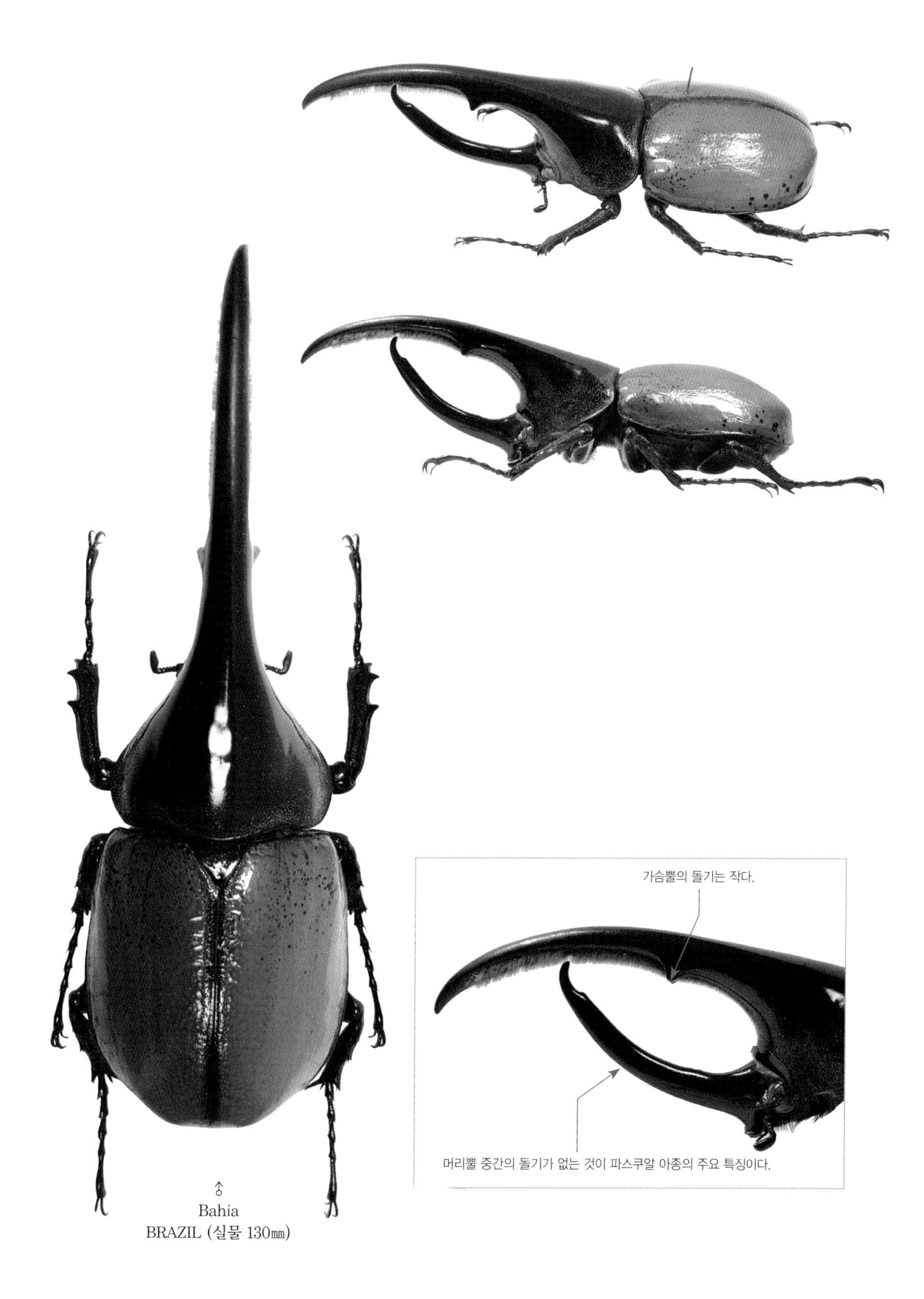

♂
Bahía
BRAZIL (실물 130㎜)

⑨ *Dynastes (Dynastes) hercules takakuwai* Nagai, 2002
헤라클레스왕장수풍뎅이: 타카쿠와 아종

크기: –130㎜
분포: 브라질 중서부의 혼도니아(Rondonia) 주

1989년 5월에 채집된 수컷 120.7㎜ 표본이 완모식표본(holotype)으로 지정되어 있으며 현재 일본의 에히메대학교 농학부에 소장되었다. 브라질 특산 아종이며 뒤이어 소개할 모리시마 아종(ssp. *morishimai*)에서처럼 이 지역은 본래 에콰토리아누스 아종(ssp. *ecuatorianus*)의 범위에 포함되어 있었던 것을 나가이가 새로운 아종으로 기재한 것이다. 그러나 그에게 완모식표본을 제공했던 브라질의 에베라르도 그로시는 에콰토리아누스 아종과 이 아종의 서식지가 완전히 격리되지 않고 중복되는 등의 문제가 있어 이 아종을 아종 등급으로 분류하기에는 현재로선 무리가 있다고 조언했다. 과거 1985년에 라숌이 발표한 도감에서는 브라질의 혼도니아 주에서 채집되었던 개체가 에콰토리아누스 아종으로 동정되어 수록되었던 적이 있으며, 이 책에서는 그의 협조로 당시에 실렸던 사진 및 기재자인 나가이의 협조로 완모식표본의 사진을 제공받아 총 2개체의 사진을 수록했다. 이 아종의 형태적인 특징은 머리뿔과 가슴뿔이 모두 가늘며 별다른 돌기 없이 매끈한 편, 즉 헤라클레스의 아종 중 부속 돌기들의 발달이 제일 약하다는 것이다. 현재 멕시코의 툭스틀라스 아종(ssp. *tuxtlaensis*)과 아울러 가장 진귀한 종류라 할 수 있으며 아종명(*takakuwai*)은 기재자인 나가이의 동료이자 일본의 가나가와 현립 자연사 박물관의 타카쿠와(Masatoshi Takakuwa)를 기려 지은 것이다.

헤라클레스 에콰토리아누스 아종으로 분류되어 프랑스 도감(Lachaume, 1985)에 수록되었던 브라질–혼도니아(Rondonia)의 개체

♂
Rondonia
BRAZIL

〈표본 사진 제공: 질베르 라숌(Gilbert Lachaume)–Lachaume, 1985 (The Beetles of the world, Science Nat.)에서 발췌〉

가슴뿔과 머리뿔에 있는 돌기의 발달이 헤라클레스의 모든 아종 중 가장 약하다.

〈모식표본 사진 제공: 나가이 신지(Shinji Nagai)–Nagai, 2006에서 발췌〉

⑩ *Dynastes (Dynastes) hercules morishimai* Nagai, 2002
헤라클레스왕장수풍뎅이: 모리시마 아종

크기: −145㎜
분포: 리비아의 라파스(La Paz) 주

에콰토리아누스 아종(ssp. *ecuatorianus*)은 처음에 볼리비아까지 포함하는 개체군을 통틀어 포괄했으나, 나가이가 볼리비아의 라파스 주에 서식하는 개체군을 분리해 이 아종으로 새로이 발표했다. 1987년 5월에 채집된 수컷 113.5㎜ 표본이 완모식표본(holotype)으로 지정되어 있으며 현재 일본의 에히메대학교 농학부에 소장되었다. 기재자인 나가이의 협조로 완모식표본 사진을 제공받았다. 아종명(*morishimai*)은 나가이의 동료이자 이 아종의 표본을 제공해 동정을 의뢰했던 일본의 수집가 모리시마(Kenji Morishima)를 기려 지은 것으로, 원기재문에 의하면 나가이는 다음의 9가지 특징에 의해 신아종으로 발표했다: 1) 앞날개의 광택이 강하다; 2) 앞날개는 황토색이며 반점이 많다; 3) 몸의 잔털이 다른 아종보다 노르스름하다; 4) 앞가슴등판의 잔털이 짧고 조밀하다; 5) 머리뿔은 굵으며 돌기가 5개 있다; 6) 앞가슴등판 가운데의 점각이 돋은 부분이 좁으나 가장자리로 갈수록 점차 넓어진다; 7) 가슴뿔의 기초부 및 삼각형 돌기가 굵다; 8) 앞다리 종아리마디의 바깥쪽 돌기가 다소 짧다; 9) 앞다리의 종아리마디와 발목마디의 길이가 다소 짧다.

〈모식표본 사진 제공: 나기이 신지(Shinji Nagai)—Nagai, 2006에서 발췌〉

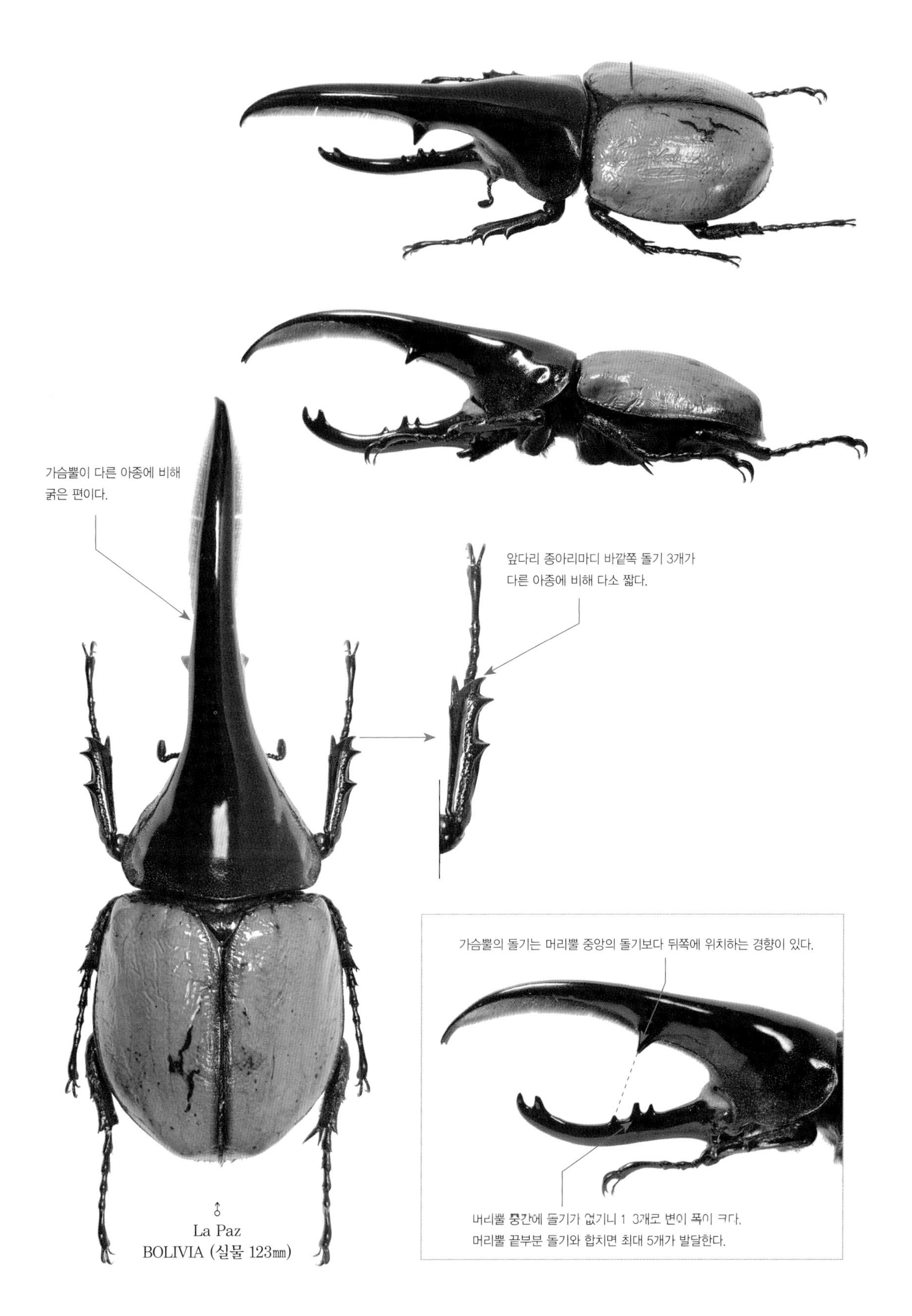
가슴뿔이 다른 아종에 비해
굵은 편이다.
앞다리 종아리마디 바깥쪽 돌기 3개가
다른 아종에 비해 다소 짧다.
♂
La Paz
BOLIVIA (실물 123㎜)
가슴뿔의 돌기는 머리뿔 중앙의 돌기보다 뒤쪽에 위치하는 경향이 있다.
머리뿔 중간에 돌기가 없거나 1~3개로 변이 폭이 크다.
머리뿔 끝부분 돌기와 합치면 최대 5개가 발달한다.

⑪ *Dynastes (Dynastes) hercules bleuzeni* Silvestre et Dechambre, 1995
헤라클레스왕장수풍뎅이: 블뢰제 아종

크기: -151㎜
분포: 베네수엘라 동부의 볼리바르(Bolivar) 주

앞가슴등판에 작고 촘촘한 점각이 매우 넓게 퍼져 있으며 머리뿔 중간의 돌기는 보통 1-3개다. 분포 범위가 베네수엘라 동부의 좁은 지역에 국한된 만큼 비교적 희귀한 종이며, 베네수엘라와 가이아나의 국경 지대에서 많이 발견된다. 아종명(*bleuzeni*)은 갑충류 중에서 특히 하늘소과(family Cerambycidae)를 활발하게 연구하는 프랑스 수집가 블뢰제(Patrick Bleuzen)를 기려 지은 것이다.

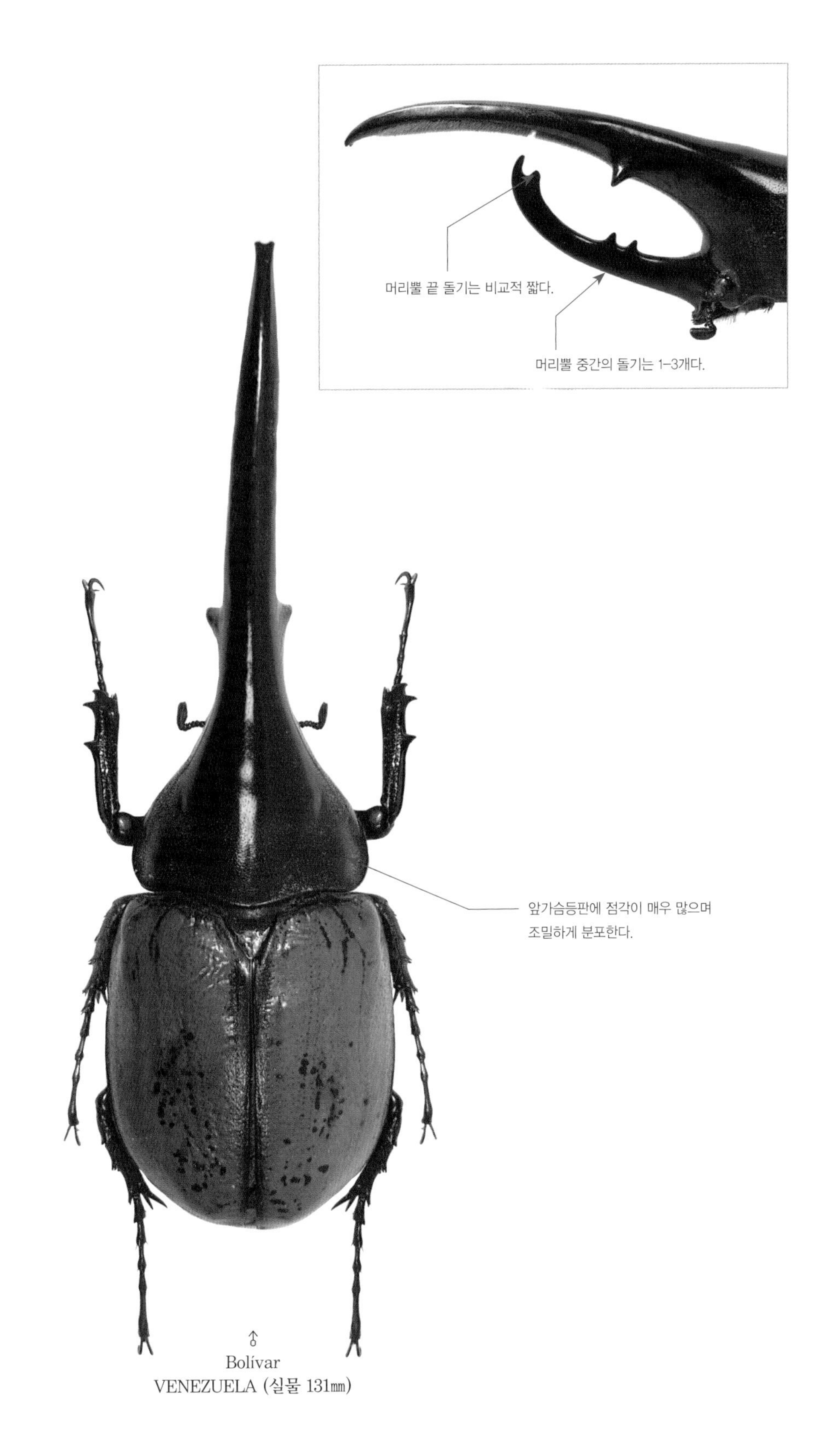

♂
Bolívar
VENEZUELA (실물 131㎜)

⑫ *Dynastes (Dynastes) hercules trinidadensis* Chalumeau et Reid, 1995
헤라클레스왕장수풍뎅이: 트리니다드 아종

크기: –145㎜
분포: 남미 대륙 북부에 있는 카리브해 서인도 제도 남부(트리니다드 토바고, 그레나다)

트리니다드 토바고를 구성하는 두 개의 섬 중 하나인 트리니다드(Trinidad) 섬에서 모식표본이 채집되었기 때문에 이 섬의 이름을 따서 아종명(*trinidadensis*)이 지어졌다. 해발 500m 이상 고지대에서 4–6월에 많이 채집되며 앞가슴등판의 점각이 매우 넓게 발달하는 점이 블뢰제 아종(ssp. *bleuzeni*)과 비슷해 이 둘을 서로 같은 아종으로 분류하는 연구자도 있다.

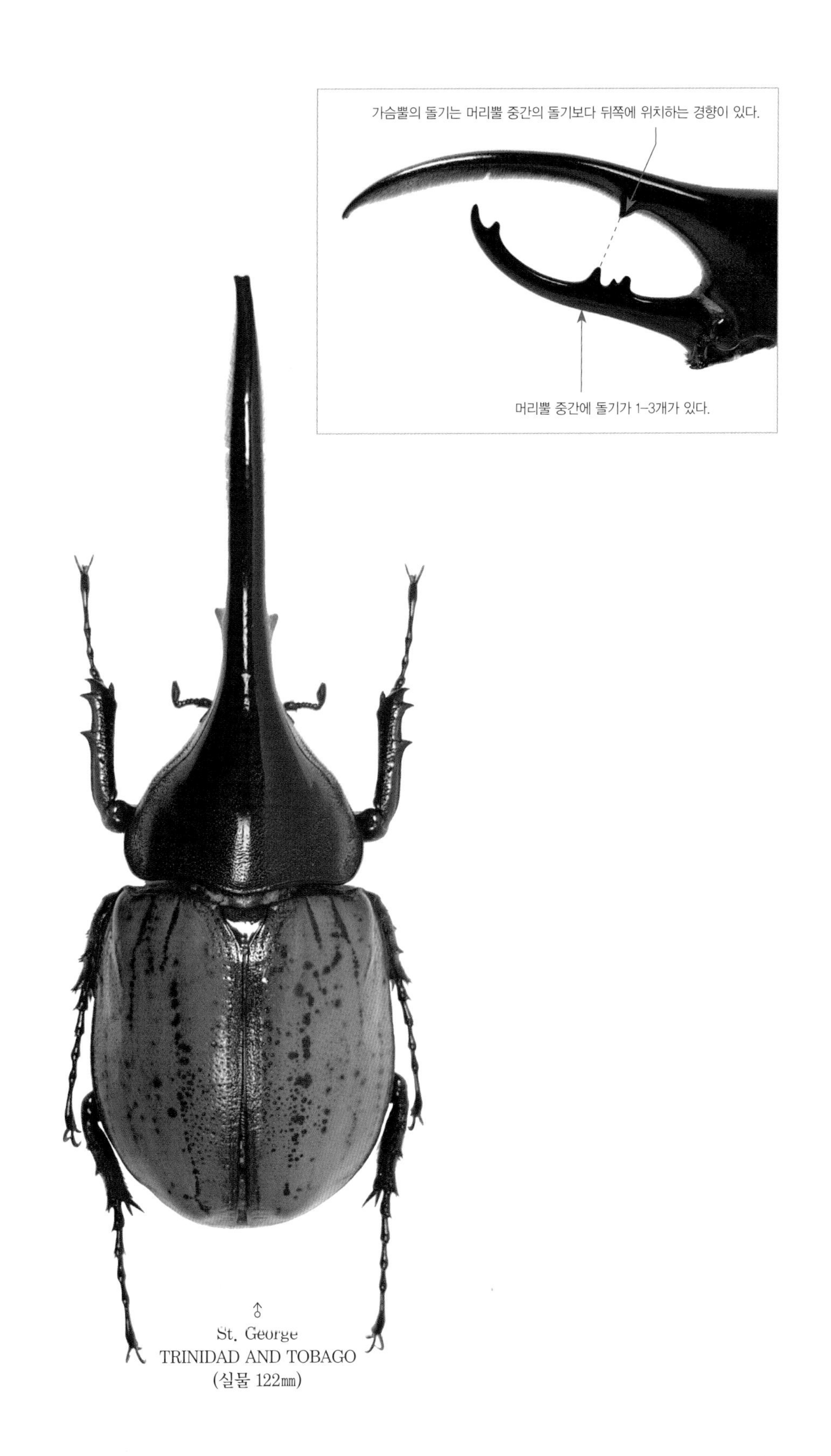

♂
St. George
TRINIDAD AND TOBAGO
(실물 122㎜)

헤라클레스를 제외한 왕장수풍뎅이속의 종 분포

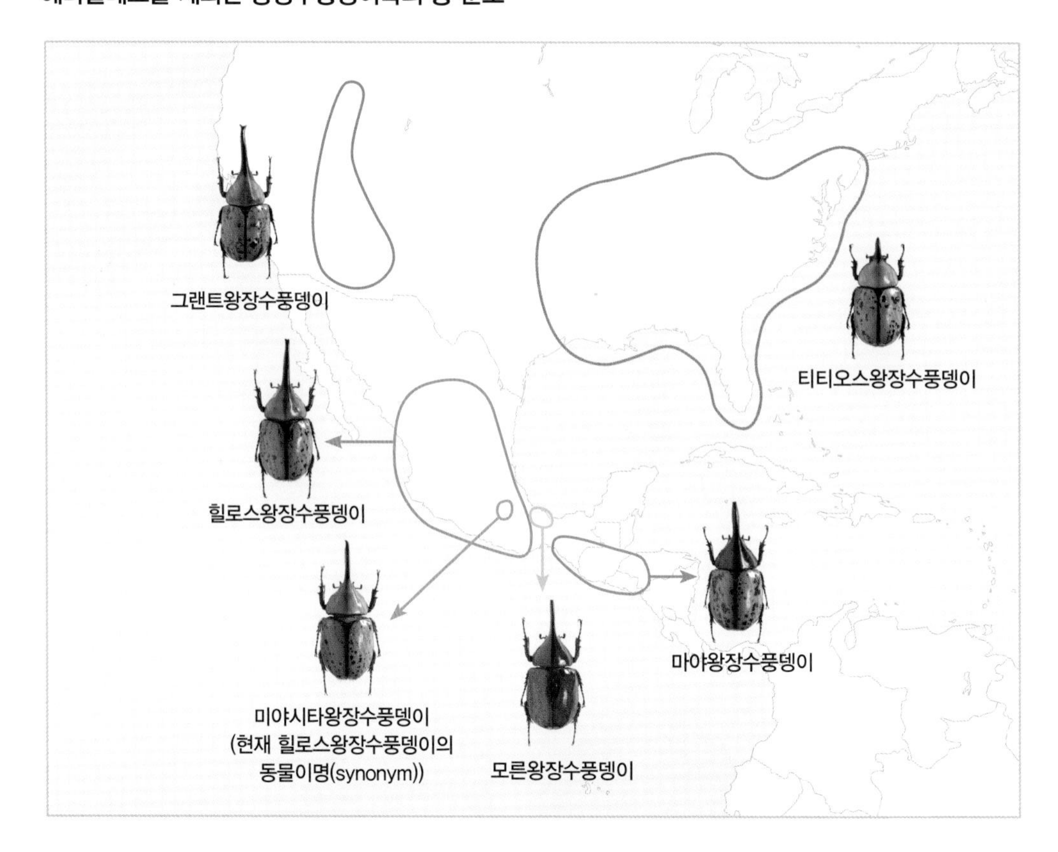

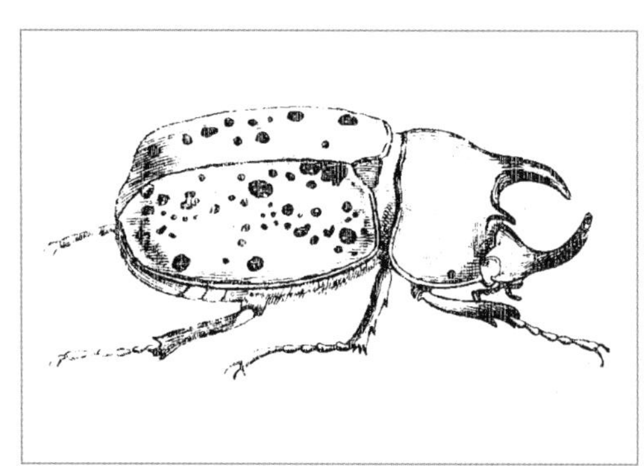

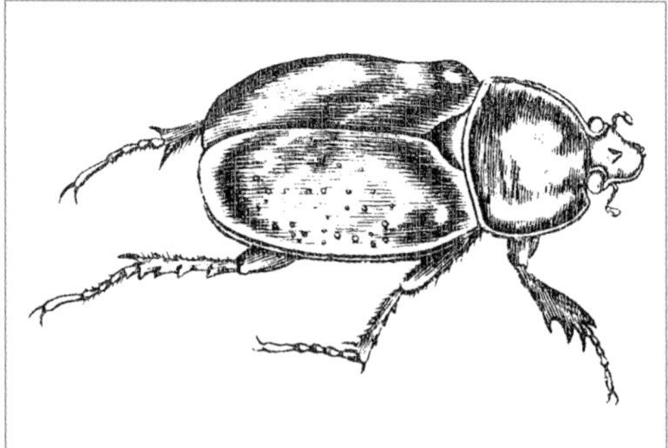

펜실베이니아왕장수풍뎅이(현재 티티오스왕장수풍뎅이)의 원기재 삽화(De Geer, 1774에서 발췌)
미국 펜실베이니아가 모식지이며 지명을 딴 종명(*pennsylvanicus*)을 부여했으나 현재는 티티오스의 동물이명(synonym)이다
(왼쪽: 수컷; 오른쪽: 암컷).

Dynastes (Dynastes) tityus (Linnaeus, 1767)
티티오스왕장수풍뎅이

크기: -64㎜
분포: 미국 동부

미국 특산종이자 왕장수풍뎅이속(*Dynastes*)에서 가장 작은 종이다. 미국 동부 지역에 분포하는 특성으로 현지에서는 '이스턴 헤라클레스 비틀(Eastern hercules beetle)'이라 불리며, 몸은 보통 황토색을 띠지만 간혹 흰색 느낌이 강한 개체도 있다. 다른 종에 비해 가슴뿔의 발달이 약해 머리뿔과 거의 비슷한 길이인 반면 가슴뿔 양 옆에 있는 돌기 2개는 몸길이에 비해 길게 발달하는 것이 특징이다. 또한 앞날개에는 검은색 반점이 다양한 형태로 발달하지만 이것이 모두 소실된 개체는 아직까지 알려지지 않았다. 종명(*tityus*)은 그리스 신화에 등장하는 거인 티티오스(Tityos)를 뜻하며, 이를 라틴어화한 종명의 알파벳 발음인 '티티우스'라는 명칭으로 국내에 더 잘 알려져 있다. 1774년에는 미국 펜실베이니아 주에서 채집된 개체를 기준으로 신종(*pennsylvanicus*)이 발표되었으나 린네가 발표했던 1767년보다 7년이 늦은 기재이므로 동물이명(synonym)이다. 당시 원재문에 실렸던 흑백 삽화를 발췌해 왼쪽 하단에 수록했다.

티티오스왕장수풍뎅이의 모식표본과 라벨 (사진 제공: 영국 린네 학회(The Linnean Society of London))
영국 린네 학회에 소장되어 있는 티티오스왕장수풍뎅이의 모식표본 사진을 린네 학회 소속의 셜우드(Sherwood) 박사의 협조로 제공받았다 (왼쪽: 정면; 오른쪽: 측면).

머리뿔과 가슴뿔의 길이가 거의 비슷하거나
머리뿔이 가슴뿔보다 조금 길다.

가슴뿔 아래 양 옆 돌기는 다른 종에 비해 크다.

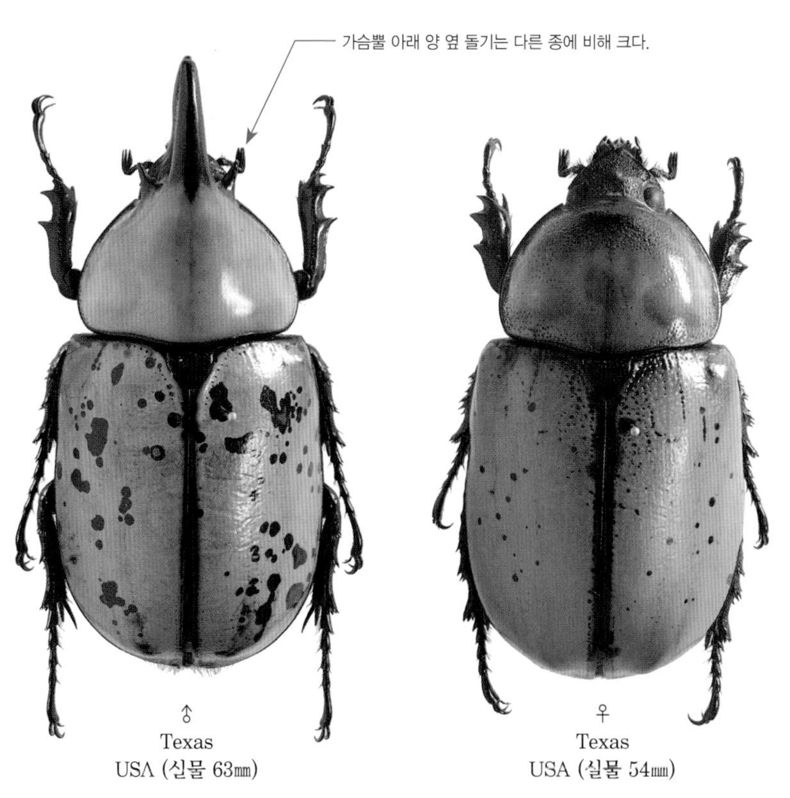

♂
Texas
USA (실물 63㎜)

♀
Texas
USA (실물 54㎜)

Dynastes (Dynastes) grantii Horn, 1870
그랜트왕장수풍뎅이

크기: -85㎜
분포: 미국 서부

미국 특산종이자 북아메리카 대륙 최대의 장수풍뎅이지만 왕장수풍뎅이속(*Dynastes*)에서는 중형급에 속한다. 미국 서부에 분포하는 특성으로 인해 현지에서는 '웨스턴 헤라클레스 비틀(Western hercules beetle)'이라고 불린다. 몸은 전체적으로 흰색을 띠며 가슴뿔이 길지만 가슴뿔 양 옆에 있는 돌기 2개는 현저히 작은 것이 특징이며, 앞날개에는 검은색 반점이 다양한 형태로 발달하지만 이것이 모두 소실되어 완벽하게 흰색인 개체도 드물게 있다. 종명(*grantii*)은 미국 남북전쟁의 영웅이자 18대 대통령인 그랜트(Ulysses Simpson Grant)와 연관된 것으로 알려졌었으나 이보다는 미국 애리조나(Arizona)주에 있는 지역 포트그랜트(Fort Grant)에서 유래했다는 것이 설득력을 얻고 있다. 1870년의 원기재문 가장 첫 줄에 미국의 포트그랜트에서 채집된 종류라는 것이 뚜렷하게 명시되어 있지만, 그랜트라는 인물에 관해서는 전혀 기록되어 있지 않기 때문이다. 종명이 *granti*라는 표기로 국내 및 해외에 널리 알려졌으나 오류이며, 원기재문에 *grantii*라 기록되어 있으므로 후자의 표기가 옳다.

A specimen in my cabinet from Fort Grant, Arizona, has the thoracic horn very nearly twice as long as in our eastern specimens, the tip is broader and deeply emarginate, and the two small horns usually seen below the base of the larger are here reduced to small tubercles and are placed on the base of the horn itself. The frontal horn is also proportionately longer, distinctly grooved on its upper edge and with a tooth about one fourth from the tip limiting the groove in front. From the base of thorax to tip of thoracic horn the length is 1.30 inch, in our eastern form a similar measurement gives .86 inch. The specimens have otherwise similar size and appearance. For this variety the name of *Dynastes Grantii* is proposed.

그랜트왕장수풍뎅이의 원기재문(Horn, 1870에서 발췌)
첫 줄에 미국 애리조나의 포트그랜트(Fort Grant)에서 채집되었다는 것이 기록되어 있으며 그랜트라는 인물에 대해서는 전혀 거론되어 있지 않다. 또한 마지막 줄에 알파벳 'i'가 2번 표기되는 종명(*grantii*)이 제시되어 있다.

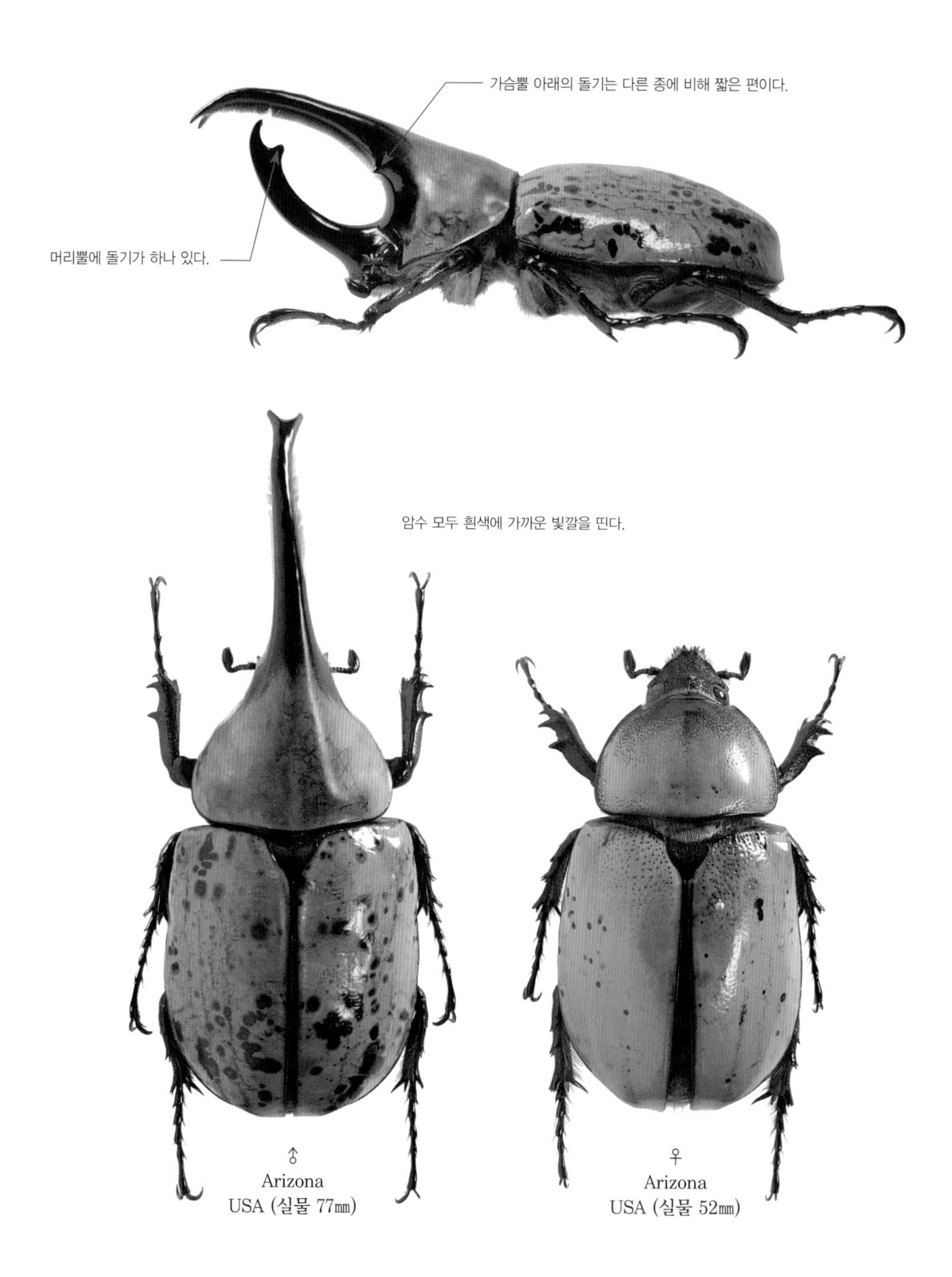
가슴뿔 아래의 돌기는 다른 종에 비해 짧은 편이다.
머리뿔에 돌기가 하나 있다.
암수 모두 흰색에 가까운 빛깔을 띤다.
♂
Arizona
USA (실물 77㎜)
♀
Arizona
USA (실물 52㎜)

Dynastes (Dynastes) hyllus Chevrolat, 1843
힐로스왕장수풍뎅이

크기: −95㎜
분포: 멕시코의 산타마르따 화산(SantaMartha Volcano) 지역을 제외한 멕시코 전 지역

티티오스왕장수풍뎅이(*D. tityus*)를 확대해 놓은 듯한 형태의 중형 종이며 멕시코에 널리 분포한다. 모론에 의해 멕시코의 각 지역별 개체군 차이에 대한 연구가 진행된 적이 있고 차후에 신종 또는 신아종이 추가 발표될 가능성이 크다. 몸은 전체적으로 황토색에 가까우나 흰색 느낌이 다소 강한 개체도 있으며, 대형 개체의 경우 가슴뿔이 머리뿔보다 길지만 가슴뿔 양 옆에 있는 돌기 2개는 티티오스왕장수풍뎅이와 비교했을 때 더욱 짧다. 종명(*hyllus*)은 그리스 신화에 등장하는 영웅 헤라클레스의 아들인 힐로스(Hyllos)를 뜻하며 이를 라틴어화한 종명 그대로의 발음인 힐루스라는 이름으로 국내에 잘 알려져 있다. 아울러 멕시코 남중부에 있는 푸에블라(Puebla)주의 1,500m 고지대에서 채집된 개체가 1) 가슴뿔이 훨씬 가늘고; 2) 몸 아랫면에 털이 많으며; 3) 몸이 좀더 연한 색을 띤다는 점으로 2004년에 일본의 야마야(Yamaya)에 의해 *Dynastes miyashitai* (미야시타왕장수풍뎅이)라는 학명으로 신종 기재되었으나, 이러한 특징은 이 종에게서도 발현되는 경우가 많다는 이유로 모론이 2009년에 발표한 논문에서 동물이명(synonym)으로 처리했다. 여기에서는 이 종을 비롯해 기존에 미야시타왕장수풍뎅이로 동정되던 한 쌍을 더해 총 4개체의 사진을 수록했으며, 이 종이 발표된 1843년의 원기재문에 제시되었던 천연색 삽화를 발췌해 함께 실었다.

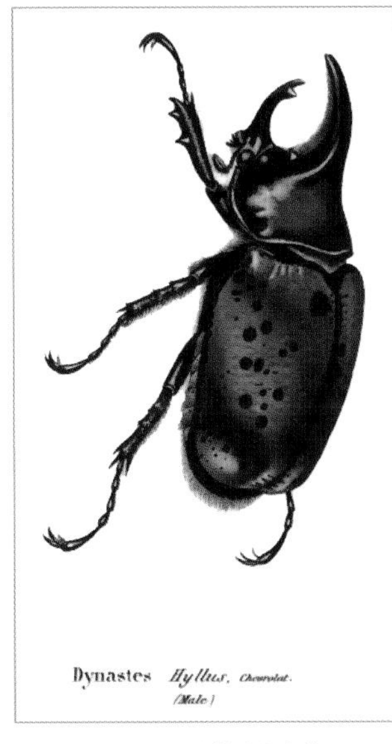

힐로스왕장수풍뎅이의 원기재 삽화(Chevrolat, 1843에서 발췌)
수컷의 경우 가슴뿔 양 옆의 돌기가 짧은 특징까지 자세히 묘사되었다.
암컷 아래 부분의 넓은 공백은 원기재문 원본 그대로의 간격이다.

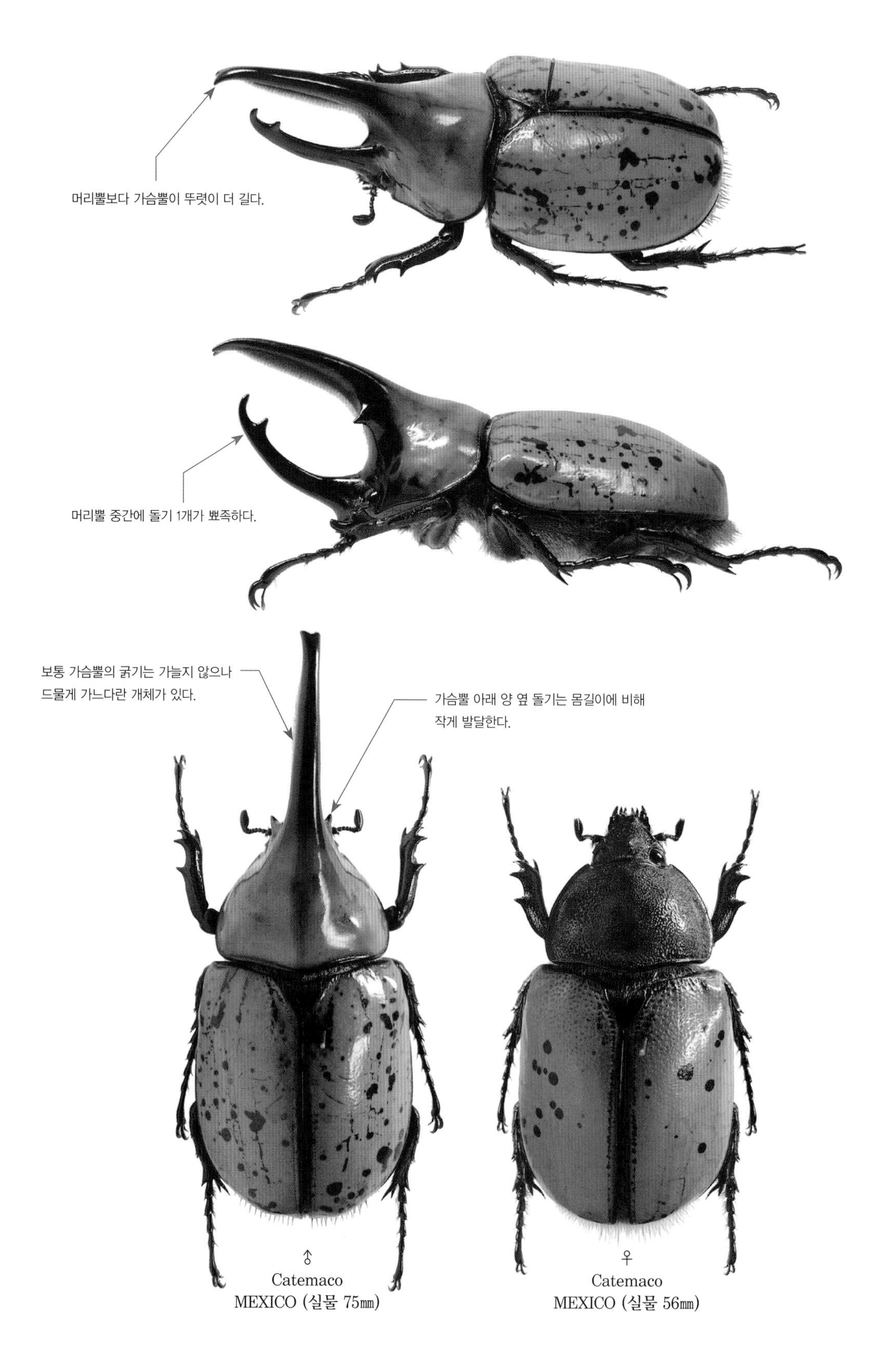

♂
Catemaco
MEXICO (실물 75㎜)

♀
Catemaco
MEXICO (실물 56㎜)

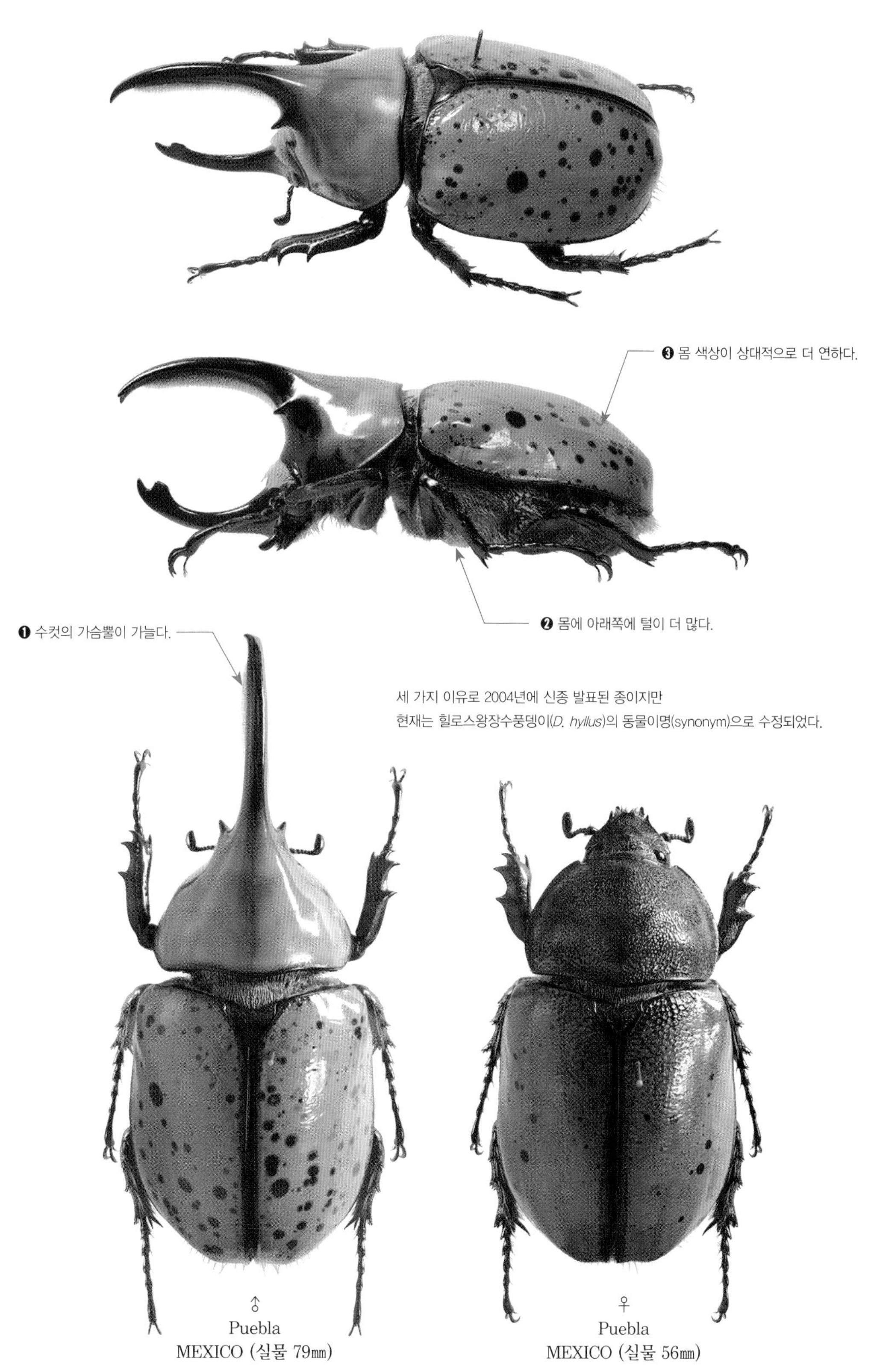

세 가지 이유로 2004년에 신종 발표된 종이지만
현재는 힐로스왕장수풍뎅이(*D. hyllus*)의 동물이명(synonym)으로 수정되었다.

과거에 미야시타왕장수풍뎅이(*Dynastes miyashitai*)였던 개체

Dynastes (Dynastes) moroni Nagai, 2005
모론왕장수풍뎅이

크기: –98㎜
분포: 멕시코 남동부에 있는 산타마르따 화산(SantaMartha Volcano)

힐로스왕장수풍뎅이(*D. hyllus*)와 비슷한 형태이지만 앞가슴등판이 완전한 검은색에 가까워 마치 헤라클레스왕장수풍뎅이(*D. hercules*)의 중형 개체처럼 보이는 것이 큰 특징이다. 본래 힐로스의 아종으로 발표되었던 적이 있으나 2009년에 모론에 의해 종 등급으로 재분류되었다. 헤라클레스의 툭스틀라스 아종(ssp. *tuxtlaensis*)과 이 종은 분포 지역이 매우 근접해 서로 혼돈할 가능성이 크나, 이 종은 앞가슴등판의 위쪽 표면에 점각이 거의 없고 매끈한 것이 특징이다. 암컷은 앞날개 중앙부가 검은색이고 가장자리로 갈수록 황토색을 띠기 때문에 구별할 수 있으며, 개체에 따라서는 가장자리의 황토색 부분이 앞날개 중앙부까지 넓게 확장되기도 한다. 종명(*moroni*)은 모론을 기려 지은 것으로, 그는 장수풍뎅이의 유충 분류에 대해서 현재 세계에서 가장 독보적이면서도 활발한 연구를 펼치고 있다. 한편 나가이의 협조로 현재 일본 에히메대학교 농학부에 소장되어 있는 수컷 완모식표본(holotype)과 암컷 부모식표본(paratype)의 사진을 제공받았다.

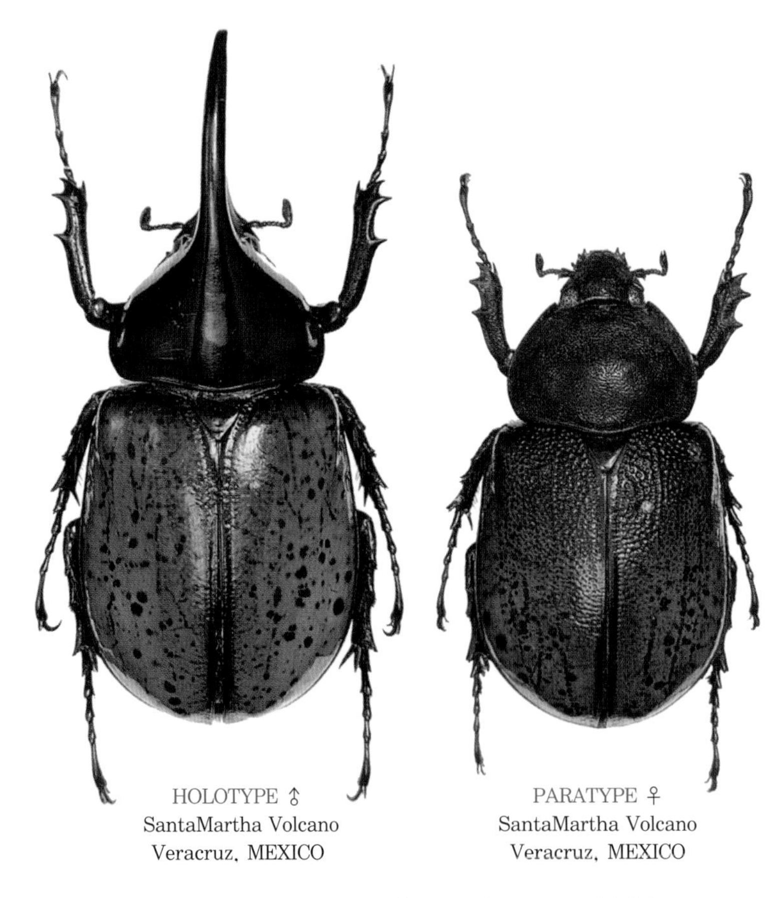

HOLOTYPE ♂
SantaMartha Volcano
Veracruz, MEXICO

PARATYPE ♀
SantaMartha Volcano
Veracruz, MEXICO

〈모식표본 사진 제공: 나가이 신지(Shinji Nagai)–Nagai, 2006에서 발췌〉

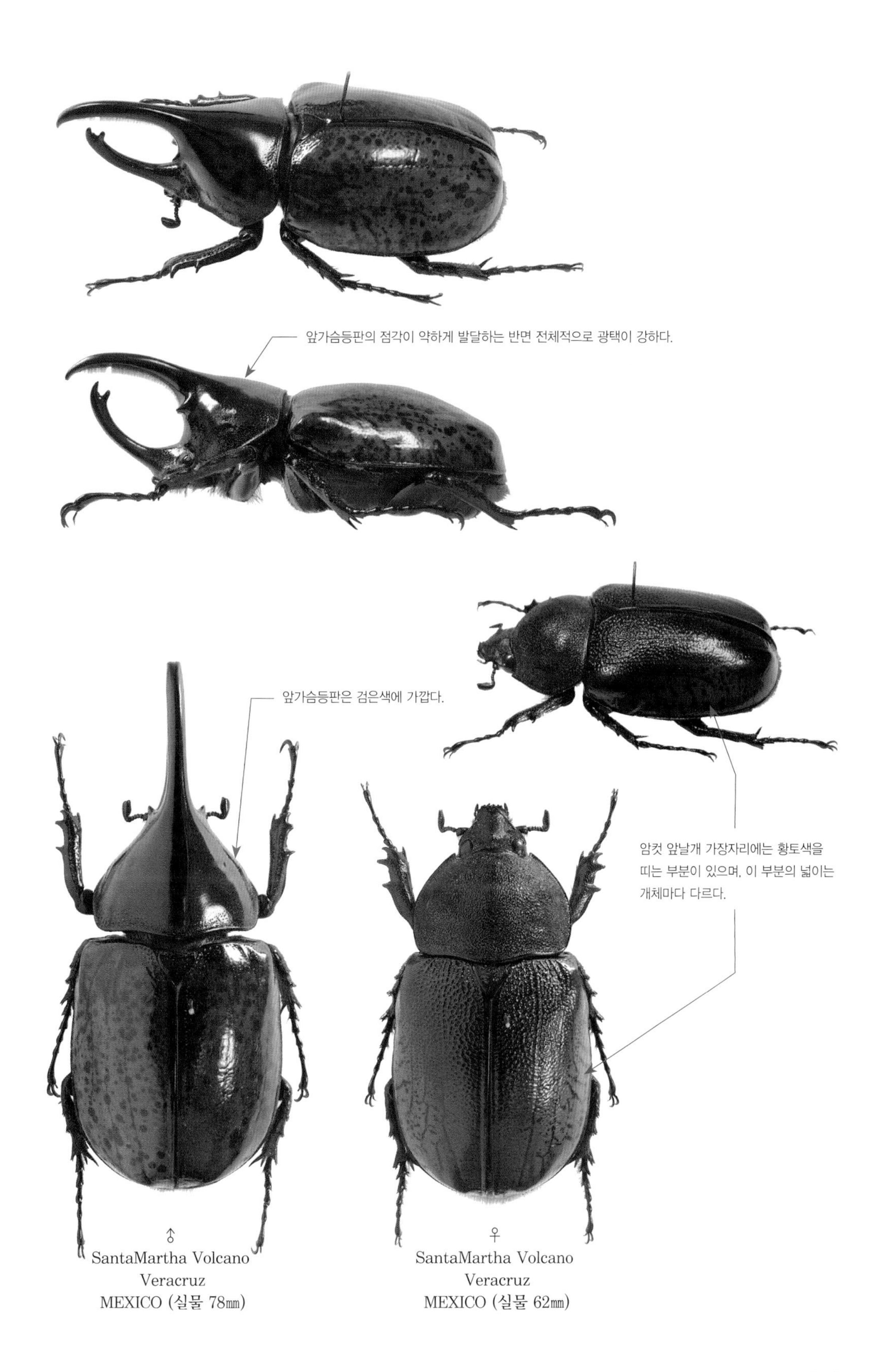

♂
SantaMartha Volcano
Veracruz
MEXICO (실물 78㎜)

♀
SantaMartha Volcano
Veracruz
MEXICO (실물 62㎜)

Dynastes (Dynastes) maya Hardy, 2003
마야왕장수풍뎅이

크기: −90㎜
분포: 멕시코 남부, 과테말라, 엘살바도르, 온두라스

앞가슴등판이 검은색에 가깝다는 점에서는 모론왕장수풍뎅이(*D. moroni*)와 비슷하다. 그러나 가슴뿔 양옆에 있는 돌기 2개가 긴 편이고, 대형 개체의 경우 머리뿔 중간 부분에 있는 돌기가 마치 도끼날과 비슷한 형태여서 큰 차이가 난다. 그러나 이 형질은 지역별로 변이가 크다. 이런 차이와 힐로스왕장수풍뎅이(*D. hyllus*)와 분포 지역이 겹치지 않는 것 때문에 신종으로 발표되었지만, 나가이는 연구가 더욱 진행되어 차후 힐로스의 거대한 분포 범위가 명확히 밝혀진다면 이 종이 힐로스의 아종으로 분류가 수정될 확률이 있다고 주장하기도 했다. 종명(*maya*)은 멕시코 남부와 과테말라를 중심으로 활동했던 중앙아메리카의 원주민 부족 마야(Maya)에서 따온 것이다.

수컷 머리뿔 중간에 도끼 모양 돌기가 발달하는 경향이 있으나 이 형질은 변이가 많다.

가슴뿔 아래쪽의 돌기가 길다.

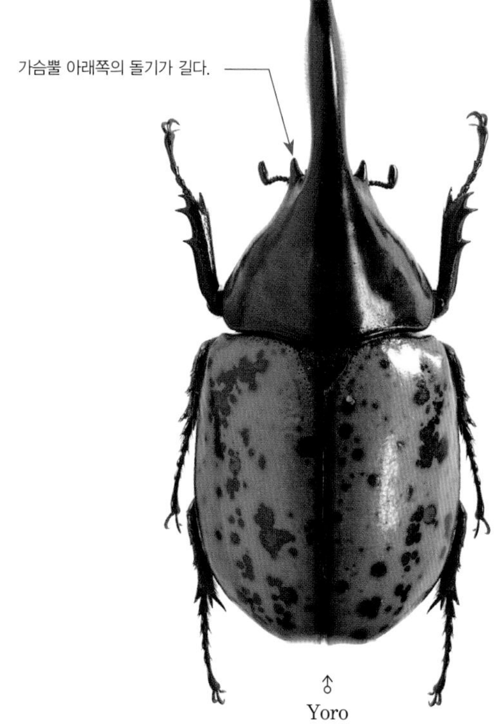

♂
Yoro
HONDURAS (실물 88㎜)

암컷의 앞가슴등판은 전체적으로 검다.

앞날개의 점각이 큰 편이다.

♀
Yoro
HONDURAS (실물 64㎜)

2. subgenus *Theogenes* Burmeister, 1847 넵투누스왕장수풍뎅이아속

남미 대륙에 분포하는 2종이 포함되며 이들은 모두 몸 전체가 완전한 검은색이다. 본래 넵투누스왕장수풍뎅이(*Dynastes neptunus*)를 왕장수풍뎅이속(*Dynastes*)이 아닌 다른 분류군으로 판단했던 독일의 부르마이스터(Burmeister)에 의해 1847년에 신속(新屬)으로 제창되었지만, 속 등급으로 인정되지 않다가 2006년에 나가이가 왕장수풍뎅이속의 아속으로 재분류했다.

넵투누스왕장수풍뎅이아속에 포함되는 2종 1아종의 분포

Dynastes (Theogenes) neptunus (Quensel, 1806) 넵투누스왕장수풍뎅이

남미 대륙 북서부에 분포하며 헤라클레스왕장수풍뎅이(*Dynastes hercules*)에 뒤이어 세계에서 두 번째로 큰 장수풍뎅이로 여겨지는 종이다. 종명(*neptunus*)은 로마 신화에 등장하는 바다의 신 넵투누스(Neptunus)를 뜻하며, 이는 그리스어로는 포세이돈(Poseidon)이고 영어로는 넵튠(Neptune)으로 표기된다. 여기에서는 라틴 어원에 따라 한국어 명칭을 '넵투누스'라 제시했으며, 2005년에 나가이가 아종을 기재해 현재까지 두 개체군이 알려졌다.

❶ *Dynastes (Theogenes) neptunus neptunus* (Quensel, 1806)
넵투누스왕장수풍뎅이: 원명아종

크기: –165㎜
분포: 남미 대륙 북서부(콜롬비아, 에콰도르, 페루)

1806년에 기재될 당시 헤라클레스왕장수풍뎅이(*Dynastes hercules*)의 몸체와 머리 부분, 그리고 넵투누스왕장수풍뎅이의 앞가슴등판을 인위적으로 붙인, 즉 자연에서 실존하지 않는 개체가 모식표본으로 내세워졌던 적이 있다. 원기재문에는 이 표본의 천연색 삽화도 버젓이 제시되어 있어 이를 발췌해 수록했다. 비록 표본은 가짜이지만 모식표본의 선정만을 놓고 본다면 국제동물명명규약에 위배되지 않으므로 '넵투누스(*neptunus*)'라는 종명은 현재까지 인정되고 있다. 이 종은 가슴뿔 아래쪽 양 옆으로 긴 돌기가 2개 발달하고, 머리뿔 또한 가슴뿔과 맞먹을 정도로 매우 긴 것이 특징이다. 머리뿔 위쪽에는 돌기 수가 다양하며 그 형태 또한 매우 짧거나 다소 길게 발달하는 등 변이가 큰 편이다.

넵투누스왕장수풍뎅이 원명아종 수컷의 원기재 삽화 (Quensel, 1806에서 발췌)
앞가슴등판은 넵투누스왕장수풍뎅이의 부분이지만 머리뿔 부분과 몸통은 헤라클레스왕장수풍뎅이의 부위를 인위적으로 이어붙인 가짜 개체였다.

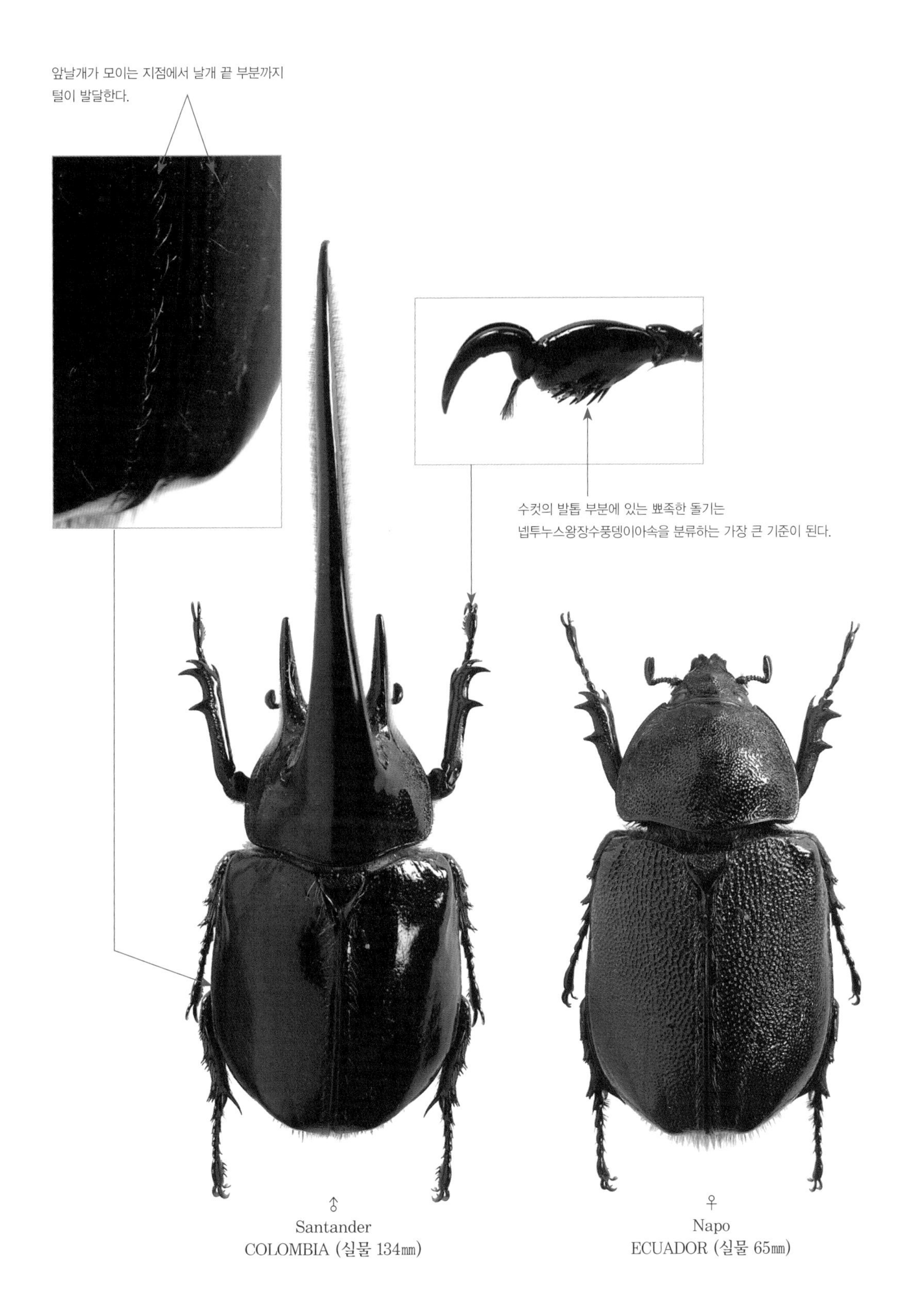

♂
Santander
COLOMBIA (실물 134㎜)

♀
Napo
ECUADOR (실물 65㎜)

❷ *Dynastes (Theogenes) neptunus rouchei* Nagai, 2005
넵투누스왕장수풍뎅이: 로우체 아종

크기: -130㎜
분포: 베네수엘라 북서부

기재자인 나가이에게 표본을 최초로 제공해 신아종 발표에 도움을 준 베네수엘라의 채집가 로우체(Paul Rouche)를 기려 아종명(*rouchei*)이 지어졌다. 나가이의 협조로 현재 일본 에히메대학교 농학부에 소장되어 있는 수컷 완모식표본(holotype)과 암컷 부모식표본(paratype)의 사진을 제공받았다. 한편 나가이는 원기재문에서 원명아종과의 구별 방법은 다음과 같으며 암컷은 차이점을 발견할 수 없다고 기록했다: 1) 원명아종에 비해 최대 몸길이가 130㎜ 정도로 더 소형이다; 2) 수컷의 앞날개에는 황토색 계열의 털이 상대적으로 길게 발달하며 앞날개가 닫힌 중앙 부분에서 털이 발달하는 범위와 그 좌우 옆쪽 부분에서 털이 발달하는 범위가 거의 비슷하다.

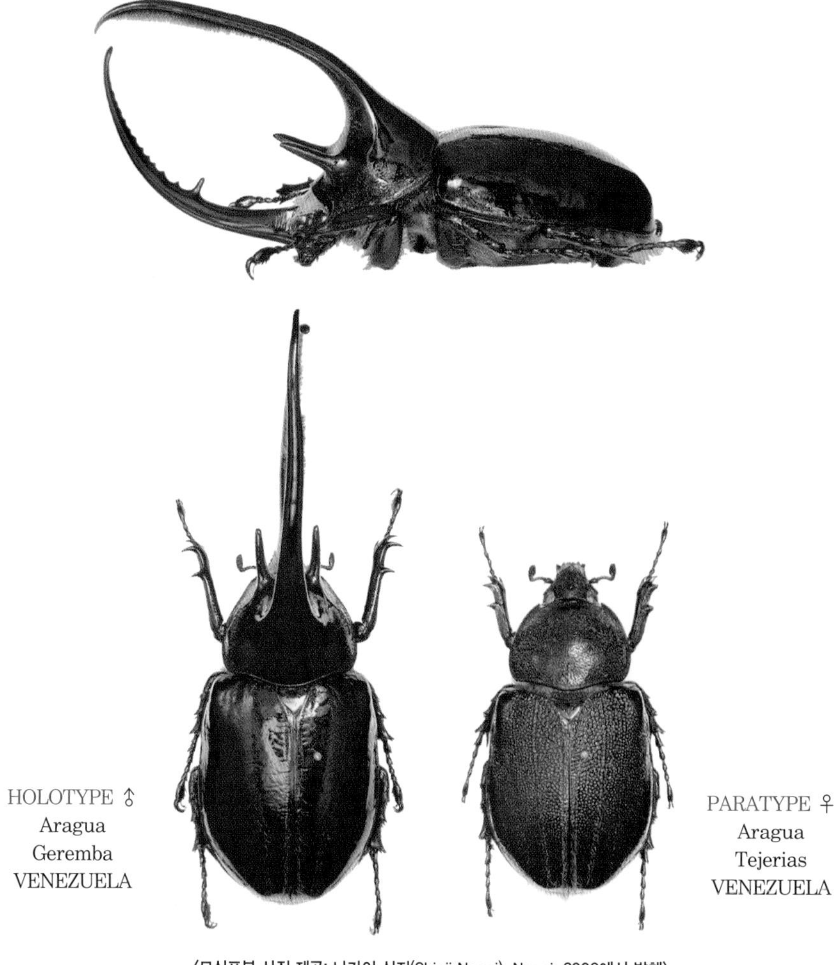

〈모식표본 사진 제공: 나가이 신지(Shinji Nagai)-Nagai, 2006에서 발췌〉

♂
Aragua
VENEZUELA (실물 103㎜)

Dynastes (Theogenes) satanas Moser, 1909
사탄왕장수풍뎅이

크기: -115㎜
분포: 볼리비아 서부

왕장수풍뎅이속(*Dynastes*)에서 가장 남쪽에 분포하는 종으로, 종명(*satanas*)은 성경에 등장하는 악마 사탄(Satan)을 뜻하며 '적대자'라는 의미로 번역되기도 한다. 115㎜ 초대형 수컷이 완모식표본(holotype)으로 지정되어 발표된 후 오랜 세월 동안 추가적으로 채집되지 않아 매우 진귀한 종류였으며, 원기재문에 포함된 완모식표본의 사진을 수록했다. 최근 볼리비아에서 새로운 채집지가 알려져 많은 개체가 포획되었던 적이 있고 현재 일본에서는 애완용 사육 개체가 매우 흔하게 퍼진 상태다. 그러나 이러한 사육 개체들의 대량 번식에도 완모식표본만한 초대형 크기는 아직까지도 찾아볼 수 없다. 앞가슴등판 앞쪽면으로부터 가슴뿔 아랫면에 황토색 털이 매우 빽빽하게 발달하며 넵투누스왕장수풍뎅이(*D. neptunus*)에서 잘 발달된 가슴뿔 양 옆의 긴 돌기 2개가 없는 것이 특징이다. 한편 이 종은 볼리비아 정부의 요청으로 2010년부터 '멸종의 우려가 있는 야생동식물종의 국제거래에 관한 협약(워싱턴 협약, CITES, Convention on International Trade in Endangered Species of Wild Fauna and Flora)'의 '부속서 2(Appendix 2)'에 등록되어 보호받고 있다. 참고로 부속서 2에서는 '당장 멸종될 우려는 없지만 상업적인 거래를 규제하지 않을 시 멸종 우려가 있는 종' 또는 '이러한 종의 표본 거래를 효과적으로 단속하기 위해서 규제하지 않으면 안 되는 종'이 등록된다고 명시되었다.

사탄왕장수풍뎅이의 완모식표본(Moser, 1909에서 발췌)
100㎜ 정도이면 대형급으로 간주하지만, 완모식표본의 크기인 115㎜는 현재까지도 찾아볼 수 없는 최대 크기다.

가슴뿔 아래쪽에 돌기가 없고
전체적으로 적갈색 털이 있다.
♂
Mt. Yungas
BOLIVIA (실물 104㎜)
♀
Mt. Yungas
BOLIVIA (실물 62㎜)

11

Golofa Hope, 1837
톱뿔장수풍뎅이속

중앙아메리카와 남아메리카에 널리 분포하며 가슴뿔이 대부분 위쪽으로 길게 발달하고 머리뿔에는 마치 톱날 같은 작은 돌기가 발달하는 편이어서 영어로는 '소이어 비틀(sawyer beetle)'이라고 부른다. 작게는 25㎜, 크게는 100㎜를 넘을 정도로 몸길이의 범위가 크고, 몇몇 종은 가슴뿔이 없고 머리뿔만이 짧게 있으며 소형과 대형 개체의 뿔 발달 양상이 많이 다르다. 다른 종이더라도 형태가 서로 비슷한 경우가 많고, 심지어 같은 종이어도 각 개체별 몸 색상이 적갈색 또는 검은색 계열로 판이하게 다를 때도 있어 장수풍뎅이족(Dynastini) 중에서 동정이 상당히 어려운 분류군이다. 속명(*Golofa*)은 고대의 장군들이 머리에 쓰던 투구의 '털이 많은 장식물'을 뜻하는 라틴어 '로포스(lophos)'에서 따온 것으로, 이 속의 종들 대부분이 가슴뿔 앞쪽에 털이 빽빽하다는 점에 착안해 지은 것이다. 이번 장에서는 현재까지 알려진 모든 유효종의 표본 사진을 수록했으며 직접 촬영한 표본은 총 40개체다.

톱뿔장수풍뎅이속(*Golofa*)의 종 소개에 앞서

1985년에 엔드로에디는 톱뿔장수풍뎅이속(*Golofa*)을 22종으로 정리했고, 같은 해에 라숌이 그 당시에 학계에 알려진 전체 22종의 컬러 사진과 함께 또 하나의 신종(*Golofa gaujoni*, 가우존톱뿔장수풍뎅이)을 추가로 발표하면서 총 23종의 표본 사진을 실은 도감(The Beetles of the World vol. 5: Dynastini 1)을 프랑스에서 발표했다. 그러나 이 연구 이후 톱뿔장수풍뎅이속의 모든 종에 대해 정리한 논문(world revision)은 지금까지 발표되지 않았다. 1985년 이후부터 현재까지 다양한 학술 저널을 통해 세계 각국의 연구자들이 신종을 한두 종씩 발표하며 천천히 수가 늘어난 상태이며, 정식으로 동물이명(synonym) 처리되지 않은 유효한 종들은 2011년 현재 29-30종이다. 이 책에서 1종의 차이를 두는 이유는 멕시코에 분포하는 임페리얼톱뿔장수풍뎅이(*G. imperialis*)가 피사로톱뿔장수풍뎅이(*G. pizarro*)의 동물이명인지에 대해 장수풍뎅이 전문 연구자들의 의견이 일치하지 않기 때문이다.

이번 장 구성에는 미국의 라트클리프, 멕시코의 모론, 브라질의 그로시의 협조가 매우 큰 역할을 했으며, 그 결과 톱뿔장수풍뎅이속 모든 종의 설명과 표본 사진을 수록할 수 있었다. 즉 이번 11장이 1985년에 발표되었던 라숌의 도감 이후의 변화가 최초로 정리된 것이라 할 수 있다.

아울러 아래의 3종은 비교적 최근에 발표된 종류들로 간혹 유효한 종으로 제시되는 경우가 있으나 위 연구자들의 자문에 따르면 모두 동물이명(synonym)이기 때문에 이번 장에 수록하지 않았다.

Golofa bifidus Voirin, 1994 (모식지: 페루)-에아쿠스톱뿔장수풍뎅이(*Golofa eacus*)의 동물이명
Golofa castaneus Voirin, 1994 (모식지: 니카라과)-피사로톱뿔장수풍뎅이(*Golofa pizarro*)의 동물이명
Golofa tricolor Voirin, 1994 (모식지: 멕시코)-피사로톱뿔장수풍뎅이(*Golofa pizarro*)의 동물이명

톱뿔장수풍뎅이속(*Golofa*)의 아속(subgenus) 구분

톱뿔장수풍뎅이속은 수컷 앞다리의 돌기와 앞가슴등판의 차이에 따라 3개 아속으로 세밀하게 구분하기도 한다. 엔드로에디가 최초로 이 속을 클라비거톱뿔장수풍뎅이아속(subgenus *Golofa*)과 단색톱뿔장수풍뎅이아속(subgenus *Praogolofa*)으로 구분해 발표했으며, 모론이 테르산드로스톱뿔장수풍뎅이속(genus *Mixigenus*)에 대해 재검토한 후 아속 등급으로 재분류하기도 했다. 단, 이러한 아속 구분에 대해서는 연구자마다 의견이 다르고 아속 자체를 인정하지 않는 사람도 있다. 아속의 차이점을 정리해 보면 아래와 같다.

1. subgenus *Mixigenus* Thomson, 1859 테르산드로스톱뿔장수풍뎅이아속(亞屬)

암수 모두 앞다리 종아리마디의 돌기가 뚜렷하게 4개이며, 수컷의 머리뿔은 몸길이에 비해 길지만 두께는 매우 가늘고 끝은 뾰족하다.

2. subgenus *Praogolofa* Bates, 1891 단색톱뿔장수풍뎅이아속(亞屬)

암수 모두 앞다리 종아리마디의 돌기가 4개이며, 수컷은 가슴뿔이 없고 앞가슴등판의 털이 있는 부위 또한 없다.

3. subgenus *Golofa* Hope, 1837 클라비거톱뿔장수풍뎅이아속(亞屬)

수컷은 앞다리 종아리마디의 돌기가 대부분 3개(암컷은 4개)이거나 마지막 4번째 돌기가 흔적 정도로만 있으며, 앞가슴등판 형태는 아래의 3가지로 세분된다.

1. 앞가슴등판의 가슴뿔이 위쪽 또는 앞쪽을 향해 길게 발달한다.
2. 앞가슴등판의 가슴뿔이 길게 발달하지는 않고 짤막한 돌기 수준이다.
3. 앞가슴등판에 뿔이나 돌기 등의 부속지는 전혀 발달하지 않지만, 앞가슴등판의 앞쪽으로 황토색 계열의 색상을 띤 털이 발달하는 부위가 뚜렷하게 있다.

1. subgenus *Mixigenus* Thomson, 1859 테르산드로스톱뿔장수풍뎅이아속(亞屬)

톰슨이 1859년에 속 등급으로 발표했던 분류군이지만 1995년에 모론이 톱뿔장수풍뎅이속(*Golofa*)의 아속으로 재분류했다. 모론의 분류법을 따르지 않고 이 아속을 톱뿔장수풍뎅이속의 동물이명(synonym)으로 간주하는 연구자들도 있지만 여기에서는 아속으로 구별해 수록했다. 암수 모두 앞다리 종아리마디의 돌기가 뚜렷하게 4개이고 수컷의 머리뿔이 길게 발달하는 것이 특징이며 현재까지 2종이 알려진 작은 분류군이다.

테르산드로스톱뿔장수풍뎅이아속의 분포

Golofa (Mixigenus) tersander (Burmeister, 1847) 테르산드로스톱뿔장수풍뎅이

크기: -40㎜
분포: 멕시코, 온두라스, 과테말라, 코스타리카, 니카라과, 엘살바도르

암수 모두 몸 전체적으로 검은색 또는 진한 흑갈색이며 약한 광택이 있기도 하다. 수컷의 머리뿔은 별다른 돌기 없이 매끈하면서도 가늘고 길며, 휘어지는 정도는 강해 앞가슴등판 위쪽 부분에 거의 닿을 정도인 반면 가슴뿔은 매우 짧아서 앞가슴등판이 살짝 솟은 것처럼 보인다. 초대형 수컷의 머리뿔 뒤쪽으로 돌기 2개가 매우 드물게 발달하는 경우가 있는데, 1890년 독일의 논프리이트(Nonfried)가 이러한 형태를 띠는 개체를 신종(*Golofa dohrni*)으로 발표한 적이 있으나 현재는 동물이명(synonym)으로 간주되고 있다. 해발 고도 60-1,000m의 우림 지역에서 많이 발견되는 편으로, 라트클리프에 의하면 멕시코 남부에서는 흔한 반면 코스타리카에서는 상당히 드물다. 또한 그는 2006년에 엘살바도르 서식을 확인해 발표하기도 했다. 종명(*tersander*)은 그리스 신화에 등장하는 테베(Thebes: 그리스의 중부 지역에 위치했던 고대 도시 국가)의 왕이었던 '테르산드로스(Thersandros)'를 뜻한다.

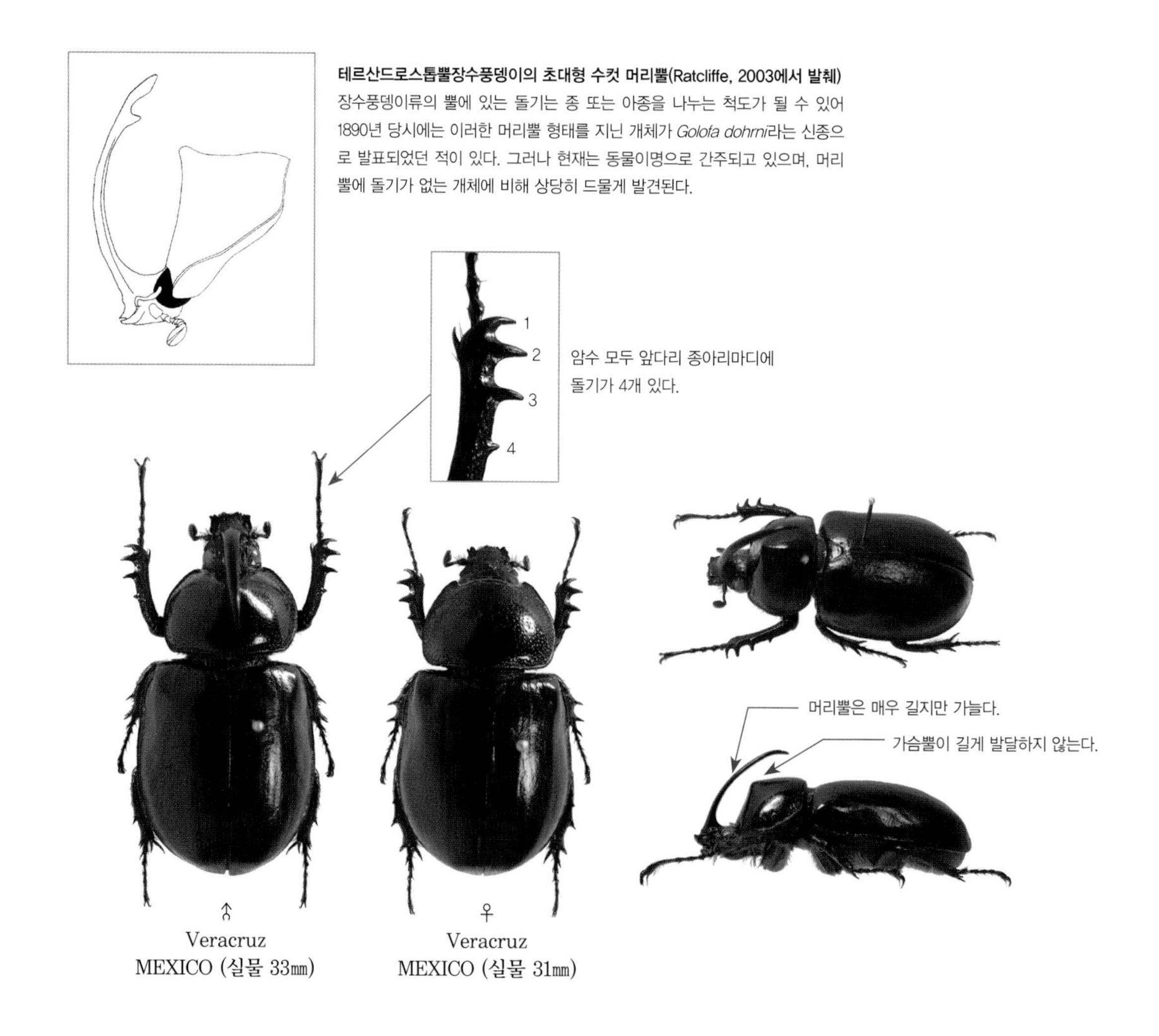

테르산드로스톱뿔장수풍뎅이의 초대형 수컷 머리뿔(Ratcliffe, 2003에서 발췌)
장수풍뎅이류의 뿔에 있는 돌기는 종 또는 아종을 나누는 척도가 될 수 있어 1890년 당시에는 이러한 머리뿔 형태를 지닌 개체가 *Golofa dohrni*라는 신종으로 발표되었던 적이 있다. 그러나 현재는 동물이명으로 간주되고 있으며, 머리뿔에 돌기가 없는 개체에 비해 상당히 드물게 발견된다.

암수 모두 앞다리 종아리마디에 돌기가 4개 있다.

♂ Veracruz MEXICO (실물 33㎜)

♀ Veracruz MEXICO (실물 31㎜)

Golofa (Mixigenus) pusilla Arrow, 1911
푸실라톱뿔장수풍뎅이

크기: -28㎜
분포: 멕시코

기재자인 애로우는 멕시코의 할리스코(Jalisco) 주에서 채집된 수컷 1개체와 암컷 2개체를 모식표본으로 이 종을 발표했다. 테르산드로스톱뿔장수풍뎅이(*G. tersander*)와 형태적으로 비슷하지만 앞날개의 색상이 검은색이 아니라 적갈색에 가까워 구별된다. 단 몸이 완전한 검은색을 띠는 변이형 개체들도 드물게 있으며, 이 경우 수컷의 생식기를 관찰하지 않는 한 정확한 구별이 어렵다. 모론은 멕시코의 톱뿔장수풍뎅이류에 대해 발표한 1995년의 논문에서 이 종은 고도가 그리 높지 않은 저지대에 주로 서식하는 편이며 옥수수밭과 사탕수수밭에서 다수 발견된다고 기록했다. 종명(*pusilla*)은 라틴어로 '크기가 작은'을 뜻하며 이에 걸맞게 톱뿔장수풍뎅이류 중에서 가장 소형에 속한다. 푸실루스(*pusillus*)라는 종명으로 알려지기도 했지만 이는 남성(male)성을 띠는 잘못된 이름으로, 본래 톱뿔장수풍뎅이속(*Golofa*)은 라틴어 문법적으로 여성(female)성을 띠고 있기 때문에 여성성 접미사(-a)를 적용시킨 푸실라(*pusilla*)가 옳다.

암수 모두 앞날개가 적갈색 계열의 색상을 띤다.

Primavera
Jalisco (1,850m)
MEXICO (실물 28㎜)

Primavera
Jalisco (1,850m)
MEXICO (실물 27㎜)

2. subgenus *Praogolofa* Bates, 1891 단색톱뿔장수풍뎅이아속(亞屬)

1891년에 베이츠가 단색톱뿔장수풍뎅이(*Praogolofa unicolor*)를 기재하면서 새로운 속으로 분류했던 종이지만 1985년에 엔드로에디가 이들을 톱뿔장수풍뎅이속(*Golofa*)의 아속으로 재분류했다. 엔드로에디의 아속 분류법을 따르지 않고 단지 톱뿔장수풍뎅이속의 동물이명(synonym)으로 간주하는 학자들도 있다. 앞가슴등판 앞쪽에 털이 발달하는 부분이 없으며, 가슴뿔은 없고 머리뿔만 미약하게 발달해 짤막한 돌기처럼 보이는 것이 특징인 분류군으로 현재 4종이 알려졌다.

단색톱뿔장수풍뎅이아속의 분포

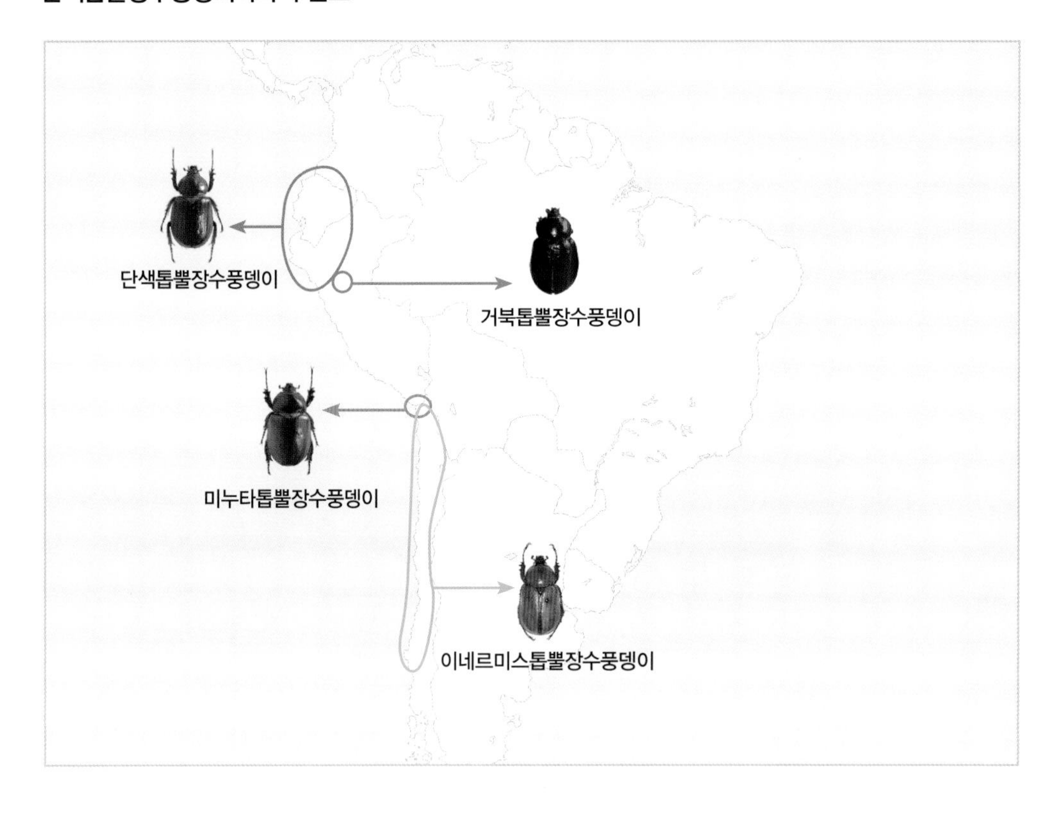

Golofa (Praogolofa) unicolor (Bates, 1891)
단색톱뿔장수풍뎅이

크기: –35㎜
분포: 에콰도르, 페루, 콜롬비아

베이츠가 남미의 안데스 산맥을 탐험하다가 해발 2,750m 고지대에서 35㎜ 크기의 암수 한 쌍을 발견해 발표한 종으로 수컷은 비교적 흔하지만 암컷은 상당히 귀하다. 1891년의 원기재문에 제시된 삽화를 발췌해 수록했으며, 종명(*unicolor*)은 '하나의 색', 즉 단색(單色)을 뜻하는 말이다. 원기재문에서 베이츠는 몸에 별다른 무늬 없이 전체적으로 비슷한 색상을 띠고 있어 이러한 종명을 부여했다고 기록했다.

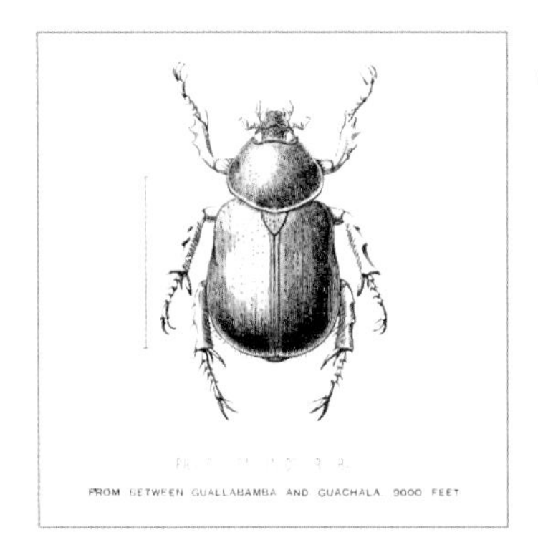

단색톱뿔장수풍뎅이의 원기재 삽화(Bates, 1891에서 발췌해 수정)
이 종을 채집한 상세한 장소와 해발 고도가 아래에 소개되었다.

몸 전체에 무늬가 없고 적갈색으로 색상이 다조롭다.

가슴뿔이 없고 앞가슴등판에 털이 있는 부분도 없다.

Golofa (Praogolofa) inermis Thomson, 1859 이네르미스톱뿔장수풍뎅이

크기: –25㎜
분포: 칠레

종명(*inermis*)은 라틴어로 '돌기 혹은 뿔이 없는'을 뜻하며 미누타톱뿔장수풍뎅이(*G. minuta*)와 형태가 거의 비슷한 칠레 특산종이다. 분포 지역 자체는 미누타톱뿔장수풍뎅이보다 넓은 것으로 알려졌지만, 실제로 현재 거의 채집되지 않는 매우 진귀한 종류다. 엔드로에디는 배 부분의 털이 빽빽하게 많으면 미누타톱뿔장수풍뎅이, 평범한 수준이면 이 종으로 분류할 수 있다고 1985년의 논문에 기록했다. 또한 이 종의 앞가슴등판은 전체적으로 같은 색이지만 미누타톱뿔장수풍뎅이의 앞가슴등판은 어두운 색을 띠는 부분이 있는 것이 특징이다. 그러나 라트클리프는 사실상 외부적으로 정확한 판별은 불가능하고 수컷 생식기의 형태 관찰을 통해서만 정확한 동정을 할 수 있다고 언급했다. 이 종의 수컷 생식기는 좌우가 비대칭인 특이한 형태이기 때문에 쉽게 동정된다고 볼 수 있는데, 최근 일본에서 이 종으로 동정된 개체들을 입수해 수컷 생식기를 직접 살펴보았으나 이들은 전부 미누타톱뿔장수풍뎅이를 잘못 동정한 것들이었다. 남미 대륙 딱정벌레류 표본을 방대하게 소장하고 있는 그로시 또한 표본을 소유하지 못했다고 언급한 만큼 거의 찾아보기 힘든 종이라 예상된다. 라숌이 집필한 1985년의 장수풍뎅이 도감에 사진이 제시되어 있어 그의 협조로 당시의 도감 사진을 발췌해 수록했다.

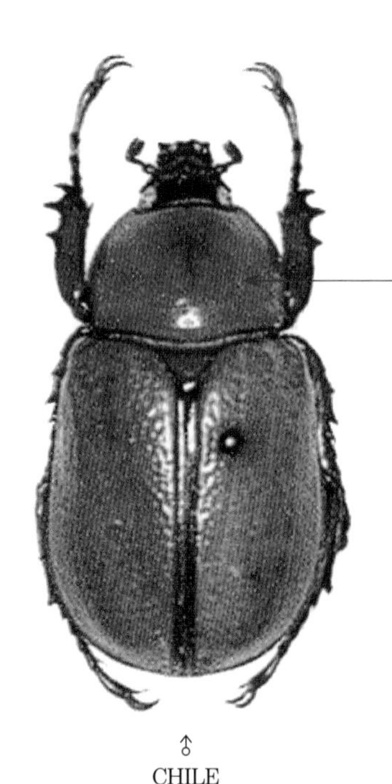

매우 진귀한 칠레 특산종으로 앞가슴등판에 검은 부분이 거의 없이 전체넉으로 적갈색을 띠는 것이 특징이다.
정확한 동정을 하려면 수컷 생식기를 반드시 검토해야 한다.

♂
CHILE

〈표본 사진 제공: 질베르 라숌(Gilbert Lachaume)–Lachaume, 1985 〈The Beetles of the world, Science Nat.〉에서 발췌〉

Golofa (Praogolofa) testudinaria (Prell, 1934) 거북톱뿔장수풍뎅이

크기: –26㎜
분포: 페루 중북부에 있는 후아마추코(Huamachuco) 지역

페루의 특산종이며 매우 진귀한 소형 종이다. 이네르미스톱뿔장수풍뎅이(*G. inermis*) 및 미누타톱뿔장수풍뎅이(*G. minuta*)와 비슷하나 몸의 색깔은 훨씬 더 어둡다. 엔드로에디는 1985년에 전 세계의 장수풍뎅이를 정리한 논문에서 머리와 앞가슴등판 부분은 전체적으로 검은색이고 몸은 어두운 적갈색이며 수컷은 짧은 뿔이 있는 반면 암컷은 비교적 큰 돌기가 있다고 기록했다. 후모식표본(lectotype)이 소장되어 있는 베를린 자연사 박물관의 곤충 큐레이터인 빌러스의 협조로 모식사진을 제공받아 수록했다. 종명(*testudinaria*)은 라틴어로 '거북의 등딱지(tortoise shell)'를 뜻하며 한국 명칭은 이 의미에 따라 붙인 것이다. 종명에 라틴어의 남성(male)성 접미사(-us)를 적용시키는 경우(*testudinarius*)도 많으나, 톱뿔장수풍뎅이속(*Golofa*)이 지닌 여성(female)성에 맞춘 종명 표기(*testudinaria*)가 옳다.

몸은 어두운 갈색이다.

LECTOTYPE ♂
PERU

후모식표본(LECTOTYPE) 라벨

가슴뿔은 없고 머리뿔만 짧게 발달한다.

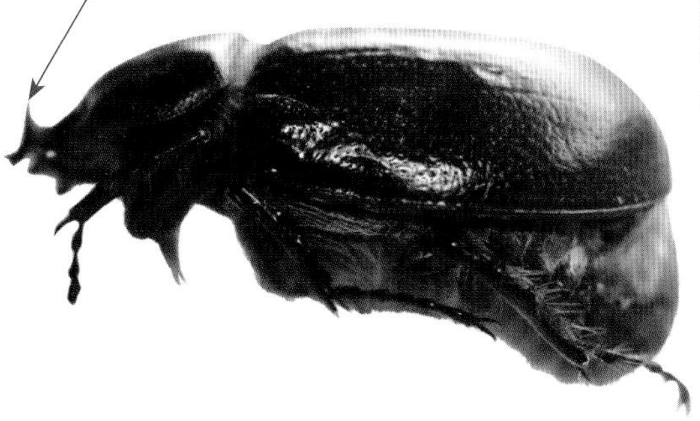

〈모식표본 사진 제공: 요아힘 빌러스(Joahim Willers)〉

Golofa (Praogolofa) minuta Sternberg, 1910
미누타톱뿔장수풍뎅이

크기: -28㎜
분포: 페루와 칠레의 국경 지대에 매우 국지적으로 서식

뿔이 발달하지 않고 크기가 작은 것이 특징으로 종명(*minuta*)은 라틴어로 '크기가 작은'을 뜻한다. 1985년에 엔드로에디가 전 세계의 장수풍뎅이류를 정리한 논문을 발표할 당시에는 수컷 1개체만이 알려진 매우 진귀한 종이었으며, 현재는 추가 개체들이 채집되고는 있지만 비교적 드문 편이다. 완모식표본(holotype)이 소장되어 있는 독일의 베를린 자연사 박물관 측에 협조를 구해 완모식표본 사진을 제공받았다. 한편 종명이 미누투스(*minutus*)라는 표기로 많이 사용되지만 이는 남성(male)성을 띠는 잘못된 명칭이다. 본래 톱뿔장수풍뎅이속(*Golofa*)은 라틴어 문법적으로 여성(female)성을 띠고 있으므로 종명 또한 이에 맞게 여성성 접미사(-a)를 적용시킨 미누타(*minuta*)가 옳다.

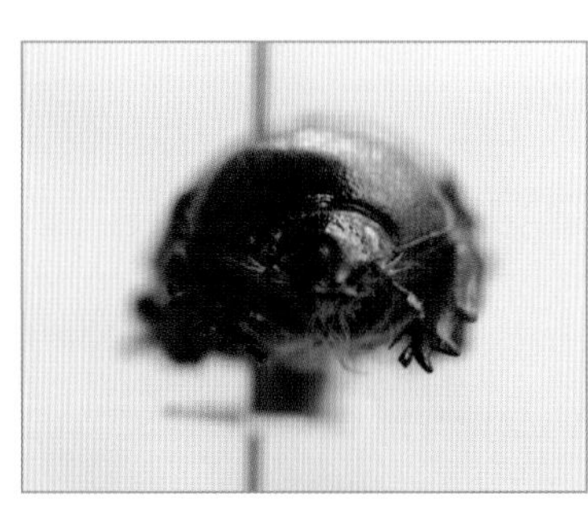

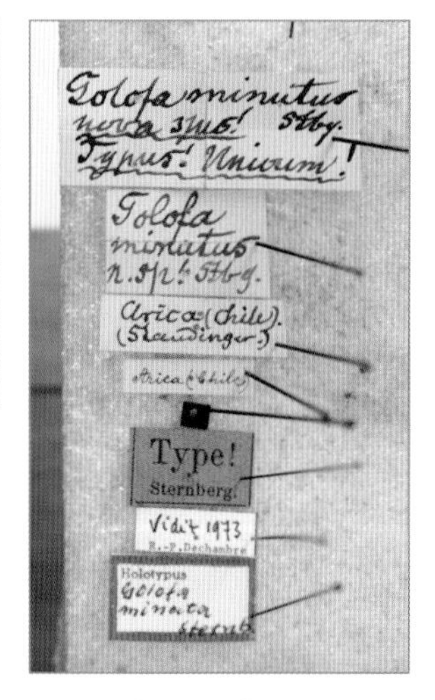

완모식표본(HOLOTYPE) 라벨

HOLOTYPE ♂
CHILE

〈모식표본 사진 제공: 요아힘 빌러스(Joahim Willers)〉

앞가슴등판의 중앙 부분이 가장자리보다 약간 어두운 색을 띠는 편이다.

가슴뿔은 없고 머리뿔만 짧게 발달한다.

앞날개는 황토색 계열이지만 앞가슴등판은 그보다 약간 더 어두운 색을 띠는 편이다.

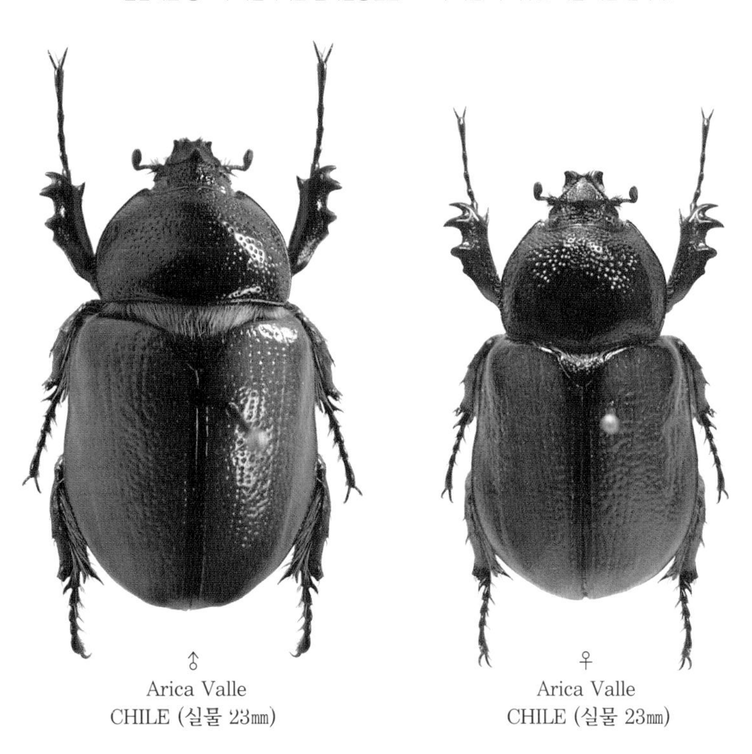

♂
Arica Valle
CHILE (실물 23㎜)

♀
Arica Valle
CHILE (실물 23㎜)

3. subgenus *Golofa* Hope, 1837 클라비거톱뿔장수풍뎅이아속(亞屬)

톱뿔장수풍뎅이속(*Golofa*)의 세 아속 중 가장 먼저 발표된 분류군이다. 이 아속으로 분류되는 종들은 대부분 수컷 앞다리의 종아리마다 바깥 측면에 돌기가 3개 있고 암컷은 4개 있는 것이 특징이다. 단 드물게 수컷의 종아리마다 4번째 돌기가 흔적처럼 나타나기도 한다. 현재까지 23-24종이 알려져 있으며, 여기에서는 이들이 발표된 연도 순서대로 정리해 수록했고 형태적으로 비슷한 종은 비교하기 쉽게 연이어 소개했다.

톱뿔장수풍뎅이속의 모식종

Golofa (Golofa) clavigera (Linnaeus, 1771) 클라비거톱뿔장수풍뎅이

가슴뿔이 몸길이에 비해 크면서도 마치 새 발가락처럼 세 갈래로 넓게 갈라진다. 이러한 뿔 모양은 장수풍뎅이족(Dynastini) 내에서도 상당히 특이하다고 볼 수 있다. 중앙아메리카에 있는 파나마 및 남아메리카 중북부, 네덜란드령 안틸레스 제도에 분포하며, 아메리카 대륙 내에 서식하는 원명아종은 비교적 흔한 편이지만 기록상으로만 남아 있는 안틸레스 제도의 아종은 서식 여부 재검증이 필요하다.

아종 분류

1) ssp. *clavigera* (Linnaeus, 1771) 원명아종(중앙아메리카-남아메리카 중북부)

2) ssp. *guildinii* (Hope, 1837) 길딩 아종(네덜란드령 안틸레스 제도 · 현존 여부가 불확실한 개체군)

클라비거톱뿔장수풍뎅이의 아종 분포

남아메리카에 서식하는 클라비거톱뿔장수풍뎅이아속의 분포

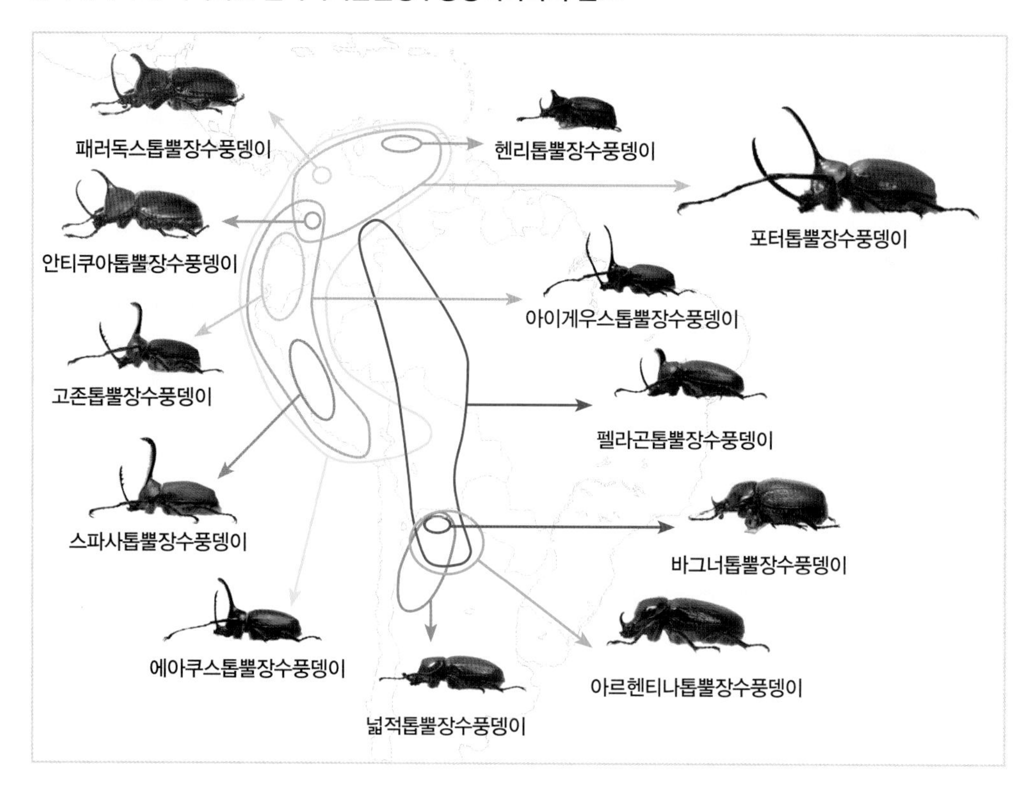

중앙아메리카에 서식하는 클라비거톱뿔장수풍뎅이아속의 분포

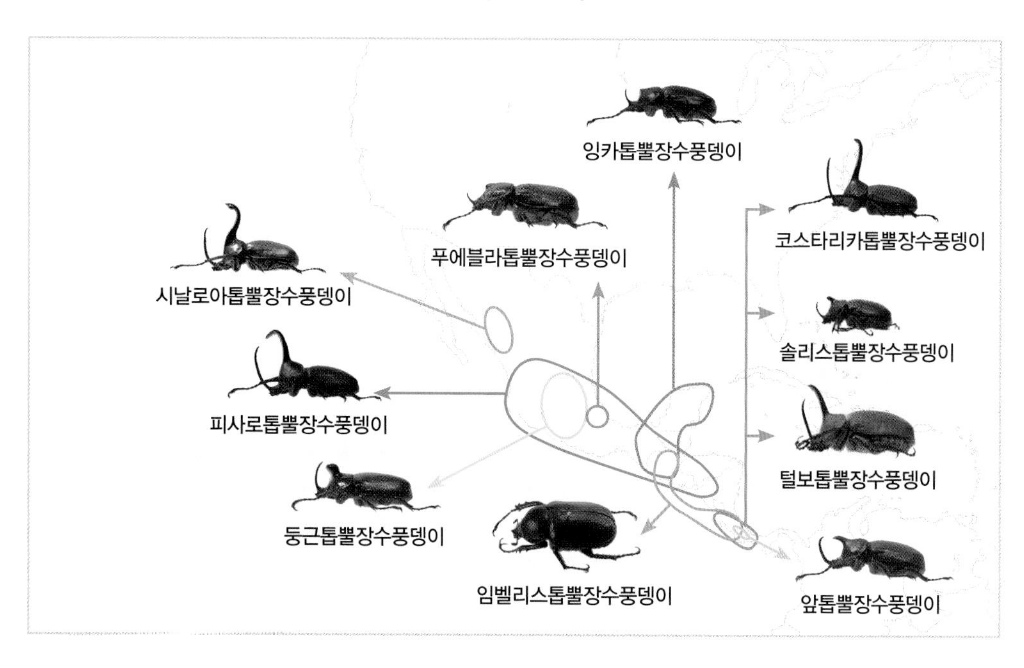

❶ *Golofa (Golofa) clavigera clavigera* (Linnaeus, 1771) 클라비거톱뿔장수풍뎅이: 원명아종

크기: –65㎜
분포: 중앙아메리카(파나마), 남아메리카 중북부(페루, 에콰도르, 콜롬비아, 브라질, 프랑스령 기아나, 수리남, 가이아나, 베네수엘라, 볼리비아)

톱뿔장수풍뎅이속의 모식종이며 비교적 흔하다. 최근까지만 해도 중미 및 남미 북부에서만 서식하는 종으로 알려졌지만 2010년에 남미 대륙 중앙부에 있는 볼리비아에서도 새롭게 서식이 확인되었다. 톰슨이 *Golofa puncticollis*라는 학명으로 1860년에 발표했었던 종류가 아종(ssp. *puncticollis*)으로 간주되는 경우가 있으나, 앞날개의 점각이 많고 가슴뿔이 작은 것 이외에는 동일하며 이미 1985년에 엔드로에디에 의해 동물이명(synonym)으로 처리되었던 적이 있다. 종명(*clavigera*)은 그리스 신화에 등장하는 영웅 헤라클레스(Hēraklēs)가 지니고 다니는 곤봉(club) 이름이었던 '클라바(clava)'와 물건을 소유한다는 의미의 '게레레(gerere)'가 합성된 단어로 '곤봉을 들고 있는 헤라클레스'를 뜻한다. 일반적으로 종명은 린네가 1771년 당시 발표했던 표기대로 클라비거(*claviger*)로서 잘 알려졌지만, 라틴어의 문법에 맞게 여성(female)성 접미사(-a)를 적용시킨 '클라비게라(*clavigera*)'가 정확한 종명이다. 단 한국 명칭의 경우에는 곤봉을 든 헤라클레스를 일컫는 본래의 어원에 따라 '클라비거'로 표기했다.

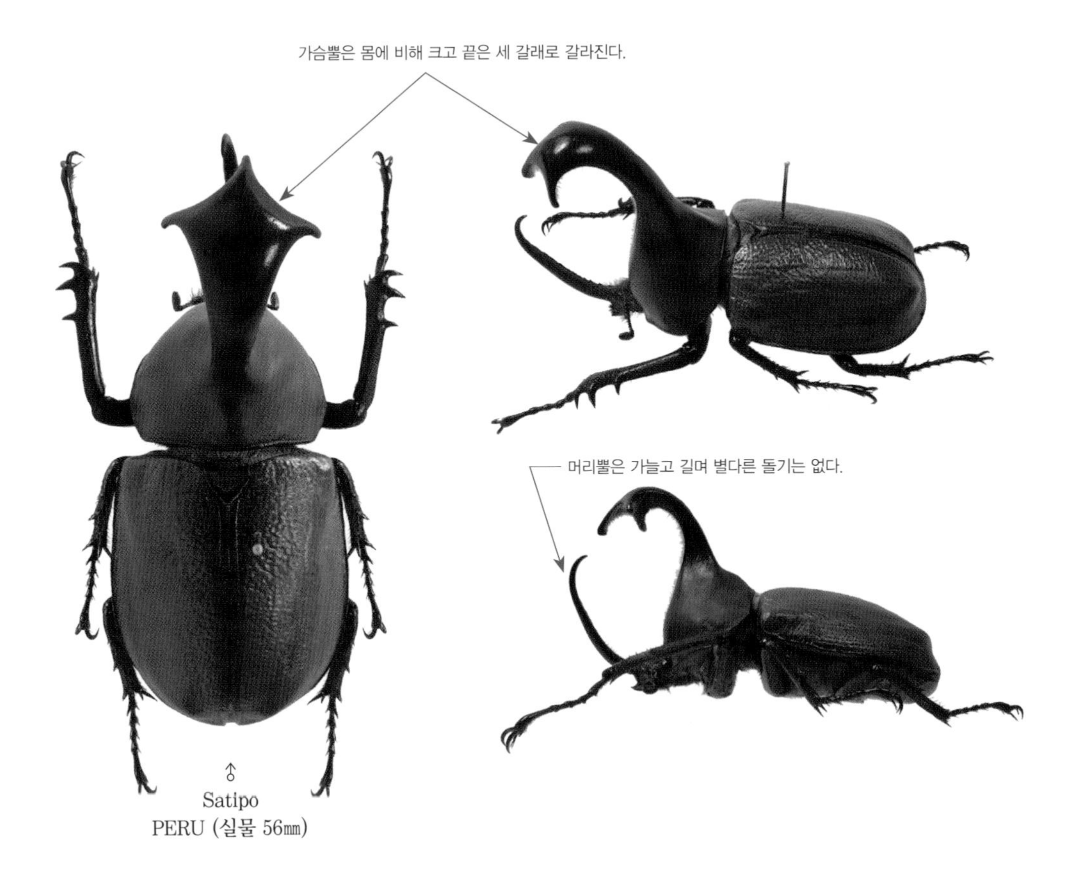

♂
Satipo
PERU (실물 56㎜)

❷ *Golofa (Golofa) clavigera guildinii* (Hope, 1837) 클라비거톱뿔장수풍뎅이: 길딩 아종

크기: 미상

분포: 네덜란드령 안틸레스(Antilles) 제도에 있는 세인트 빈센트(St. Vincent) 지역에 서식하는 것으로 1837년에 발표되었으나 실제 서식 여부가 확인되지 않고 있음

1837년에 신종(*G. guildinii*)으로 발표되었던 종류이나 1985년에 엔드로에디가 원기재문에 실린 묘사를 참고로 해 클라비거톱뿔장수풍뎅이의 아종으로 재분류했다. 네덜란드령 안틸레스의 세인트 빈센트 일대가 모식지이며, 앞날개가 검은색을 띠고 점각이 많은 것이 특징이지만 실제 표본이 확인되지 않아 사진을 싣지 못했다. 라트클리프는 이 아종이 엔드로에디의 재분류 이후 거의 알려진 것이 없어 절멸했을 가능성에 대해 언급했고, 현재까지 이들이 네덜란드령 안틸레스에 서식한다면 지리적으로 볼 때 연구 가치가 높은 아종이라 조언했다. 라숌 역시 이 종류에 대한 기록은 매우 오래 된 것으로 실제 서식 여부의 확인이 필요하다고 1985년의 자료에 기록하기도 했다. 아종명(*guildinii*)은 표본을 호프에게 보내 발표할 수 있도록 기여한 영국의 동물학자 길딩(Lansdown Guilding)을 기려 지은 것이다. 엔드로에디는 1985년의 논문에 아종명을 *guildingi*라는 표기로 수록했던 바 있지만, 아래 호프의 원기재문에서 보이는 것처럼 정확한 표기는 *guildinii*가 옳다.

Species 7. *Golofa Guildinii.*

Long. lin. 16½, lat. lin. 8.

Scutellatus atro-rufo-castaneus, capitis cornu simplici; thoracis-

* From information communicated by Mr. W. S. Mac Leay there appears to be no foundation for this statement. It is, however, here retained in consequence of a similar locality being occasionally selected by the larvæ of certain *Cetoniæ*.

클라비거톱뿔장수풍뎅이(길딩 아종)의 원기재문 초반부(Hope, 1837에서 발췌)

남성인 길딩(Guiliding)을 기려 지은 종명이므로 끝에 'i'를 붙인 *guindingi*라는 종명 표기가 옳을 수도 있으나 매우 큰 오류가 아니라면 원기재문에 제시된 표기를 그대로 따르는 것이 명명규약의 규정이므로 *guildinii*가 옳다. 5장의 하드위크오각장수풍뎅이(*Eupatorus hardwickii*) 종명 표기 설명에서 크렐(Krell)의 언급으로 미루어 본다면 아마도 길딩을 라틴어화한 '길디니우스(Guildinius)'를 기반으로 부여한 종명일 가능성이 있다(라틴어 남성 어미 'us'를 제거한 후 'i'를 붙이는 형식).

Golofa (Golofa) aegeon (Drury, 1773) 아이게우스톱뿔장수풍뎅이

크기: –70㎜
분포: 페루, 에콰도르, 콜롬비아

영국의 드루리(Drury)는 세계 각국에서 채집된 다양한 곤충을 대상으로 대부분의 천연색 삽화를 포함해 1770년, 1773년, 1782년 총 3회에 걸쳐 논문을 발표한 적이 있다. 이 종은 그가 기재한 수많은 신종 중 하나로 1773년에 발표된 2번째 논문에 실려 있으며, 그 원기재 삽화를 수록했다. 머리뿔과 가슴뿔이 다소 가늘면서도 길게 발달하는 종으로, 포터톱뿔장수풍뎅이(*G. porteri*)와 매우 비슷하지만 앞가슴등판 앞쪽 부분이 볼록하게 튀어 나온 것이 특징이다. 물론 소형 개체에서는 이러한 특징이 발현되지 않는 경우가 있어서 정확한 동정이 어렵다. 종명(*aegeon*)은 고대의 도시국가로 유명한 아테네의 왕 '아이게우스(Αἰγεύς, 영어 표기로는 Aegeus 또는 Aigeus)'에서 따온 것이다.

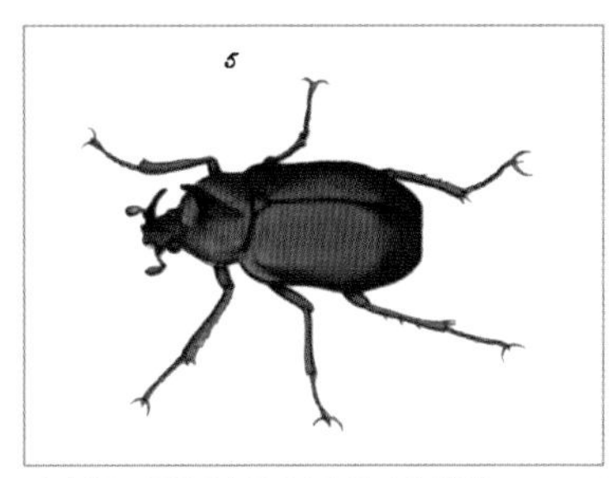

아이게우스톱뿔장수풍뎅이의 원기재 삽화(Drury, 1773에서 발췌)
1773년 논문에 수록된 30번째 도판의 5번 삽화로 제시되었으며 앞가슴등판 앞쪽의 돌출 부분이 잘 표현되었다.

머리뿔과 가슴뿔이 가늘고 위쪽으로 길게 발달한다.

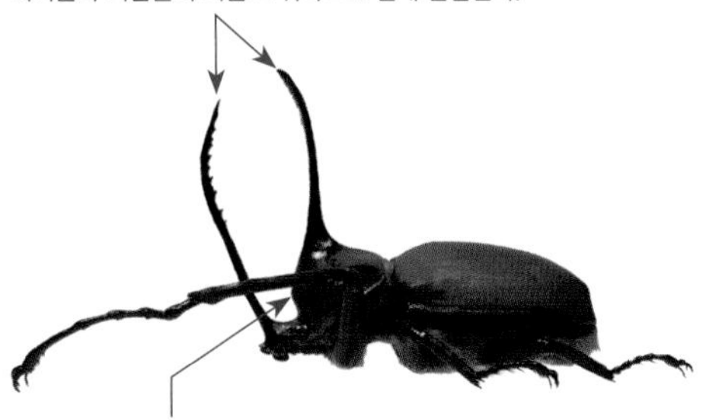

수형 개체에서는 앞가슴등판 앞쪽의 돌출된 특징이 잘 발현되지 않는다.

Golofa (Golofa) incas Hope, 1837
잉카톱뿔장수풍뎅이

크기: -45㎜
분포: 멕시코, 과테말라

상당히 희귀한 종으로 앞가슴등판 앞쪽의 경사가 완만하고 가슴뿔은 약간 짧으면서도 다소 앞쪽을 향하는 것이 특징이다. 2003년에 발표된 솔리스톱뿔장수풍뎅이(*G. solisi*)와 비슷하지만 수컷 가슴뿔 끝 부분이 뾰족한 형질로 구별된다. 각 개체별로 앞날개 색상에 약간의 변이가 있어서 동정에 주의가 필요하며, 보통 앞날개가 적갈색 계열을 띠는 경우가 대부분이나 수록한 개체는 앞날개 군데군데 검은색을 띠는 변이형이다. 원기재문에는 삽화가 없지만, 베이츠가 상세한 삽화와 함께 *Golofa championi*라는 학명으로 1888년 신종으로 발표했던 종류가 이 종의 동물이명(synonym)이기 때문에 그 삽화를 수록했다. 종명(*incas*)은 15-16세기에 남미 지역 일부를 다스렸던 잉카(Inca) 제국에서 따온 것으로 여겨진다.

잉카톱뿔장수풍뎅이의 삽화(Bates, 1888에서 발췌 수정)
수컷 대형, 소형(색상 변이) 개체, 암컷이 상세히 묘사되었다 (왼쪽, 가운데: 수컷; 오른쪽: 암컷).

머리뿔은 가늘면서도 끝이 뾰족하다.
가슴뿔은 짧고 끝이 뾰족하다.

수컷 앞날개는 적갈색을 띠는 경우가 대부분이지만 이 개체는 검은색을 띠는 변이형이다.

♂
San Marcos
GUATEMALA (실물 42㎜)

암컷 몸은 전체적으로 검은색이고 점각이 매우 많다.

♀
San Marcos
GUATEMALA (실물 41㎜)

Golofa (Golofa) porteri Hope, 1837
포터톱뿔장수풍뎅이

크기: –105㎜
분포: 콜롬비아, 베네수엘라

톱뿔장수풍뎅이속에서 가장 큰 종으로, 길고 가느다란 가슴뿔과 머리뿔, 몸의 크기로 쉽게 동정할 수 있다. 소형 개체는 아이게우스톱뿔장수풍뎅이(*G. aegeon*)와 매우 비슷하지만 앞가슴등판 앞쪽이 볼록하지 않은 점으로 구별된다. 대나무의 즙을 섭식하는 습성으로 인해 가느다란 대나무에 잘 매달릴 수 있도록 앞다리가 길게 발달했으며 낮에 활동하는 것이 특징이다. 종명(*porteri*)은 이 종을 베네수엘라에서 채집해 기재자인 호프에게 보내 신종의 발표에 기여한 채집가 포터(Robert Kerr Porter)를 기려 지은 것이며, 원기재문에 포함된 삽화를 발췌했다.

포터톱뿔장수풍뎅이의 원기재 삽화(Hope, 1837에서 발췌)
수컷의 생김새가 잘 묘사되었다.

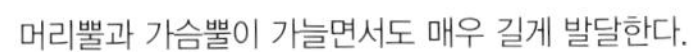

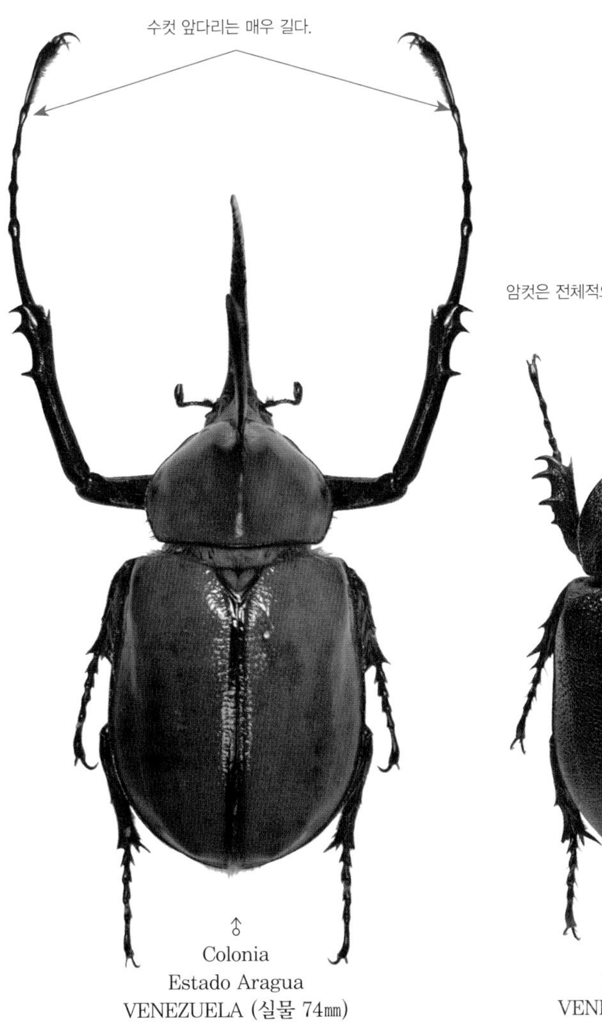

♂
Colonia
Estado Aragua
VENEZUELA (실물 74㎜)

♀
Colonia
Estado Aragua
VENEZUELA (실물 45㎜)

Golofa (Golofa) solisi Ratcliffe, 2003
솔리스톱뿔장수풍뎅이

크기: −50㎜
분포: 코스타리카, 파나마 서부

중앙아메리카 일부 지역에서 발견되는 희귀종으로 앞가슴등판은 전체적으로 어둡고 앞날개는 밝은 적갈색에서 어두운 적갈색까지 다양한 양상을 보인다. 수컷 가슴뿔이 위쪽이 아닌 다소 앞쪽을 향하는 것이 특징이며, 잉카톱뿔장수풍뎅이(*G. incas*)와 비슷하지만 수컷 가슴뿔 끝 부분이 뭉툭하면서도 더 두껍다. 기재자인 라트클리프에 의하면 이 종은 해발 800−1,600m 우림 지대에서 주로 채집되었으며, 종명(*solisi*)은 그가 추진 중인 중미 지역 장수풍뎅이류 연구 프로젝트에 공동 연구자로 참여한 코스타리카 국립생물다양성연구소(INBio, Instituto Nacional de Biodiversidad)의 딱정벌레 큐레이터인 솔리스(Angel Solís) 박사를 기려 지은 것이다. 앞날개가 어두운 색을 띠는 부모식표본(paratype)을 라트클리프로부터 제공받아 촬영해 사진을 수록했고, 앞날개가 밝은 다른 부모식표본의 사진을 제공받아 함께 수록했다.

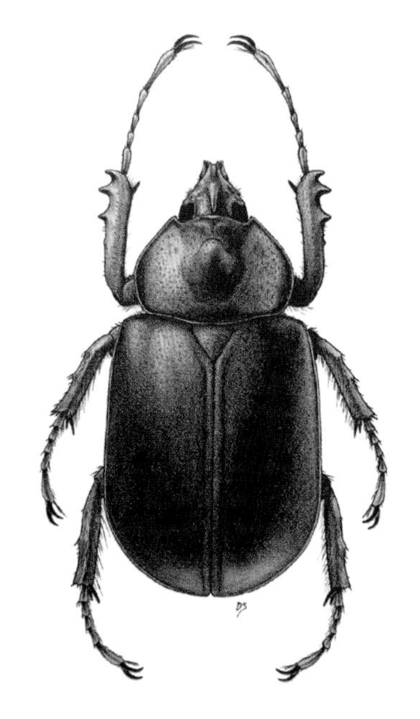

솔리스톱뿔장수풍뎅이의 원기재 삽화(Ratcliffe, 2003에서 발췌)
흑백으로 묘사했으나 대략적인 형태를 가늠할 수 있다. 수컷 가슴뿔 끝이 뭉툭하면서도 두꺼운 것이 특징이다.

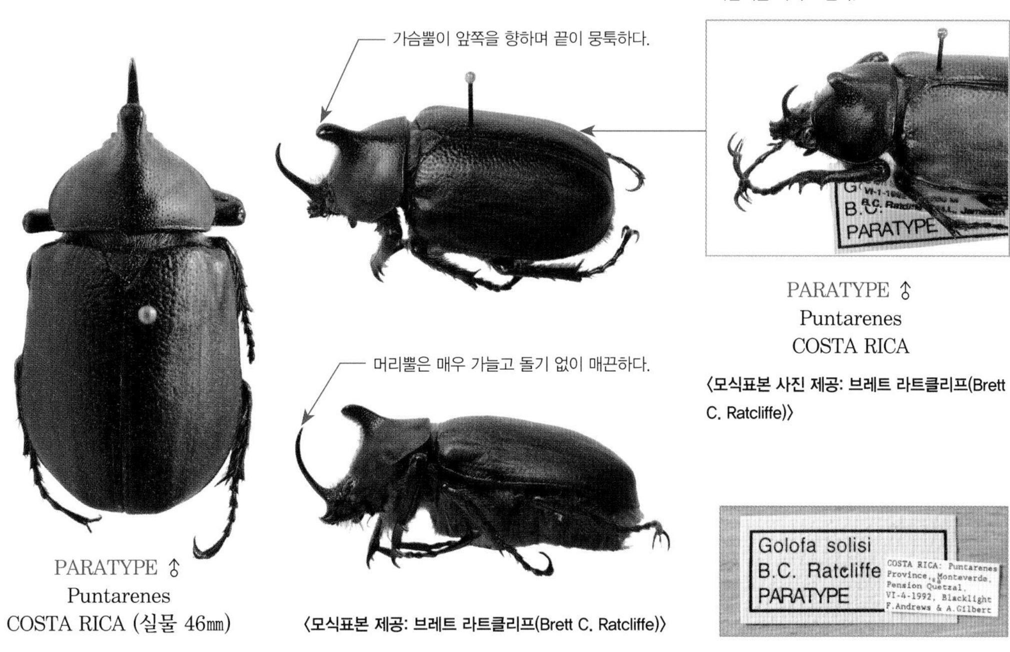

PARATYPE ♂
Puntarenes
COSTA RICA (실물 46㎜)

〈모식표본 제공: 브레트 라트클리프(Brett C. Ratcliffe)〉

PARATYPE ♂
Puntarenes
COSTA RICA

〈모식표본 사진 제공: 브레트 라트클리프(Brett C. Ratcliffe)〉

PARATYPE ♂
Puntarenes
COSTA RICA (실물 42㎜)

〈모식표본 제공: 브레트 라트클리프(Brett C. Ratcliffe)〉

Golofa (Golofa) pizarro Hope, 1837
피사로톱뿔장수풍뎅이

크기: –47㎜
분포: 멕시코, 과테말라, 온두라스, 엘살바도르, 니카라과

흔하면서도 변이의 폭이 가장 심한 편으로, 베이츠의 1888년 논문에 의하면 같은 지역 내에서도 다른 형태가 다수 발견된다고 한다. 서식 장소 또한 해발 300–2,800m에 이르기까지 범위가 넓어 중미 지역을 대표하는 장수풍뎅이라 할 만하다. 대형 수컷은 가슴뿔이 위쪽으로 발달하고 소형 수컷은 살짝 앞쪽으로 향한다. 뿔이 발달하는 양상과 몸의 색상 차이로 구분했던 2아종(ssp. *sallei* 및 ssp. *clavicornis*)이 발표된 적 있으나 이는 다양한 변이로 동물이명(synonym)일 뿐이고, 심지어 모식표본 또한 소실된 상태다. 아울러 2000년대 중반까지 다른 종으로 여겨져 왔었던 임페리얼톱뿔장수풍뎅이(*G. imperialis* Thomson, 1859)는 2006년에 라트클리프와 케이브의 공동 연구에 의해 수많은 개체들의 변이 폭을 조사한 결과 같은 종이라는 주장이 나오며 동물이명으로 처리되었다. 그들은 과거의 연구자들이 어떠한 차이로 인해 이 둘을 다른 종으로 분류해 왔는지 제시하고 그것을 다시 조목조목 반박하는 형식으로 방대한 양에 걸쳐 동물이명 처리 이유에 대해 서술하고 있다. 피사로의 가슴뿔은 끝이 삼각형으로 발달하지만 임페리얼은 그렇지 않은데, 이것이 종 간 차이가 아닌 몸길이에 의한 뿔 발달 양상이 다른 변이라는 것이 그 골자다. 그러나 모론과 그로시의 조언에 따르면, 그들은 현재까지도 임페리얼톱뿔장수풍뎅이가 동물이명이 아니고 분류학적으로 유효한 종으로 판단된다고 언급했다. 즉 의견이 일치하지 않는 것으로, 차후 분자생물학적인 측면의 연구가 더해진다면 좀더 정확한 분류학적 위치를 진단할 수 있을 것이다. 종명(*pizarro*)은 15세기에 중미 지역을 정복해 식민지로 만들었던 에스파냐 탐험가인 프란시스코 피사로(Francisco Pizarro)에서 따온 것이다.

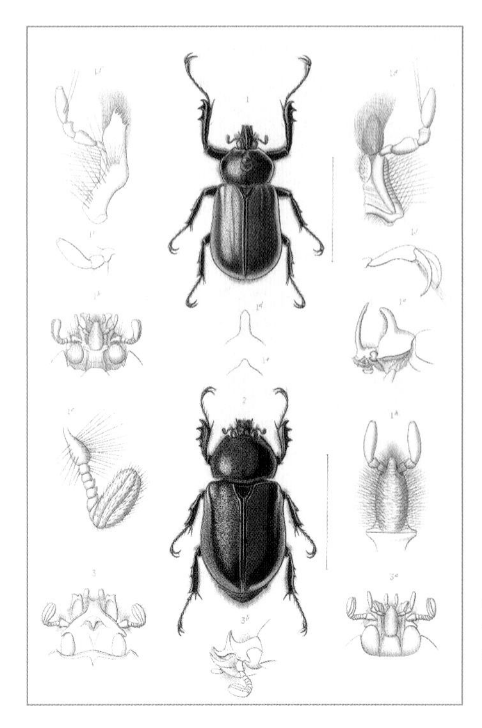

임페리얼톱뿔장수풍뎅이 한 쌍(위: 수컷; 아래: 암컷)의 삽화
(Thomson, 1859에서 발췌)
1858년에 기재될 당시에는 삽화가 포함되지 않았으나, 톰슨(Thomson)은 이듬해인 1859년에 매우 자세한 삽화를 발표했다. 현재 이 종은 피사로톱뿔장수풍뎅이(*G. pizarro*)의 동물이명(synonym)인지 아닌지에 대해 논란이 있다.

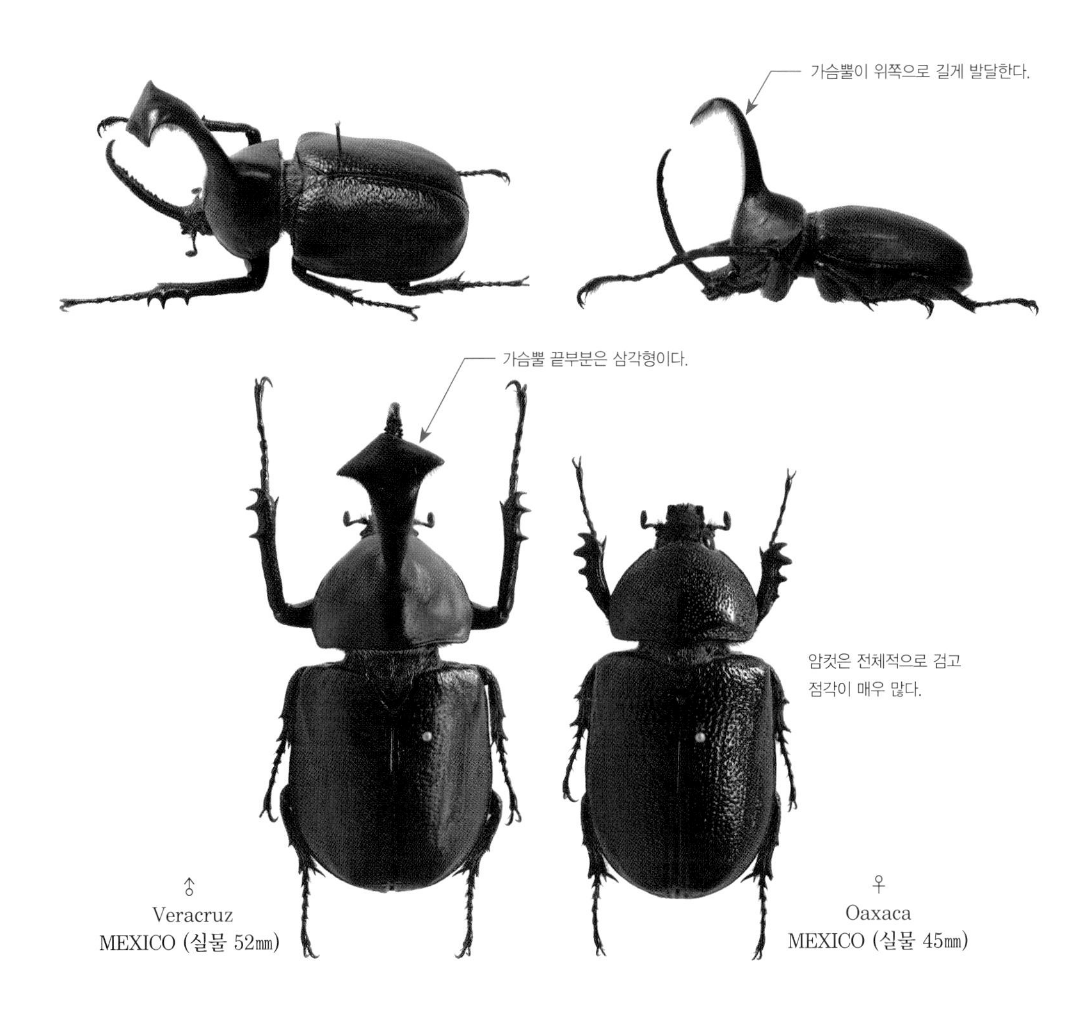

〈임페리얼톱뿔장수풍뎅이(*G. imperialis*)로 동정되던 개체〉

피사로톱뿔장수풍뎅이(*G. pizarro*)의 동물이명(synonym)인지 아닌지 불확실하다.

Golofa (Golofa) eacus Burmeister, 1847
에아쿠스톱뿔장수풍뎅이

크기: -40㎜
분포: 베네수엘라, 에콰도르, 페루, 브라질 서부, 볼리비아, 아르헨티나

남미 대륙의 동부를 제외한 북서부 전역에 널리 분포하는 흔한 종류다. 몸길이에 비해 앞다리가 길며, 대형 개체의 경우 머리뿔과 가슴뿔이 모두 위쪽을 향해 길게 발달하는 양상을 보인다. 소형 수컷은 머리뿔과 가슴뿔의 발달이 약해 길이가 현저히 짧아지므로 정확한 동정이 어려우며, 암컷은 앞날개가 완전한 검은색을 띠는 것과 적갈색을 띠는 것이 있다. 아래의 암컷 표본은 후자의 형태를 띠는 개체다.

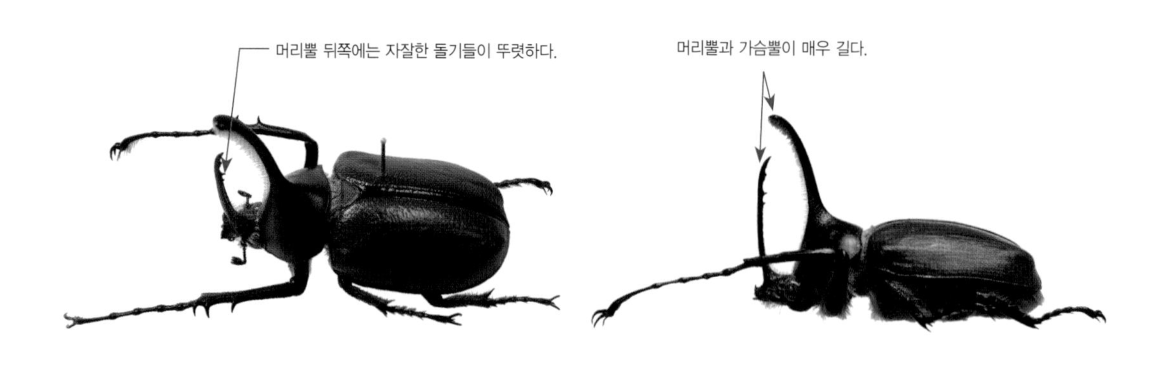

몸길이에 비해 앞다리가 다소 길다.

♂
Pacto
ECUADOR (실물 42㎜)

암컷 앞날개는 적갈색을 띠며 점각이 매우 많다.

♀
Huanuco
PERU (실물 38㎜)

Golofa (Golofa) gaujoni Lachaume, 1985 고존톱뿔장수풍뎅이

크기: –50㎜
분포: 콜롬비아, 에콰도르, 페루

드샹브르는 톱뿔장수풍뎅이류에 대해 다루었던 1983년의 논문에서 '에콰도르의 일부 지역에는 수컷 가슴뿔 끝 부분이 크게 넓어지는 형(形, form)을 띠는 에아쿠스톱뿔장수풍뎅이(*G. eacus*)가 서식한다.'고 기록했는데, 라숌이 이를 재검토해 2년 뒤인 1985년에 신종으로 발표했다. 에콰도르의 로하(Loja) 주에서 채집된 47㎜ 수컷이 모식표본으로 지정되어 현재 프랑스 파리 국립 자연사 박물관에 소장되어 있으며, 라숌의 협조로 원기재문에 실렸던 사진을 수록했다. 종명(*gaujoni*)은 완모식표본(holotype)을 채집했던 프랑스의 채집가 고존(Abbé Gaujon)을 기려 지은 것이다. 에아쿠스톱뿔장수풍뎅이에서 분리된 종류인 만큼 서로 매우 비슷하지만 가슴뿔 끝이 주걱 모양으로 약간 넓어지는 차이로 의해 어렵지 않게 구별할 수 있다.

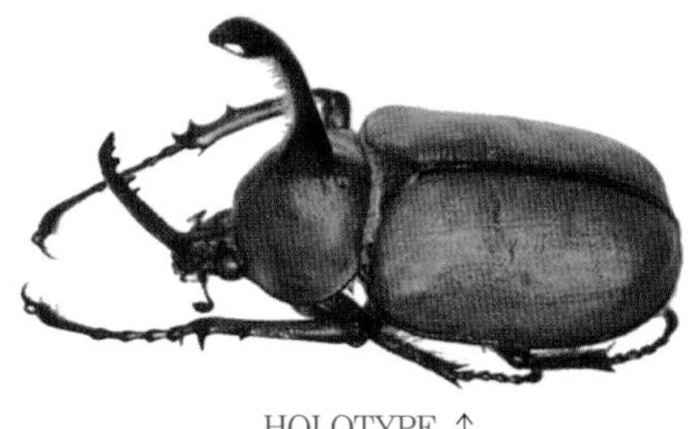

HOLOTYPE ♂
Loja, PERU

〈모식표본 사진 제공: 질베르 라숌(Gilbert Lachaume)–Lachaume, 1985 (The Beetles of the world, Science Nat.)에서 발췌〉

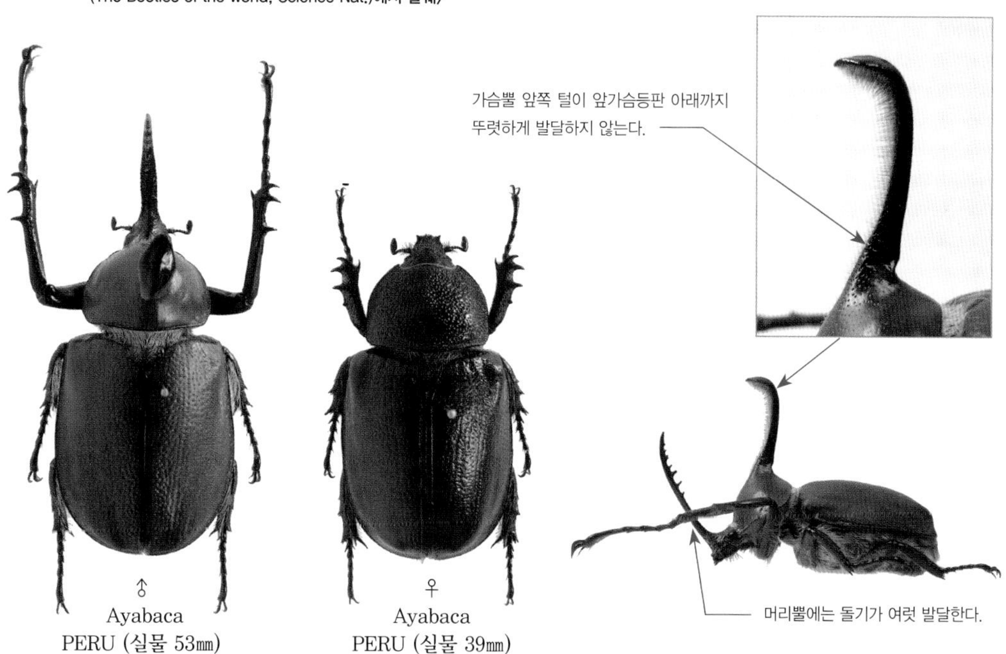

♂
Ayabaca
PERU (실물 53㎜)

♀
Ayabaca
PERU (실물 39㎜)

Golofa (Golofa) spatha Dechambre, 1989
스파사톱뿔장수풍뎅이

크기: –50㎜
분포: 페루

고존톱뿔장수풍뎅이(*G. gaujoni*)와 매우 비슷하나 가슴뿔 앞쪽에서 이어지는 털이 앞가슴등판 아래쪽 끝까지 길게 연결된 것이 차이 나는 희귀종으로, 모식표본은 프랑스의 파리 국립 자연사 박물관에 소장되었다. 종명(*spatha*)은 라틴어로 '굵은 날이 있는 칼'을 뜻하며, 이는 이 머리뿔 뒤쪽 표면에 다른 종에 비해 끝이 살짝 뾰족한 돌기들이 많은 것에 착안해 지은 것이라 예상된다.

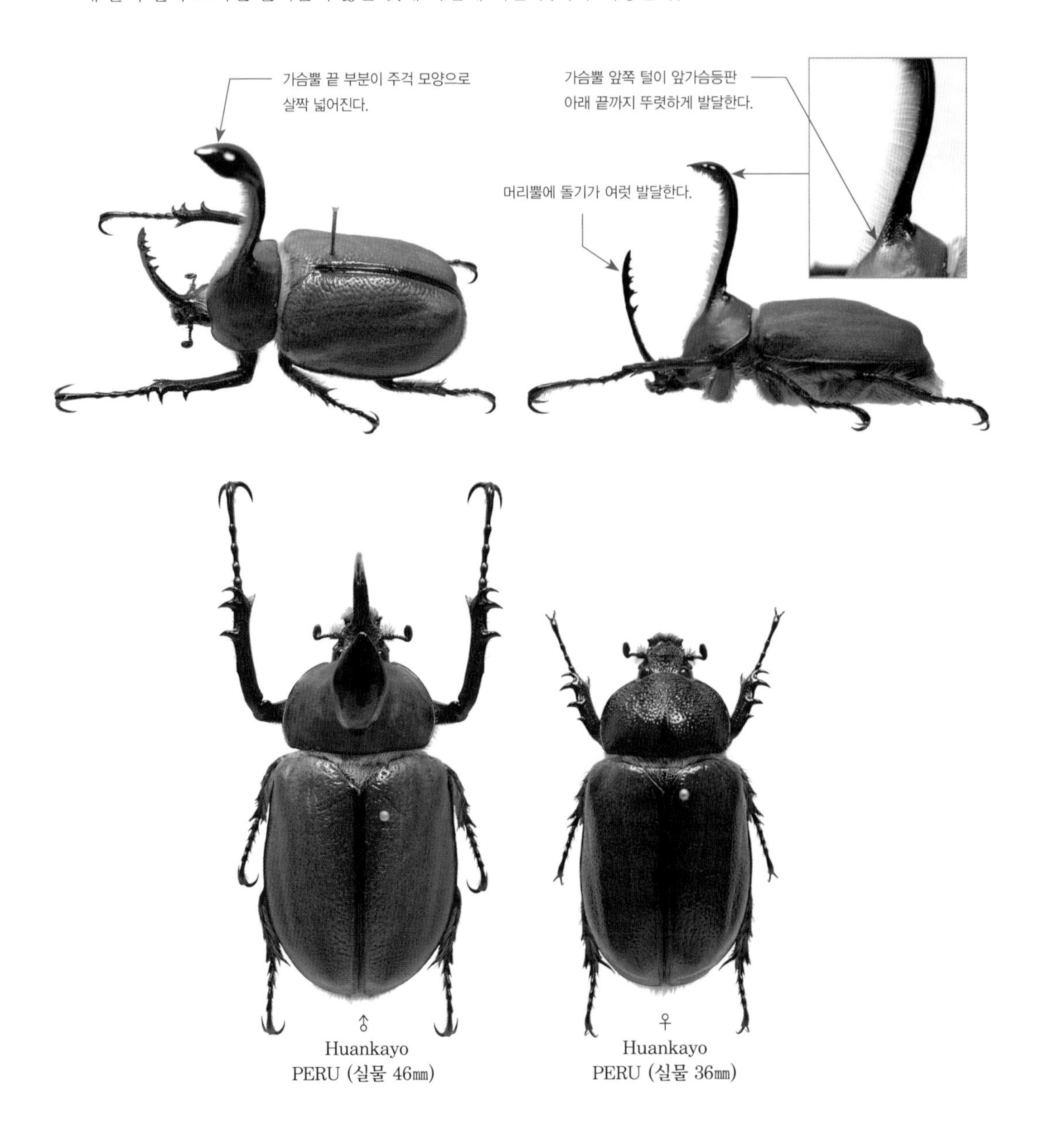

♂ Huankayo PERU (실물 46㎜)

♀ Huankayo PERU (실물 36㎜)

Golofa (Golofa) pelagon Burmeister, 1847
펠라곤톱뿔장수풍뎅이

크기: –45㎜
분포: 콜롬비아, 브라질, 볼리비아, 아르헨티나

머리뿔과 가슴뿔이 몸길이에 비해 약간 짧은 듯한 형태이며 분포 지역이 넓은 만큼 다양한 변이형이 있다. 수컷에 한해 기본형 이외에도 머리뿔의 뒤쪽에 있는 작은 돌기의 수, 가슴뿔이 휘어지는 정도, 앞날개와 앞가슴등판의 색상으로 구분되는 4가지 변이형이 1952년에 독일의 주터(Suter)에 의해 기재되었던 적이 있으며 이 변이형들에 대해 정리하면 아래와 같다. 이번 장에 실린 수컷 표본은 앞가슴등판과 작은방패판이 붉은색을 띠는 적색형(ab. *ruficollis*)이다.

① **기본형** (forma *typica*) 머리뿔 뒤쪽은 돌기 없이 매끈하고, 가슴뿔은 곤봉 형태이며 앞가슴등판은 검은색에 가깝다. 앞날개는 황갈색이고 작은방패판은 검은색을 띤다.
② **돌기형** (ab. *denticornis* Suter, 1952) 머리뿔 뒤쪽에 작은 돌기가 1–3개 있다.
③ **두갈래형** (ab. *dichotoma* Suter, 1952) 가슴뿔 앞쪽 부분이 잘린 듯한 생김새이며 끝이 두 갈래로 갈라진다.
④ **적색형** (ab. *ruficollis* Suter, 1952) 앞가슴등판과 작은방패판이 모두 붉은색을 띤다.
⑤ **흑색형** (ab. *atra* Suter, 1952) 몸이 전체적으로 완전한 검은색을 띤다.

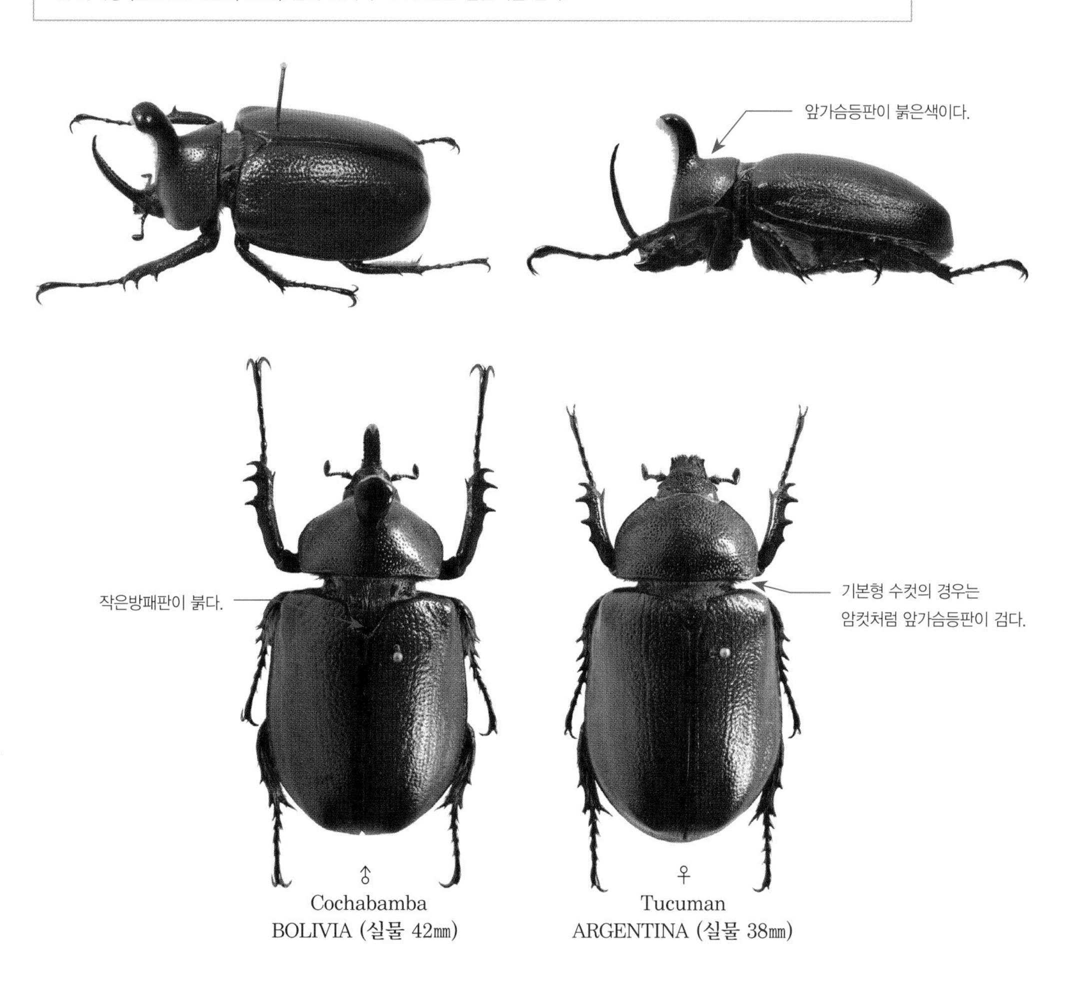

Cochabamba
BOLIVIA (실물 42㎜)

Tucuman
ARGENTINA (실물 38㎜)

Golofa (Golofa) hirsuta Ratcliffe, 2003
털보톱뿔장수풍뎅이

크기: −58㎜
분포: 코스타리카, 파나마 서부

코스타리카톱뿔장수풍뎅이(*G. costaricensis*)와 거의 비슷하지만 앞가슴등판과 앞날개 대부분에 눈으로 확인 가능한 잔털이 덮여 있는 것이 특징이다. 종명(*hirsuta*)도 라틴어로 '털이 많은(hairy)'을 뜻한다. 기재자인 라트클리프에 의하면 이 종은 코스타리카톱뿔장수풍뎅이와 서식지는 중복되지만 각 종이 우점적으로 서식하는 지역은 다르다고 한다. 그의 도움으로 소형, 중형, 대형 부모식표본(paratype) 사진 및 표본을 제공받았다. 이 종이 신종으로 발표된 시기는 2003년이지만, 라트클리프는 1997년에 이미 신종 여부를 확정지은 상태였다고 한다. 제공받은 부모식표본 라벨은 1997년에 제작된 것으로, 종명이 라틴어의 남성(male)성 접미사를 적용시킨 '*hirsutus*'로 표기되어 있지만 현재 톱뿔장수풍뎅이속(*Golofa*)은 여성(female)성 고유명사로 정립되어 이 종의 경우 여성성 접미사(-a)가 붙은 '*hirsuta*'라는 종명으로 2003년에 학계에 최종 발표되었다.

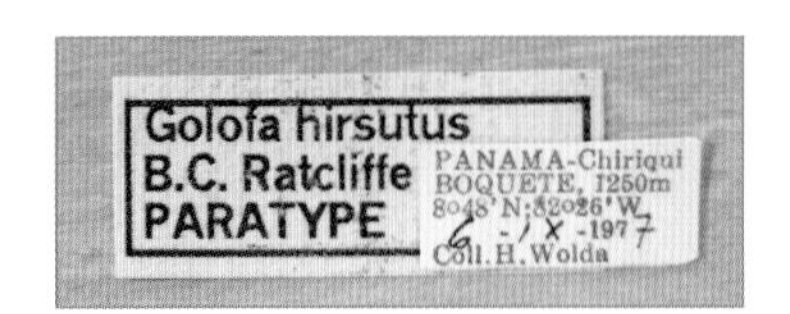

PARATYPE ♂
PANAMA
〈모식표본 사진 제공: 브레트 라트클리프(Brett C. Ratcliffe)〉

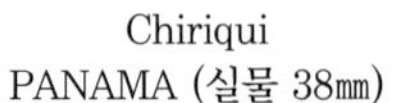

PARATYPE ♂
Chiriqui
PANAMA (실물 38㎜)

〈모식표본 제공: 브레트 라트클리프(Brett C. Ratcliffe)〉

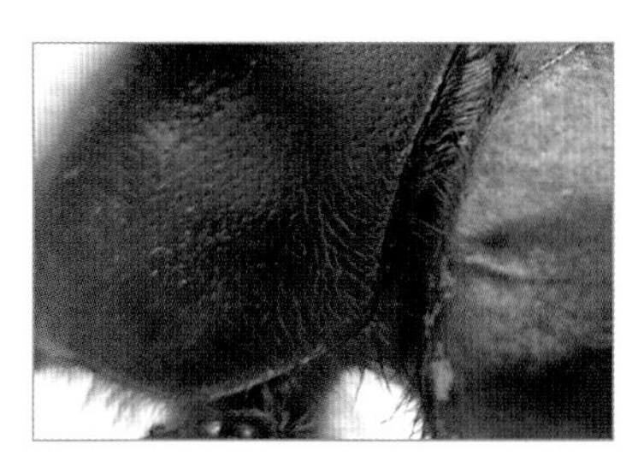

앞가슴등판과 앞날개 표면에 황토색 털이 매우 많다.

♂
Chiriqui
PANAMA (실물 45㎜)

PARATYPE ♂
COSTA RICA (실물 47㎜)

Golofa hirsutus
B.C. Ratcliffe
PARATYPE

COSTA RICA
NR. PANAMA
BORDER
1978

〈모식표본 제공: 브레트 라트클리프(Brett C. Ratcliffe)〉

Golofa (Golofa) costaricensis Bates, 1888
코스타리카톱뿔장수풍뎅이

크기: –47㎜
분포: 코스타리카, 파나마 서부

중미 지역에 분포하는 톱뿔장수풍뎅이 중에서 가슴뿔이 위쪽으로 상당히 길게 발달하는 형태로 일차적인 동정이 가능하나, 몸 전체가 검은색을 띠는 변이형도 드물게 나타나고 소형 개체는 뿔 발달 양상이 많이 다르다. 특히 2003년에 발표된 털보톱뿔장수풍뎅이(*G. hirsuta*)와 생김새가 거의 같지만, 이 종은 앞가슴등판과 앞날개에 눈으로도 보이는 황토색 털이 거의 없어 구별된다. 라트클리프(Ratcliffe)에 의하면 이 종은 대체적으로 해발 1,250–2,400m에 이르는 고지대 우림 지역에서 많이 채집되며 개체수를 볼 때 현지에서 그리 귀하지는 않다고 한다. 종명(*costaricensis*)은 모식지인 코스타리카(Costa Rica)에서 따온 것이다.

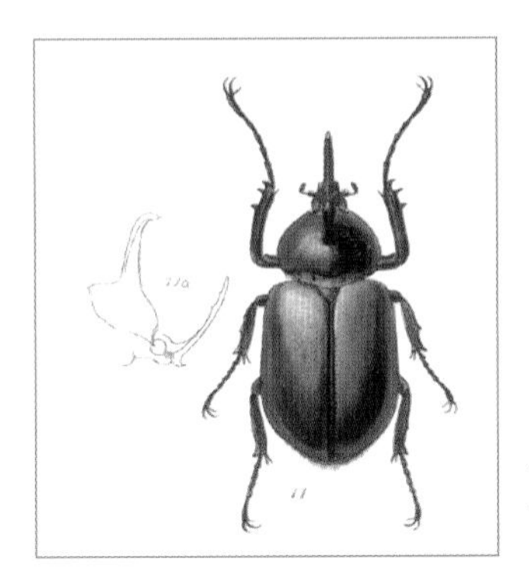

코스타리카톱뿔장수풍뎅이 수컷의 원기재 삽화(Bates, 1888에서 발췌해 수정)
수컷의 정면 및 측면이 상세히 묘사되었다.

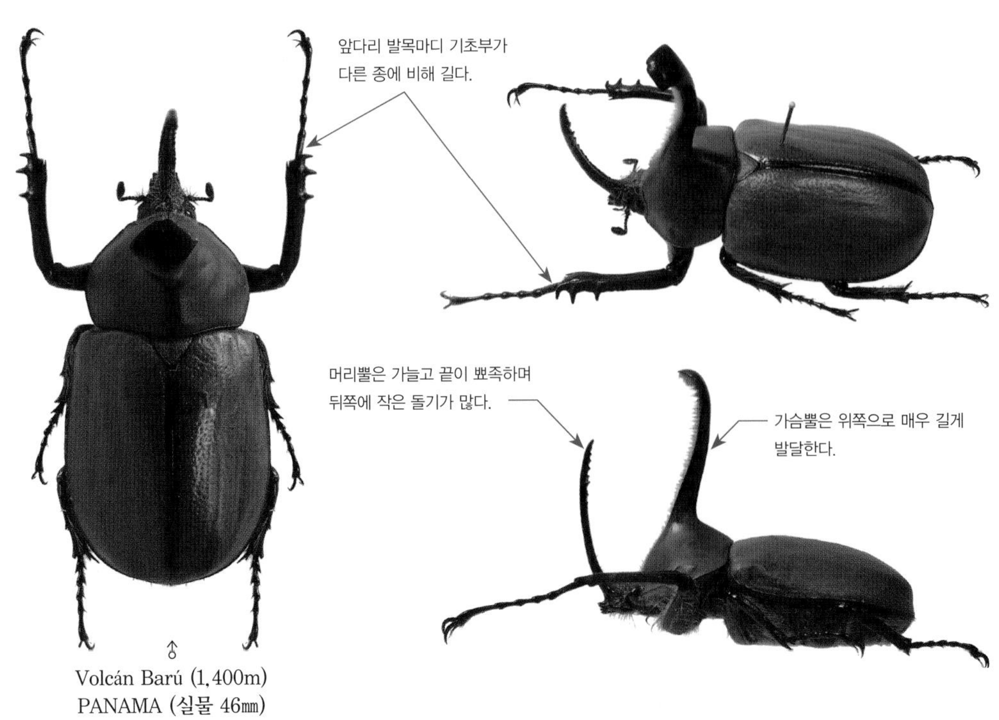

Golofa (Golofa) imbellis Bates, 1888
임벨리스톱뿔장수풍뎅이

크기: -45㎜
분포: 과테말라, 코스타리카

라숌은 1985년에 발표한 자료에서 이 종을 단색톱뿔장수풍뎅이아속(subgenus *Praogolofa*)에 포함시켰던 적이 있으나 이는 오류다. 이 종은 대형인 경우 앞가슴등판 앞쪽에 털이 뚜렷하게 발달하는 특징이 있어 클라비거톱뿔장수풍뎅이아속(subgenus *Golofa*)으로 보는 것이 옳고 엔드로에디의 1985년 논문에서도 이렇게 분류되었다. 매우 진귀한 종으로 몸 전체가 검은색을 띠며 수컷도 뿔이 거의 발달하지 않고 대형 수컷에서만 머리 부분에 매우 짧은 돌기가 있다. 본래 멕시코에도 분포하는 것으로 알려졌으나 최근 모론에 의해 멕시코는 서식지에서 제외되었다. 베이츠는 1888년에 총 17개체를 증빙으로 해 이 종을 발표했는데, 라트클리프가 발표한 2003년의 논문에 의하면 기재 이후 현재까지 채집된 표본은 매우 적다고 한다. 그 이유는 서식지가 해발 1,875-2,200m에 이르는 화산 지역이고 온도는 비교적 낮아 곤충류가 다양하게 채집되지 않아서 현지 채집가들로부터 외면 받는 편이며, 집중적인 개발과 벌목으로 인한 서식지 파괴가 희귀성을 더욱 가속화시키고 있기 때문이라고 한다. 라트클리프로부터 수컷 표본 사진을 제공받아 수록했으며, 1888년 원기재문에 실렸던 삽화를 발췌했다. 종명(*imbellis*)은 라틴어로 '싸움을 싫어하는'을 뜻하며, 뿔이 거의 없는 특징을 참고해 지은 것이라 여겨진다.

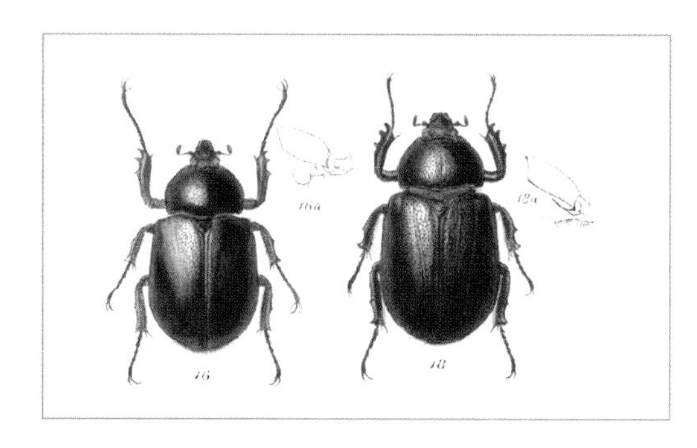

임벨리스톱뿔장수풍뎅이 한 쌍의 원기재 삽화(Bates, 1888에서 발췌해 수정)
수컷과 암컷의 정면 및 측면이 상세히 묘사되었다(왼쪽: 수컷; 오른쪽: 암컷).

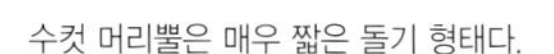

수컷 머리뿔은 매우 짧은 돌기 형태다.

♂
Tapanti National Park
COSTA RICA (실물 45㎜)

암수 모두 몸은 전체적으로 검다.

앞가슴등판 앞쪽에 적갈색 털이 있는 부분이 뚜렷하게 있다.

〈표본 사진 제공: 브레트 라트클리프(Brett C. Ratcliffe)〉

Golofa (Golofa) cochlearis Ohaus, 1910
넓적톱뿔장수풍뎅이

크기: -40㎜
분포: 아르헨티나 카타마르카(Catamarca) 주

아르헨티나톱뿔장수풍뎅이(*G. argentina*)와 상당히 비슷하나 전체적으로 몸 색상이 더 밝으며 머리뿔이 굵고 넓적한 것이 특징이다. 그러나 가슴뿔은 전혀 발달하지 않으며 황토색-적갈색 계열의 털만 앞가슴등판 앞쪽에 발달한다. 아르헨티나 특산종이며 서식지가 국지적인 만큼 흔하게 채집되지 않는다. 종명(*cochlearis*)은 라틴어로 '나선형의 모양' 혹은 '수저(spoon)'를 뜻하며, 넓적하면서도 곡선으로 휜 머리뿔에 착안해 지은 것이라 여겨진다.

♂ Catamarca ARGENTINA (실물 36㎜)

♀ Catamarca ARGENTINA (실물 29㎜)

Golofa (Golofa) argentina Arrow, 1911
아르헨티나톱뿔장수풍뎅이

크기: −38㎜
분포: 아르헨티나

기재자인 애로우는 원기재문에 아르헨티나의 코르도바(Cordova) 주 및 멘도사(Mendoza) 주가 서식지라고 기록했다. 수컷 앞가슴등판에 있는 가슴뿔의 형상과 털이 발달하는 양상이 다른 종에 비해 다소 특징적이기 때문에 비교적 동정이 쉽다. 넓적톱뿔장수풍뎅이(*G. cochlearis*)와 비슷하지만 수컷의 머리뿔 끝이 가늘고 뾰족하며 앞가슴등판의 털이 더 빽빽하게 발달하는 것으로 구별할 수 있다. 종명(*argentina*)은 모식지인 아르헨티나(Argentina)에서 따온 것이며, 종명이 아르헨티누스(*argentinus*)라는 표기로 알려지기도 했지만 이는 남성(male)성을 띠는 잘못된 이름이다. 톱뿔장수풍뎅이속(*Golofa*)은 라틴어 문법적으로 여성(female)성을 띠기 때문에 여성성 접미사(-a)를 적용시킨 아르헨티나(*argentina*)가 옳다.

♂ Cordova ARGENTINA (실물 35㎜)

♀ Cordova ARGENTINA (실물 30㎜)

Golofa (Golofa) wagneri Abadie, 2007
바그너톱뿔장수풍뎅이

크기: –29㎜
분포: 아르헨티나 북서부 후후이(Jujuy) 주

아르헨티나 국립 로자리오 대학교의 아바디(Abadie)에 의해 톱뿔장수풍뎅이류 중에서 가장 최근인 2007년에 발표된 희귀종이다. 2001년 1월 29일 아르헨티나 후후이 주 1,720m 고지대에서 채집된 수컷 2개체를 모식표본으로 해 기재되었다. 넓적톱뿔장수풍뎅이(*G. cochlearis*)와 상당히 비슷하나 수컷 머리뿔이 약간 짧으면서 폭은 좁고 그 끝이 더욱 뾰족한 것이 차이다. 매우 진귀한 종이기 때문에 표본을 입수할 수 없었으나, 아바디의 동료인 그로시로부터 수컷 표본 사진을 제공받아 수록했다. 종명(*wagneri*)은 기재자인 아바디와 함께 모식표본을 채집한 아르헨티나의 채집가 바그너(Pablo S. Wagner)를 기려 지은 것이다.

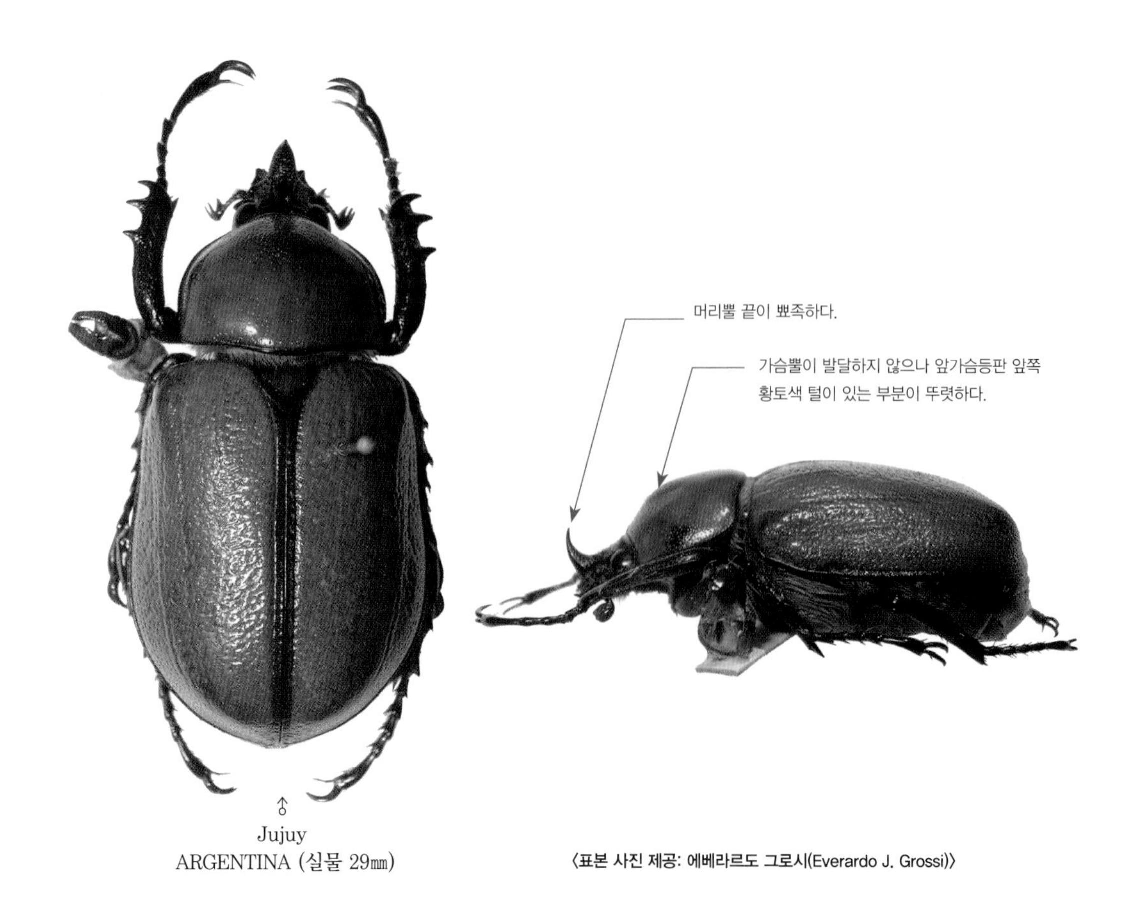

♂
Jujuy
ARGENTINA (실물 29㎜)

〈표본 사진 제공: 에베라르도 그로시(Everardo J. Grossi)〉

Golofa (Golofa) antiqua Arrow, 1911
안티쿠아톱뿔장수풍뎅이

크기: –50㎜
분포: 콜롬비아

애로우가 1911년에 발표한 콜롬비아 특산종이자 매우 진귀한 종으로, 모식지는 콜롬비아 서부의 카우카(Cauca Valley) 지역이다. 그는 원기재문에서 수컷 45개체를 증빙으로 신종 기재했으며 몸은 붉은 느낌이 강한 적갈색으로부터 완전한 검은색까지 변이가 심한 편이라고 했다. 가슴뿔은 비교적 가늘면서도 위쪽으로 비스듬하게 발달하는 것이 대형 개체의 일반적인 형태이나 가슴뿔이 더 앞쪽으로 치우쳐 발달하는 개체도 있다. 그로시로부터 수컷 총모식표본(syntype) 사진을 제공받았고, 라숌의 협조로 제공받은 1985년 도감 사진을 포함해 2개체의 사진을 수록했다. 종명(*antiqua*)은 라틴어로 '멋스러움' 혹은 '고풍스러움'을 뜻하며, 안티쿠스(*antiquus*)라는 표기로 알려지기도 했지만 이는 남성(male)성을 띠는 잘못된 이름이다. 톱뿔장수풍뎅이속(*Golofa*)은 라틴어 문법적으로 여성(female)성을 띠고 있으므로 종명 또한 이와 일치시켜 여성성 접미사(-a)를 적용시킨 안티쿠아(*antiqua*)가 옳다.

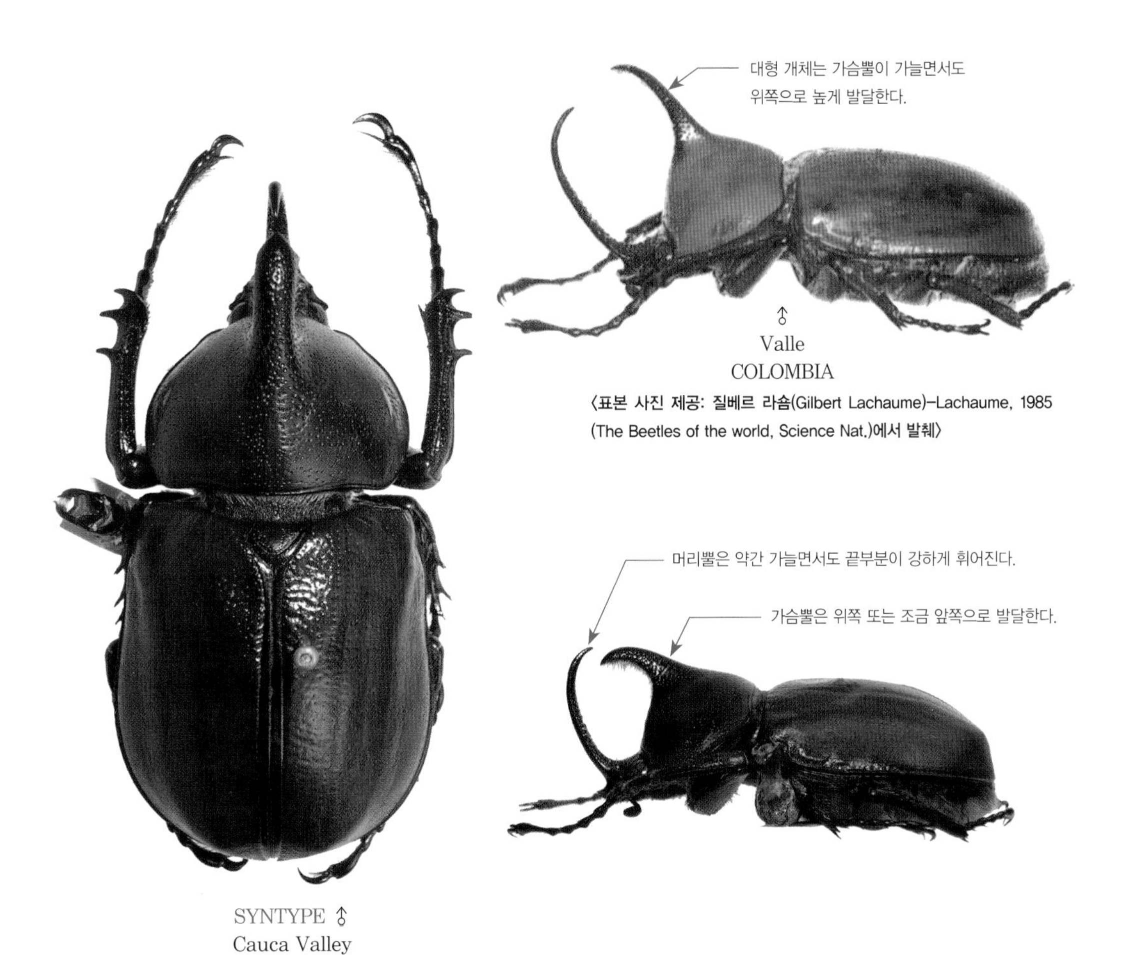

〈표본 사진 제공: 질베르 라숌(Gilbert Lachaume)–Lachaume, 1985 (The Beetles of the world, Science Nat.)에서 발췌〉

〈모식표본 사진 제공: 파스쿠알 그로시(Paschoal C. Grossi)〉

Golofa (Golofa) paradoxa Dechambre, 1975
패러독스톱뿔장수풍뎅이

크기: –42㎜
분포: 콜롬비아 무조(Muzo)

콜롬비아 중부에 국지적으로 서식하는 특산종으로 매우 진귀한 종이다. 몸은 전체적으로 적갈색 또는 완전한 검은색 변이형이 있고 광택은 비교적 강하다. 안티쿠아톱뿔장수풍뎅이(*G. antiqua*)와 지리적으로 그리 멀지 않은 곳에 서식하는 만큼 형태가 비슷하지만, 가슴뿔이 더 굵으며 전체적으로 검은색이고 앞가슴등판 앞쪽 표면까지 검은 부분의 면적이 넓게 퍼지는 것이 특징이다. 그러나 더 정확히 동정하려면 수컷 생식기를 검토해야 한다. 종명이 라틴어 남성성 접미사(-us)를 적용시킨 *paradoxus*로 알려지기도 했지만, 톱뿔장수풍뎅이속(*Golofa*)은 여성(female)성을 띠고 있기에 종명에 여성성 접미사(-a)를 적용시킨 *paradoxa*가 옳다. 1975년에 드샹브르가 이 종을 발표할 당시에도 후자의 표기로 기재했으며, 종명(*paradoxa*)의 어원은 패러독스(paradox)다.

♂
Muzo
COLOMBIA

〈표본 사진 제공: 질베르 라숌(Gilbert Lachaume)–Lachaume, 1985 (The Beetles of the world, Science Nat.)에서 발췌〉

Golofa (Golofa) globulicornis Dechambre, 1975
둥근톱뿔장수풍뎅이

크기: –48㎜
분포: 멕시코

크기에 비해 가슴뿔이 굵으면서도 둥그스름하게 발달한다. 위쪽에서 보았을 때 가슴뿔이 검은색 둥근 방울처럼 보이는 고유한 특징으로 인해 쉽게 동정할 수 있다. 모론에 의하면 해발 1,400–2,450m 고도에 있는 소나무류와 참나무류가 우거진 숲에서 발견된다고 한다. 종명(*globulicornis*)은 가슴뿔 형태에 걸맞게 '둥그스름한(globuli) 뿔(cornis)'을 뜻한다.

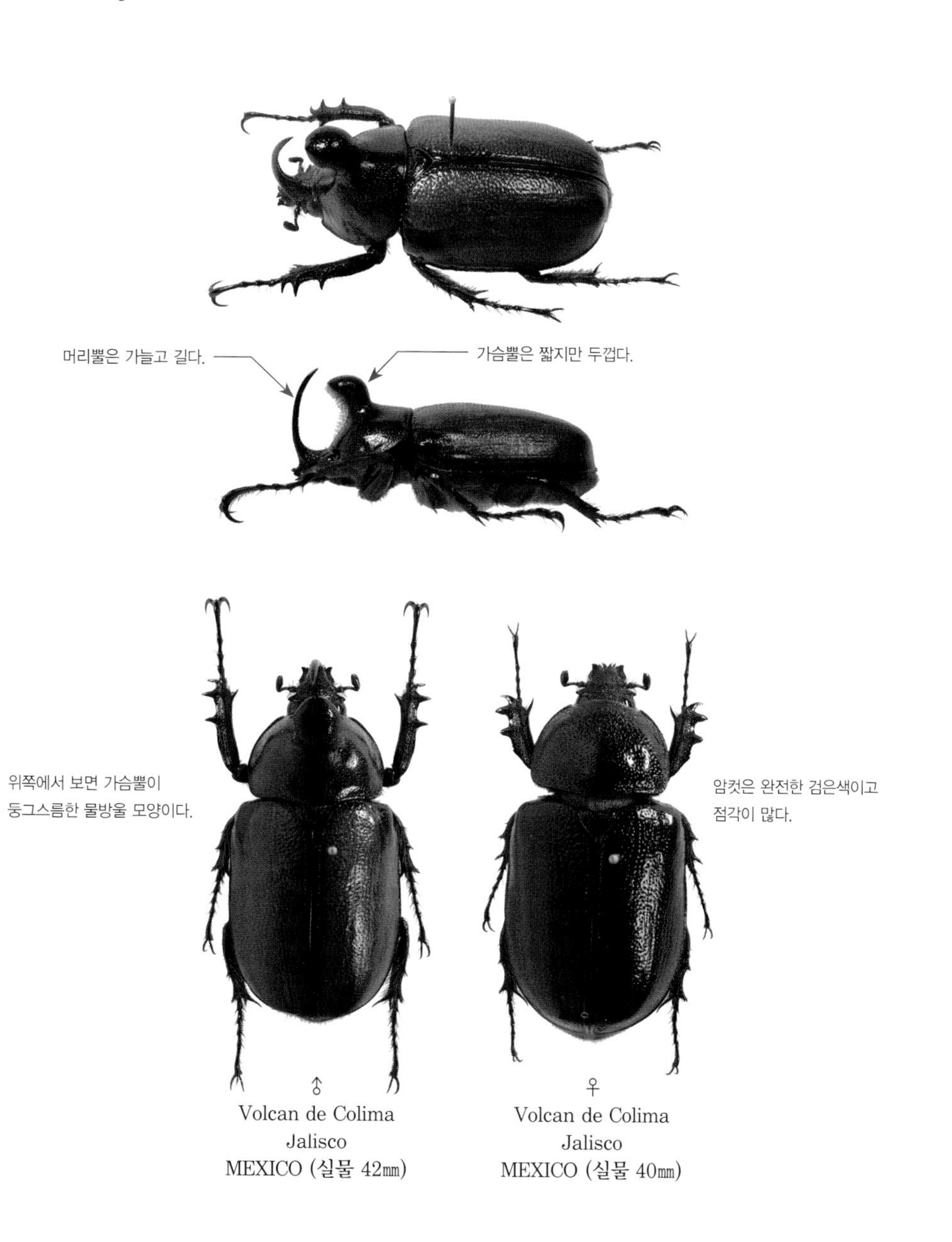

Golofa (Golofa) obliquicornis Dechambre, 1975
앞톱뿔장수풍뎅이

크기: -48㎜
분포: 코스타리카, 파나마

중미 지역에 서식하는 비교적 드문 종으로, 수컷의 가슴뿔이 위쪽으로 솟지 않고 앞쪽으로 치우쳐 발달하는 것이 특징이다. 가슴뿔이 이렇게 앞쪽을 향하는 종류는 중미에서는 이 종 하나뿐이므로 비교적 동정이 쉽다. 종명(*obliquicornis*)도 라틴어로 '비스듬한(obliqi) 뿔(cornis)'을 뜻한다. 라트클리프에 의하면 해발 1,360-2,300m 우림 지대에서 주로 채집되었다고 한다.

♂
Cerro de Chirripo
COSTA RICA (실물 49㎜)

Golofa (Golofa) henrypitieri Arnaud et Joly, 2006
헨리톱뿔장수풍뎅이

크기: –42㎜
분포: 베네수엘라 북부 아라과(Aragua) 주

프랑스의 아르노와 베네수엘라의 홀리가 1954년 4월 5일에 아라과 주의 1,100m 고지에서 채집된 수컷 완모식표본(holotype)을 기준으로 해 발표했다. 베네수엘라의 특산종이며 희귀하다. 다른 톱뿔장수풍뎅이류와 마찬가지로 가슴뿔이 위쪽을 향해 수직으로 발달하는 것이 일반적이지만 초대형 개체는 앞톱뿔장수풍뎅이(*G. obliquicornis*)처럼 앞쪽으로 비스듬히 발달하는 편이다. 기재자인 아르노의 동료 그로시로부터 표본 사진을 제공받아 수록했다. 종명(*henrypitieri*)은 기재자의 동료인 헨리(Henry Pitier)를 기려 지은 것이다.

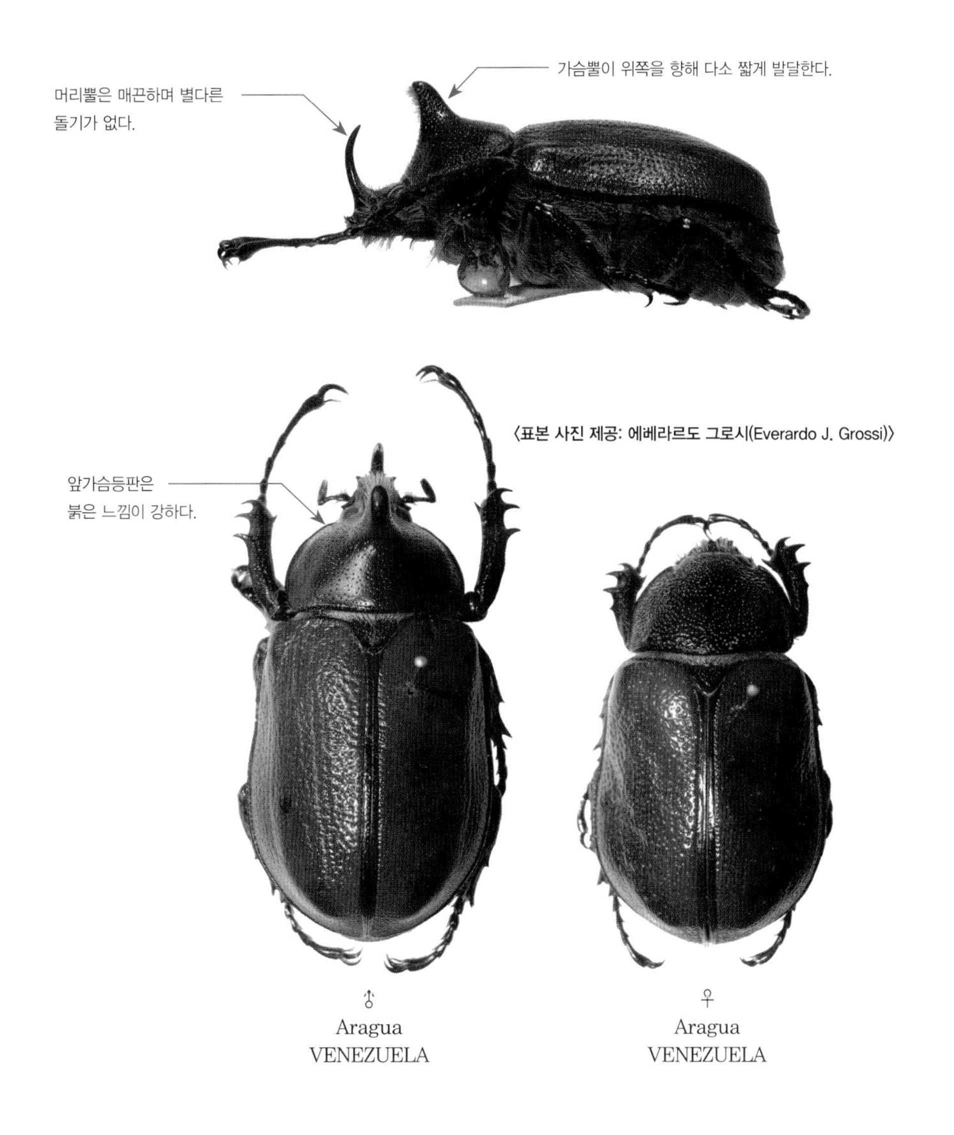

Golofa (Golofa) tepaneneca Morón, 1995 푸에블라톱뿔장수풍뎅이

크기: −42㎜
분포: 멕시코 푸에블라(Puebla) 주

상당히 진귀한 종으로, 1995년 원기재문에 의하면 멕시코의 푸에블라 주에서만 발견되는 특산종이며 해발 1,450−1,600m 지대의 건조한 덤불과 습기가 많은 참나무 숲 경계 지역이 주된 서식지다. 앞다리 종아리마디의 바깥쪽에 발달하는 뚜렷한 돌기 3개 외에 가장 뒤쪽에 아주 미세한 돌기가 더 발달하는 경우가 있으며, 이 특징으로 인해 테르산드로스톱뿔장수풍뎅이아속(subgenus *Mixigenus*)과 가까운 관계라고 기재자인 모론이 기록했다. 그의 협조로 멕시코의 베라크루즈 환경연구소에 소장되어 있는 완모식표본(holotype) 수컷 사진을 제공받았고, 일본의 미야시타로부터 암수 한 쌍의 표본을 기증받아 3개체의 표본 사진을 수록했다. 종명(*tepaneneca*)은 멕시코의 원주민 나우아(Nahua) 족의 고유어로 '돌담(stone wall)'을 뜻하며, 서식지가 돌로 이루어진 산(rocky mountain)인 것에 착안해 지은 것이다.

〈모식표본 사진 제공: 미구엘 모론(Miguel A. Morón)〉

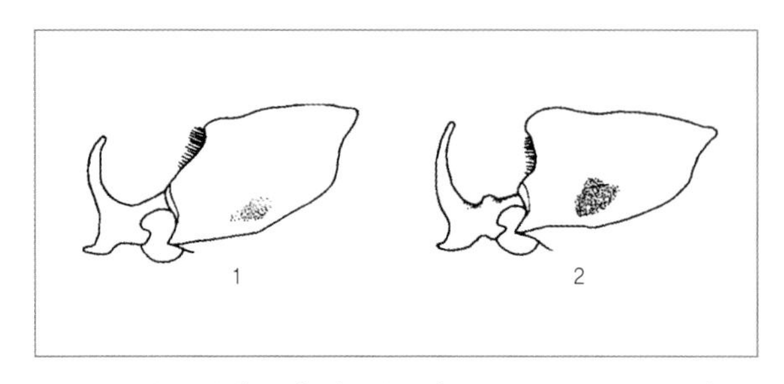

푸에블라톱뿔장수풍뎅이(오른쪽)의 원기재 삽화(Morón, 1995에서 발췌 및 수정)
멕시코에 함께 서식하고 있으며 비슷한 형태를 띠는 왼쪽의 잉카톱뿔장수풍뎅이(*G. incas*)와 측면 형태 비교가 잘 나타나 있다.

〈표본제공: 미야시타 케이(Kei Miyashita)〉

♂
Puebla
MEXICO (실물 37㎜)

♀
Puebla
MEXICO (실물 35㎜)

Golofa (Golofa) xiximeca Morón, 1995
시날로아톱뿔장수풍뎅이

크기: −47㎜
분포: 멕시코 시날로아(Sinaloa) 주

가슴뿔이 시작되는 앞가슴등판 위쪽 부분 및 가슴뿔 전체가 검은색을 띠고, 수컷 배 끝에는 다른 종에게서 나타나는 긴 털이 없는 특징으로 동정 가능하다. 원기재문에 의하면 멕시코 시날로아 주의 특산종이며, 톱뿔장수풍뎅이류 대부분이 거의 야간 수은등 채집(light trap)을 통해 채집되는 반면 이 종은 불빛에 모이지 않는다고 한다. 아침에는 벼과(family Gramineae) 식물에서 채집했고, 저녁에는 비행 중인 개체를 채집했다고 기록되어 있다. 기재자인 모론의 협조로 멕시코 베라크루즈 환경연구소에 소장되어 있는 완모식표본(holotype) 수컷 사진을 제공받았고, 미국 네브라스카 주립대학교 자연사 박물관에 소장되어 있는 부모식표본(paratype) 사진을 라트클리프로부터 제공받았다. 종명(*xiximeca*)은 멕시코 시날로아 지역 근교에 터전을 잡고 17세기 무렵까지 이곳에서 생활해 왔던 것으로 알려진 멕시코의 원주민 시시미에스(Xiximíes)족에서 따온 것이다.

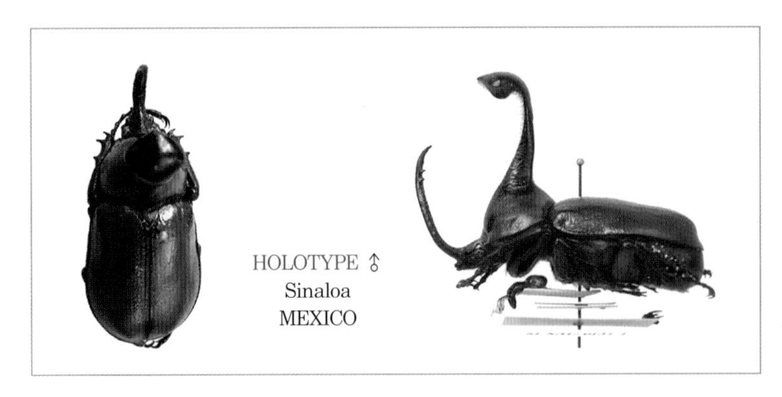

〈모식표본 사진 제공: 미구엘 모론
(Miguel A. Morón)〉

PARATYPE ♂
Sinaloa
MEXICO

PARATYPE ♂
Sinaloa
MEXICO

〈모식표본 사진 제공: 브레트 라트클리프(Brett C. Ratcliffe)〉

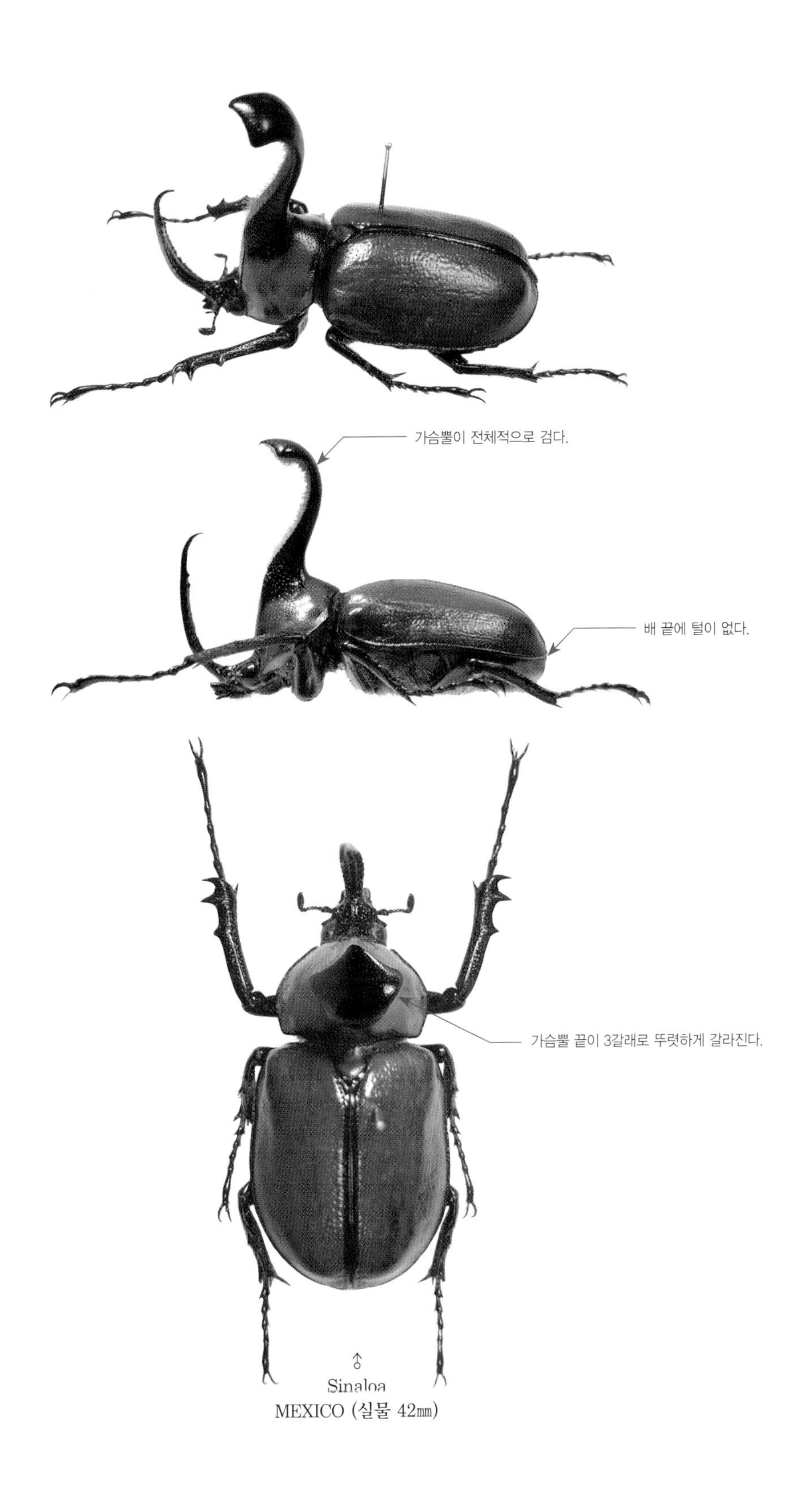

♂
Sinaloa
MEXICO (실물 42㎜)

12

Megasoma Kirby, 1825
코끼리장수풍뎅이속

미국 남부에서부터 아르헨티나 북부까지 달하는 아메리카 대륙에 널리 분포하며 16종이 알려진 분류군이다. 몸길이는 20-140㎜로 종에 따라 편차가 크다. 속명(*Megasoma*)은 '거대한(mega) 몸(soma)'을 뜻하며 그에 걸맞게 가장 뚱뚱하고 무거운 종류다. 북아메리카에 분포하는 종류는 대부분 사막 지역에 서식하며 크기가 작은 편이고, 중앙아메리카와 남아메리카에 분포하는 종류는 열대 정글 지역에 서식하며 대형 종이 많다. 사막 지역은 수풀이 우거진 울창한 우림 지역과는 달리 생물의 생존에 매우 열악한 조건이어서 몸체가 작아진 것으로 추정된다. 이 속의 수컷은 머리뿔을 중심으로 좌우 양 옆 앞가슴등판에 가슴뿔이 2개 있으며, 종에 따라서는 앞가슴등판 위쪽 중앙부에 가슴뿔이 하나 더 발달하기도 한다. 또한 몸에 황토색 계열 털이 뚜렷하게 있는 종류와 없는 종류로 시각적 구분이 되지만, 이 차이가 각 종 간의 유연관계와 특별히 관련은 없는 것으로 알려졌다. 이번 장에서는 현재까지 학계에 알려진 16종 6아종을 모두 수록했으며 직접 촬영한 표본은 37개체다.

코끼리장수풍뎅이속의 분포: 북미, 중미를 중심으로 서식하는 종류들

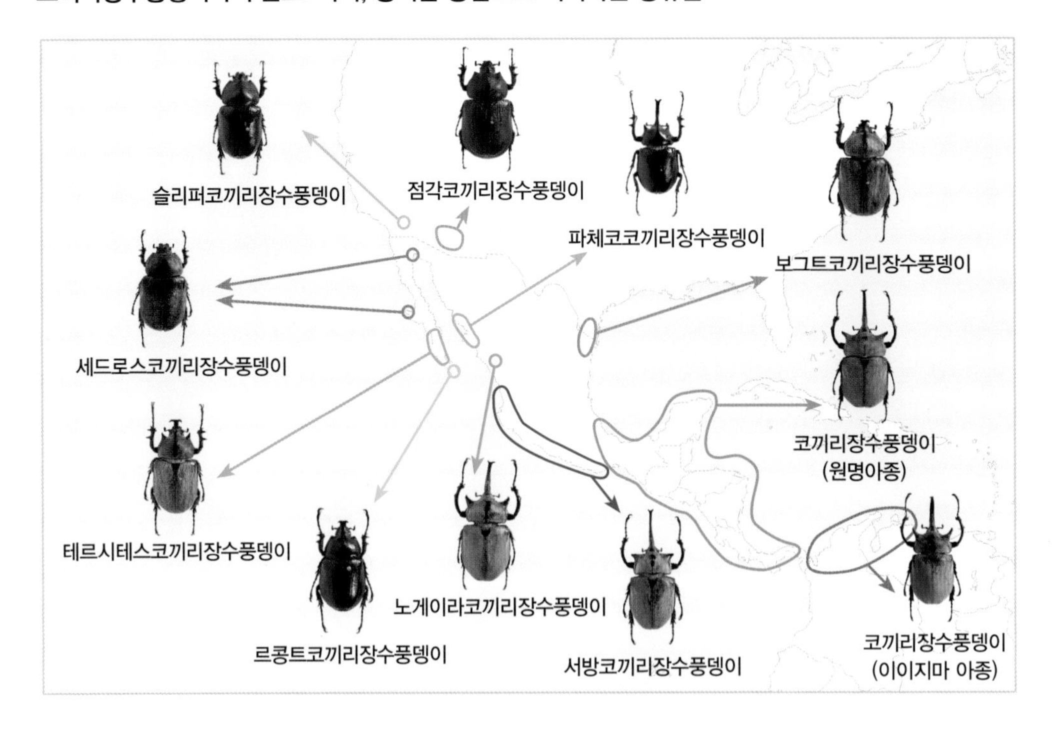

코끼리장수풍뎅이속의 분포: 남미를 중심으로 서식하는 종류들

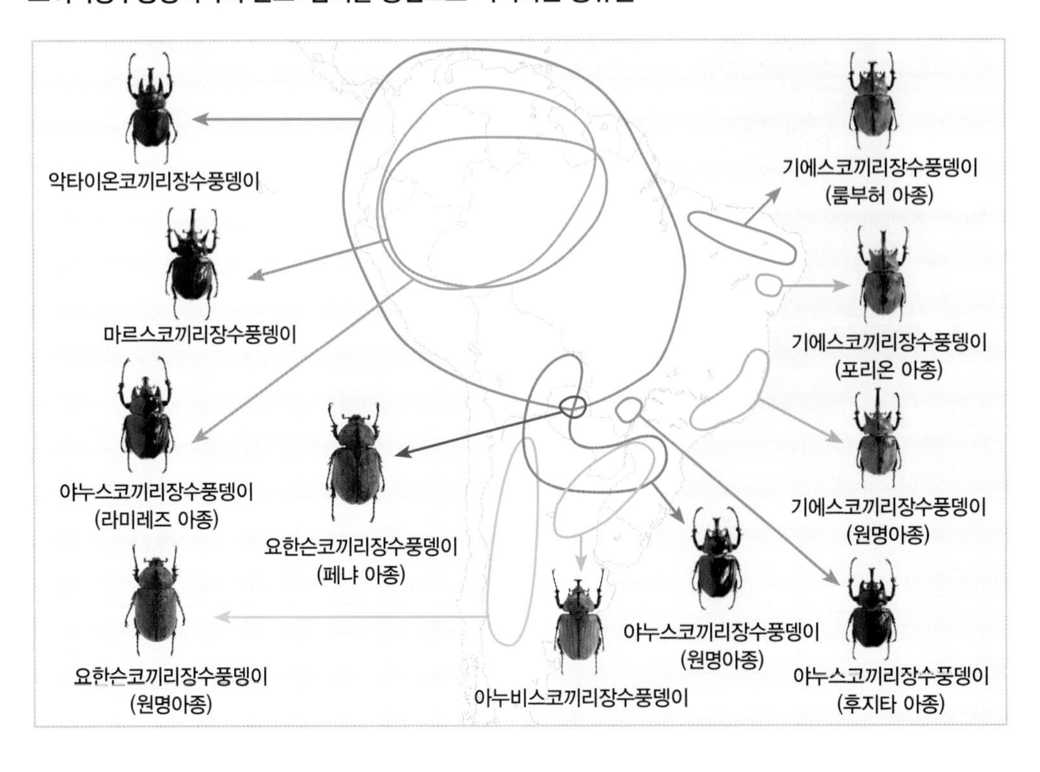

코끼리장수풍뎅이속의 모식종

Megasoma actaeon (Linnaeus, 1758)
악타이온코끼리장수풍뎅이

크기: −135㎜
분포: 남미 대륙의 동부와 남부를 제외한 전역(파나마, 프랑스령 기아나, 수리남, 가이아나, 베네수엘라, 콜롬비아, 에콰도르, 페루, 볼리비아, 파라과이, 브라질)

린네가 1758년에 저술한 〈자연의 체계, Systema Naturae, 제10판〉에서 헤라클레스왕장수풍뎅이(*Dynastes hercules*)에 뒤이어 두 번째로 제시되었던 종으로 원기재문을 발췌해 수록했다. 세계의 장수풍뎅이 중에서 뿔 부분을 제외한 순수한 몸체 부분이 가장 크고 뚱뚱하다. 몸은 전체적으로 검은색을 띠며 광택은 약하다. 남미 대륙 거의 전역에 분포하는 매우 흔한 종이며, 머리뿔 양 옆에 있는 뾰족한 가슴뿔 두 개가 다른 종에 비해 굵고 길며 앞쪽을 향해 발달하는 점과 몸 전체의 광택이 약한 것으로 쉽게 동정 가능하다. 종명(*actaeon*)은 그리스 신화에 등장하는 사냥꾼 악타이온(Aktaeon)에서 따온 것으로, 국내에서는 '악테온'이라는 이름으로 많이 알려졌다. 또한 앞날개 표면에 주름이 특히 많은 개체를 다른 종류라 여겼던 영국의 리치는 1817년에 신종(*crenatus*)으로 발표했지만 현재는 이 종의 동물이명(synonym)으로 처리되었다.

Actæon. 2. S. thorace bicorni, capitis cornu tridentato: apice bifido. *Muſ. L. U.*
Marcgr. braſ. 246. Enena. *Olear. muſ. t.* 16. *f.* 2.
Mer. ſur. t. 72. *Ræſ. ſcar.* 1. *t. A. f.* 2.
Hoffn. pict. 1. *t.* 1. *in medio.* *Swamm. bibl. t.* 30. *f.* 4.
Habitat in America.

악타이온코끼리장수풍뎅이의 원기재문(Linnaeus, 1758에서 발췌)
이 몇 줄의 효력으로 인해 '악타이온'라는 명칭이 현재까지 253년간 존속될 수 있었다.

크레나투스코끼리장수풍뎅이(현재 악타이온코끼리장수풍뎅이)의 원기재 삽화(Leach, 1817에서 발췌)
앞날개 표면에 특히 주름이 많은 개체에 부여되었던 종명 크레나투스(*crenatus*)는 악타이온의 동물이명(synonym)으로 여겨지고 있다.

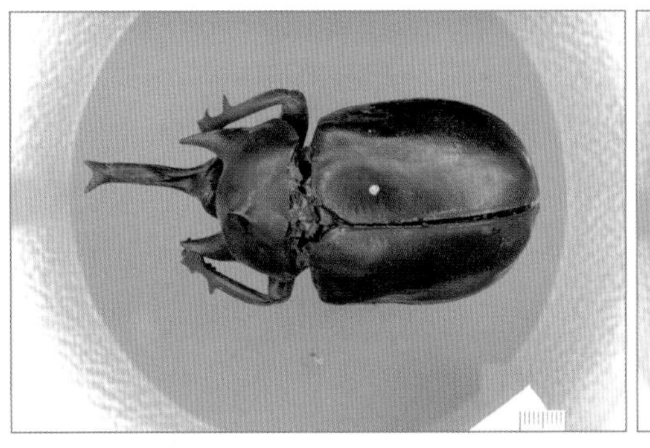
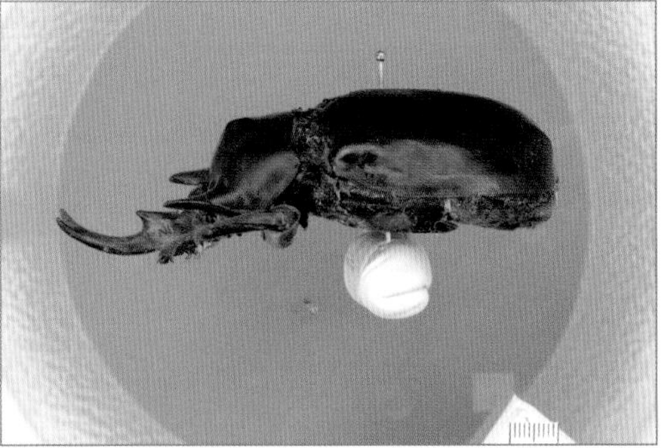

악타이온코끼리장수풍뎅이의 수컷 모식표본(사진 제공: 영국 린네 학회, The Linnean Society of London)
영국 린네 학회에 소장되어 있는 악타이온코끼리장수풍뎅이의 모식표본 사진을 셜우드(Sherwood) 박사가 제공했다.

앞가슴등판 중앙 위쪽 부분이 위로 솟아오른 개체도 있다.

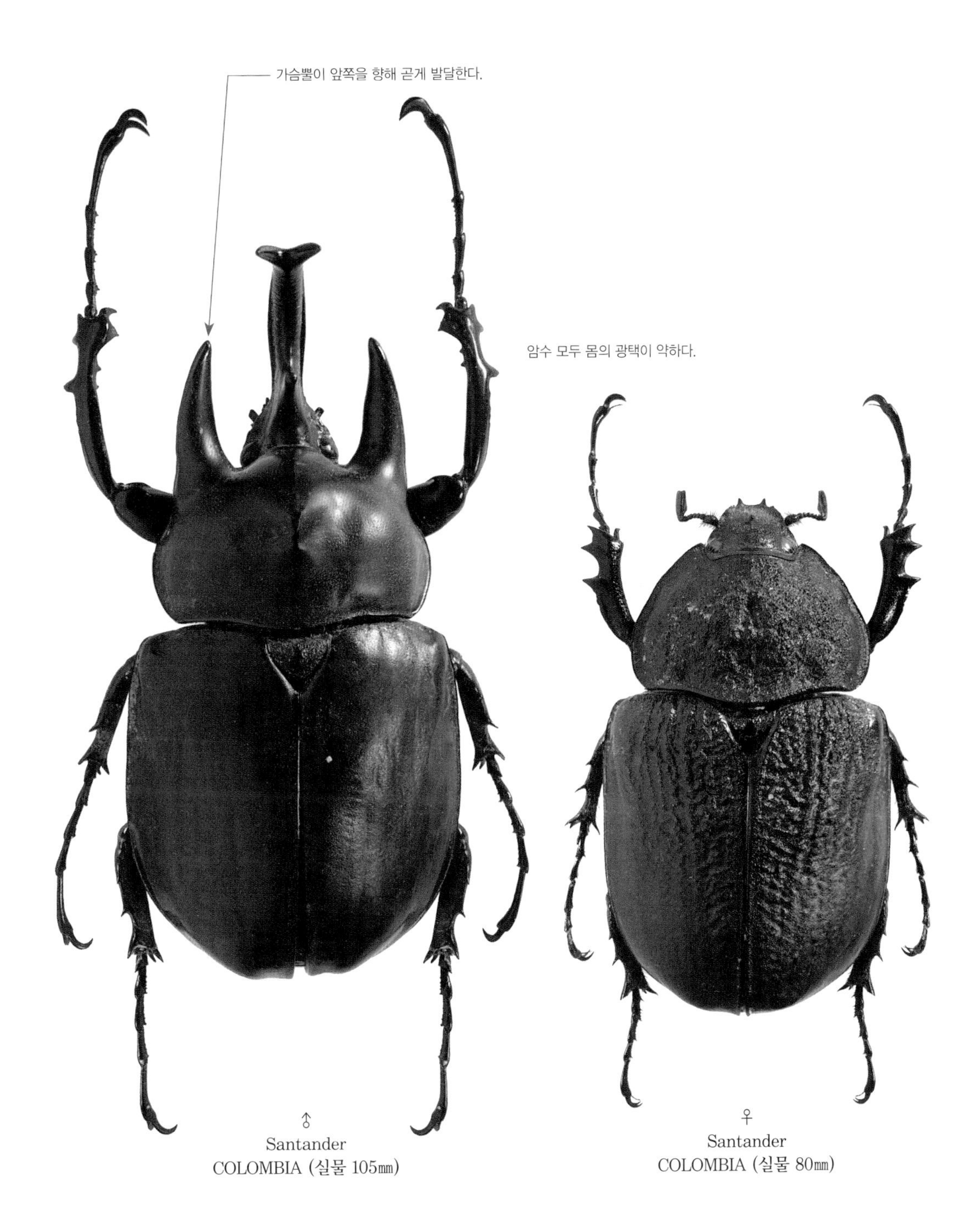

♂
Santander
COLOMBIA (실물 105㎜)

♀
Santander
COLOMBIA (실물 80㎜)

Megasoma janus Felsche, 1906 야누스코끼리장수풍뎅이

악타이온코끼리장수풍뎅이(*M. actaeon*)와 비슷하나 앞날개와 앞가슴등판의 광택이 훨씬 강하며 이 외의 다른 외부 형태로는 뚜렷한 구분이 힘들다. 엔드로에디는 전 세계의 장수풍뎅이를 정리했던 1985년의 논문에서 이 종을 악타이온의 아종으로 분류했으나, 분포가 서로 겹치는 지역이 있기 때문에 '서로 다른 아종이 같은 지역에 공존할 수 없다'는 아종 개념으로만 보아도 악타이온의 아종으로 여기는 것은 옳지 않다. 과거에 이러한 분류가 적용되었던 이유는 아마도 각 종의 분포 양상이 자세히 밝혀지지 않아 서식지가 겹친다는 것을 인식하지 못했기 때문인 것으로 예상된다. 파라과이에서 채집된 개체가 모식표본으로 지정된 원명아종을 제외하고도 2아종이 더 알려졌다.

아종 분류

1) ssp. *janus* Felsche, 1906 원명아종(남아메리카 중남부)
2) ssp. *ramirezorum* Silvestre et Arnaud, 2002 라미레즈 아종(남아메리카 북부)
3) ssp. *fujitai* Nagai, 2003 후지타 아종(브라질의 마토그로소 주)

야누스코끼리장수풍뎅이 아종의 분포

❶ *Megasoma janus janus* Felsche, 1906
야누스코끼리장수풍뎅이: 원명아종

크기: –120㎜
분포: 남아메리카 중남부(볼리비아 남부, 브라질 남부, 파라과이 남부 및 북서부, 아르헨티나 북부)

악타이온코끼리장수풍뎅이(*M. actaeon*)와 비슷하지만 광택이 더 강하며 종 자체도 비교적 진귀한 편에 속한다. 특히 모식지인 파라과이를 비롯한 다른 지역과는 달리 아르헨티나에 서식하는 개체군만 형태가 다소 다르다는 것에 착안해 1923년에 독일 학자 호에네(Höhne)가 아르헨티나 변이형(var. *argentinum*)을 발표했으나 2006년에 이르러 라트클리프에 의해 동물이명(synonym)으로 처리되었다. 종명 · 아종명(*janus*)은 로마 신화에 등장하는 문(門)의 수호신 야누스(Janus)를 뜻한다.

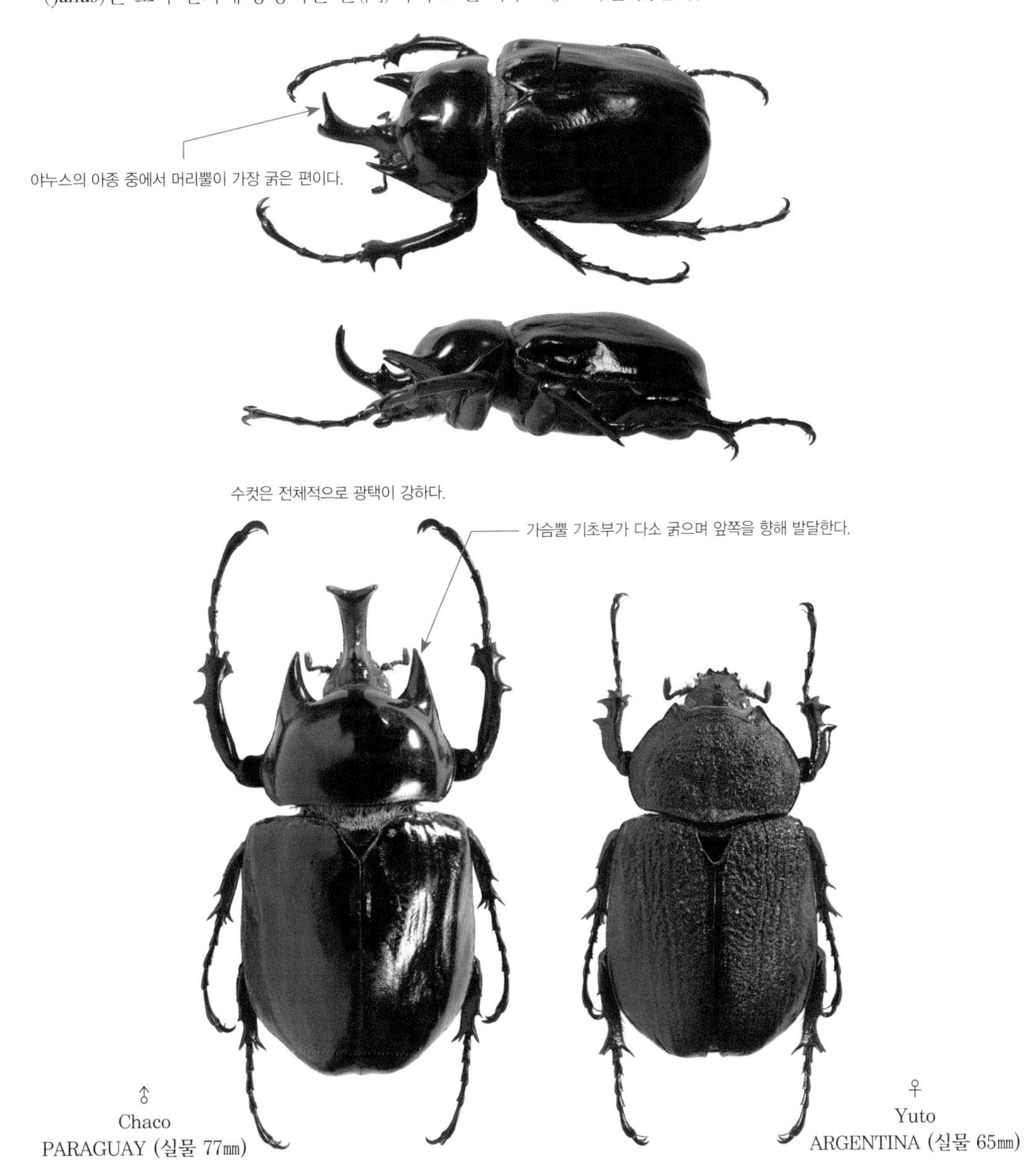

❷ *Megasoma janus ramirezorum* Silvestre et Arnaud, 2002
야누스코끼리장수풍뎅이: 라미레즈 아종

크기: –125㎜
분포: 남아메리카 북부(가이아나, 베네수엘라, 콜롬비아, 에콰도르, 페루, 브라질)

야누스의 아종 중 가장 대형인 동시에 개체수도 많다. 본래는 에콰도르에서 채집된 개체를 모식표본으로 해 독립된 종으로 발표되었으나 2003년에 나가이에 의해 아종으로 재분류되었으며, 아종명(*ramirezorum*)은 모식표본을 채집한 사람의 성(姓)인 라미레즈(Ramirez)를 기려 지은 것이다. 원명아종과 매우 비슷하지만 다음의 사항으로 구별된다: 1) 앞가슴등판에 있는 가슴뿔 2개가 안쪽으로 살짝 휘어지는 편이다; 2) 머리뿔 끝 부분의 갈라지는 정도가 원명아종에 비해 약하다.

야누스의 아종 중에서 가장 크다.

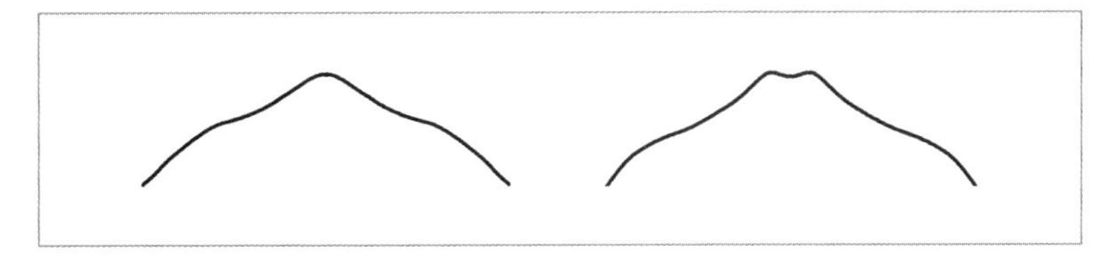

야누스코끼리장수풍뎅이(라미레즈 아종)의 암컷 이마돌기 원기재 삽화(Silvestre et Arnaud, 2002를 참고해 재 묘사)
본래 암컷 이마돌기 형태가 위처럼 다르다는 점에 착안해 신종(*M. ramirezorum*)으로 발표되었지만, 그 이듬해인 2003년에 나가이는 아종 등급으로 체계를 수정했다(왼쪽: 야누스 라미레즈 아종 암컷 이마돌기; 오른쪽: 원명아종 암컷 이마돌기).

♂
Santander
COLOMBIA (실물 95㎜)

❸ *Megasoma janus fujitai* Nagai, 2003
야누스코끼리장수풍뎅이: 후지타 아종

크기: –101㎜
분포: 브라질의 마토그로소(Mato Grosso) 주

야누스의 아종 중 가장 진귀하면서도 가장 작다. 악타이온코끼리장수풍뎅이(*M. actaeon*)에 비해 광택이 강한 것으로 구별 가능한 다른 아종들과는 달리 전체적으로 광택이 약하다. 그러나 기재자인 나가이는 소형 개체가 대형보다 광택이 더 강하다고 밝혔다. 즉, 소형에서는 아종의 특징이 완전히 발현되지 않는다는 의미다. 나가이의 협조로 현재 일본 에히메대학교 농학부에 소장되어 있는 모식표본 사진을 제공받았다. 아종명(*fujitai*)은 일본의 수집가이자 학자인 후지타(Hiroshi Fujita)를 기려 지었으며, 대형에 한해 다음 사항으로 동정 가능하다: 1) 몸의 광택이 확연히 약하다; 2) 앞가슴등판에 있는 가슴뿔 두 개는 야누스의 아종 중 가장 길며 앞쪽을 향해 발달한다; 3) 머리뿔이 위쪽으로 휘어진 정도가 원명아종(ssp. *janus*)에 비해 약하다.

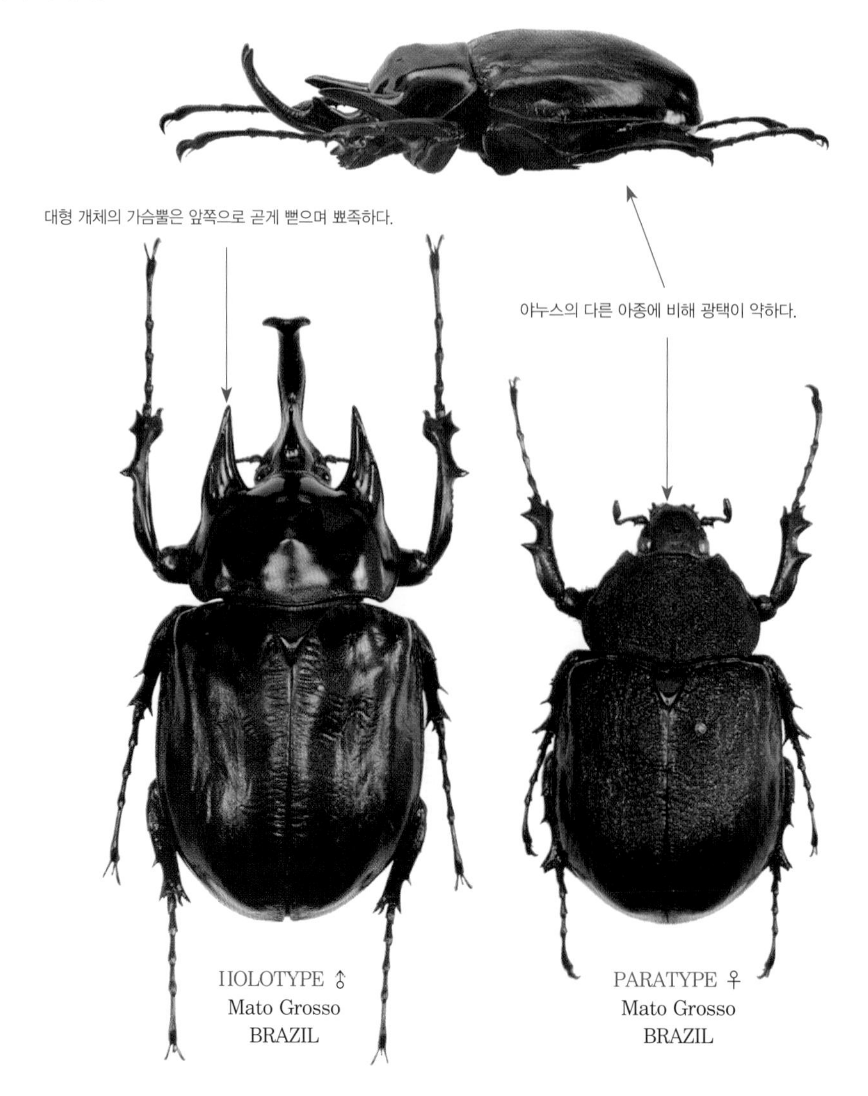

〈후지타 아종의 중소형 개체〉

Megasoma mars Reiche, 1852
마르스코끼리장수풍뎅이

크기: −140㎜
분포: 남아메리카의 아마존 강 유역(가이아나, 콜롬비아, 에콰도르, 베네수엘라, 페루, 브라질)

코끼리장수풍뎅이속(*Megasoma*)에서 가장 대형의 기록이 있으며, 분포 지역은 넓지만 그리 흔하지는 않다. 몸은 광택이 강한 검은색이며 앞가슴등판 좌우 양 옆에 있는 가늘고 끝이 뾰족한 가슴뿔 두 개가 앞쪽으로 비스듬하게 발달하는 것이 특징이다. 1852년의 원기재문에 실렸던 머리 부분 삽화를 수록했으며, 종명(*mars*)은 로마 신화에 등장하는 전쟁과 농경의 신 마르스(Mars)를 뜻한다.

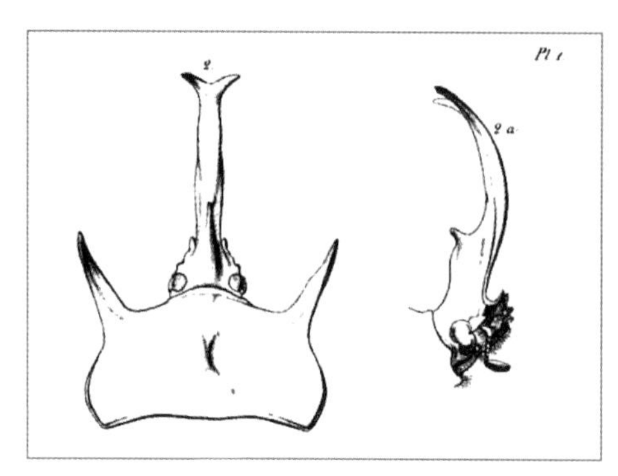

마르스코끼리장수풍뎅이 수컷의 원기재 삽화(Reiche, 1852에서 발췌)
앞가슴등판의 뾰족한 가슴뿔과 이것이 발달하는 각도로 쉽게 동정할 수 있다.

몸은 전체적으로 광택이 강한 검은색이다.

♂
Pará
BRAZIL (실물 108㎜)

♀
Amazonas
BRAZIL (실물 71㎜)

Megasoma elephas (Fabricius, 1775) 코끼리장수풍뎅이

마르스코끼리장수풍뎅이(*M. mars*)에 뒤이어 코끼리장수풍뎅이속(*Megasoma*)에서 두 번째로 대형이다. 파나마와 멕시코로 대표되는 중앙아메리카 지역에 원명아종이 분포하고, 남아메리카 대륙 북부의 콜롬비아 및 베네수엘라에 서식하는 개체군을 나가이가 2003년에 이이지마 아종(ssp. *iijimai*)으로 발표했다. 2005년에 모론이 나가이의 분류를 지지해 이이지마 아종을 유효한 종류로 제시했으나, 이듬해인 2006년 라트클리프에 의해 동물이명(synonym)으로 처리되었다. 원명아종과의 차이점이 전혀 없는 것은 아니기 때문에 여기에서는 두 개체군을 구분지어 수록했다.

아종 분류

1) ssp. *elephas* (Fabricius, 1775) 원명아종(중앙아메리카)

2) ssp. *iijimai* Nagai, 2003 이이지마 아종(남아메리카 북부. 현재는 원명아종의 동물이명(synonym)).

코끼리장수풍뎅이 아종의 분류

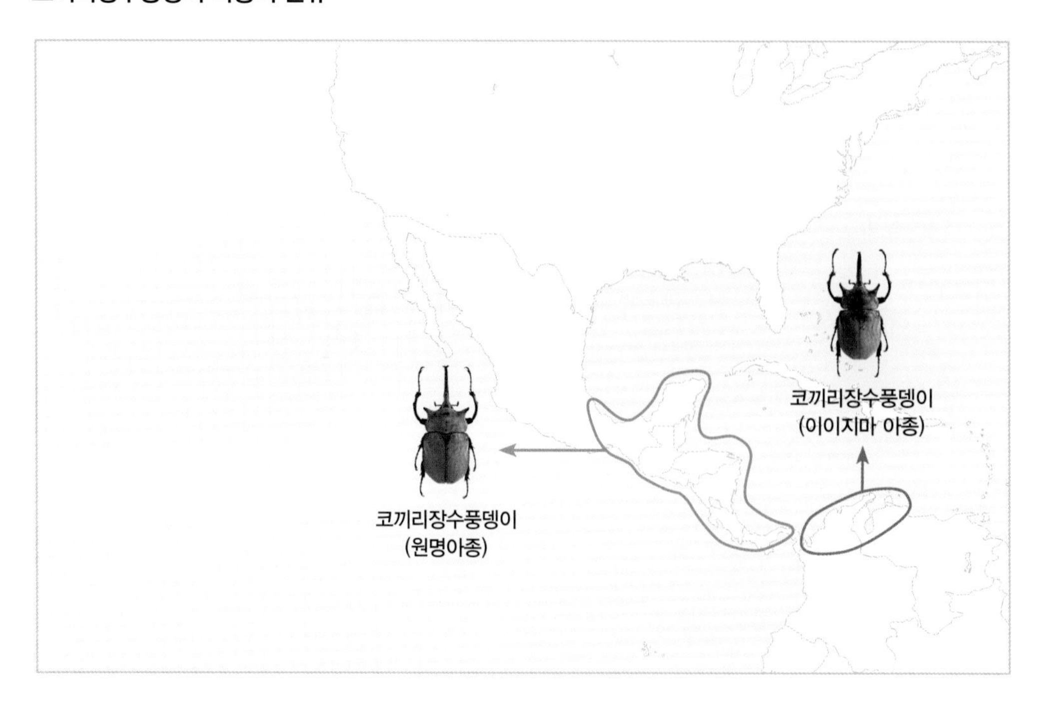

❶ *Megasoma elephas elephas* (Fabricius, 1775)
코끼리장수풍뎅이: 원명아종

크기: –130㎜
분포: 중미(멕시코, 과테말라, 벨리즈, 엘살바도르, 온두라스, 니카라과, 코스타리카, 파나마)

종명 · 아종명인 엘레파스(*elephas*)는 라틴어로 '코끼리'를 뜻한다. 이는 실제 포유동물에 속하는 코끼리(elephant)를 분류학적으로 언급할 때 쓰이는 속명(genus *Elephas*)이기도 하며, '엘레파스코끼리장수풍뎅이'라는 이름으로도 국내에 매우 잘 알려졌다. 중미 지역에 넓게 분포하는 흔한 종이며, 형태를 기준으로 해 이와 비슷한 외양을 띠는 근연종들이 다수 알려져 있으나 대부분 가슴뿔이 발달한 각도 및 형태로 동정 가능하다.

검은 몸이 황토색 계열 털로 덮여 있다.

대형 수컷의 경우 머리뿔이 휘어지는 정도가 약하다.

♂
Chiapas
MEXICO (실물 111㎜)

♀
Quintana Roo
MEXICO (실물 69㎜)

❷ *Megasoma elephas iijimai* Nagai, 2003
코끼리장수풍뎅이: 이이지마 아종

현재 코끼리장수풍뎅이(*M. elephas*)의 동물이명(synonym)으로 처리된 상태임.
크기: -115㎜
분포: 콜롬비아 북부, 베네수엘라 북서부

중미 지역에 분포하는 원명아종(ssp. *elephas*)은 상당히 흔하지만 남미 대륙 북부에 서식하는 이 아종은 다소 진귀한 편으로, 2006년에 라프클리프에 의해 원명아종의 동물이명(synonym)으로 처리되었던 종이지만 개체군 간에 미세하게나마 차이가 있다. 몸에 발달한 털은 원명아종보다 다소 붉은 느낌이 강하지만 중미 일대의 원명아종에서도 붉은 색상이 나타나는 개체가 있어 단순히 색깔만 보고 동정하는 것은 바람직하지 않다. 나가이의 협조로 일본 에히메대학교 농학부에 소장되어 있는 완모식표본(holotype) 사진을 제공받았다. 아종명(*iijimai*)은 기재자인 나가이에게 표본을 제공해 동정을 의뢰했던 일본의 수집가 이이지마(Kazuhiko Iijima)를 기려 지어진 것이다. 나가이는 이 아종의 특징을 다음의 2가지로 제시하고 있다: 1) 원명아종에 비해 앞가슴등판 양 옆에 있는 가슴뿔이 더 앞쪽으로 발달한다; 2) 머리뿔은 위쪽으로 더 강하게 휘었고 측면에서 관찰했을 때에는 원명아종에 비해 두께가 얇고 납작하다.

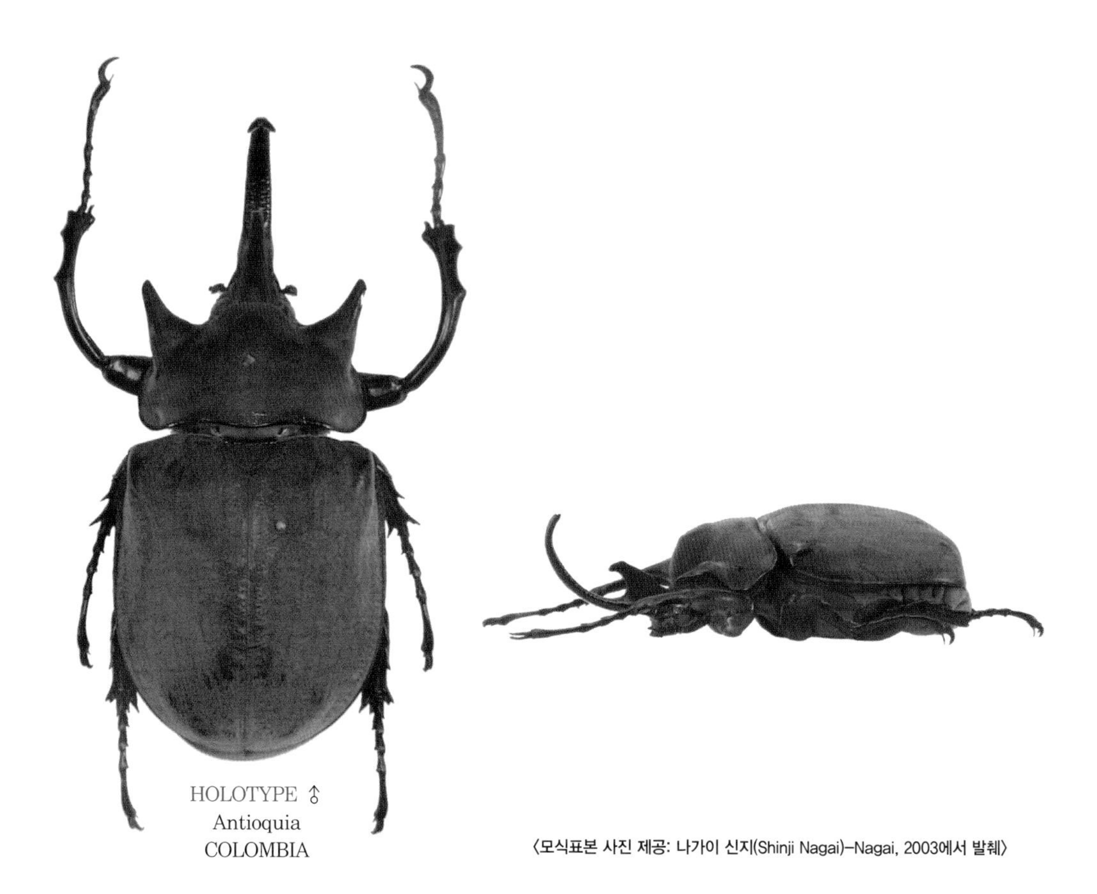

〈모식표본 사진 제공: 나가이 신지(Shinji Nagai)–Nagai, 2003에서 발췌〉

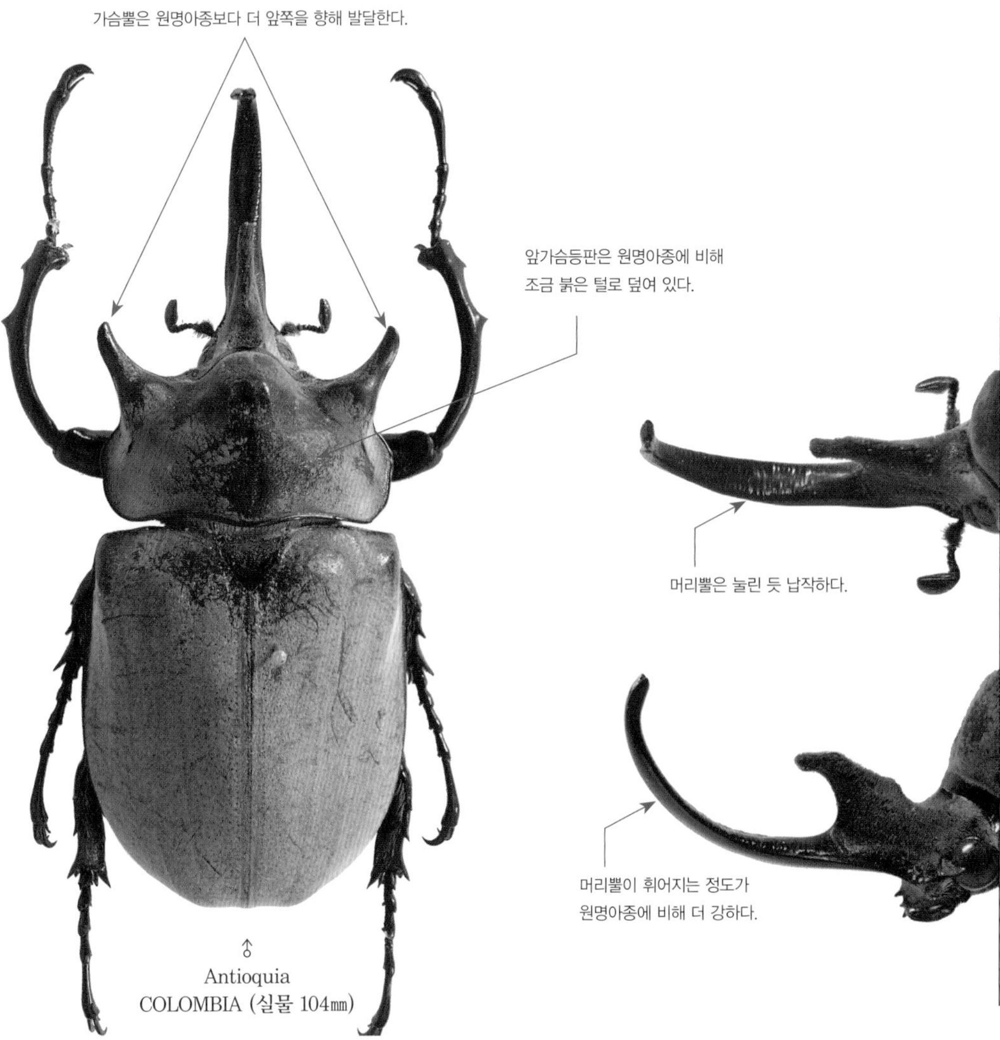

♂
Antioquia
COLOMBIA (실물 104㎜)

Megasoma occidentalis Bolívar, Jiménez et Martínez, 1963
서방코끼리장수풍뎅이

크기: –110㎜
분포: 멕시코 서부

멕시코 서부에 국지적으로 분포하는 다소 진귀한 종으로 종명(*occidentalis*)도 이에 걸맞게 '서쪽(occidental)' 또는 '서부'를 의미한다. 본래는 코끼리장수풍뎅이의 아종(*M. elephas occidentalis*)으로 발표되었지만 2003년에 나가이에 의해 독립된 종일 가능성이 크다는 내용이 제시되었고, 훗날 모론이 2005년에 노게이라코끼리장수풍뎅이(*M. nogueirai*)를 신종으로 발표할 때 전체 종 목록을 정리하면서 나가이의 의견을 지지해 독립된 종으로 제시했다. 코끼리장수풍뎅이의 아종으로 여겨졌을 만큼 비슷하지만, 대형 개체의 경우 가슴뿔이 완전히 양 옆으로 발달해 머리뿔과 거의 직각(90°)을 이루는 것이 특징이다.

대형 수컷의 머리뿔은 거의 곧게 발달한다.

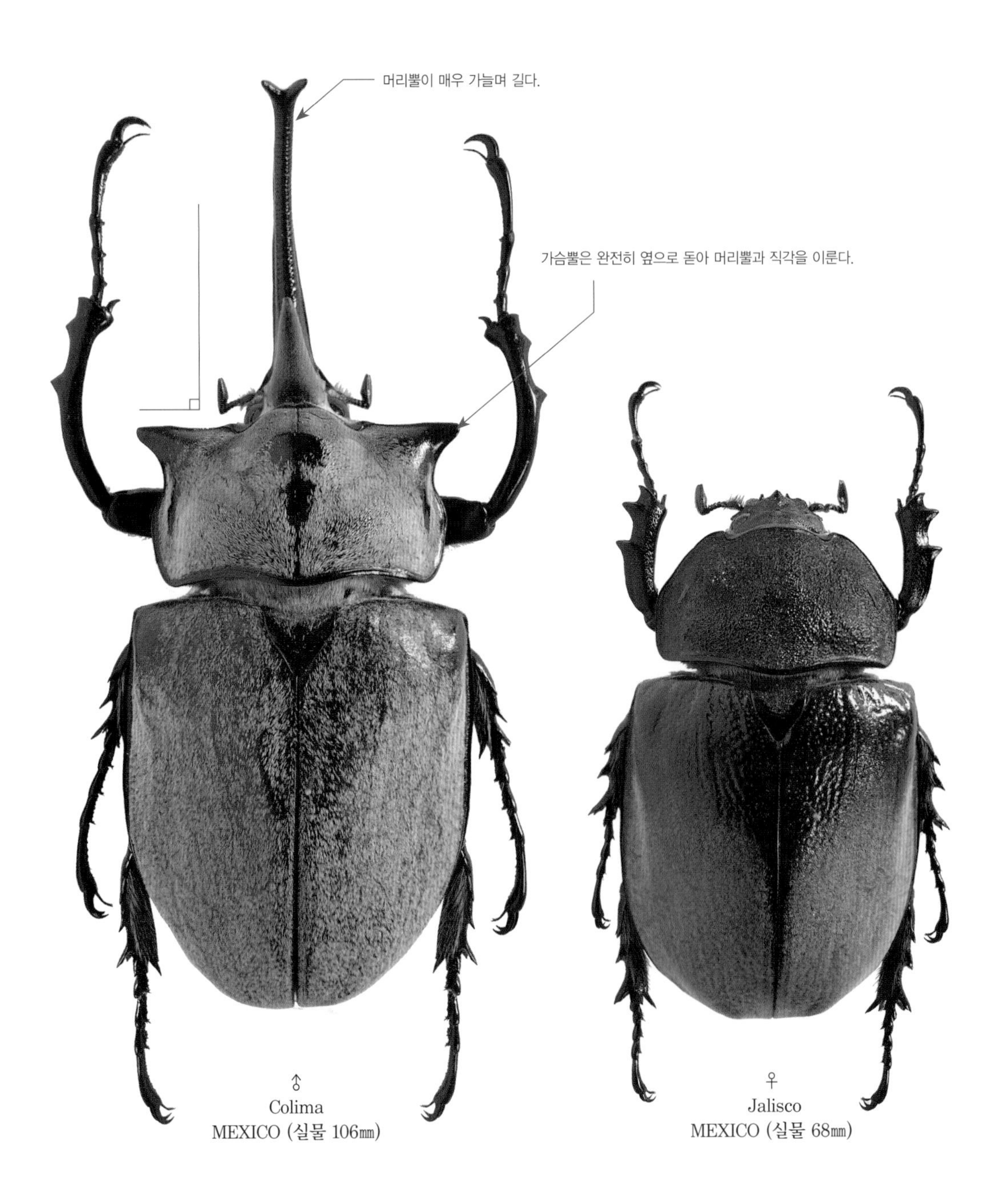

♂
Colima
MEXICO (실물 106㎜)

♀
Jalisco
MEXICO (실물 68㎜)

Megasoma nogueirai Morón, 2005
노게이라코끼리장수풍뎅이

크기: –100㎜
분포: 멕시코의 시날로아 주

코끼리장수풍뎅이속(*Megasoma*)의 16종 중 가장 최근인 2005년에 발표되었다. 그러나 예전에 발견되지 않던 완전히 새로운 종이 아니라, 코끼리장수풍뎅이(*M. elephas*)로 동정했던 것을 새로이 분류한 것이다. 종명(*nogueirai*)은 기재자인 모론에게 표본을 제공해 신종 발표에 기여한 멕시코의 노게이라(Guillermo Nogueira)를 기려 지었으며, 신종 발표 당시에는 완모식표본(holotype)인 74㎜가 최대 크기였으나 현재는 이보다 더 큰 개체들도 많이 발견되고 있다. 모론의 협조로 현재 멕시코 베라크루즈 환경연구소에 소장되어 있는 수컷 완모식표본과 암컷 별모식표본(allotype) 사진을 제공받았다. 원기재문에 따르면 이 종은 황토색 털이 발달하는 다른 대형 종들과 비슷하지만 다음의 사항으로 동정 가능하다: 1) 머리뿔은 다소 짧은 반면 더 굵다; 2) 가슴뿔 끝 부분이 안쪽으로 뚜렷하게 휘어진다; 3) 앞가슴등판 위쪽 중앙 부분에 매끈한 검은색 역삼각형 문양이 뚜렷하다.

HOLOTYPE ♂
Sinaloa
MEXICO

ALLOTYPE ♀
Sinaloa
MEXICO

〈모식표본 사진 제공: 미구엘 모론(Miguel A. Morón)〉

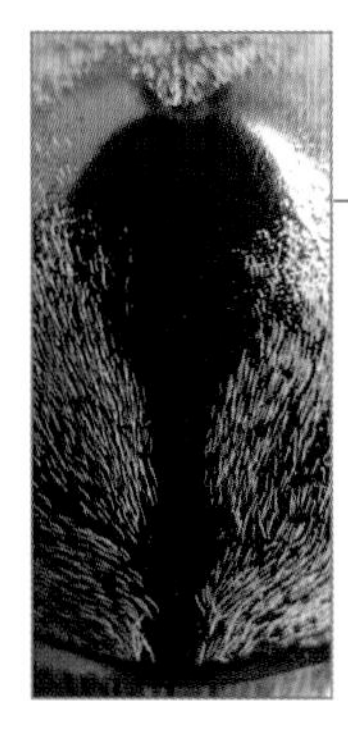

수컷 앞가슴등판 가운데에 광택이 있고 매끈한 부분이 넓게 있다.

대형 수컷의 경우에도 머리뿔이 약간 휜다.

머리뿔이 몸길이에 비해 짧으면서도 굵은 편이다.

가슴뿔 끝 부분이 안쪽으로 뚜렷하게 휜다.

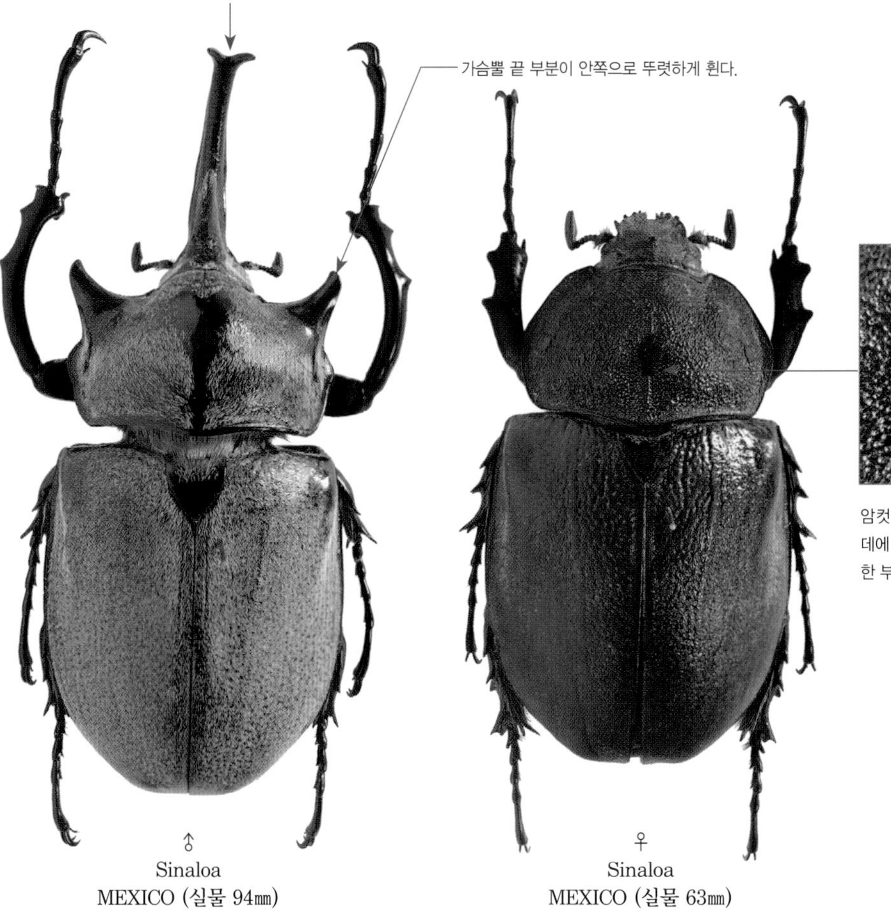

♂
Sinaloa
MEXICO (실물 94㎜)

♀
Sinaloa
MEXICO (실물 63㎜)

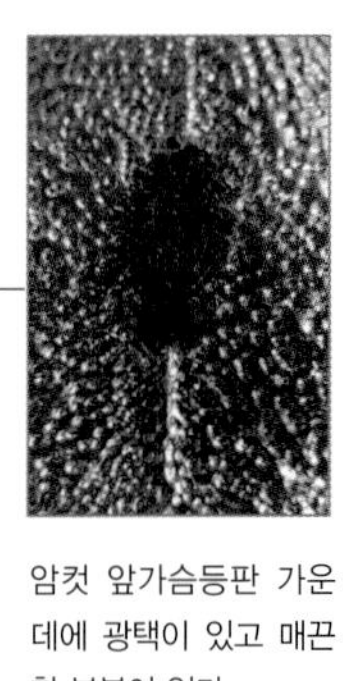

암컷 앞가슴등판 가운데에 광택이 있고 매끈한 부분이 있다.

Megasoma gyas (Herbst, 1785) 기에스코끼리장수풍뎅이

브라질 특산인 희귀한 대형 종으로 원명아종을 제외하고도 2아종이 더 보고되어 있으며, 본래 스카라비우스(*Scarabaeus*)속으로 발표되었던 종류다. 비슷한 형태의 근연종들과는 달리 앞가슴등판의 위쪽 중앙 부분에 끝이 두 갈래로 살짝 갈라지는 또 다른 가슴뿔이 길게 발달하는 것이 큰 특징이며, 암컷의 경우에는 앞가슴등판 위쪽 중앙 부분에 광택이 강하고 매끈한 검은색 세로줄이 가늘게 발달해 다른 종 암컷들과 구별된다.

아종 분류

1) ssp. *gyas* (Herbst, 1785) 원명아종(남아메리카 남동부)

2) ssp. *rumbucheri* Fischer, 1968 룸부허 아종(남아메리카 북동부)

3) ssp. *porioni* Nagai, 2003 포리온 아종(남아메리카 동부에 있는 브라질의 바이아 주)

기에스코끼리장수풍뎅이 아종의 분포

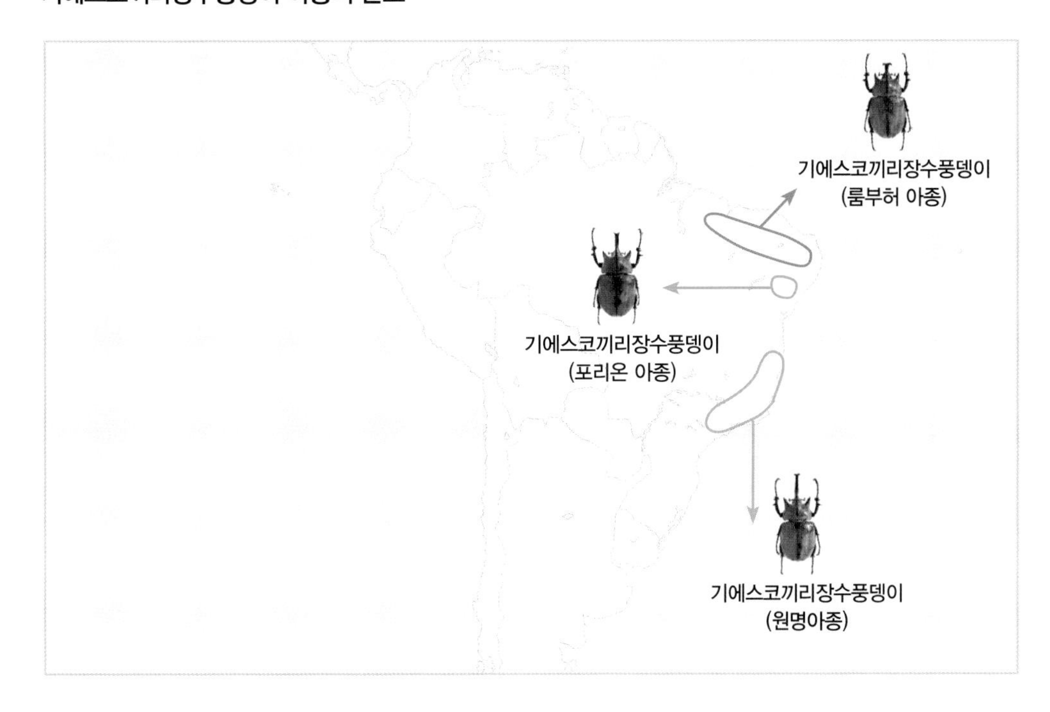

❶ *Megasoma gyas gyas* (Herbst, 1785) 기에스코끼리장수풍뎅이: 원명아종

크기: –116㎜
분포: 브라질의 상파울루(Sao Paulo) 주, 이스피리투산투(Espirito Santo) 주, 미나스제라이스(Minas Gerais) 주

기에스의 아종 중 가장 대형이면서도 진귀하며, 브라질 남동부에 국지적으로 분포한다. 5–10월에 채집 기록이 있으며 나가이에 의하면 브라질 미나스제라이스 주 내에서 새로운 채집지가 발견되어 일시적으로 많은 개체가 채집되었으나 그 후 다시 희귀해졌다고 한다. 현재까지도 기에스의 아종 중에서 가장 진귀한 편에 속한다. 종명 · 아종명(*gyas*)은 그리스 신화에 등장하는 거인 기에스(Gyes)를 뜻하며, 1785년 당시의 원기재문에 실렸던 삽화를 수록했다.

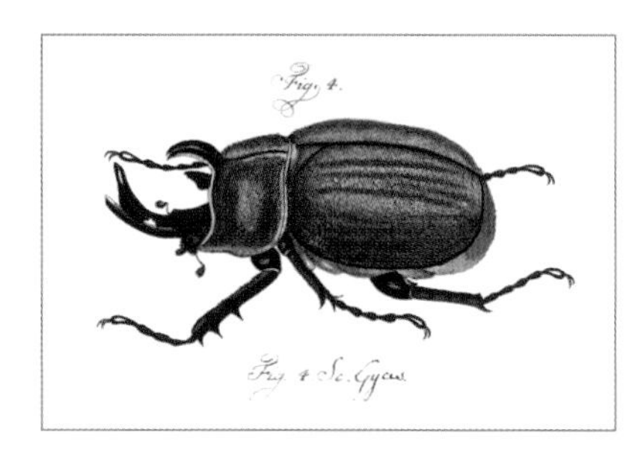

기에스코끼리장수풍뎅이의 원기재 삽화(Herbst, 1785에서 발췌)
실물과 상당히 비슷하며 매우 세밀하게 묘사되었다.

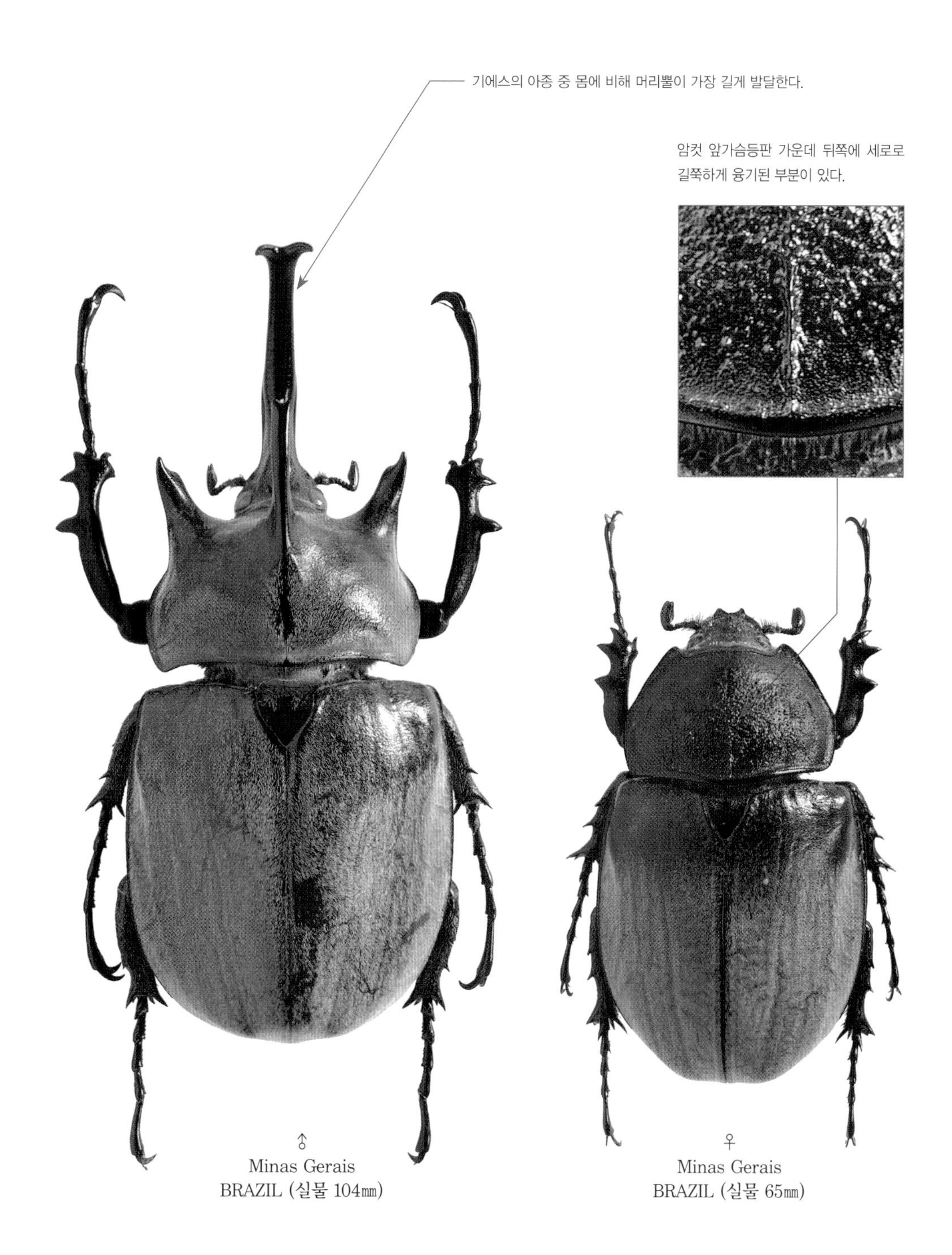
기에스의 아종 중 몸에 비해 머리뿔이 가장 길게 발달한다.
암컷 앞가슴등판 가운데 뒤쪽에 세로로
길쭉하게 융기된 부분이 있다.
♂
Minas Gerais
BRAZIL (실물 104㎜)
♀
Minas Gerais
BRAZIL (실물 65㎜)

❷ *Megasoma gyas rumbucheri* Fischer, 1968
기에스코끼리장수풍뎅이: 룸부허 아종

크기: −107㎜
분포: 브라질의 페르남부쿠(Pernambuco) 주, 파라이바(Paraiba) 주

기재자 피셔의 동료였던 룸부허(Rumbucher)를 기려 아종명(*rumbucheri*)을 지었으며, 기에스의 아종 중 가장 북쪽에 분포하고 몸길이가 가장 작다. 4−8월에 채집되며 개체수가 적은 편이지만 기에스의 아종 중에서는 그나마 가장 흔하다. 원명아종(ssp. *gyas*)과는 다음 특징으로 구별된다: 1) 몸이 전체적으로 둥그스름한 편이다; 2) 머리뿔이 다소 짧은 반면 끝 부분의 갈라지는 정도는 더 강하다; 3) 앞가슴등판에 발달하는 가슴뿔 3개가 몸길이에 대한 비율로 볼 때 모두 원명아종보다 짧다.

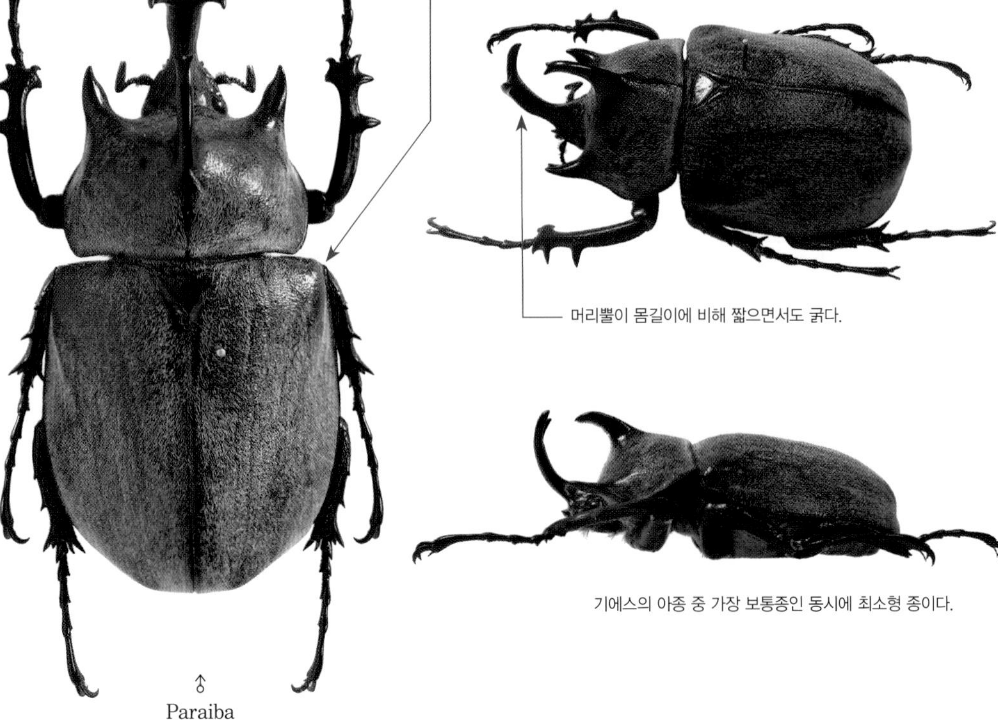

♂
Paraiba
BRAZIL (실물 75㎜)

❸ *Megasoma gyas porioni* Nagai, 2003
기에스코끼리장수풍뎅이: 포리온 아종

크기: –115㎜
분포: 브라질의 바이아(Bahia) 주

아종명(*porioni*)은 기재자인 나가이에게 표본을 제공해 신아종 발표에 기여한 프랑스의 수집가 포리온(Thierry Porion)을 기려 지은 것이다. 분포 지역이 기에스의 아종 중에서 가장 좁아 상당히 진귀한 편이었으나 최근 일본을 중심으로 사육된 개체가 퍼지고 있어 희귀성은 많이 낮아졌다. 나가이의 협조로 현재 일본 에히메대학교 농학부에 소장되어 있는 모식표본 한 쌍 사진을 제공받았다. 원기재문에 따르면 원명아종(ssp. *gyas*)과는 다음 특징으로 구별 가능하다: 1) 머리뿔이 몸길이에 비해 짧으면서도 굵다; 2) 앞다리의 종아리마디에 있는 바깥쪽 돌기의 기초부 폭이 더 폭넓다.

〈모식표본 사진 제공: 나가이 신지(Shinji Nagai)–Nagai, 2003에서 발췌〉

♂
Bahia
BRAZIL (실물 107㎜)

Megasoma anubis (Chevrolat, 1836)
아누비스코끼리장수풍뎅이

크기: −85㎜
분포: 브라질 남동부, 파라과이 남동부, 아르헨티나 북동부

1836년에 스카라비우스(*Scarabaeus*)속으로 발표되었던 종으로, 수컷의 경우 뱀 혀처럼 끝이 두 갈래로 살짝 갈라진 가슴뿔이 앞가슴등판 중앙부 위쪽에 뚜렷하게 발달하는 것이 특징이다. 몸은 검은색이며 황갈색 털로 덮여 있지만, 암수 모두 앞날개에 털이 없이 일렬로 나열된 부위가 여럿 있어서 마치 앞날개 표면에 검은 세로 줄무늬가 있는 것처럼 보인다. 종명(*anubis*)은 이집트 신화에 등장하는 죽음의 신 아누비스(Anubis)를 뜻하며, 1836년 발표될 때 실렸던 원기재 삽화를 수록했다. 또한 이 종은 아이러니하게도 같은 연도(1836년)에 프랑스 학자 고리(Gory)에 의해 헥토르(*hector*)라는 종명으로 발표되기도 했으나, 시기적으로 2개월이 늦었기 때문에 아누비스의 동물이명(synonym)이 되었다. 아래에 후자의 원기재 삽화도 함께 수록했다.

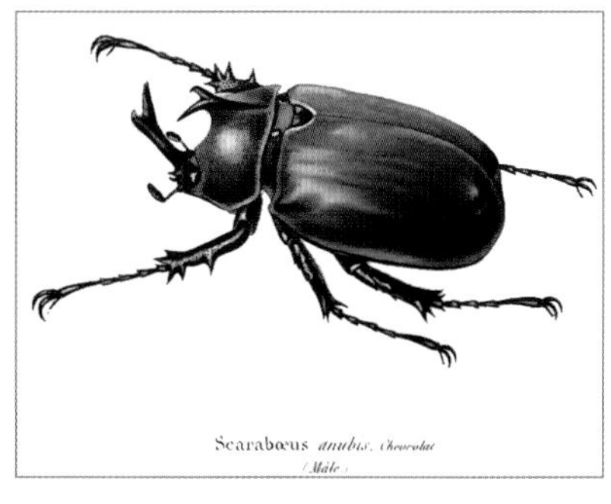

아누비스코끼리장수풍뎅이 수컷의 원기재 삽화(Chevrolat, 1836에서 발췌)
끝이 두 갈래로 갈라진 수컷의 머리뿔과 가슴뿔이 잘 묘사되었다.

아누비스코끼리장수풍뎅이 암컷의 원기재 삽화(Chevrolat, 1836에서 발췌)
털이 발달하지 않아 검은색 세로 줄무늬가 보이는 것까지 세밀하게 묘사되었다.

헥토르코끼리장수풍뎅이(현재 아누비스코끼리장수풍뎅이)의 원기재 삽화 (Gory, 1836에서 발췌)
종명 헥토르(*hector*)는 아누비스(*anubis*)와 같은 해인 1836년에 발표되었지만, 전자는 5월 2일, 후자는 1836년 3월에 기재되었다. 즉 헥토르의 발표가 2개월 늦었기 때문에 동물이명(synonym)이 되어 버린 것이다. 만약 헥토르의 발표가 더 빨랐다면 현재 이 종의 학명은 *Megasoma anubis*가 아닌 *Megasoma hector*가 되었을 것이다(위쪽: 암컷 스케치; 아래쪽: 수컷).

수컷 앞가슴등판 위쪽의 가슴뿔은 끝 부분이
뚜렷하게 두 갈래로 갈라진다.

앞날개에 황토색 털이 없는 부분이 세로로
길게 발달해 검은 줄무늬처럼 보인다.

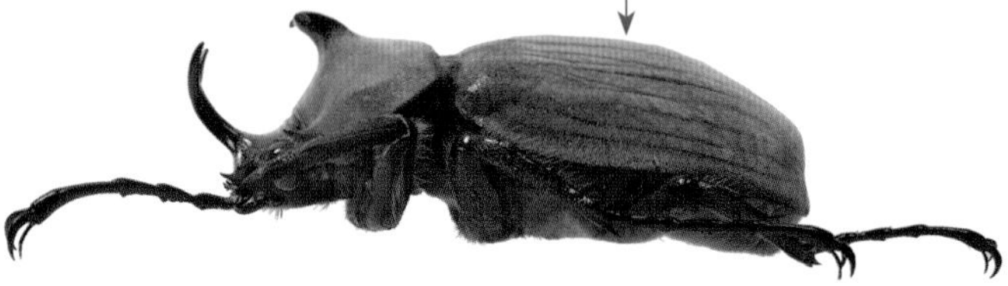

♂
Sao Paulo
BRAZIL (실물 60㎜)

♀
Paraná
BRAZIL (실물 59㎜)

Megasoma pachecoi Cartwright, 1963
파체코코끼리장수풍뎅이

크기: -60㎜
분포: 멕시코의 소노라(Sonora) 주, 시날로아(Sinaloa) 주

광택이 다소 강한 검은색 또는 적갈색을 띠는 소형 종이다. 몸길이에 비해 머리뿔과 가슴뿔이 길고 특히 다리의 발목마디 부분이 유난히 긴 것이 특징이며, 멕시코 현지에서 8-9월에 적지 않은 개체가 채집되는 것으로 알려져 있으나 암컷은 비교적 드물다. 한편 종명(*pachecoi*)은 모식표본의 채집자 중 한 명인 멕시코의 파체코(Francisco Pacheco)를 기려 지어진 것이다.

Megasoma punctulatus Cartwright, 1952
점각코끼리장수풍뎅이

크기:– 40㎜
분포: 미국 남부의 애리조나(Arizona) 주

1952년 발표 당시 원기재문에는 미국에서 코끼리장수풍뎅이속(*Megasoma*) 신종이 발견된 것이 상당히 놀라운 일이라고 기록되었다. 몸길이 26㎜인 개체가 완모식표본(holotype)으로 지정되었으며, 전체적으로 광택이 약한 검은색 또는 진한 적갈색을 띠고, 앞날개는 표면이 다소 울퉁불퉁하며, 자잘한 점각이 발달한다. 미국에서 7–8월에 주로 채집되고 개체수가 많지 않은 진귀한 종이며 특히 암컷이 수컷보다 드물다. 종명(*punctulatus*)은 점각이 잘 발달한 앞날개에 착안해 지어졌으며 '점각을 갖춘'이란 뜻이다.

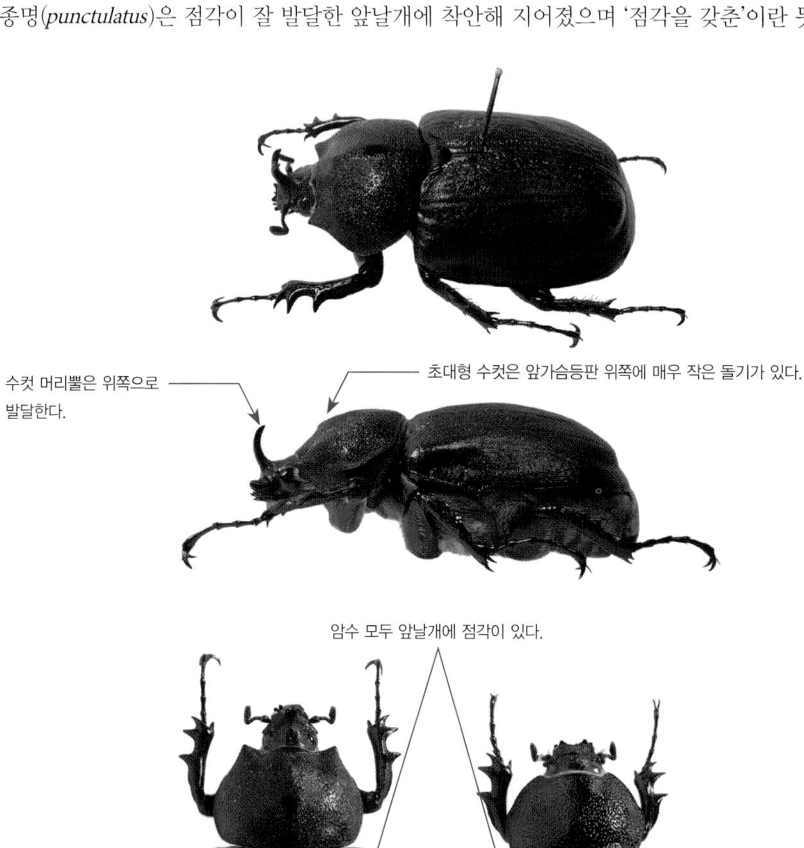

♂ Santa Cruz Arizona USA (실물 37㎜)

♀ Santa Cruz Arizona USA (실물 33㎜)

Megasoma sleeperi Hardy, 1972
슬리퍼코끼리장수풍뎅이

크기: –35㎜
분포: 미국 남부의 캘리포니아(California) 주

미국에서 8–9월에 채집되는 매우 진귀한 소형 종이며 수컷보다 암컷이 드물다. 종명(*sleeperi*)은 최초 채집자이자 미국 캘리포니아 주립대학교의 슬리퍼(E. L. Sleeper)를 기려 지었으며, 점각코끼리장수풍뎅이(*M. punctulatus*)와 비슷하나 다음 특징으로 구별된다: 1) 앞날개의 점각이 적은 반면 광택은 더 강하다; 2) 다리의 발목마디가 더 짧다; 3) 앞가슴등판 위쪽 중앙부에 가슴뿔이 전혀 발달하지 않는다.

앞가슴등판 위쪽에 가슴뿔이나 돌기가 전혀 없다.

암수 모두 점각코끼리장수풍뎅이(*M. punctulatus*)보다
앞날개의 점각이 약하며 광택은 더 강하다.

발목마디가 다른 종에 비해
몸길이 대비 짧은 편이다.

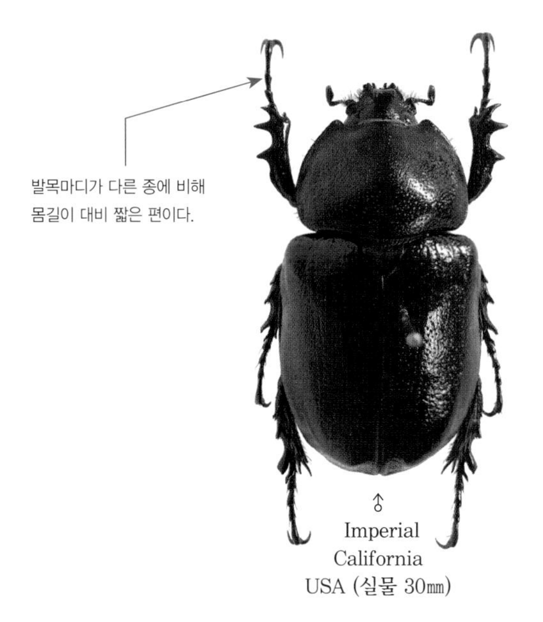

♂
Imperial
California
USA (실물 30㎜)

♀
Imperial
California
USA (실물 27㎜)

Megasoma lecontei Hardy, 1972
르콩트코끼리장수풍뎅이

크기: −35㎜
분포: 멕시코의 바하칼리포르니아(Baja California) 주 남부에 있는 라구냐 고산지대(La Laguna)

멕시코의 라구냐 지대가 유일한 서식지로 알려졌으며 코끼리장수풍뎅이속에서 가장 진귀한 종인 동시에 최소 크기(20㎜) 기록을 보유한 종이다. 8−10월에 채집되지만 현재까지 알려진 개체는 매우 적고 발표된 지 40년 정도 흘렀지만 암컷은 형태조차도 알려지지 않았다. 몸은 전체적으로 검은색이지만 드물게 적갈색을 띠기도 한다. 앞날개의 광택과 점각은 점각코끼리장수풍뎅이(*M. punctulatus*)보다 뚜렷하게 강하며 머리뿔이 더 굵고 긴 것으로 구별되고, 미국 캘리포니아에 있는 샌프란시스코 과학 아카데미에 소장되어 있는 완모식표본(holotype) 사진을 라트클리프의 협조로 제공받았다. 종명(*lecontei*)은 19세기 무렵 아메리카 대륙의 딱정벌레류를 연구해 200여 편이 넘는 방대한 논문과 270여 종의 신종을 발표했던 르콩트(John Lawrence LeConte)를 기려 지어진 것이다.

〈모식표본 사진 제공: 브레트 라트클리프(Brett C. Ratcliffe)〉

머리뿔은 굵으면서도 비슷한 크기의 다른 종에 비해 길다.

♂
La Laguna
MEXICO (실물 27㎜)

앞날개 표면에는 점각이 강하게 발달한다.

코끼리장수풍뎅이류 중에서 가장 진귀한 종으로
암컷은 아직까지 형태조차 알려지지 않았다.

Megasoma cedrosa Hardy, 1972
세드로스코끼리장수풍뎅이

크기: -44㎜
분포: 멕시코의 바하칼리포르니아(Baja California) 주 북부 및 세드로스(Cedros) 섬

종명(*cedrosa*)은 모식지인 세드로스 섬에서 따온 것이며, 나가이에 의하면 6-10월에 주로 채집된다. 분포 지역이 좁아 비교적 희귀하며 특히 암컷은 상당히 드물다. 엔드로에디는 서식지를 미국의 캘리포니아로 제시했던 적 있으나 이것은 오류이다. 실제로 이 종은 멕시코의 바하칼리포르니아 지역을 중심으로 서식한다.

가슴뿔이 거의 발달하지 않는다.

머리뿔이 짧으며 위쪽으로 발달한다.

수컷은 전체적으로 연한 황토색 털이 나지만 암컷은 털이 전혀 없고 광택이 강하다.

본래 전체적으로 털이 매우 빽빽하나 오른쪽 개체는 털이 많이 빠진 상태다.

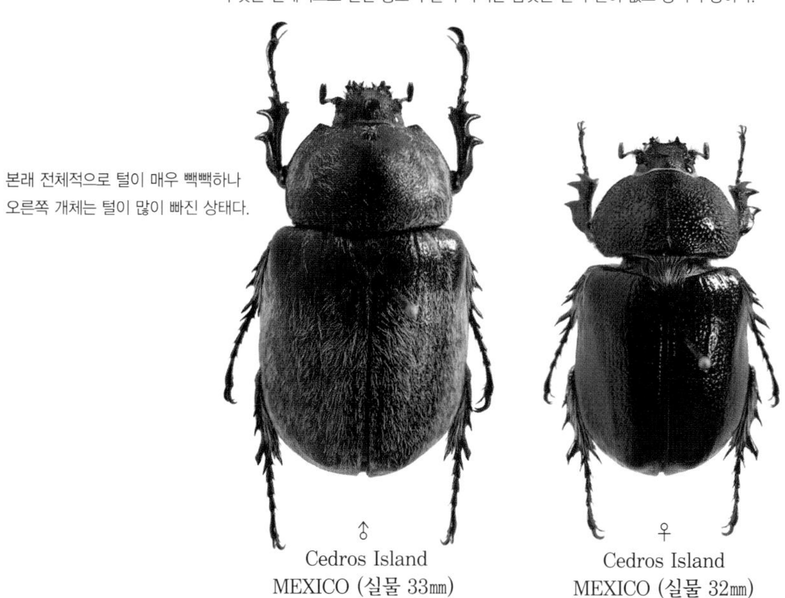

♂ Cedros Island MEXICO (실물 33㎜)

♀ Cedros Island MEXICO (실물 32㎜)

Megasoma thersites LeConte, 1861
테르시테스코끼리장수풍뎅이

크기: – 45㎜
분포: 멕시코의 바하칼리포르니아주(Baja California) 남부

9–10월에 적지 않은 수가 채집되는 소형 종으로, 몸길이에 비해 머리뿔과 가슴뿔이 비교적 잘 발달하는 것이 특징이다. 엔드로에디는 세드로스코끼리장수풍뎅이(*M. cedrosa*)와 마찬가지로 서식지를 미국의 캘리포니아로 제시했으나 이것은 오류이며, 실제로는 멕시코의 바하칼리포르니아 주에 서식한다. 수컷은 다소 광택이 강한 검은색에 황토색 털이 길게 발달해 몸 전체를 덮고 있으나 암컷은 앞날개 가장자리에만 털이 발달한다. 종명(*thersites*)은 트로이 전쟁에 참전했던 포악한 그리스 병사 테르시테스(Thersites)를 뜻한다.

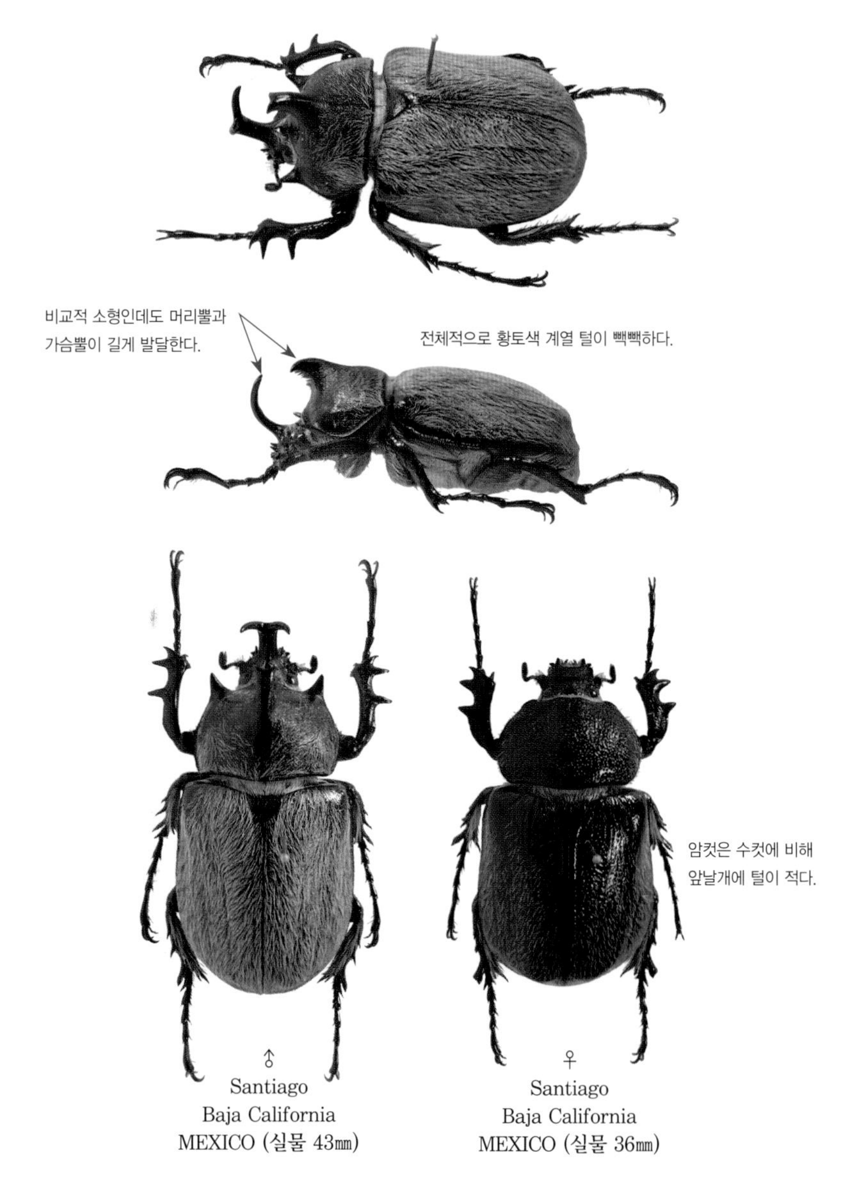

Megasoma vogti Cartwright, 1963
보그트코끼리장수풍뎅이

크기: –50㎜
분포: 멕시코 북동부, 미국의 텍사스(Texas) 주

테르시테스코끼리장수풍뎅이(*M. thersites*)와 비슷하지만 몸이 좀더 크고 머리 양 옆에 있는 가슴뿔이 짧으며 앞쪽을 향해 발달하는 것이 특징이다. 8–10월에 채집되나 개체수가 적은 희귀종이다. 종명(*vogti*)은 기재자인 카트라이트의 동료이자 잎벌레과(family Chrysomelidae) 및 하늘소과(family Cerambycidae) 연구자인 보그트(George B. Vogt)를 기려 지은 것이다.

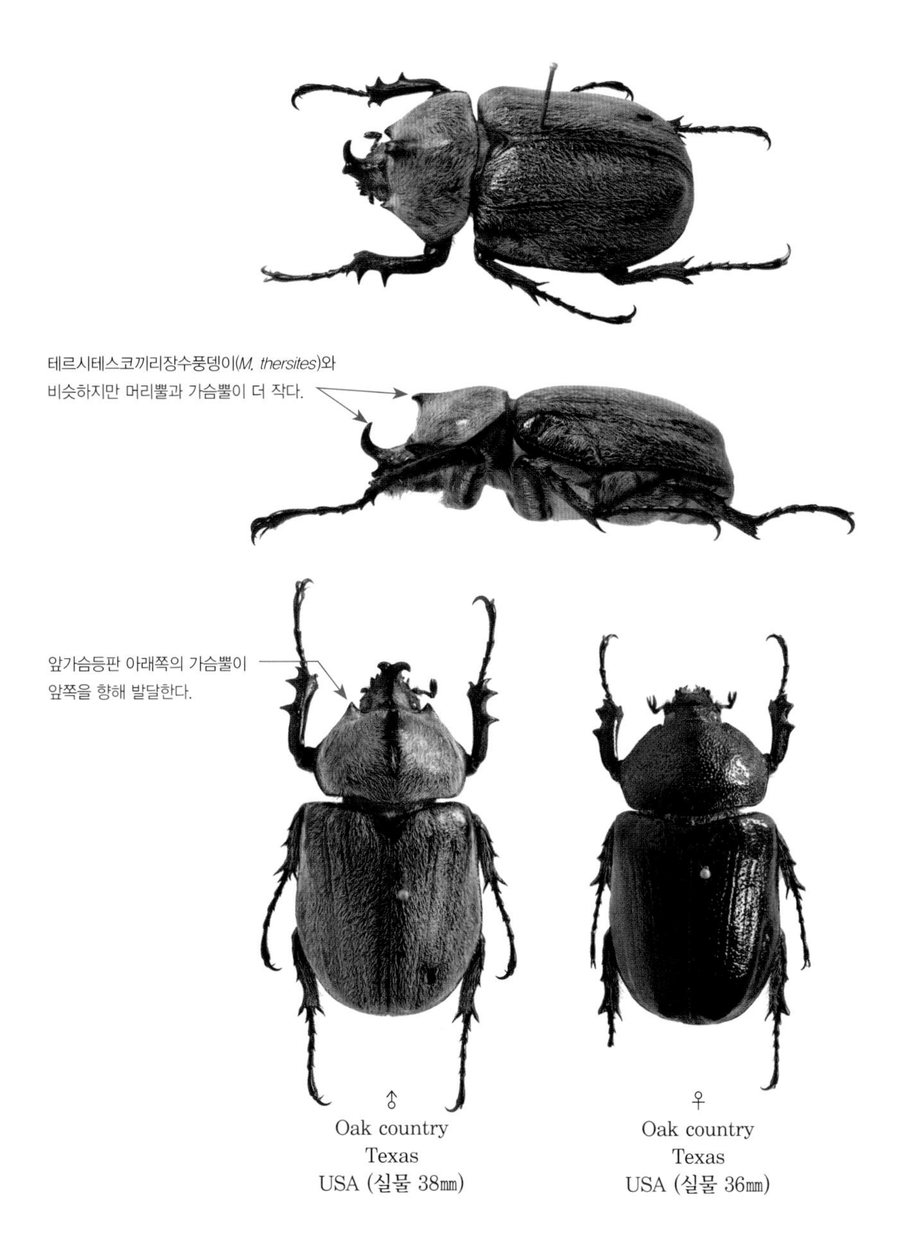

♂
Oak country
Texas
USA (실물 38㎜)

♀
Oak country
Texas
USA (실물 36㎜)

Megasoma joergenseni Bruch, 1910 요한슨코끼리장수풍뎅이

코끼리장수풍뎅이속(*Megasoma*)의 대형 종들은 중남미, 소형 종은 북미에 분포하는 편이나 이 종은 비교적 소형인데도 남미 대륙 중앙에 분포하며, 아르헨티나에 분포하는 원명아종에 이어서 파라과이의 개체군이 다른 아종으로 발표되었다. 나가이는 주로 정글 지대에 서식하는 대형 종과는 달리 이 종이 아르헨티나와 파라과이의 황무지와 초원 일대를 중심으로 서식해, 가혹한 환경에 적응한 결과로 크기가 작아진 것으로 예상된다고 기록했다. 이는 코끼리장수풍뎅이속 중에서 북아메리카의 종들이 척박한 사막 지역에 서식하기 때문에 남아메리카의 종에 비해 크기가 작은 것과도 같은 원리다.

아종 분류

1) ssp. *joergenseni* Bruch, 1910 원명아종(아르헨티나)
2) ssp. *penyai* Nagai, 2003 페냐 아종(파라과이)

요한슨코끼리장수풍뎅이 아종의 분포

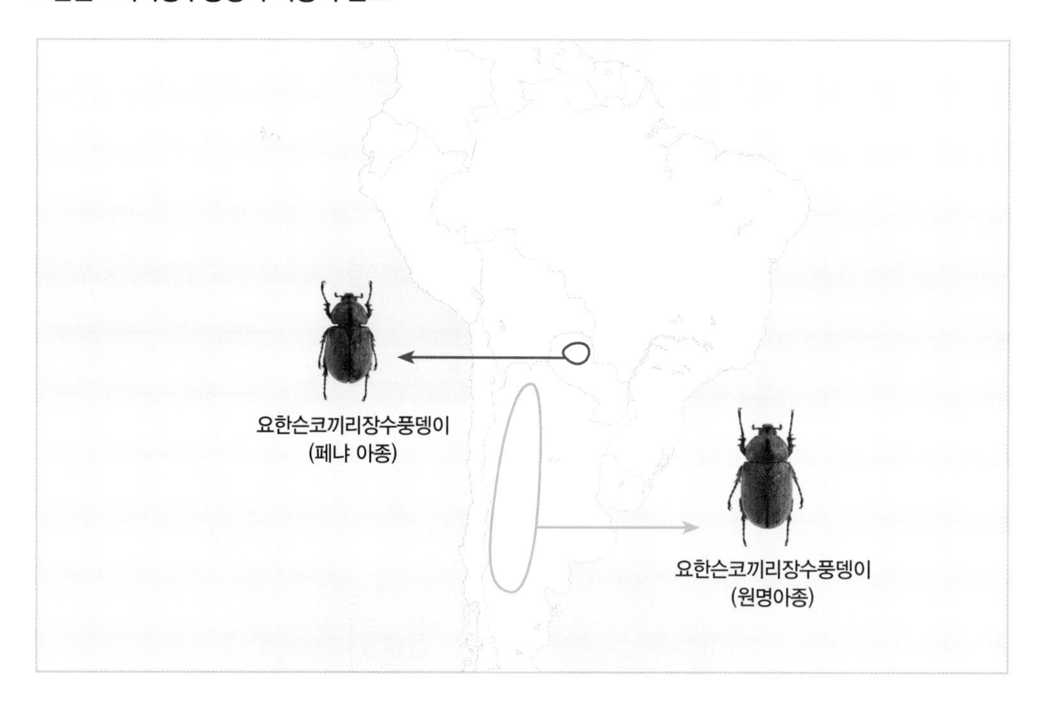

❶ *Megasoma joergenseni joergenseni* Bruch, 1910 요한슨코끼리장수풍뎅이: 원명아종

크기: -45㎜
분포: 아르헨티나 산루이스(San Louis) 주, 차코(Chaco) 주

소형이지만 몸에 비해 가슴뿔이 잘 발달하는 것이 특징이다. 1-2월의 채집 기록이 있으며 몸은 검은색 또는 흑갈색을 띠고 전체적으로 연황색 털이 덮여 있다. 종명 · 아종명(*joergenseni*)은 남미 채집 여행 중에 이 종을 최초로 채집해 기재자인 브루흐에게 제공했던 덴마크의 표본 수집가 요한슨(Peter Pietro Joergensen)을 기려 지은 것이다.

머리뿔은 위쪽을 향하며 거의 휘어지지 않는다.

가슴뿔이 짧지만 뚜렷하다.

암수 모두 연황색 계열의 털이 발달한다.

♂ San Louis ARGENTINA (실물 36㎜)

♀ San Louis ARGENTINA (실물 35㎜)

❷ *Megasoma joergenseni penyai* Nagai, 2003
요한슨코끼리장수풍뎅이: 페냐 아종

크기: -35㎜
분포: 파라과이 차코(Chaco) 주

나가이에게 표본을 제공해 신종 발표에 기여한 남아메리카의 표본 상인 페냐(Luis Everald Peña Gusman)를 기려 아종명(*penyai*)이 지어졌으며, 아르헨티나의 원명아종(ssp. *joergenseni*)보다 작고 가슴뿔은 덜 발달하며 털은 노란색 느낌이 더 강한 것이 특징이다. 분포지인 파라과이 차코 주는 원명아종이 분포하는 아르헨티나의 차코 주와 영문 표기는 같지만 별개의 지역이다. 이 지명은 볼리비아, 파라과이, 아르헨티나에 걸친 넓은 남미 대륙 중앙부의 아열대 대평원을 일컫는 그란차코(Gran Chaco)에서 유래했다.

13

Augosoma Burmeister, 1847
아프리카장수풍뎅이속

장수풍뎅이족(Dynastini) 중에서 유일하게 아프리카 대륙에 분포한다. 몸은 전체적으로 검은색 또는 흑갈색이고 광택이 강한 2종이 알려졌지만, 이들은 형태가 매우 비슷해 구별이 어렵다. 보통 장수풍뎅이족 수컷들은 당분이 많은 곳을 찾아 자신의 영역으로 삼고 수컷끼리 뿔로 전투하며, 최후의 한 마리가 암컷을 차지해 교미한다. 그런데 아프리카 대륙에는 몸길이가 100㎜에 이르는 거대한 골리앗꽃무지속(genus *Goliathus*)이 널리 번성하며 이들도 장수풍뎅이족과 생활방식이 비슷하다. 이것은 다른 대륙에 비해 아프리카에 대형 사슴벌레류 및 장수풍뎅이류가 매우 적게 서식하는 원인으로 보인다. 초대형 꽃무지들과 생태적 습성이 비슷해 생존 환경 충돌에 의한 경쟁에서 밀려난 결과로 보는 것이다. 속명(*Augosoma*)은 로마제국의 제1대 황제였던 아우구스투스(Augustus)에서 따온 것으로 '황제(Augustus)의 몸(soma)'을 뜻한다. 이번 장에서는 2종의 사진을 모두 수록했으며 직접 촬영한 표본은 4개체다.

Augosoma centaurus (Fabricius, 1775)
켄타우로스아프리카장수풍뎅이

크기: –95㎜
분포: 아프리카 대륙 중부 및 서부(나이지리아, 카메룬, 콩고, 중앙아프리카공화국, 코트디부아르 등)

아프리카를 대표하는 최대 크기의 장수풍뎅이로 현지에서 비교적 흔한 편이다. 수컷은 전체적으로 매끈하고 광택이 강한 검은색이며, 암컷도 그렇지만 앞가슴등판 앞쪽 부분에 광택이 없고 굴곡진 부분이 있다. 근연종인 가봉아프리카장수풍뎅이(*A. hippocrates*)와 매우 비슷하지만 대형 수컷은 앞가슴등판 측면에 점각이 거의 발달하지 않는 것이 특징이다. 종명(*centaurus*)은 그리스 신화에 등장하는 반인반마(半人半馬)의 괴물인 켄타우로스(Κένταυροι, Kentauros)를 뜻한다. 라틴 종명을 그대로 발음한 '켄타우루스'로 국내에 매우 잘 알려져 있기도 하다.

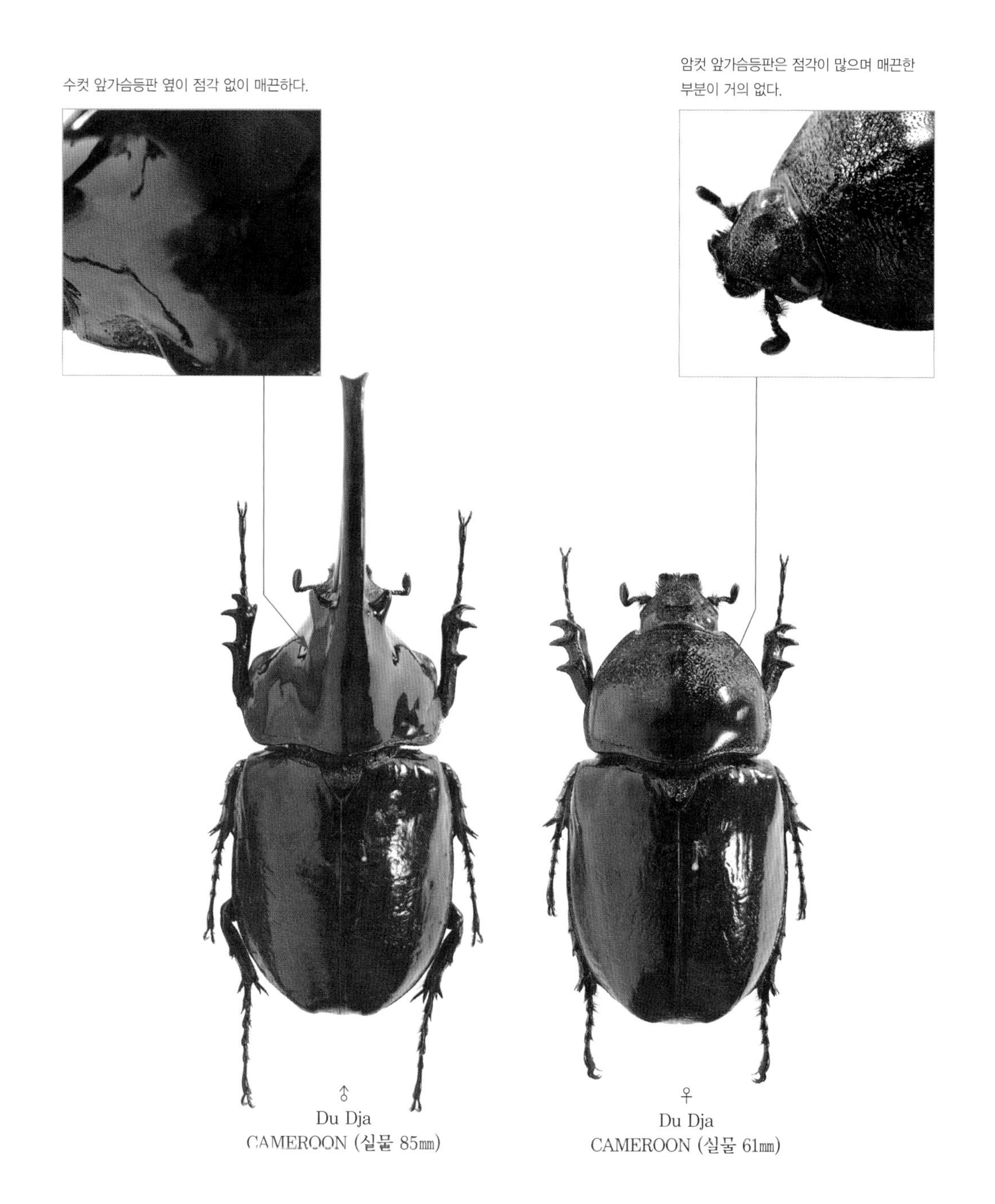
수컷 앞가슴등판 옆이 점각 없이 매끈하다.
암컷 앞가슴등판은 점각이 많으며 매끈한 부분이 거의 없다.
♂
Du Dja
CAMEROON (실물 85㎜)
♀
Du Dja
CAMEROON (실물 61㎜)

Augosoma hippocrates Milani, 1995
가봉아프리카장수풍뎅이

크기: -70㎜
분포: 가봉

이탈리아의 밀라니(Milani)가 1995년에 발표한 매우 진귀한 종이다. 종명(*hippocrates*)은 고대 그리스의 의학자였던 히포크라테스(Hippokratēs)를 뜻하며, 아프리카 서부에 있는 작은 국가인 가봉(Gabon)에서만 채집되는 특산종이다. 켄타우로스아프리카장수풍뎅이(*A. centaurus*)보다 조금 작다는 것 이외에는 형태가 매우 비슷하며 다음 사항으로 동정 가능하다: 1) 대형 수컷의 가슴뿔이 시작되는 기초부 아래쪽(앞가슴등판의 양 옆 부분)에 점각이 많은 부분이 있다; 2) 암컷의 앞가슴등판 앞쪽은 전체적으로 광택이 약하고 자잘한 굴곡이 있으나, 앞쪽 중앙부에는 점각이 없고 매끈하며 광택이 있는 길쭉한 무늬가 뚜렷하다.

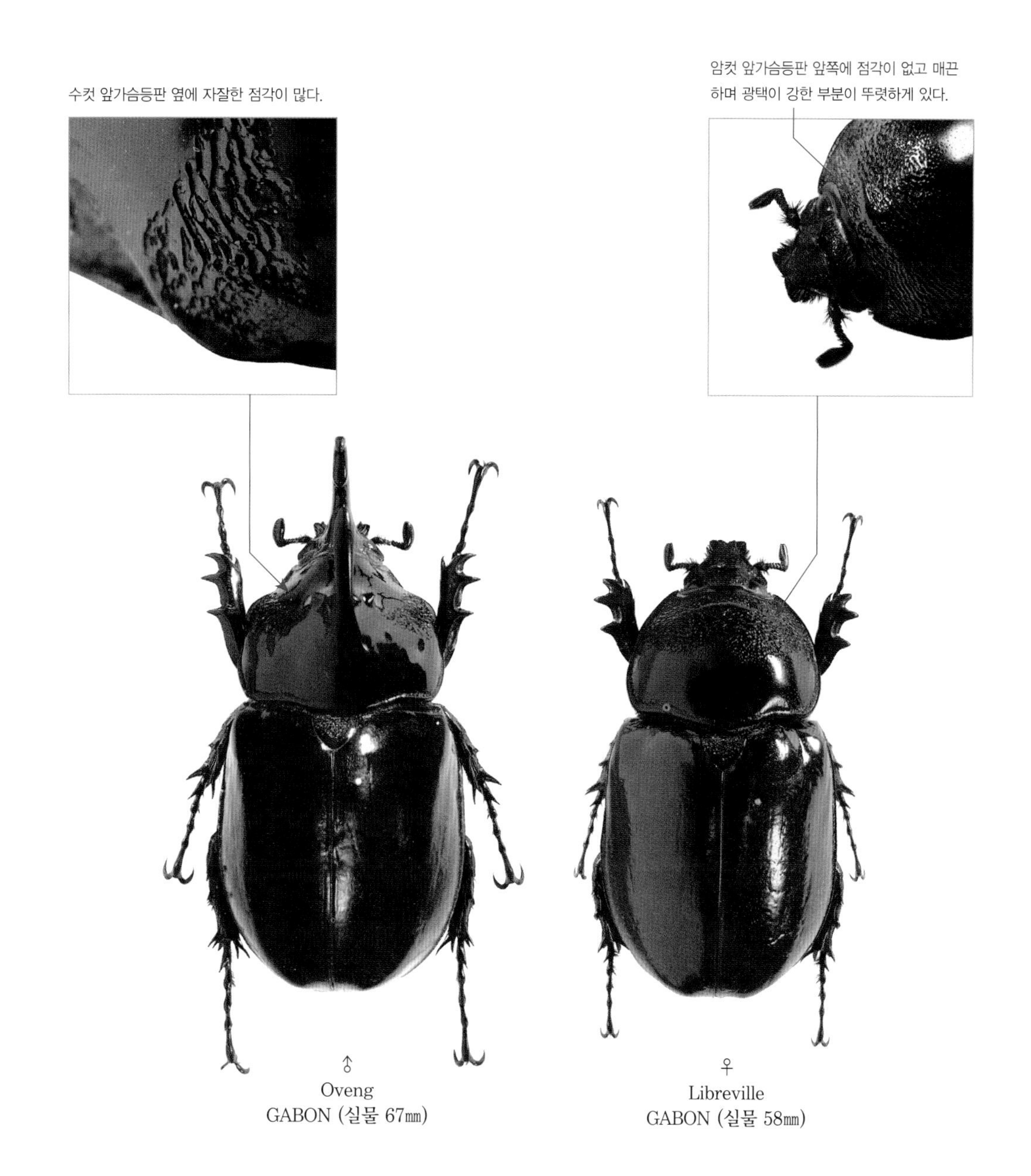

♂
Oveng
GABON (실물 67㎜)

♀
Libreville
GABON (실물 58㎜)

참고문헌(REFERENCES CITED)

Abadie E. I. 2007. A new species of *Golofa* Hope, 1837 from Jujuy state, Argentina. Lambillionea 107(3)(2): 462-465.

Abadie E. I., Grossi P. C. et Wagner P. S. 2008. A field guide of the Dynastidae family of the south of South America. 1-120.

Álvarez H. J. C. et García G. A. 2010. Synopsis and key to the genera of Dynastinae (Coleoptera, Scarabaeoidea, Scarabaeidae) of Colombia. ZooKeys 34: 153–192.

Arnaud P. et Joly A. L. 2006. Description d'une nouvelle espèce du genre *Golofa*. Besoiro 15: 7-8.

Arrow G. J. 1908. A contribution to the classification of the Coleopterous family Dynastidae. Transactions of the entomological Society Londen (2): 321-358.

Arrow G. J. 1910. The Fauna of British India (Including Ceylon and Burma) Lamellicornia I. Taylor & Francis. London: 1-322.

Arrow G. J. 1911. Notes on the Lamellicorn beetles of the genus *Golofa* with descriptions of three new species. The Annals and Magazine of natural History, including Zoology, Botany and Geology. London 8(7): 136-141.

Arrow G. J. 1911. Notes on the coleopterous subfamily Dynastinae, with descriptions of new genera and species. The Annals and Magazine of natural History, including Zoology, Botany and Geology. London 8(8): 151-176.

Bates H. W. 1888. Biologia Centrali-Americana. Insecta. Coleoptera 2: 161-416.

Bates H. W. 1891. In Whymper E. Supplementary Appendix to Travels Amongst the Great Andes of the Equator. John Murray, London: 1-147.

Beck P. 1937. Note préliminaire sur le genre *Chalcosoma*. Bulletin de la Société zoologique de France 62: 406-417.

Burmeister H. C. C. 1847. Handbuch der Entomologie. Coleoptera Lamellicornia, Xylophila et Pectinicornia. Enslin. Berlin 5: 1-584.

Cartwright O. L. 1952. A new *Megasoma* from Arizona, Proceedings of the Entomological Society of Washington 54: 36-38.

Castelnau F. 1867. Note sur un nouveau genre de Dynastidae (*Alcidosoma siamensis*). Revue et Magasin de Zoologie 2(19): 113-115.

Céspedes A. A. et Ratcliffe B. C. 2010. *Golofa clavigera* (Linnaeus, 1771) in Bolivia: a new country record (Coleoptera: Scarabaeidae: Dynastinae). Ecología en Bolivia 45(1): 73-76.

Chevrolat A. 1836. [*Scarabaeus Anubis*]. Guérin-Méneville F. E. Magazine Zoologie Plates 139-140.

Chevrolat A. 1843. Coléoptères du Mexique pentamères, hydrocanthares, sternoxes, térédiles, nécrophages, lamellicornes. Magasin de Zoologie. Paris: 1-37.

Dechambre R. P. 1975. Note sur diverse *Megaceras* et *Golofa*. Annales de la Société Entomologique de France 11: 619-630.

Dechambre R. P. et Drumont A. 2004. Le genre *Haploscapanes* Arrow, 1908. Coléoptères 10(16): 197-203.

De Geer C. 1774. Mémoires pour servir à l'Histoire des Insectes (tom. 1-7. 1752-1778). Hosselberg, Stockholm 4: 1-456.

Deyrolle H. et Fairmaire L. 1878. Descriptions de coléoptères recueillis par M. l'abbé David dans la Chine centrale. Annales de la Société entomologique de France (5)8: 87-140.

Drury D. 1770. Illustrations of natural history, Volume 1. London: 1-130.

Drury D. 1773. Illustrations of natural history, Volume 2. London: 1-90.

Endrödi S. 1957. Zur Kenntnis der Dynastinen. Revision des Dynastinen-Materials des Zoologischen Forschungsinstitutes und Museums Alexander Koenig. Bonn. Bonner Zoologische Beiträge 1(8): 64-70.

Endrödi S. 1985. The Dynastinae of the World. Publisher Dr. W. Junk. Dordrecht 28: 1-800.

Erichson W. F. 1834. Beitrage zur Zoologie, gesammelten auf einer Reise um die Erde, von Dr. F. J. F. Meyen. Insekten: Coleoptera Nova Acta Physico-medica Academiae Caesarea Leopoldina-Carolinae 16(1): 219-276.

Fabricius J. C. 1775. Systema Entomologiae, sistens insectorum classes, ordines, genera, species, adiectis synonymis, locis, descriptionibus, observationibus. Officina Libraria Kortii; Flensburgi & Lipsiae 30: 1-832.

Felsche C. 1906. Synonymische Bemerkungen über einige Scarabaeiden aus der Tribus der Dynastini und Beschreibung einer neuen Art. Deutsche Entomologische Zeitschrift 349-352.

Fujii T. 2011. A new species of the genus *Xylotrupes* Hope from Selayar Island. Kogane. Tokyo 12: 93-96.

Gestro R. 1876. Appendici all'enumerazione dei Cetonidi raccolti nell'Arcipelago Malese e nella Papuasia dai s ignori G. Doria, O. Beccari e L. M. D'Albertis. Annali del Museo civico di Storia Naturale di Genova 9: 83-110.

Gory H. L. 1836. Tetralobus et *Scarabaeus* nouveaux. Annales de la Société entomologique de France 5: 513-515.

Grossi E. J. et Arnaud P. 1993. Description d'une nouvelle sous-espèces de *Dynastes hercules*. Bulletin de la Société Sciences Nat. Venette 78: 13-14.

Guérin-Méneville F. E. 1830. Voyage autor du monde, exécuté par ordre du roi, sur la corvette de la Majesté, La Coquille, pendant les années 1822, 1823, 1824 et 1825. Tome II, Partie II, Division I: 80. Bertrand; Paris. 320 p.

Guérin-Méneville F. E. 1834. Partie entomologique du voyage aux Indes orientales par Ch. Bélanger. Zoologie: 443-512.

Hardy A. 1991. A catalog of the Coleoptera of America North of Mexico: family Scarabaeidae, Subfamilies: Rutelinae and Dynastinae. Agriculture Handbook 529-34b, United States Department of Agriculture: 1-56.

Herbst J. F. W. 1785. Natursystem aller bekannten In- und auslandischen Insecten, als eine Fortsetzung der von Büffonschen Naturgeschichte. Nach dem System des Ritters von Linné und Fabricius. Ben Joachim Pauli, Berlin 1: 1-310.

Hirasawa H. 1992. A new subspecies of *Eupatorus gracilicornis* from Southwestern Thailand. Gekkan-Mushi 253: 15-17.

Hope F. W. 1831. Synopsis of the new species of Nepal Insects in the collection of Major General Hardwicke. Zoological Miscellany 1: 21-32.

Hope F. W. 1837. On the *Golofa* Beetle of Venezuela and its allied species. Transactions of the Entomological Society London 2: 42-45.

Hope F. W. 1837. Lamellicornia. The Coleopterist's Manual, containing the lamellicorn insects of Linnaeus and Fabricius. Volume 1. Bohn: London: 1-121.

Hope F. W. 1842. Descriptions of the coleopterous insects sent to England by Dr. Cantor from Chusan and Canton, with observations on the entomology of China. Proceedings of the Entomological Society. 1841: 59-64.

Kirby W. 1825. A description of such genera and species of insects, alluded to in the "Introduction to Entomology" of Messrs. Kirby and Spence, as appear not to have been before sufficiently noticed or described. Transactions of the Linnean Society. London 14: 563-572.

Kolbe H. J. 1900. Eine neue *Chalcosoma*-Art aus der Familie der Dynastiden. Entomologische Nachrichten 26: 52-53.

Kôno H. 1931. Die *Trypoxylus*-arten aus Japan und Formosa. Insecta matsumurana. Entomological Museum Hokkaido University 4: 159-160.

Krell F. -T. 2002. On nomenclature and synonymy of Old World Dynastinae. Entomologische Blätter 98.1: 37-46.

Krell F. -T. 2006. Dynastinae. Löbl, I. & Smetana, A. (eds): Catalogue of Palaearctic Coleoptera. Vol. 3. Stenstrup: Apollo Books: 277-283.

Lachaume G. 1985. Dynastini 1. *Dynastes-Megasoma-Golofa*. Les Coléoptères du Monde Sciences Nat. Venette 5: 1-85.

Lansberge G. W. van. 1879. Diagnoses de quelques espèces nouvelles de Buprestidae et de Scarabaeides de la Malaisie. Annales de la Sociètè entomologique de Belgique (Compte Rendus) 22: 147-155 (CXLVIII-CLV).

Leach W. E. 1817. The Zoological Miscellany. London 3: 1-151.

Le Conte J. L. 1861. Notes on the Coleopterous Fauna of Lower California. Proceedings of the Academy of Natural Sciences of Philadelphia 13: 335-338.

Linnaeus C. 1758. Systema naturae per regna tria naturae, secundum classes, ordines, genera, species cum characteribus, differentiis, synonymis, locis. Tomus I. Editio X. Laurentii Salvi, Holmiae. 1-824.

Linnaeus C. 1771. Mantissa Plantarum, with an introduction by William T. Stearn 6: 137-588.

Mizunuma T. 1999. Giant Beetles: Euchirinae and Dynastinae. Endless Science Information: 1-122.

Montrouzier P. 1855. Essai sur la faune de l"ile de Woodlark ou Moiou. Annales de la Société Agricole Lyonnaise 2: 71-114.

Morón M. A. 1993. Nueva subespecie mexicana de *Dynastes hercules*. Giornale Italiano di Entomologia 6(33): 257-262.

Morón M. A. 1995. Review of the Mexican species of *Golofa*. The Coleopterists Bulletin 49(4): 343-386.

Morón M. A. 2009. El Género *Dynastes* MacLeay, 1819 en la zona de transición Mexicana. Boletin Sociedad Entomologica Aragonesa 45: 23-38.

Moser J. 1909. Eine neue *Dynastes*-Art. Deutsche entomologische Zeitschrift: 112.

Nagai S. 1999. A new species of the genus *Eupatorus* from South Vietnam. Japanese Journal of Systematic Entomology 5(1): 153-155.

Nagai S. 2002. A new species and a new record of the Dynastid beetle from the Ryukyu Islands, Southwest Japan. Japanese Journal of Systematic Entomology 8(1): 45-48.

Nagai S. 2002. Two new subspecies of *Dynastes hercules* (Linnaeus, 1758). Gekkan-Mushi 381: 2-4.

Nagai S. 2002. Special Present *Dynastes hercules*. Be-Kuwa 5: 4-23 (in Japanese).

Nagai S. 2003. Four new subspecies of the genus *Megasoma* from South America. Gekkan-Mushi 394: 35-39.

Nagai S. 2003. Special Present *Megasoma*. Be-Kuwa 9: 6-23 (in Japanese).

Nagai S. 2004. Special Present *Chalcosoma*. Be-Kuwa 13: 6-27 (in Japanese).

Nagai S. 2005. Two new subspecies of the genus *Dynastes* Kirby from Mexico and Venezuela. Gekkan-Mushi 418: 31-35.

Nagai S. 2006. A new species and a new subspecies of the genus *Trypoxylus* from Asia and a new subspecies of the genus *Beckius* from New Guinea. Gekkan-Mushi 428: 13-17.

Nagai S. 2007. カブトムシ大図鑑. Bu-Kuwa 22: 6-24 (in Japanese).

Nonfried A. F. 1890. Neue exotische Coleopteren. Stettiner entomologische Zeitung. Stettin 51: 15-21.

Ohaus F. 1913. *Dynastes hercules* L. subspec. nov. *ecuatorianus* m. Entomologische Rundschau 30: 131-132.

Olivier A. G. 1789. Entomologie, ou histoire naturelle des insectes, avec leurs caractères génériques et spécifiques, leur description, leur synonymie, et leur figure enluminée. Coléoptères. Baudonin. Paris 1: 1-190.

Prell H. 1911. Beiträge zur Kenntnis der Dynastiden. Ueber die australischen Eupatorinen. Entomologische Blätter. Krefeld 7: 140-145.

Prell H. 1914. Beiträge zur Kenntnis der Dynastinen X. Entomologische Mitteilungen 3(7/8): 197-226.

Quensel C. 1806. Synonymia Insectorum, oder: Versuch einer Synonymie aller bisher bekannten Insecten; nach Fabricii Systema Eleutheratorum geordnet. Ersten Band. Eleutherata oder Käfer. Erster Theil. Lethrus -- Scolytes Stockholm, H. A. Nordström 1(Teil 1): XXII+294p.

Ratcliffe B. C. 1989. Scientific Note: A Case of Gynandromorphy in *Golofa tersander* Burmeister (Coleoptra: Scarabaeidae). The Coleopterists Bulletin 43(3): 256-258.

Ratcliffe B. C. 1989. Scientific Note: Corrections and clarifications to Endrödi's *The Dynastinae of the World*. The Coleopterists Bulletin 43(3): 275-278.

Ratcliffe B. C. 2003. The Dynastine Scarab beetles of Costa Rica and Panama. Bulletin of the University of Nebraska State Museum 16: 1-506.

Ratcliffe B. C. et Cave R. D. 2006. The Dynastine Scarab beetles of Honduras, Nicaragua and El Salvador. Bulletin of the University of Nebraska State Museum 21: 1-424.

Ratcliffe B. C. et Cave R. D. 2008. A biotic survey and inventory of the dynastine scarab beetles of Mesoamerica, North America, and the West Indies: review of a long-term, multicountry project. Zoosystema 30(3): 651-663.

Ratcliffe B. C. et Morón M. A. 2005. Larval descriptions of eight species of *Megasoma* Kirby with a key for identification and notes on Biology. The Coleopterists Bulletin 59(1): 91-126.

Redtenbacher L. 1867. Reise der Osterreichischen Fregatte Novara um die Erde in den Jahren 1857-58-59 unter der Befehlen des Commodore B.von Wullerstorf-Urbair. Zoologie II part. Coleopteren Wien (1868): 1-249.

Reiche L. 1852. Description de quatre Coléoptéres nouveaux et remarquables. Revue et Magazine de Zoologie, Pure et Appliqée 2(4): 21-25.
Rowland J. M. 2003. Male horn dimorphism, phylogeny and systematics of rhinoceros beetles of the genus *Xylotrupes*. Australian Journal of Zoology 51: 213-258.
Rowland J. M. et D. J. Emlen. 2009. Two thresholds, three male forms result in facultative male trimorphism in beetles. Science 323: 773-776.
Rowland J. M. et C. R. Qualls. 2005. Likelihood models for discriminating alternative phenotypes in morphologically dimorphic species. Evolutionary Ecology Research 7: 421-434.
Rowland J. M., C. R. Qualls et L. Beaudoin-Ollivier. 2005. Discrimination of alternative male phenotypes in *Scapanes australis* (Boisduval) (Coleoptera: Scarabaeidae: Dynastinae). Australian Journal of Entomology 44: 22-28.
Rowland J. M. 2011. Notes on nomenclature in *Xylotrupes* Hope (Scarabaeidae: Dynastinae: Dynastini). Insecta Mundi 0176: 1-10.
Schaufuss, L. W. 1885. Beitrag zur Fauna der Niederländischen Besitzungen auf den Sunda-Inseln. Horae Societatis Entomologicae Rossicae 19: 183-209.
Schultze W. 1920. Eight contribution to the Coleoptera fauna of the Philippines. The Philippine Journal of Science Series 16(2): 191-201.
Silvestre G. 1997. Les *Xylotrupes* de Malaisie, Sumatra et Bornéo. Coléoptères 3(9): 123-133.
Silvestre G. 2002. Une nouvelle espèce de *Xylotrupes* des Philippines. Coléoptères 8(17): 247-251.
Silvestre G. 2003. Les *Xylotrupes* de l'Asie continentale. Coléoptères 9(3): 19-35.
Silvestre G. 2003. Les *Xylotrupes* des Célèbes et des Moluques. Coléoptères 9(8): 91-101.
Silvestre G. 2003. Les *Xylotrupes* de Nouvelle-Guinée, d'Australie et de d'Océanie. Coléoptères 9(12): 151-162.
Silvestre G. 2004. Etude complémentaire sur les *Xylotrupes* de Malasie, Sumatra et Bornéo. Coléoptères 10(13): 175-187.
Silvestre G. et Arnaud P. 2002. Description d'une nouvelle espéce sud-américaine du genre *Megasoma*. Besoiro 8: 7-8.
Son M. W. 2009. The Dynastid Beetles of the world. Communication Yeollim: 1-170.
(손민우. 2009. 세계의 장수풍뎅이 대도감. 커뮤니케이션 열림: 1-170).
Sternberg C. 1906. *Xylotropes inarmatus* nov. spec. Deutsche entomologische Zeitschrift. Berlin: 172.
Sternberg C. 1910. Neue Dynastiden arten. Annales de la Societe entomologique de Belgique. Bruxelles 54: 33-44.
Thomson J. 1859. Essai synoptique sur la sous-tribu des scarabaeitae vrais. Arcana Naturae, ou Recueil d'histoire naturelle. Paris 1: 3-22.
Wang C. B. et Lei C. L. 2009. Taxonomic study on Chinese species of the genus *Eupatorus* (Coleoptera, Scarabaeidae, Dynastinae). Acta Zootaxonomica Sinica 34(2): 346-352 (in Chinese).
Waterhouse G. R. 1841. *Euchirus quadrilineatus* and *Xylotrupes pubescens* from the Philippine Islands. The Annals and Magazine of natural History, including Zoology, Botany and Geology. London 7: 538-539.
Yamauchi E. 2009. ヘラクレスオオカブト大図鑑. Bu-Kuwa 32: 8-31 (in Japanese).

찾아보기(INDEX)

Allomyrina pfeifferi celebensis 70
Allomyrina pfeifferi mindanaoensis 71
Allomyrina pfeifferi pfeifferi 69
Augosoma centaurus 358
Augosoma hippocrates 360
Beckius beccarii beccarii 93
Beckius beccarii koletta 94
Beckius beccarii ryusuii 95
Chalcosoma atlas atlas 116
Chalcosoma atlas butonensis 123
Chalcosoma atlas hesperus 118
Chalcosoma atlas keyboh 120
Chalcosoma atlas mantetsu 121
Chalcosoma atlas shintae 122
Chalcosoma atlas simeuluensis 124
Chalcosoma chiron belangeri 132
Chalcosoma chiron chiron 128
Chalcosoma chiron janssensi 33
Chalcosoma chiron kirbii 130
Chalcosoma engganensis 136
Chalcosoma moellenkampi 134
Dynastes (Dynastes) grantii 257
Dynastes (Dynastes) hercules bleuzeni 250
Dynastes (Dynastes) hercules ecuatorianus 240
Dynastes (Dynastes) hercules hercules 228
Dynastes (Dynastes) hercules lichyi 234
Dynastes (Dynastes) hercules morishimai 248
Dynastes (Dynastes) hercules occidentalis 236
Dynastes (Dynastes) hercules paschoali 242
Dynastes (Dynastes) hercules reidi 230
Dynastes (Dynastes) hercules septentrionalis 238
Dynastes (Dynastes) hercules takakuwai 246
Dynastes (Dynastes) hercules trinidadensis 252
Dynastes (Dynastes) hercules tuxtlaensis 233
Dynastes (Dynastes) hyllus 259
Dynastes (Dynastes) maya 264
Dynastes (Dynastes) moroni 262
Dynastes (Dynastes) tityus 255
Dynastes (Theogenes) neptunus neptunus 266
Dynastes (Theogenes) neptunus rouchei 268
Dynastes (Theogenes) satanas 270
Eupatorus hardwickii var. *cantori* 101
Eupatorus birmanicus 104
Eupatorus endoi 111
Eupatorus gracilicornis edai 108
Eupatorus gracilicornis gracilicornis 106
Eupatorus gracilicornis kimioi 109
Eupatorus hardwickii var. *niger* 101
Eupatorus hardwickii 100
Eupatorus hardwickii 98
Eupatorus siamensis 102
Eupatorus sukkiti 110
Golofa (Golofa) aegeon 288
Golofa (Golofa) antiqua 307
Golofa (Golofa) argentina 305
Golofa (Golofa) clavigera clavigera 286
Golofa (Golofa) clavigera guildinii 287
Golofa (Golofa) cochlearis 304
Golofa (Golofa) costaricensis 302
Golofa (Golofa) eacus 296
Golofa (Golofa) gaujoni 297
Golofa (Golofa) globulicornis 309
Golofa (Golofa) henrypitieri 311
Golofa (Golofa) hirsuta 300
Golofa (Golofa) imbellis 303
Golofa (Golofa) incas 289
Golofa (Golofa) obliquicornis 310
Golofa (Golofa) paradoxa 308
Golofa (Golofa) pelagon 299
Golofa (Golofa) pizarro 294
Golofa (Golofa) porteri 290
Golofa (Golofa) solisi 292
Golofa (Golofa) spatha 298
Golofa (Golofa) tepaneneca 312
Golofa (Golofa) wagneri 306
Golofa (Golofa) xiximeca 314
Golofa (Mixigenus) pusilla 277
Golofa (Mixigenus) tersander 276
Golofa (Praogolofa) inermis 280
Golofa (Praogolofa) minuta 282
Golofa (Praogolofa) testudinaria 281
Golofa (Praogolofa) unicolor 279

Haploscapanes australicus	142
Haploscapanes barbarossa	140
Haploscapanes inermis	144
Haploscapanes papuanus	145
Megasoma actaeon	319
Megasoma anubis	345
Megasoma cedrosa	351
Megasoma elephas elephas	331
Megasoma elephas iijimai	333
Megasoma gyas gyas	340
Megasoma gyas porioni	343
Megasoma gyas rumbucheri	342
Megasoma janus fujitai	326
Megasoma janus janus	323
Megasoma janus ramirezorum	324
Megasoma joergenseni joergenseni	355
Megasoma joergenseni penyai	356
Megasoma lecontei	350
Megasoma mars	328
Megasoma nogueirai	337
Megasoma occidentalis	335
Megasoma pachecoi	347
Megasoma punctulatus	348
Megasoma sleeperi	349
Megasoma thersites	352
Megasoma vogti	353
Pachyoryctes elongatus	150
Pachyoryctes solidus	149
Trypoxylus dichotomus dichotomus	76
Trypoxylus dichotomus inchachina	82
Trypoxylus dichotomus politus	80
Trypoxylus dichotomus septentrionalis	78
Trypoxylus dichotomus takarai	81
Trypoxylus dichotomus tsuchiyai	83
Trypoxylus dichotomus tsunobosonis	79
Trypoxylus kanamorii	85
Xyloscaptes davidis	88
Xylotrupes australicus australicus	180
Xylotrupes australicus darwinia	181
Xylotrupes beckeri intermedius	216
Xylotrupes beckeri	198
Xylotrupes carinulus	188
Xylotrupes clinias buru	184
Xylotrupes clinias clinias	183
Xylotrupes damarensis	162
Xylotrupes faber	208
Xylotrupes falcatus	186
Xylotrupes florensis florensis	196
Xylotrupes florensis tanimbar	197
Xylotrupes gideon lakorensis	209
Xylotrupes gideon sawuensis	210
Xylotrupes gideon sondaicus	211
Xylotrupes gideon	156
Xylotrupes inarmatus	158
Xylotrupes lorquini lorquini	168
Xylotrupes lorquini zideki	169
Xylotrupes lumawigi	212
Xylotrupes macleayi macleayi	177
Xylotrupes macleayi szekessyi	178
Xylotrupes meridionalis meridionalis	200
Xylotrupes meridionalis taprobanes	201
Xylotrupes mirabilis	214
Xylotrupes mniszechii hainaniana	194
Xylotrupes mniszechii mniszechii	193
Xylotrupes pachycera	163
Xylotrupes pauliani dayakorum	217
Xylotrupes pauliani	173
Xylotrupes philippinensis boudanti	218
Xylotrupes philippinensis peregrinus	172
Xylotrupes philippinensis philippinensis	171
Xylotrupes pubescens beaudeti	220
Xylotrupes pubescens gracilis	222
Xylotrupes pubescens sibuyanensis	219
Xylotrupes pubescens	166
Xylotrupes rindaae	205
Xylotrupes siamensis	203
Xylotrupes socrates nitidus	213
Xylotrupes striatopunctatus	214
Xylotrupes sumatrensis sumatrensis	160
Xylotrupes sumatrensis tanahmelayu	161
Xylotrupes tadoana	164
Xylotrupes taprobanes ganesha	215
Xylotrupes telemachos	190
Xylotrupes ulysses	175
Xylotrupes wiltrudae	204